中国-东盟渔业资源保护与开发利用丛书

中国-东盟海上合作基金项目(CANC-2018F)"中国-东盟渔业资源保

# 淡水鱼类

## 资源及其调查方法

DANSHUI YULEI ZIYUAN JI QI DIAOCHA FANGFA

帅方敏 主编

中国农业出版社
农村读物出版社
北 京

图书在版编目（CIP）数据

淡水鱼类资源及其调查方法 / 帅方敏主编 . —北京：
中国农业出版社，2023.12
（中国-东盟渔业资源保护与开发利用丛书）
ISBN 978 - 7 - 109 - 31600 - 3

Ⅰ.①淡… Ⅱ.①帅… Ⅲ.①淡水鱼类－鱼类资源－
生物多样性－调查研究 Ⅳ.①S932.4

中国国家版本馆 CIP 数据核字（2024）第 006443 号

淡水鱼类资源及其调查方法
**DANSHUI YULEI ZIYUAN JI QI DIAOCHA FANGFA**

中国农业出版社出版
地址：北京市朝阳区麦子店街 18 号楼
邮编：100125
责任编辑：杨晓改 李文文
版式设计：书雅文化 责任校对：吴丽婷
印刷：北京通州皇家印刷厂
版次：2023 年 12 月第 1 版
印次：2023 年 12 月北京第 1 次印刷
发行：新华书店北京发行所
开本：787mm×1092mm 1/16
印张：14.25
字数：338 千字
定价：98.00 元

# 《淡水鱼类资源及其调查方法》
# 编 写 人 员

>>>**主　　编**：帅方敏

>>>**副 主 编**：李　捷

>>>**编写人员**（按姓氏笔画排序）：

帅方敏　朱书礼　刘亚秋　李　捷

李跃飞　李新辉　李慧峰　杨计平

张　凯　张迎秋　陈蔚涛　武　智

罗　渡　夏雨果

# 前　言

　　鱼类是古老的脊椎动物，它们几乎栖居于地球上所有的水生环境中，除极少数地区外，从淡水的湖泊、河流到咸水的大海和大洋，不论是从两极到赤道，从海拔 6 000 m 的高原山溪到洋面以下的万米深海，还是从 −2 ℃的冰水（如生活在北极地区的萌鱼科鱼类——阿拉斯加黑鱼 *Dallia pectoralis*）到52 ℃的热泉（如栖息于山间温泉的花鳉 *Cyprinodon macularins*），都有鱼类生存。其中鲸鲨（*Rhincodon typus*，1954 年于南海广东省沿岸捕获，长 20 m，重约 5 t）是目前世界上最大的鱼种；生活在澳大利亚东海岸一座岛屿附近的斯托特微型鱼（*Schindleria brevipinguis*，也叫胖婴鱼，成年个体仅 8 mm 长，1 mg 重）是世界上最小的鱼，也是世界上最小的脊椎动物。生活环境的多样性造就了鱼类的多样性，鱼类在长期的进化过程中，演变成种类繁多、生活习性各异的种群。

　　世界上，已发现的现存鱼类约 36 000 种，是脊椎动物中种类最多的一大类群。全世界现存鱼类中，约 1/3 为淡水鱼，超过 15 000 种。淡水鱼类不仅是淡水脊椎动物中种类最多的类群，还是淡水生物多样性的重要组成部分。与许多其他淡水生物不同，鱼类特有的鳍条作为运动器官，使他们能够主动移动到较远的距离，在分散水体里捕食。同时鱼类在食物链中占据广泛的营养层级，从较低的营养级（即消耗碎屑或浮游生物）到最高的营养级（即充当顶级捕食者），其捕食作用可以通过上行效应和下行效应影响整个水域生态系统的健康，是水生生态系统功能过程的关键种。因此，鱼类严重地影响水生生态系统中能量、营养和物质的转移，与其他水生生物、非生物之间相互依存、相互制约，形成一个复杂的水生生态系统，对生态系统稳定和平衡起着重要作用。

更为重要的是，淡水鱼类为人类提供了生活所必需的水产蛋白，是人类食物蛋白质的主要来源之一。尽管淡水生态系统只占整个地球表面不到1‰，但是却向人类提供了极其丰富的生物多样性和无以替代的生态服务功能。然而近几十年来由于人口的增长，过度开发、污染、外来种入侵、大坝建设和气候变化等，淡水鱼类在全球范围内受到普遍威胁，资源衰退、多样性减少、种质资源退化，这些都严重破坏了水生生态系统的健康和渔业资源的可持续利用。因此，淡水生态系统也被认为是地球上最濒危的生态系统之一。自20世纪70年代以来，淡水鱼类物种数减少了80％以上，洄游鱼类，包括鲟鱼、鲑鱼等，数量下降了76％。大型标志性鱼类，如湄公河巨鲇，数量减少了94％，约1/3的淡水鱼类正面临灭绝的威胁。

鉴于渔业资源衰退及鱼类多样性下降日益严重，世界各国对于渔业资源的调查与研究予以普遍重视。由联合国发起的全球性"国际生物多样性合作计划"旨在进一步加强和促进生物资源的调查和恢复。欧美等发达国家对内陆水域的水生生物开展了非常细致和系统的基础调查，对大河水域的生物区系、种群变动、栖息地和相关基础生态学均有持续性的研究和监测，出版了门类齐全的资源评估专著、水生生物志、鱼类志等。同时，为保护水生生物资源，国际上还制定了一系列公约，如《生物多样性公约》《负责任渔业行为守则》《海洋法公约》等。

我国作为《生物多样性公约》（1992年联合国环境与发展大会签署）和《濒危野生动植物种国际贸易公约》的缔约国之一，在保护生物多样性方面也承担着国际义务和责任，相继印发了《中国水生生物资源养护行动纲要》和《中国生物多样性保护战略与行动计划》（2011—2030年），其中已明确将水生生物资源本底及多样性调查纳入"优先领域与行动"之列。2020年和2022年先后颁布了《中华人民共和国长江保护法》和《中华人民共和国黄河保护法》，加强对其渔业资源和多样性的保护。国家主席习近平在2022年《生物多样性公约》第十五次缔约方大会第二阶段高级别会议开幕式上致辞，强调"通过生物多样性保护推动绿色发展"，再次表明了中国在生物多样性保护方面的坚定决心。

我国水域面积广阔，河流众多，是世界上河流最多的国家之一。同时山高谷深，水位落差大，河流类型的多样性造就鱼类丰富的多样性，约有鱼类3 446种，其中淡水鱼类1 452种，渔业资源丰富。因此，对河流体系里鱼类多样性及资源状况开展有效、准确的调查研究，是保护野生渔业资源及鱼类多样性、维持渔业可持续发展的第一步，同时也是保护水域生态安全和维护国家水域权益的重要保障。

本书从世界淡水鱼类的现状出发，对我国淡水鱼类的概况及鱼类资源与多样性的调查方法进行了详细介绍，实用性强，可供广大水产相关人员参考，亦可作为野外渔业资源调查的工具书。本书得到了外交部"中国-东盟渔业资源保护与开发利用"、国家自然科学基金面上项目"罗非鱼入侵对南亚热带河流鱼类营养结构的影响——以东江为例"、珠江渔业资源调查与评估创新团队项目（2023TD10）、农业农村部财政资金项目"珠江流域渔业资源及栖息地调查"等项目的支持。在此谨表衷心的感谢！

由于编者能力有限，书中不足之处，敬请广大读者见谅并提出宝贵意见。

帅方敏

2023年6月

# 目　录

# 第一章

# 淡水鱼类的类型

淡水鱼一般指能生活在盐度不超过 5 的淡水（如江河、湖沼、水库等淡水水域）中的鱼类，狭义地说，指在其生活史部分阶段如幼鱼期或成鱼期，或是终其一生都必须在淡水水域中生活的鱼类。按照不同的划分标准可以将淡水鱼划分为不同的类型，比如根据骨骼性质可以划分为软骨鱼和硬骨鱼、按形体可以划分为纺锤形、侧扁形、棍棒形、平扁形等。

## 第一节 按骨骼性质划分

根据骨骼性质可以划分为软骨鱼和硬骨鱼。

软骨鱼最明显的特征就是其骨架全由软骨组成，没有真正的骨骼，体表无鳞或者被盾鳞，体内受精。软骨鱼是古老的种类，被认为是最原始的鱼类，系统发生在大约 3 亿 5 千万年前。

软骨鱼类大约有 800 余种，世界上绝大多数的软骨鱼都生活在温暖的热带或亚热带海洋中，生活在淡水中的软骨鱼只有少数几种魟鱼，俗称淡水魟鱼。因此淡水软骨鱼极其稀有，如珍珠魟（*Potamotrygon motoro*）、黑白魟（*Potamotrygon leopoldi*）、巨型龟甲魟（*Potamotrygon brachyura*）、帝王魟（*Potamotrygon menchacai*）等。虽然南美洲亚马孙河为现存淡水魟的发源地，但目前淡水魟主要分布在东南亚和澳大利亚的北部河流之中，但是随着环境污染和它们栖息地的破坏，淡水魟的分布范围也越来越小。

硬骨鱼约 24 000 种，现存鱼类绝大部分都属于硬骨鱼。主要包括鲤形目、鲇形目、鲈形目、鲟形目、海鲢目、鼠鱚目、鲱形目、鲑形目等等，广泛分布于全球的海洋、河流、湖泊等地，几乎包括了世界上所有的经济鱼种（刘明玉等，2000）。硬骨鱼类型复杂、种类繁多，主要特征为骨骼全部或部分为硬骨，头骨、脊柱、附肢骨等内骨骼骨化，鳞片也骨化了。这些硬骨的来源，有从软骨转变来的软骨内成骨，也有从皮肤直接发生的皮肤骨，因此硬骨鱼是双源形成的。此外，硬骨鱼多体外受精，多数卵生，也有少数种类变态发育。淡水鱼除了少数几种软骨鱼外，几乎全为硬骨鱼。

## 第二节 按体形划分

鱼类为了适应不同的水域环境，进化出了不同的体形，比如纺锤形、侧扁形、棍棒形、平扁形等。

纺锤形：也称基本形，一般鱼类都是纺锤体形，整个身体呈纺锤形而稍扁，这种体形适合在水中游泳。在 3 个体轴中，头尾轴最长，背腹轴次之，左右轴最短，使整个身体呈流线形或稍侧扁，所以纺锤形鱼类在水中运动前进时阻力最小。许多大型淡水肉食性鱼类和一些游泳速度快的鱼类都是纺锤形鱼类，如鱤（*Elopichthys bambusa*）、鳡（*Ochetobius elongatus*）等。纺锤形鱼类大多生活在水体的中上层。

侧扁形：也是常见的鱼类体形，这类鱼的最大特征就是头尾轴和背腹轴的长度差不多，形成上下对称的扁平形，使整个体形扁宽，短而高。因此侧扁形的鱼类游泳能力较纺锤形弱，动作也不太敏捷，很少进行长途迁移，大多栖息于水流较缓的中、下层。如鲂属鱼类（*Megalobrama* spp.）、鳊（*Parabramis pekinensis*）、胭脂鱼（*Myxocyprinus asiaticus*）、淡水白鲳（*Colossoma brachypomum*）等等。

平扁形：这类鱼的 3 个体轴中，左右轴特别长，背腹轴很短，使体形呈左右对称的扁平形。这类鱼行动迟缓，不善于游泳，且多营底栖生活，例如魟属鱼类（*Potamotrygon* spp.）、鲇科鱼类（Siluridae）、舌鳎属鱼类（*Cynoglossus* spp.）等。

棍棒形：也称圆筒形。棍棒形鱼类的头尾轴特别长，而左右轴和腹轴都很短，使整个体形呈棍棒状。其游泳能力较侧扁形和平扁形强，善于穿梭水底礁石岩缝，因此圆筒形鱼类大多潜伏于水底，在水底泥土中穴居和水底砂石中生活。如黄鳝（*Monopterus albus*）、鳗鲡（*Anguilla* spp.）等。

此外，还有一些鱼类为适应特殊的生活环境和生活方式，而呈现出特殊的体形，例如东方鲀属鱼类（*Takifugu* spp.）等。

# 第三节　按是否有颌划分

按是否有颌可以分为无颌类和有颌类两大类。

无颌类：无颌类鱼类是较原始的鱼类，脊椎呈圆柱状，没有上下颌，因此只能营寄生或半寄生生活，通常以大型鱼类为寄主。如七鳃鳗（*Lampetra* spp.）等鱼类，用前端的漏斗状口吸附于寄主体表，用角质齿锉破寄主皮肤吸食寄主的血肉为生。淡水中的无颌类鱼只有生活在松花江、黑龙江等水域中的圆口纲东北七鳃鳗（*Lampetra morii*）、日本七鳃鳗（*Lethenteron camtschaticum*）、雷氏七鳃鳗（*Lampetra reissneri*）等。

有颌类：有颌类鱼类与无颌类相对，具脊椎，有上下颌，现存的淡水鱼中绝大多数都是有颌类，包括我们常见的鲤科鱼类、鲇科鱼类等等。颌的出现在鱼类进化中具有非常重要的意义。颌使鱼类能够主动、有效地捕食。棘鱼纲（Acanthodii）鱼类是从无颌类向有颌类进化的最早的尝试者，是已知最早的有颌类脊椎动物，内骨骼已经开始骨化，具有原始的颌。

# 第四节　按濒危程度划分

《世界自然保护联盟濒危物种红色名录》（或称 IUCN 红色名录，简称红皮书）主要用于衡量物种濒危程度或受威胁状况的物种濒危等级（endangered category）。该名录于1963 年开始编制，主要是根据评估物种数及亚种的绝种风险，旨在向公众及决策者反映保育和保护的优先等级，并协助国际社会避免物种灭绝，是全球动植物物种保护现状最全面的名录，也是对生物多样性状况最具权威的指标。2018 年 11 月 14 日，红皮书更新发布了一共包括 26 840 种濒临灭绝的生物，其中淡水鱼类 1 000 多种。2022 年 7 月 21 日，世界自然保护联盟更新濒危物种红色名录。名录显示，长江特有物种白鲟（*Psephurus gladius*）已经灭绝，长江鲟（*Acipenser dabryanus*）野外灭绝。

根据数目下降速度、物种总数、地理分布、群族分散程度等准则，可将物种分类为 9 个级别。

（1）灭绝（EX，extinct）

灭绝是指一个物种完全消失。由于生存竞争的关系，导致了一部分物种的消失，但同时也为其他物种的发展和新物种的产生创造了条件。例如白垩纪末期的大灭绝事件，导致了恐龙的灭绝，但恐龙灭绝后，原本被恐龙压制的哺乳动物得到了繁荣的发展，取代了恐龙的生态位。据估计，地球上曾经生活着的物种（总计超过 50 亿个物种）超过 99% 都已经灭绝。

（2）野外灭绝（EW，extinct in the wild）

野外灭绝是一种保护现状，是指当某物种或其亚种已知的个体仅存活于人工圈养的环境，或是其种群需经过野放后才能够回归其历史上存在的地点时，就会被分类为野外灭绝物种。

（3）极危（CR，critically endangered）

极危物种是指其野生种群面临即将灭绝，是仅次于灭绝及野外灭绝的评级。世界自然保护联盟（IUCN）将该等级严格定义为该物种的 3 个世代曾在过去或近 10 年内下降 90% 及以上。

（4）濒危（EN，endangered）

濒危物种是指很可能会绝灭的物种，仅次于极危物种（CR）。是指由于滥捕、环境破坏、栖地狭窄等种种原因导致其野生种群在不久的将来面临灭绝的概率很高。IUCN 的濒危物种红色名录就列出了许多濒危物种，这些是在国际自然保护联盟的架构下，第二严重的保护等级。

（5）易危（VU，vulnerable）

易危物种是指一些快成为濒危物种的物种，比如受到环境因素的影响或者在未来一段时间后，其野生种群面临灭绝的概率较高。

（6）近危（NT，near threatened）

近危物种是指目前保护的现状比较低，但在未来一段时间后，接近符合或可能符合受威胁等级的物种。

（7）无危（LC，least concern）

无危物种又称低关注度物种，指现存的物种中被评估为不属于其他分类的物种。它们既不是濒危物种，也不是近危物种，亦不需要保护其生存环境，这一类物种受威胁的程度较低。广泛分布和种类丰富的分类单元都属于该等级。

（8）数据缺乏（DD，data deficient）

数据缺乏是当一个物种的已知信息不足以对其保护状况进行正确评估时所用的一个分

类标记，并不一定意味着该物种不需要保护，只是表明关于该物种的种群数量及分布的资料极少或根本没有。

（9）未评估（NE，not evaluated）

未评估是指该物种还未被国际自然保护联盟研究或评估过，或者是其种群数量足够多而不需要急于被关注的一个分类，属于 NE 状态的物种个数应该远比其他分类的物种要多。

# 第二章

# 世界十大河流及鱼类资源现状

　　世界上，现存已发现的鱼类约 36 000 种，是脊椎动物中种类最多的一大类，约占脊椎动物总数的 48.1%。鱼纲也是脊椎动物中种类最多的一个类群，超过其他各纲脊椎动物种数的总和，其中圆口纲约 73 种，软骨鱼纲约 800 种，硬骨鱼纲约 2 万种（Nelson et al.，2016）。全世界现存鱼类中，约 1/3 为淡水鱼，超过 15 000 种，隶属于 30 多个目，种类较多的有鲤形目（2 420 余种）、鲇形目（2 210 余种）、脂鲤目（1 330 余种）。鱼类不仅是淡水脊椎动物中种类最多的类群（Lundberg et al.，2000），还是淡水生物多样性的重要组成部分（Carpenter et al.，1992）。

　　然而近几十年来由于人口的增长、社会经济的高速发展，各江段高强度开发、采砂船滥采乱挖、航运升级等直接破坏鱼类栖息地；水电站等各种涉水工程建设造成鱼类洄游通道受阻，产卵场被淹没或破坏；大量污废水的排放，导致水生生境遭到破坏；过度捕捞以及电、毒、炸等非法捕捞现象屡禁不止，造成鱼类种类组成与分布改变；同时随着经济和交通的发展，人类在不同地区间的交流日益频繁，发生外来鱼类入侵的频率也随之上升，严重威胁着本土鱼类（Kang et al.，2023）。这些人类活动导致当地渔业资源衰退、鱼类多样性降低、种质资源衰退严重以及水生生态系统功能下降等问题（Carpenter et al.，1992；Dudgeon et al.，2005），严重破坏了水生生态系统的健康和渔业资源的可持续利用（石永闯等，2019）。因此，淡水生态系统也被认为是地球上最濒危的生态系统之一（Dudgeon et al.，2005）。自 20 世纪 70 年代以来，淡水鱼类物种数减少了 80% 以上（WWF，2018），洄游鱼类，包括鲟鱼、鲑鱼等，数量下降了 76%，大型标志性鱼类，如湄公河巨型鲇，数量减少了 94%，约 1/3 的淡水鱼类正面临灭绝的威胁（Su et al.，2021）。仅 2020 年有 80 个物种被宣布灭绝（World Wildlife Fund，2021）。

　　鉴于渔业资源衰退及鱼类多样性下降日益严重，世界各国对于渔业资源的调查与研究已普遍予以重视。2008 年，*Nature* 就曾发专刊讨论渔业资源的衰退将对人类造成不可忽视的影响（Stenseth et al.，2008）。由联合国发起的全球性“国际生物多样性合作计划”，旨在进一步加强和促进生物资源的调查和恢复。欧美等发达国家对内陆水域的水生生物开展非常细致和系统的基础调查，对大河水域的生物区系、种群变动、栖息地和相关基础生态学均有持续性的监测和研究，出版了门类齐全的资源评估专著、水生生物志、鱼类志（Brehmer et al.，2007）。如美国野生动物保护局，对美洲鲥鱼几十年的监测和保护使美洲鲥资源得到了恢复。国际上还十分重视水生生物资源的保护，1995 年，联合国粮农组织制定了《负责任渔业行为守则》，并于 2001 年提出将“生态系统水平的渔业管理”作为世界渔业的战略目标。2002 年召开的联合国可持续发展世界首脑会议，将“自然资源保护、可持续管理和负责任渔业"写进《执行计划》和《政治宣言》，要求各国予以实施。同时，为保护水生生物资源，国际上制定了一系列公约，如《生物多样性公约》《负责任渔业行为守则》《海洋法公约》《濒危动植物种国际贸易公约》《国际重要湿地特别是水禽栖息地公约》等。2021年美国颁布《恢复美国野生动物法》，以恢复和保护淡水栖息地的生物多样性。

在国内，国务院于2006年颁布了《中国水生生物养护行动纲要》，加强对渔业资源和环境的保护；另外我国作为《生物多样性公约》（1992年联合国环境与发展大会签署）和《濒危野生动植物种国际贸易公约》的缔约国之一，在保护生物多样性方面也承担着国际义务和责任。党的十八大做出了"大力推进生态文明建设"的战略决策，党的十八届五中全会提出绿色发展理念，把绿色发展作为"十三五"乃至今后更长时期必须坚持的重要发展理念。党中央国务院相继印发了《中国水生生物资源养护行动纲要》和《中国生物多样性保护战略与行动计划》（2011—2030年），其中已明确将水生生物资源本底及多样性调查纳入"优先领域与行动"之列。2020年和2022年先后颁布了《中华人民共和国长江保护法》和《中华人民共和国黄河保护法》，从法律层面加强对渔业资源和多样性的保护。习近平主席在2022年《生物多样性公约》第十五次缔约方大会第二阶段高级别会议开幕式上致辞强调"通过生物多样性保护推动绿色发展"，再次表明了中国在生物多样性保护方面的坚定决心。

# 第一节　尼　罗　河

尼罗河（Nile River）发源于埃塞俄比亚高原，由卡盖拉河、白尼罗河、青尼罗河三条河流汇流而成，流经布隆迪、卢旺达、坦桑尼亚、苏丹、埃及等九个国家，最终注入地中海，全长近6 700 km，是非洲第一大河，也是世界第一长河。尼罗河与中非地区的刚果河以及西非地区的尼日尔河并称为非洲的三大河流。

尼罗河流经地区多为干旱贫瘠的沙漠，只有流经埃及境内的河段自然条件相对较好，但是这一段只有1 350 km，平均河宽800～1 000 m，水深10～12 m，且水流平缓，因此总体上，尼罗河渔业资源并不丰富，鱼类物种数也较少，主要以鲤科鱼类（Cyprinidae）居多，31种，其次为象鼻鱼科（Mormyridae）鱼类17种和倒立鲶科（Mochokidae）鱼类16种。

罗非鱼（Tilapia spp.）是尼罗河里盛产的鱼类之一，也是当地渔民捕捞的主要鱼种之一。世界上体型最大的淡水鱼之一及最具影响力的100种入侵物种中的尖吻鲈（Lates calcarifer）也产于尼罗河，同时被称为恐龙王的古老鱼类尼罗河多鳍鱼（Polypterus bichir）也是特产于尼罗河。此外，埃及胡子鲇（Clarias leather）、非洲龙鱼（Heterotis niloticus）、裸臀鱼（Gymnarchus niloticus）、长颌鱼（Mormyrus caschive）、倒游鲇（Synodontis nigriventris）、非洲肺鱼（Dipnomorpha spp.）以及脂鲤科的各种鱼都是尼罗河流域常见鱼类。

尼罗河河口的沙丁鱼（Sardina pilchardus）资源曾经非常丰富，但是自1970年阿斯旺大坝（Aswan High Dam）建成以来，尼罗河水文格局发生改变，尼罗河流入埃及的淡水流量减少了约25%，下游渔业资源也面临枯竭。尼罗河的河水80%以上是由埃塞俄比亚高原提供的，由于埃塞俄比亚高原上的季节性暴雨，因此尼罗河有定期泛滥的特点，但是水量及涨潮的时间变化很大。同时由于上源为热带多雨区域,即便尼罗河有很长的河段流经沙漠,尼罗河仍然能维持长年流水。

由于以罗非鱼鱼苗为食的小龙虾(*Procambarus clarkii*)的入侵,导致罗非鱼产量大幅降低。近年来,通过与中资企业合作,捕捞小龙虾成为当地渔民新的重要收入来源,仅埃及就有 5 万多名渔民在从事捕捞小龙虾的工作,收入普遍较高。同时由于人口的增长及过度捕捞等,使得尼罗河渔业资源日益枯竭。更为严重的是尼罗河及其支流全线都遭受了污染,其中,有将近 3/4 的鱼类体内或存在微塑料。

# 第二节　亚马孙河

亚马孙河(Amazon River)位于南美洲北部,发源于南美洲安第斯山脉,流经秘鲁、巴西、玻利维亚、厄瓜多尔、哥伦比亚和委内瑞拉等国,注入大西洋。亚马孙河全长约 6 440 km,是世界第二长河。其支流超过 1.5 万条,流域面积 705 万 km²。亚马孙河流量达 21.9 万 m³/s,是萨伊的 3 倍多,长江的 7 倍多,密西西比河的 10 倍多,尼罗河的 60 倍多,相当于世界河流注入大洋总水量的 1/6。每年注入大西洋的水量约 6.6 万亿 m³,是世界上流量最大、流域面积最广、支流最多的河流,被誉为"河流之王"。

亚马孙河地处赤道附近,地势平坦,海拔不超过 200 m,水位变化小,但是终年多雨、水量充沛,年降雨量 2 000 mm 以上,无明显汛期。亚马孙河水深河宽,巴西境内河深大部分在 45 m 以上,马瑙斯附近深达 99 m,下游河宽达 20~80 km,河口呈喇叭状,宽 240 km。河流蜿蜒曲折,湖沼众多,多雨、潮湿及持续高温是其显著的气候特点,孕育了世界最大的热带雨林与丰富的生物多样性,是世界上生物资源最丰富的地区,也是淡水鱼类的乐园。据估计,迄今为止亚马孙河与其支流至少拥有 2 500 多种淡水鱼,是美国、加拿大和墨西哥鱼类物种总和的两倍,是世界上拥有淡水鱼类最多的一条河,因此南美洲比世界上任何一块大陆上的鱼类物种都要多。

亚马孙河水中生活着多种水生生物,亚马孙河豚(*Inia geoffrensis*)是世界上体形最大的河豚,成体可达 2.6 m,还有珍贵的哺乳类水生动物——亚马孙海牛(*Trichechus inunguis*)和攻击性强的食人鲳(*Pygocentrus nattereri*)等。亚马孙河还有多种特有种,如通体透明且行动迅速的寄生鲇鱼——牙签鱼(*Vandellia cirrhosa*)等等。亚马孙流域是世界上河流鱼类最多的地区,分布有鱼类 1 353 种,亚马孙河还是全球淡水观赏鱼的主要产地。亚马孙河流脂鲤科(Characidae)鱼类最多,有 226 种,其次为丽鱼科(Cichlidae)鱼类 187 种,骨甲鲇科鱼类(Loricariidae)122 种,溪鳉科(Rivulidae)鱼类 57 种。

然而随着热带雨林的减少,数年后,至少 50 万~80 万种动植物种会灭绝,亚马孙河鱼类的灭绝是鱼类基因库的丧失,也将成为人类最大的损失之一。

# 第三节　长　　江

长江(Yangtze River)发源于青藏高原的唐古拉山脉,干流自西而东横穿整个中国中部,流经青海、西藏、四川、云南、重庆、湖北、湖南、江西、安徽、江苏、上海共 11

个省级行政区，于崇明岛以东注入东海，全长 6 387 km，是我国第一大河流，世界第三长河。

长江流域面积达 180 万 km²，约占中国陆地总面积的 1/5。长江是中国水量最丰富的河流，淮河大部分水量也通过大运河汇入长江，水资源总量 9 616 亿 m³，约占全国河流径流总量的 36%，为黄河的 20 倍，在世界仅次于赤道雨林地带的亚马孙河和刚果河，居第三位。与长江流域所处纬度带相似的南美洲巴拉那——拉普拉塔河和北美洲的密西西比河，流域面积虽然都超过长江，水量却远比长江少，前者约为长江的 70%，后者约为长江的 60%。

然而由于长江流域人口众多，人均占有水量仅为 2 760 m³，为世界人均占有量的 1/4。长江水资源的特征主要为流域地表水资源量占水资源总量的 99%，而在地表水资源中，河川径流量又占了 96% 以上，汛期的河川径流量一般占全年径流量的 70%～75%。同时径流地区分布也很不均匀，鄱阳湖和洞庭湖水系的单位面积产水最大，金沙江和汉江水系最少。

长江流域气候温暖，雨量丰沛，地形变化大，因此有着多种多样的水域类型，造就了丰富的长江鱼类资源。长江水系有鱼类 400 余种，其中纯淡水鱼类 350 种左右，特有鱼类多达 156 种，分布有珍稀濒危鱼类白鲟、中华鲟（*Acipenser sinensis*）、长江鲟、胭脂鱼、川陕哲罗鲑（*Hucho bleekeri*），松江鲈（*Trachidermus fasciatus*）、圆口铜鱼（*Coreius guichenoti*）等种群。长江流域的天然捕捞产量占全国淡水鱼总捕捞产量的 60% 左右，是我国淡水鱼最重要的产区。

近半个世纪以来，长江流域渔业资源出现了严重的衰退，干流的渔业资源大幅衰竭，从 1954 年的 43 万 t，下降到 2010 年的 26 万 t。2011 年长江三峡库区、坝下、洞庭湖、鄱阳湖和河口区的天然捕捞量已经不足 5 万 t。近两年鄱阳湖和洞庭湖的渔业产量，与历史最高产量相比，降幅均超过 50%。同时鱼类个体小型化日益严重，长江渔获物中，体重小于 50 g 的渔获物占到了总量的 97.4%；而长江主要经济鱼类四大家鱼的比重仅为 0.25%。除了产量减少，种类也在减少，20 世纪 80 年代以前的记录显示，鄱阳湖内有 117 种物种，去年只剩下 86 种。长江上游受威胁物种数达 79 种，位居全国各大河流之首，长江中下游的受威胁物种也有 28 种。长江水系鲤科鱼类最多，290 种，其次为条鳅科（Nemacheilidae）鱼类 32 种，鲿科（Bagridae）鱼类 24 种和鳅科（Cobitidae）鱼类 22 种。

# 第四节　密西西比河

密西西比河（Mississippi River）位于北美洲中南部，发源于美国西部落基山脉的密苏里河支流红石溪（位于蒙大拿州），从东坡最大的支流密苏里河的源头起算，全长 6 262 km，是世界第四长河。密西西比河是美国的"河流之父"，汇集了上密西西比、东部支流俄亥俄河、西部支流密苏里河、阿肯色河、怀特河和雷德河等共约 250 多条支流，形成巨大的树枝状水系。水量丰富，近河口处年平均流量达 1.88 万 m³/s，是整个北美大陆流程最长、流域面积最广、水量最大的河流。

密西西比河流域广阔，流域面积 322 万 km²，约占美国本土面积的 41%，北美洲面积的 1/8，覆盖了东部和中部广大地区，为北美洲河流之冠，位居世界第三流域面积的大河。密西西比河各支流水系气候条件不一，流域冬季月平均气温在路易斯安那州南部亚热带地区为 13 ℃，在明尼苏达州北部亚极地区为 -12 ℃，夏季月平均气温在路易斯安那为 28 ℃，在明尼苏达为 21 ℃，因而河流各段的水文特征具有一定差异。因此密西西比河水生生物资源丰富，鱼类众多。密西西比河流域共哺育着 400 多种不同的野生动物资源，北美地区 40% 的水禽都沿着密西西比河的路径迁徙。密西西比河流域共有鱼类 231 种，其中鲤科鱼类最多 78 种，其次为鲈科鱼类（Percidae）36 种、亚口鱼科鱼类（Catostomidae）22 种，太阳鱼科鱼类（Centrarchidae）17 种。大型淡水经济鱼类鸭嘴鱼—美国匙吻鲟（*Polyodon spathala*）、蓝鲇鱼—长鳍真鮰（*Ictalurus furcatus*）也原产于这里。此外，还分布有密西西比河特有鱼类亚口鱼科鱼类 22 种、濒危水生动物密河鳄—美国短吻鳄（*Alligator mississippiensis*）等。

密西西比河水流平稳，利于航行，因此密西西比河已成为世界上最繁忙的商业水道之一。也是美国最大的内河航道系统，但由于大量大坝及拦水工程的建设，以及养殖业发展导致的水体污染等，目前密西西比河已成为美国十大濒危河流之一。同时由于亚洲鲤鱼的入侵，密西西比河的渔业资源正下降严重，鱼类多样性锐减。

# 第五节 黄 河

黄河（Yellow River）发源于青藏高原巴颜喀拉山北麓的约古宗列盆地，全长 5 464 km，是世界第五长河，中国第二长河。流域面积约 752 443 km²，呈"几"字形自西向东分别流经青海、四川、甘肃、宁夏、内蒙古、陕西、山西、河南及山东 9 省（自治区），最后流入渤海。干流多弯曲，素有"九曲黄河"之称。

黄河支流众多，流域幅员辽阔，山脉众多，中上游以山地为主，中下游以平原、丘陵为主，因此东西高差悬殊，各区地貌差异大。又由于流域处于中纬度地带，光照充足，因受大气环流的影响，降水量较少，而蒸发能力很强。因此，流域内不同地区温差悬殊，气候的差异显著，降水量分布不均，由南向北呈递减趋势。

黄河流域年径流量主要由大气降水补给，多年平均天然年径流量 580 亿 m³，仅相当于降水总量的 16.3%，产水系数很低。黄河虽是我国第二长河，但天然年径流量仅占全国河川径流量的 2.1%，居全国七大江河的第四位，小于长江、珠江、松花江。同时受季风影响，黄河流域的降水量季节性变化很大，夏季降水量大，河水暴涨，容易泛滥成灾，冬季降水量小，水资源匮乏，因此径流的年内分配也很不均匀。黄河流域年径流还存在连续枯水段持续时间长的特点，长时段连续枯水，给渔业资源带来许多不利影响。

由于黄河流域流经中国黄土高原地区，夹带了大量的泥沙，所以它也被称为世界上含沙量最多的河流，因此黄河渔业资源并不丰富，流域内记录鱼类 191 种，以鲤科鱼类为主，共 87 种，其次为鳅科鱼类 27 种，虾虎鱼科（Gobiidae）鱼类 15 种，鲶科鱼类 3 种。特别是近年来人类活动的影响，使得黄河渔业资源一度枯竭。2018 年初，农业部发布《关于实行黄河禁渔期制度的通告》，正式决定从 2018 年 4 月 1 日起在黄河流域实行禁渔期制度以修护黄河渔业资源。

## 第六节　鄂毕-额尔齐斯河

鄂毕-额尔齐斯河（Ob - Irtysh River）是一条跨国河流，同时也是一条组合河流。鄂毕河与额尔齐斯河分别发源于中亚细亚的阿尔泰山脉两侧，各自朝着相反方向流去，分道穿过浩瀚无边的西伯利亚西部大平原，到达下游远处时又汇合成一条水系。鄂毕河发源于俄罗斯境内的阿尔泰山，上游河流自阿尔泰山脉西北面的山坡急泻下，流入西伯利亚西部平原，顺着一条古老冰川河槽流过大平原。额尔齐斯河则发源于中国境内的阿尔泰山脉，从南坡高处开始，向西流过斋桑泊，下斜进入低地，蜿蜒向西北缓缓流去，经过 3 720 km 远路程，到坎替曼斯克，才与鄂毕河汇合起来。两条河流汇合后，河道其中一处又分成两支，各自流过超 320 km 才再度汇合，最后，注入北冰洋。由额尔齐斯河最远的源头至与鄂毕河汇合处，再至两河一并出海的鄂毕湾，全长 5 410 km，居世界第六位，亚洲第二位，也是中国唯一流入北冰洋的河流。鄂毕河流域面积 297.5 万 km²，支流众多，流域内有大小支流 15 万条以上，水量丰富，年均径流量为 3 850 亿 m³，是西伯利亚的主要运输通道，每年上游约可通航 190 天，下游约可通航 150 天，许多货物沿穿越北冰洋的北部海路进出，历史上经济较为发达。

由于鄂毕-额尔齐斯河流域位于俄罗斯的西伯利亚地区，因此，该流域的气候属于典型的大陆性气候。冬季寒冷漫长，1 月的平均气温低于 -20 ℃。夏季较温暖，南部 7 月平均气温 22 ℃；北部由于太阳光辐射热能减少，7 月的平均气温只有 9~10 ℃。因此流域内都为冷水性鱼类，种类不多，约 50 种，包括狗鱼（*Esox* spp.）、江鳕（*Lota lota*）、阿勒泰杜父鱼（*Cottus pollux*）、鲤（*Cyprinus carpio*）及河鲈（*Perca fluviatilis*），最有经济价值的是虹鳟（*Oncorhynchus mykiss*）、哲罗鲑（*Hucho taimen*）、细鳞鲑（*Brachymystax lenok*）以及北极茴鱼（*Thymallus arcticus*）等。

在整个额尔齐斯河流域，鱼类组成比较简单，共 5 目 10 科 29 种。其中鲤科鱼类最多，占总种类数的 44.83%，其次是鳅科鱼类，占总种类数的 10.34%，鲑科鱼类和鲈科鱼类各 3 种，为总种类数的 13.79%；茴鱼科鱼类、胡瓜鱼科鱼类、狗鱼科鱼类、鳕科鱼类、塘鳢科鱼类以及杜父鱼科鱼类各 1 种。优势种主要为河鲈、贝加尔雅罗鱼（*Leuciscus baicalensis*）、麦穗鱼（*Pseudorasbora parva*）、阿勒泰鳄（*Phoxinus ujmonensis*）和尖鳍鮈（*Gobio acutipinnatus*）、梭鲈（*Sander lucioperca*），东方欧鳊（*Abramis brama*）、湖拟鲤（*Rutilus rutilus lacustris*）以及虹鳟。其中梭鲈和东方欧鳊为额尔齐斯河流域特有鱼类。

由于季节性冰盖造成水中缺氧，每年冬季在特姆河汇入处至三角洲之间的河段都有许多鱼死亡。

## 第七节　澜沧江-湄公河

澜沧江-湄公河（Mekong River）发源于中国青海省唐古拉山东北坡，在中国境内的上游叫澜沧江（Lancang Jiang 或 Lan - ts′ang Chiang），流出中国国境以后的河段称湄公河（占澜沧江-湄公河总流域面积的 77.8%），流经老挝、缅甸、泰国、柬埔寨和越南，于越南胡志明市注入南海。下游三角洲在越南境内，因由越南流出南海有 9 个出海口，故越南称之为九龙江。澜沧江-湄公河是亚洲最重要的跨国水系，全长 4 909 km，是世界第七长河，亚洲第三长河，东南亚第一长河，也是东南亚最大的国际河流。

澜沧江-湄公河流域面积 81 万 km²，西部以怒山（南段碧罗雪山）、邦马山等山脊线与怒江分界，东部则以云岭、无量山等山地分别与金沙江、红河分水。是典型的由北向南流动的河流，所经流域几乎包括了世界上除戈壁和沙漠以外的所有自然景观和气候类型。因此流域上、中、下游地貌及河流自然环境类型复杂多样。

澜沧江-湄公河年径流量 4 750 亿 m³，居东南亚各河首位。六个流域国对湄公河水量贡献大小排序是：老挝、柬埔寨、泰国、中国、越南、缅甸。由于湄公河流域位于亚洲热带季风区的中心，5—9 月底受来自海上的西南季风影响，潮湿多雨，11 月至次年 3 月中旬受来自大陆的东北季风影响，干燥少雨，但由于澜沧江-湄公河地处热带-亚热带气候区，整体上降水量大，水资源丰富，渔业资源丰富，鱼类多样性高，巨型鱼类较多，如世界上最大的淡水鱼——湄公河巨型鲶鱼（*Pangasianodon gigas*）、世上最大的鲤科鱼类——巨暹罗鲤（*Catlocarpio siamensis*）等都生活在湄公河里。

澜沧江-湄公河共有鱼类 800 多种，其中鲤科鱼类最多，有 281 种，其次为条鳅科鱼类 94 种、虾虎鱼科鱼类 43 种、鳅科鱼类 35 种、鲇科鱼类 31 种、鮡科（Sisoridae）鱼类 29 种、爬鳅科（Balitoridae）鱼类 29 种、鲿科鱼类 27 种。其中双孔鱼科（Gyrinocheilidae）鱼类、粒鲇科（Akysidae）鱼类、刀鲇科（Schilbidae）鱼类、鲺科（Pangasidae）鱼类、攀鲈科（Anabantidae）鱼类在国内仅分布于澜沧江。

# 第八节　刚　果　河

刚果河（Congo River）也被称为扎伊尔河，大河的意思，位于非洲中西部，发源于扎伊尔沙巴高原，流经安哥拉、赞比亚、扎伊尔、中非、刚果、喀麦隆、安哥拉等国境，贯穿刚果盆地，呈一大弧形两次穿过赤道后注入大西洋。全长 4 640 km，为世界第八大河流，非洲第二长河（仅次于尼罗河）。

刚果河流域面积约 370 万 km²（占非洲热带雨林总面积的 70%，占全世界热带雨林总面积的 25%），其中 60% 流域面积在刚果民主共和国境内，其余面积分布在刚果共和国、喀麦隆、中非、卢旺达、布隆迪、坦桑尼亚、赞比亚和安哥拉等国。由于流域流经赤道两侧，因此刚果河流域具有非洲最湿润最炎热的赤道热带雨林气候，平均温度 24 ℃，仅次于亚马孙雨林，为世界第二大热带雨林流域，生物资源非常丰富。

刚果河流域地处非洲赤道地区著名的刚果盆地，呈典型的盆状，高原山地与盆底之间形成许多陡坡和悬崖。刚果河流域最为与众不同的是其北起撒哈拉沙漠，南、西至大西洋，东至与东非各湖区为界的各种不同的地理洼陷中。这个流域中支流众多，河网稠密，各支流呈扇形网沿着同心坡向下流去，这些坡则包围着一个中心洼地。干流绕行于刚果盆地边缘地带，形成一个向北突出的大弧形，并两次穿越赤道，水量丰富的众多支流从赤道两侧相继汇入。同时又由于有南北半球丰富降水的交替补给，终年雨水供给不断，使刚果河常年流量大而稳定，具有典型的赤道多雨区河流的水文特征。年降雨量达 1 700 mm，年径流量 13 026 亿 m³，是世界大河中流量变化最小的河流之一。虽然其长度仅次于尼罗河，但是其流量却比尼罗河大 16 倍。如果按流量来划分，刚果河的流量仅次于亚马孙河，是世界第二大河。

刚果河渔业资源丰富，已知鱼类有 686 种，仅马莱博湖就有 230 多种鱼类，还有新种不断被发现，鱼类学家估计鱼类种数超过 1 000 种，其中 80% 的鱼类是特有种。因此几乎所有河边人都从事捕鱼。肺鱼、呈红茶色的黑鲇都是这里的代表种。刚果河虽然拥有总长约 16 000 km 的航运水道系统，尽管其水力蕴藏量占世界已知水力资源的 1/6，但是刚果河流域没有多少水电开发工程，因此刚果河渔业资源与多样性保存相对较好。优势种依然是鲤科鱼类，207 种，其次为倒立鲇科鱼类 200 种，鳢科（Channidae）鱼类130 种，非洲脂鲤科（Alestidae）鱼类 71 种、假鳃鳉科（Nothobranchiidae）鱼类 52 种。

# 第九节　勒　拿　河

勒拿河（Lena）发源于东南西伯利亚贝加尔湖畔山脉的雪峰，沿中西伯利亚高原东缘曲折北流，流经俄罗斯国境内东西伯利亚茂密的原始森林，最后注入北冰洋拉普捷夫海，是流入北冰洋的三大西伯利亚河流之一（其他两个是鄂毕河和叶尼塞河），全长4 400 km，是全球第九大河，俄罗斯第二大河。

勒拿河流域面积 249 万 km²，河源段称"大勒拿河"，主要支流有：基廉加河、维季姆河、大波托姆河、奥廖克马河、阿尔丹河、钮亚河、维柳伊河。勒拿河及其支流构成的水道网相当稠密，水量充沛，其水能资源也较为丰富，年平均流量 17 000 m³/s。但勒拿河 95% 以上的流水来自融水和降雨，以冰雪融水补给为主，冰冻期长达 8 个月，因此沿岸生物种类少，补充有机质少，浮游生物稀少，而且种类有限，因此勒拿河渔业资源也较为匮乏，已知的鱼类数量有 43 种，常见的有 14 种。勒拿河鱼类以冷水性鱼类哲罗鲑为代表，商业上重要的鱼类包括西伯利亚鲟（*Acipenser baerii*）、哲罗鲑、拟鲤（*Rutilus rutilus*）、雅罗鱼（*Leuciscus leuciscus*）和花鲈（*Lateolabrax japonicus*）则主要集中在夏季水温较暖的河口。

# 第十节　黑　龙　江

黑龙江（Amur River），古称羽水、黑水、浴水、望建河、石里罕水等，蒙语称哈拉穆河，俄语称阿穆尔河，因河水含腐殖质多，水色发黑得名。发源于蒙古草原地带的肯特山，流经蒙古、中国、俄罗斯和朝鲜，最终注入鞑靼海峡，全长 4 350 km，是世界第十大河，中国第四大河。

黑龙江是一条重要的国际河流，是世界第一国际界河，流域包括中国、俄罗斯、蒙古、朝鲜四国。在我国境内的长度为 3 474 km，中俄界河长 3 000 km，流域面积 185.6 万 km²，其中中国境内流域面积 89.1 万 km²，在中国境内的流域面积约占全流域面积的 48%。

黑龙江流域广阔，流域内水力资源丰富，年径流量 3 465 亿 m³，江宽水深，航运条件较好，干流自漠河以下和兴凯湖以下的乌苏里江均可以通行轮船。

黑龙江冰期长达 6 个月，降水季节分配不均，每年 4—10 月暖季降水量占全年的 90%～93%，其中 6—8 月占 60%～70%。10 月份进入冬半年枯水期，冰期长达 6 个月，冬半年降水均以雪的形式降落。地表积雪厚度一般在 20～50 cm，待春季气温回升，积雪才能融化补给河流，河水上涨形成春汛，春季融水补给占 10%～27%。干流径流量的年际变化也较大，丰水年的径流量约为枯水年径流量的 3.5～4.0 倍。

流域内记录鱼类 175 种，以鲤科鱼类为主，共 81 种，其次为鲑科（Salmonidae）鱼类 18 种，虾虎鱼科鱼类 11 种，鳅科鱼类 10 种。流域渔业资源丰富，尤以大麻哈鱼（Oncorhynchus keta）和达氏鳇（Huso dauricus）最为著名。

世界十种最濒危淡水鱼类排行及主要信息如表 2-1 所示：

表2-1 世界十大最濒危淡水鱼类排行榜

| 排名 | 中文名 | 拉丁名 | 保护级别 | 备注 |
|---|---|---|---|---|
| 1 | 长江鲟 | *Acipenser dabryanus* | 野外灭绝（EW） | 鲟形目鲟科鲟属鱼类，别名达氏鲟，有"水中大熊猫"之称，已有1.5亿年的历史。成年个体一般在75～105 cm，体长最长可达1.5 m，体重最重可达40 kg，为纯淡水定居杂食性鱼类，是我国长江中上游独有的珍稀野生动物，属国家一级重点保护动物，世界自然保护联盟濒危物种红色名录（IUCN）野外灭绝（EW）级物种，十大濒临灭绝物种种水生动物之一 |
| 2 | 欧洲鳇 | *Huso huso* | 极度濒危（CR） | 鲟形目鲟科鳇属鱼类，是世界上最大的淡水鱼之一，体长可达7～8 m，体重可超过1 t，是鲟鱼中个体最大、最珍贵的淡水鱼品种。其寿命很长，可以活到100岁以上。生活在欧洲北部的淡水区域，亚速海和黑海流域中，它是现代硬骨鱼类保留下来的一支中最古老的品种，因此具有"活化石"之称。其卵被称为"真正的鱼子酱"，一条成年的雌性欧洲鳇一次可以产卵200 kg，具有很高的经济价值，但这也导致了其被过度捕捞 |
| 3 | 中华鲟 | *Acipenser sinensis* | 极度濒危（CR） | 鲟形目鲟科鲟属鱼类，是一种大型的溯河洄游性鱼类，夏秋两季，生活在长江口外浅海域的中华鲟溯河洄游到长江、金沙江、珠江、钱塘江、黄河，一带产卵繁殖，幼鱼长大到15 cm左右又洞游到大海。其寿命较长，可达40龄。目前仅在长江有一定的种群数量。中华鲟为白垩纪残留至今最为古老的现生鱼类之一，在全世界20余种鲟科鱼类中分布纬度最低，为中国特有的古老珍稀鱼类，也是长江中最大的鱼，最大个体体长可达5 m，体重可达600 kg，有"长江鱼王"之称。国家一级重点保护野生动物。现今仅在我国长江流域尚有分布，其他江河中均已绝迹，因具有许多原始性状，成了介于软骨鱼类和硬骨鱼类之间的中间类型，在学术研究上具有重要价值 |
| 4 | 达氏鳇 | *Huso dauricus* | 极度濒危（CR） | 鲟形目鲟科鳇属软骨鱼类，是淡水鱼类中体形最大的种之一，成年个体最长可达5.6 m，体重可达1 t。达氏鳇起源于距今一亿三千万年的白垩纪，从不洞游入海，寿命惊人。达氏鳇因身材硕大、寿命长，曾经是官方进贡品，但现在由于环境污染和水土流失等原因，使其自然分布变得相当狭窄，种群数量相当可数，极度濒危，只有在我国黑龙江干流才有其野生种群分布，其他地方均已绝迹 |

（续）

| 排名 | 中文名 | 拉丁名 | 保护级别 | 备注 |
|---|---|---|---|---|
| 5 | 扁吻鱼 | *Aspiorhynchus laticeps* | 极度濒危（CR） | 鲤形目鲤科扁吻鱼属的大型肉食性鱼类，俗称新疆大头鱼，是中国的特产鱼类，也是世界裂腹鱼中的珍贵物种。是我国的特有鱼类，起源于3亿年前，有着"古鱼类活化石"之称。仅于于塔里木河流域水系海拔800~1 200 m之间，也是世界裂腹鱼中的珍贵物种。仅一属一种，与陆上大熊猫同属一个级别，有着极高的经济价值和学术价值。体长一般80~94 cm，体重最大可达50~60 kg，曾是地区重要的经济鱼类之一，有一定数量，但自20世纪70年代始，由于过度捕捞导致其种群数量剧减，至今已在原居地博斯腾湖绝迹 |
| 6 | 湄公河巨鲇 | *Pangasianodon gigas* | 极度濒危（CR） | 鲇形目鲇科鲇属大型淡水鱼类，是巨无齿鲇的俗称，是地球上发现的最大的淡水鱼之一，个体长达2.5~3 m，重200~300 kg，为东南亚及中国的澜沧江-湄公河流域所特有。巨鲇生长速度较快，野生鱼5年就能增长到150~200 kg。由于巨鲇仅5年就能增长150~200 kg，因此酷渔滥捕使得其自然种群数量迅速下降，自1990年以来，野生种群数量减少了80%以上，目前也是一种非常濒危的大型鲇鱼 |
| 7 | 欧洲鳗鲡 | *Anguilla anguilla* | 极度濒危（CR） | 鳗鲡目鳗鲡科鳗鲡属的溯河洄游性鱼类，也是一种大型鳗鱼，身长最大可达1.4 m，寿命最高可达85岁。身体细长，皮肤黏滑，黑色或橄榄绿色。欧洲鳗鲡在海洋中产卵，孵化出来后向内陆的淡水洄游而去，产完卵后，性成熟后返回大海产卵，欧洲鳗鲡就会死去。因其市场需求量大，经济价值高，同时由于人工繁育至今还未解决，养殖所需的苗种全依赖捕捞天然资源，导致捕捞过度，群体更新不足，自然种群数量严重衰竭。从20世纪80年代早期开始，欧洲鳗鲡种群数量下降了约90%，目前也是一种极度濒危的洄游性鱼类 |

（续）

| 排名 | 中文名 | 拉丁名 | 保护级别 | 备注 |
|---|---|---|---|---|
| 8 | 高首鲟 | Acipenser transmontanus | 易危（VU） | 鲟形目匙吻鲟科鲟属鱼类，是北美地区最大的淡水鱼，也是世界上最长的鱼类之一，成年个体长可达6～9 m，是世界上最大最古老的鱼类之一，其鱼子是最好的鱼子酱原料之一。美国白鲟是最古老的鱼类之一，自史前时代它们就已经生活在地球上。美国白鲟能达到700～850 kg，体重则能达到，但人类活动的影响曾一度使其种群面临灭绝的危险，好在后来美国的白鲟养殖发展迅速，同时人工养殖使得性成熟时间较自然条件下缩短了一半以上，雌鲟7～8年开始成熟。目前，美国白鲟已引入意大利、匈牙利、丹麦和德国等进行人工养殖与生产 |
| 9 | 多鳞沙粒魟 | Urogymnus polylepis | 濒危（EN） | 鲼形目魟科沙魟属鱼类，又称巨型黄貂鱼，是一种体型相当庞大的淡水刺魟，一般身长可达2～3 m，最大身长可达4～5 m，宽1～2 m，重达0.6 t以上，是目前已知最大的魟科鱼类及淡水鱼类之一。其尾巴根部有刺，能刺穿人体的皮肤及骨骼，向人体内注射毒液。巨型黄貂鱼生活于泰国的湄公河流域中，是吉尼斯世界纪录上最大的淡水鱼，也是世界上最大的淡水软骨鱼类 |
| 10 | 哲罗鱼 | Hucho taimen | 易危（VU） | 鲑形目鲑科哲罗鱼属的珍贵纯淡水性冷水性食肉鱼类，体型较大，一般个体都在3 kg以上，最大体长可达4 m，体重达90 kg，是鲑科中最大的一种。主要分布在亚洲北部地区，常见于西伯利亚、俄罗斯、蒙古及中亚的淡水河流和湖泊中。其大部分时间生活在水流湍急的低温（20 ℃以下）溪水中，冬季在较深的水体如大江干流、湖泊中越冬，春季向溪流洄游产卵。哲罗鱼是淡水鱼中最凶猛的鱼类之一，游动速度较快，细嫩，为营养丰富的鱼类，善于追捕猎食其他鱼类。哲罗鱼肉味鲜美，也是中国高寒地区山溪河流中的名贵特产鱼类之一 |

# 第三章

# 我国淡水鱼类概况

我国鱼类 3 446 种，其中淡水鱼类 1 452 种，分别隶属于 13 目 39 科 232 属。其中鲤形目种类最多，有 632 种，隶属于 6 科 160 属；其次为鲇形目共 84 种，分隶于 8 科 23属；第三为鲈形目共 56 种，分隶于 9 科 20 属；第四为鲑形目共 22 种，分别隶属于 5 科14 属；其余为鲟形目 7 种，分别隶属于 2 科 3 属；七鳃鳗目、鲱形目、颌针鱼目、鳕鱼目及合鳃目各 1 科 1 属 6 种（中国自然资源丛书，渔业卷编撰委员会，1995）。

## 第一节  我国淡水鱼的分布

我国是世界上淡水水面较广的国家之一，淡水面积约为 2 000 万 hm²，且大部分地区位于温带或亚热带，气候温和，雨量充沛，适于鱼类生长繁殖。同时由于我国地域广阔，各地区自然和地理环境各异，造成了各地区鱼类品种各具特色。总体上，我国淡水鱼类在空间上的分布很不均匀，从北至南，从西至东，物种数逐渐增多，多样性丰富的地区主要集中在东部和南部（张春光等，2016）。因此按照气候类型进行区域划分，淡水鱼类的分布可分为以下几大区：

### 一、东南喜暖性鱼类分布区

如贯穿广东、广西、贵州、云南的珠江水系，此外还包括福建、台湾和海南岛等地。这些地区处于热带-亚热带气候带，温暖湿润，光照时间长，饵料生物丰富，主要分布喜暖性鱼类，以热带性品种繁多、多样性丰富为特征。但是没有明显的优势种，也缺乏大型鱼类，以中小型鱼类居多，鱼类群系组成与越南、泰国、缅甸、印度各国的情况相似，其代表性种类主要为鲤科的鲃亚科、野鲮亚科、鲃亚科、平鳍鳅科，鲇形目的长臀鮠科、鲇科、鲿科、胡子鲇科、鱨科、鲀头鮠科等。代表性鱼类有广东鲂（*Megalobrama hoff-manni*）、鲮（*Cirrhinus molitorella*）、䱗（*Hemiculter leucisculus*）、赤眼鳟（*Squolio-barbus curriculus*）、斑鳠（*Mystus guttatus*）、卷口鱼（*Ptychidio jordani*）、大眼鳜（*Siniperca kneri*）、瓦氏黄颡鱼（*Pelteobagrus vachelli*）、鲇（*Silurus asotus*）、胡子鲇（*Clarias fuscus*）等。

### 二、江河平原喜温性鱼类分布区

包括长江中下游、黄河下游、淮河流域和辽河下游等地区。这里除了各江河干、支流外，还有鄱阳湖、洞庭湖、太湖、巢湖等大小数千湖泊水域，特点是地势平坦、水流缓慢。主要鱼类的特殊适应特点是身体侧扁，头尾均尖，略呈纺锤形，胸、腹、臀、尾鳍都很发达。鲤科鱼类的大多数种、属都分布于这一区域，如鲤、鲫（*Carassius auratus*）、鳊、草鱼（*Ctenopharyngodon idellus*）、青鱼（*Mylopharyngodon piceus*）、鲢（*Hypophthal-michthys molitrix*）、鳙（*Aristichthys nobilis*）、鳍、鳜、翘嘴鲌（*Culter alburnus*）、铜鱼（*Coreius heterodon*）、鳈属（*Sarcocheilichthys* spp.）鱼类等。本区内鲤科鱼类不但种数繁多，且每个种的丰度也很高，堪称为鲤科鱼类在亚洲的繁殖中心。大型珍稀濒危鱼类有中华鲟、长江鲟等，主要经济鱼类有青鱼、草鱼、鲢、鳙、鲤、团头鲂（*Megalobrama amblycephala*）、翘嘴鲌、鳜、细鳞斜颌鲴（*Xenocypris microlepis*）、长吻鮠（*Leiocassis longirostris*）、鲇、黄鳝等。

### 三、北部冷水性鱼类分布区

主要为我国的北部地区，如黑龙江、松花江、乌苏里江、图们江、鸭绿江等水域，区内鱼类主要群系是耐寒种类。代表种为鲟属鱼类（*Acipenser* spp.）、狗鱼属鱼类（*Esox* spp.）、哲罗鲑属鱼类（*Hucho* spp.）、马苏大麻哈鱼（*Oncorhynchus masou*）、红点鲑（*Salvelinus leucomaenis*）、北极鲴（*Thymallus arcticus*）、瓦氏雅罗鱼（*Leuciscus waleckii*）等等。

### 四、西北高原鱼类分布区

包括新疆、西藏北部、内蒙古、青海、甘肃、陕西、山西等典型的大陆性气候地区。区内主要是高原或山地，所栖息的鱼类均具备特殊的适应条件，如能耐旱耐碱，或能栖居于急流水底，栖居的鱼类多在口部或胸部具有吸盘，以能在急流中生存。种类较少，虽本区各属种类是各区中最少者，但有些适应特殊生存环境的属，种类特别多，成为优势类群。例如裂腹鱼亚科约70种、条鳅亚科110种，构成本区的特有种类。代表性鱼类有中华弓鱼（*Racoma sinensis*）、池沼公鱼（*Hypomesus olidus*）、青海湖裸鲤（*Gymnocypris przewalskii*）、高原鳅属鱼类（*Triplophysa* spp.）、新疆裸重唇鱼（*Gymnodiptychus dybowskii*）、塔里木裂腹鱼〔*Schizothorax（Racoma）biddulphi*〕、雅罗鱼属鱼类（*Leuciscus* spp.）、扁吻鱼（*Aspiorhynchus laticeps*）、白鲑属鱼类（*Coregonus* spp.）等。

### 五、怒澜鱼类分布区

为雅鲁藏布江、怒江、澜沧江、金沙江所流经的区域，包括西藏南部和东部、四川西部、云南西部。区内河流均为南北流向，使东南区和西北高原区的鱼类通过江水的交流而共存于本区，如野鲮亚科、鳅科的沙鳅属、平鳍鳅科、鲀科、鲇科的鲇属、合鳃目的黄鳝、鳢科的乌鳢（*Channa argus*）等种类与东洋区相同；而裂腹鱼亚科、条鳅亚科等种类与西北高原区相同，两区鱼类混杂是本区鱼类区系的特点。

## 第二节　我国特有鱼类

我国特有鱼类878种，隶属于7目21科180属，约占我国淡水鱼类总数的65%。特有种以鲤形目为主，共737种，占已知特有种总数的84%；其次为鲇形目75种、鲈形目

57 种、胡瓜鱼目和鲑形目各 3 种、鲟形目 2 种、鳉形目 1 种。从科级水平上来说，鲤科特有鱼类最多，440 种，占特有鱼类总数的 50% 左右。从属级水平来说，高原鳅属鱼类（*Triplophysa* spp.）的特有种最多，92 种，占特有鱼类总数的大约 10%，其次为金线鲃属鱼类（*Sinocyclocheilus* spp.）61 种、裂腹鱼属鱼类（*Schizothorax* spp.）41 种、其他属特有总数相对较少（张春光等，2016）。我国特有鱼类见表 3-1。

表 3-1 我国特有鱼类列表

| 种名 | 拉丁名 | 分布 |
| --- | --- | --- |
| 鲟形目 Acipenseriformes | | |
| 鲟科 Acipenseridae | | |
| 鲟属 *Acipenser* | | |
| 长江鲟（达氏鲟） | *Acipenser dabryanus* | 长江中上游干流及支流，如乌江、嘉陵江、渠江、沱江、岷江等支流下游 |
| 长钥匙吻鲟科 Polyodontidae | | |
| 白鲟属 *Psephurus* | | |
| 白鲟 | *Psephurus gladius* | 洄游性鱼类，黄渤海和东海及所属的黄河、长江、钱塘江等内陆河流，沿长江上溯可达乌江、江陵江、渠江、沱江、岷江、金沙江等 |
| 鲤形目 Cypriniformes | | |
| 鲤科 Cyrinidae | | |
| 鲴亚科 Danioninae | | |
| 细鲫属 *Aphyocypris* | | |
| 瑶山细鲫 | *Aphyocypris arcus* | 广西大瑶山山区珠江水系各支流 |
| 台湾细鲫 | *Aphyocypris kikuchii* | 台湾 |
| 林氏细鲫 | *Aphyocypris lini* | 中国南部 |
| 丽纹细鲫 | *Aphyocypris pulchrilineata* | 广西都安澄江镇，属珠江水系红水河支流 |
| 低线鱲属 *Barilius* | | |
| 斑尾低线鱲 | *Barilius caudiocellatus* | 云南怒江和澜沧江水系 |
| 须鱲属 *Candidia* | | |
| 须鱲 | *Candidia barbata* | 台湾西部各河川中、上游及恒春半岛西侧小溪流中 |
| 屏东须鱲 | *Candidia pingtungensis* | 台湾 |
| 神鲴属 *Devario* | | |
| 缺须神鲴 | *Devario apogon* | 云南大盈江 |
| 半线神鲴 | *Devario interruptus* | 云南伊洛瓦底江水系的大盈江、龙川江和怒江 |

（续）

| 种名 | 拉丁名 | 分布 |
|---|---|---|
| 鮈鲫属 Gobiocypris | | |
| 稀有鮈鲫 | Gobiocypris rarus | 四川西部大渡河支流流沙河和成都附近岷江柏条河 |
| 裸鲖属 Gymnodanio | | |
| 条纹裸鲖 | Gymnodanio strigatus | 云南澜沧江水系景谷河 |
| 小波鱼属 Microrasbora | | |
| 小眼小波鱼 | Microrasbora microphthalmus | 瑞丽江 |
| 马口鱼属 Opsariichthys | | |
| 长鳍马口鱼 | Opsariichthys evolans | 台湾淡水河流域 |
| 高平马口鱼 | Opsariichthys kaopingensis | 台湾南部 |
| 粗首马口鱼 | Opsariichthys pachycephalus | 台湾浊水溪等溪流 |
| 真马口鱼属 Opsarius | | |
| 泰国真马口鱼 | Opsarius koratensis | 云南澜沧江 |
| 副细鲫属 Pararasbora | | |
| 台湾副细鲫 | Pararasbora moltrechti | 台湾中部大甲溪、大肚溪和浊水溪中游的一些支流 |
| 异鱲属 Parazacco | | |
| 海南异鱲 | Parazacco spilurus fasciatus | 海南岛 |
| 鱲属 Zacco | | |
| 成都鱲 | Zacco chengtui | 长江上游沱江的支流湔江 |
| 雅罗鱼亚科 Leuciscinae | | |
| 黑线鳘属 Atrilinea | | |
| 大鳞黑线鳘 | Atrilinea macrolepis | 长江流域中游支流汉水的堵河上游 |
| 大眼黑线鳘 | Atrilinea macrops | 广西大瑶山 |
| 黑线鳘 | Atrilinea roulei | 钱塘江及长江水系的秋浦河 |
| 雅罗鱼属 Leuciscus | | |
| 黄河雅罗鱼 | Leuciscus chuanchicus | 黄河上游 |
| 新疆雅罗鱼 | Leuciscus merzbacheri | 主要分布于新疆博尔塔拉河、玛纳斯河、乌鲁木齐河等 |
| 大吻鲹属 Rhynchocypris | | |
| 尖头大吻鲹 | Phynchocypris oxycephalus | 辽宁大凌河和赤子河、海河、黄河、长江、闽江、钱塘江等均有分布 |
| 鲌亚科 Cultrinae | | |

（续）

| 种名 | 拉丁名 | 分布 |
|---|---|---|
| 白鱼属 Anabarilius | | |
| 银白鱼 | Anabarilius alburnops | 云南滇池 |
| 星云白云 | Anabarilius andersoni | 云南星云湖 |
| 短臀白鱼 | Anabarilius brevianalis | 四川会东金沙江支流鲹鱼河 |
| 多衣河白鱼 | Anabarilius duoyiheensis | 南盘江支流 |
| 路南金线白鱼 | Anabarilius goldenlineus | 云南南盘江支流的巴江、黑龙潭水库 |
| 鱇浪白鱼 | Anabarilius grahami | 云南抚仙湖 |
| 程海白鱼 | Anabarilius liui chenghaiensis | 云南程海 |
| 西昌白鱼 | Anabarilius liui liui | 金沙江下游支流 |
| 雅砻江白鱼 | Anabarilius liui yalongensis | 长江上游雅砻江下游 |
| 宜良白鱼 | Anabarilius liui yiliangensis | 南盘江及其附属水体 |
| 长尾白鱼 | Anabarilius longicaudatus | 南盘江支流 |
| 大鳞白鱼 | Anabarilius macrolepis | 云南的异龙湖及南盘江其他附属水体 |
| 少耙白鱼 | Anabarilius paucirastellus | 元江水系 |
| 多鳞白鱼 | Anabarilius polylepis | 云南滇池 |
| 杞麓白鱼 | Anabarilius qiluensis | 云南杞麓湖 |
| 邛海白鱼 | Anabarilius qionghaiensis | 四川邛海 |
| 嵩明白鱼 | Anabarilius songmingensis | 云南牛栏江上游，金沙江水系下游支流 |
| 山白鱼 | Anabarilius transmontanus | 云南大屯湖及注入元江的文山盘龙河局部河段 |
| 寻甸白鱼 | Anabarilius xundianensis | 金沙江水系的寻甸清水海 |
| 阳宗白鱼 | Anabarilius yangzonensis | 云南阳宗海 |
| 近红鲌属 Ancherythroculter | | |
| 高体近红鲌 | Ancherythroculter kurematsui | 长江上游四川境内 |
| 大眼近红鲌 | Ancherythroculter lini | 珠江水系 |
| 黑尾近红鲌 | Ancherythroculter nigrocauda | 长江宜昌以上至四川境内 |
| 汪氏近红鲌 | Ancherythroculter wangi | 长江上游四川境内 |
| 红鳍鲌属 Chanodichthys | | |
| 兴凯鲌 | Chanodichthys dabryi shinkainensis | 黑龙江兴凯湖 |
| 程海鲌 | Chanodichthys mongolicus elongates | 云南程海 |
| 邛海鲌 | Chanodichthys mongolicus qionghaiensis | 四川邛海 |

（续）

| 种名 | 拉丁名 | 分布 |
|---|---|---|
| 鲌属 Culter | | |
| 拟尖头鲌 | Culter oxycephaloides | 长江中上游及其附属水体 |
| 尖头鲌 | Chanodichthys oxycephalus | 黑龙江及长江 |
| 海南鲌 | Culter recurviceps | 珠江及海南岛 |
| 原鲌属 Cultrichthys | | |
| 扁体原鲌 | Cultrichthys compressocorpus | 黑龙江的兴凯湖和镜泊湖 |
| 海南鲚属 Hainania | | |
| 锯齿海南鲚 | Hainania serrata | 海南岛 |
| 鲚属 Hemiculter | | |
| 贝氏鲚 | Hemiculter bleekeri | 我国黑龙江、辽河、黄河、长江、闽江等均有分布 |
| 兴凯鲚 | Hemiculter lucidus | 分布于兴凯湖 |
| 张氏鲚 | Hemiculter tchangi | 长江上游 |
| 半鲚 | Hemiculter sauvagei | 长江上游 |
| 伍氏鲚 | Hemiculter wui | 钱塘江和珠江水系 |
| 鲂属 Megalobrama | | |
| 团头鲂 | Megalobrama amblycephala | 长江中下游湖泊 |
| 长体鲂 | Megalobrama elongata | 长江上游四川境内 |
| 厚颌鲂 | Megalobrama pellegrini | 长江上游 |
| 梅氏鳊属 Metzia | | |
| 长鼻梅氏鳊 | Metzia longinasus | 广西珠江水系红水河支流 |
| 大鳞梅氏鳊 | Metzia mesembrinum | 台湾 |
| 须鳊属 Pogobrama | | |
| 须鳊 | Pogobrama barbatula | 广西钦江 |
| 拟鲚属 Pseudohemiculter | | |
| 贵州拟鲚 | Pseudohemiculter kweichowensis | 仅记录于贵阳 |
| 飘鱼属 Pseudolaubuca | | |
| 寡鳞飘鱼 | Pseudolaubuca engraulis | 黄河、长江、九龙江和珠江 |
| 华鳊属 Sinibrama | | |
| 长臀华鳊 | Sinibrama longianalis | 长江上游贵州境内 |
| 大眼华鳊 | Sinibrama macrops | 西江水系及台湾 |
| 四川华鳊 | Sinibrama taeniatus | 长江上游四川境内 |
| 伍氏华鳊 | Sinibrama wui | 长江、钱塘江、灵江、瓯江和闽江 |

(续)

| 种名 | 拉丁名 | 分布 |
|---|---|---|
| 似鲚属 Toxabramis | | |
| 小似鲚 | Toxabramis hoffmanni | 广西梧州 |
| 似鲚 | Toxabramis swinhonis | 黄河、长江、钱塘江及东南沿海水系等 |
| 鲴亚科 Xenocyprinae | | |
| 圆吻鲴属 Distochodon | | |
| 扁圆吻鲴 | Distochodon compressus | 浙江、福建、江苏、台湾等 |
| 大眼圆吻鲴 | Distochodon macrophthalmus | 云南程海 |
| 圆吻鲴 | Distochodon tumirostris | 我国中东部黄河至珠江间及东南沿海各溪流，包括云南程海，台湾 |
| 似鳊属 Pseudobrama | | |
| 似鳊 | Pseudobrama simoni | 海河、黄河、长江 |
| 似鲴属 Xenocyprioides | | |
| 棱似鲴 | Xenocyprioides carinatus | 广西龙州附近的小水体，属珠江水系 |
| 小似鲴 | Xenocyprioides parvulus | 广西钦州附近的小水体 |
| 鲴属 Xenocypris | | |
| 方氏鲴 | Xenocypris fangi | 长江上游 |
| 湖北圆吻鲴 | Xenocypris hupeinensis | 长江中游湖泊 |
| 云南鲴 | Xenocypris yunnanensis | 长江上游及云南滇池 |
| 鲢亚科 Hypophthalmichthyinae | | |
| 鳙属 Aristichthys | | |
| 鳙 | Aristichthys nobilis | 我国中东部海河至珠江间及海南岛江河、湖泊中广泛分布，黄河以北数量较少，东北和西北地区为人工养殖迁入的种群 |
| 鳍亚科 Acheilognathinae | | |
| 鳍属 Acheilognathus | | |
| 须鳍 | Acheilognathus barbatus | 长江和闽江等水系 |
| 长汀鳍 | Acheilognathus changtingensis | 福建长汀的韩江 |
| 长身鳍 | Acheilognathus elongatus | 长江上游金沙江（包括滇池） |
| 无须鳍 | Acheilognathus gracilis | 长江水系 |
| 寡鳞鳍 | Acheilognathus hypselonotus | 长江中下游 |
| 缺须鳍 | Acheilognathus imberbis | 黄河和长江各水系 |
| 广西鳍 | Acheilognathus meridianus | 珠江水系 |

（续）

| 种名 | 拉丁名 | 分布 |
|---|---|---|
| 南充鱊 | *Acheilognathus nanchongensis* | 四川合川南充河 |
| 峨眉鱊 | *Acheilognathus omeiensis* | 长江上游 |
| 多鳞鱊 | *Acheilognathus polylepis* | 长江中下游及韩江 |
| 条纹鱊 | *Acheilognathus striatus* | 江西婺源长江下游 |
| 巨口鱊 | *Acheilognathus tabira* | 长江水系 |
| 鳑鲏属 *Rhodeus* | | |
| 白边鳑鲏 | *Rhodeus albomarginatus* | 安徽间江，流入鄱阳湖的一条河流，属长江水系 |
| 暗色鳑鲏 | *Rhodeus atremius* | 浙江奉化附近河川 |
| 原田鳑鲏 | *Rhodeus haradai* | 海南 |
| 高体鳑鲏 | *Rhodeus ocellatus* | 黄河、长江、韩江、珠江、澜沧江及海南岛等水系 |
| 石台鳑鲏 | *Rhodeus shitaiensis* | 安徽石台秋浦河，属长江水系 |
| 中华鳑鲏 | *Rhodeus sinensis* | 黄河、长江、闽江和珠江等水系 |
| 田中鳑鲏属 *Tanakia* | | |
| 齐氏田中鳑鲏 | *Tanakia chii* | 浙江金华兰溪钱塘江水系、台湾北部低海拔之河川湖泊 |
| 革条田中鳑鲏 | *Tanakia himantegus* | 长江、九龙江及台湾浊水溪 |
| 鮈亚科 Gobioninae | | |
| 棒花鱼属 *Abbottina* | | |
| 辽宁棒花鱼 | *Abbottina liaoningensis* | 鸭绿江和辽河水系 |
| 钝吻棒花鱼 | *Abbottina obtusirostris* | 长江上游 |
| 刺鮈属 *Acanthogobio* | | |
| 刺鮈 | *Acanthogobio guentheri* | 黄河水系上游 |
| 似鮈属 *Belligobio* | | |
| 似鮈 | *Belligobio nummifer* | 淮河、长江、灵江、甬江、晋江等水系 |
| 彭县似鮈 | *Belligobio pengxianensis* | 四川沱江 |
| 铜鱼属 *Coreius* | | |
| 圆口铜鱼 | *Coreius guichenoti* | 长江，包括金沙江干流中下游及中上游，以及雅砻江干流下游 |
| 铜鱼 | *Coreius heterodon* | 黄河和长江水系 |
| 北方铜鱼 | *Coreius septentrionalis* | 黄河水系青海贵德至山东河段 |
| 颌须鮈属 *Gnathopogon* | | |
| 嘉陵颌须鮈 | *Gnathopogon herzensteini* | 嘉陵江、汉水等 |

（续）

| 种名 | 拉丁名 | 分布 |
|---|---|---|
| 短须颌须鮈 | *Gnathopogon imberbis* | 长江中上游 |
| 隐须颌须鮈 | *Gnathopogon nicholsi* | 长江下游 |
| 多纹颌须鮈 | *Gnathopogon polytaenia* | 海河流域的滹沱河 |
| 细纹颌须鮈 | *Gnathopogon taeniellus* | 福建闽江及浙江的一些河流 |
| 济南颌须鮈 | *Gnathopogon tsinanensis* | 黄河水系 |
| 鮈属 *Gobio* | | |
| 似铜鮈 | *Gobio coriparoides* | 黄河水系 |
| 黄河鮈 | *Gobio huanghensis* | 黄河中上游 |
| 凌源鮈 | *Gobio lingyuanensis* | 黑龙江支流松花江及大凌河、滦河和海河 |
| 南方鮈 | *Gobio meridionalis* | 黄河中游 |
| 棒花鮈 | *Gobio rivuloides* | 大凌河、滦河、海河、黄河等水系 |
| 鰁属 *Hemibarbus* | | |
| 短鳍鰁 | *Hemibarbus brevipennus* | 浙江瓯江和灵江等水系 |
| 钱江鰁 | *Hemibarbus qianjiangensis* | 钱塘江下游 |
| 胡鮈属 *Huigobio* | | |
| 胡鮈 | *Huigobio chenhsienensis* | 浙江曹娥江、甬江等水系及珠江水系部分支流 |
| 清徐胡鮈 | *Huigobio chinssuensis* | 黄河水系 |
| 中鮈属 *Mesogobio* | | |
| 中鮈 | *Mesogobio lachneri* | 鸭绿江水系 |
| 图们江中鮈 | *Mesogobio tumenensis* | 图们江水系 |
| 小鳔鮈属 *Microphysogobio* | | |
| 高身小鳔鮈 | *Microphysogobio alticorpus* | 台湾 |
| 短吻小鳔鮈 | *Microphysogobio brevirostris* | 台湾东部和北部各主要水系 |
| 长体小鳔鮈 | *Microphysogobio elongates* | 珠江水系 |
| 福建小鳔鮈 | *Microphysogobio fukiensis* | 长江、曹娥江、钱塘江、闽江、珠江等 |
| 兴隆山小鳔鮈 | *Microphysogobio hsinglungshanensis* | 北京北部和河北兴隆雾灵山周边水系，属滦河和海河水系 |
| 嘉积小鳔鮈 | *Microphysogobio kachekensis* | 海南岛嘉积（现琼海县） |
| 乐山小鳔鮈 | *Microphysogobio kiatingensis* | 长江中上游、灵江、钱塘江、珠江等 |
| 凌河小鳔鮈 | *Microphysogobio linghensis* | 辽河水系 |
| 小口小鳔鮈 | *Microphysogobio microstomus* | 长江下游 |
| 似长体小鳔鮈 | *Microphysogobio pseudoelongatus* | 广西防城港市防城区大菉镇 |
| 建德小鳔鮈 | *Microphysogobio tafangensis* | 钱塘江及珠江水系 |
| 洞庭小鳔鮈 | *Microphysogobio tungtingensis* | 洞庭湖和沅江水系 |

（续）

| 种名 | 拉丁名 | 分布 |
|------|--------|------|
| 五龙河小鳔鮈 | *Microphysogobio wulonghensis* | 山东莱阳五龙河 |
| 鸭绿小鳔鮈 | *Microphysogobio yaluensis* | 海河和辽河水系支流 |
| 似刺鳊鮈属<br>*Paracanthobrama* | | |
| 似刺鳊鮈 | *Paracanthobrama guichenoti* | 长江中下游及其附属水体 |
| 似白鮈属 *Paraleucogobio* | | |
| 似白鮈 | *Paraleucogobio notacanthus* | 海河和黄河水系 |
| 片唇鮈属 *Platysmacheilus* | | |
| 片唇鮈 | *Platysmacheilus exiguous* | 长江中游的清江、汉水及珠江等 |
| 长须片唇鮈 | *Platysmacheilus longibarbatus* | 长江中游支流 |
| 裸腹片唇鮈 | *Platysmacheilus nudiventris* | 长江上游干支流 |
| 镇江片唇鮈 | *Platysmacheilus zhenjiangensis* | 江苏镇江高桥镇长江沿岸 |
| 似鮈属 *Pseudogobio* | | |
| 桂林似鮈 | *Pseudogobio guilinensis* | 西江水系 |
| 似鮈 | *Pseudogobio vaillanti* | 除西部高原和西北地区外我国其他各主要水系均有分布 |
| 麦穗鱼属 *Pseudorasbora* | | |
| 长麦穗鱼 | *Pseudorasbora elongate* | 长江中下游和西江水系 |
| 断线麦穗鱼 | *Pseudorasbora interrupta* | 韩江水系 |
| 吻鮈属 *Rhinogobio* | | |
| 圆筒吻鮈 | *Rhinogobio cylindricus* | 长江中上游及其支流 |
| 湖南吻鮈 | *Rhinogobio hunanensis* | 长江中游 |
| 大鼻吻鮈 | *Rhinogobio nasutus* | 黄河中上游 |
| 吻鮈 | *Rhinogobio typus* | 长江中上游、闽江水系 |
| 长鳍吻鮈 | *Rhinogobio ventralis* | 长江中上游 |
| 突吻鮈属 *Rostrogobio* | | |
| 辽河突吻鮈 | *Rostrogobio liaohensis* | 辽河中下游 |
| 鳈属 *Sarcocheilichthys* | | |
| 川西鳈 | *Sarcocheilichthys davidi* | 长江上游支流 |
| 江西鳈 | *Sarcocheilichthys kiangsiensis* | 长江至珠江间各水系 |
| 东北鳈 | *Sarcocheilichthys lacustris* | 黑龙江水系 |
| 小鳈 | *Sarcocheilichthys parvus* | 长江至珠江间各水系 |
| 福建华鳈 | *Sarcocheilichthys sinensis fukiensis* | 闽江水系 |
| 华鳈 | *Sarcocheilichthys sinensis sinensis* | 我国东部海河水系以南各水系有分布 |

（续）

| 种名 | 拉丁名 | 分布 |
|---|---|---|
| 蛇鮈属 Saurogobio | | |
| 程海蛇鮈 | Saurogobio dabryi chenghaiensis | 程海 |
| 长蛇鮈 | Saurogobio dumerili | 辽河、黄河、长江、钱塘江等水系 |
| 细尾蛇鮈 | Saurogobio gracilicaudatus | 长江中游干支流 |
| 光唇蛇鮈 | Saurogobio gymnocheilus | 长江中上游 |
| 湘江蛇鮈 | Saurogobio xiangjiangensis | 长江中游支流湘江、沅江、闽江中上游等 |
| 银鮈属 Squalidus | | |
| 巴氏银鮈 | Squalidus bănărescui | 台湾台中 |
| 台银鮈 | Squalidus iijimae | 台湾的淡水河水系 |
| 中间银鮈 | Squalidus intermedius | 黄河水系 |
| 小银鮈 | Squalidus minor | 海南岛南渡河和万泉河 |
| 亮银鮈 | Squalidus nitens | 长江中下游 |
| 点纹银鮈 | Squalidus wolterstorffi | 黄河至珠江间各水系 |
| 鳅鮀亚科 Gobiobotinae | | |
| 鳅鮀属 Gobiobotia | | |
| 短吻鳅鮀 | Gobiobotia brevirostris | 汉水水系的唐白河和淅川 |
| 台湾鳅鮀 | Gobiobotia cheni Bănărescu | 台湾大肚溪河浊水溪 |
| 宜昌鳅鮀 | Gobiobotia filifer | 长江水系 |
| 平鳍鳅鮀 | Gobiobotia homalopteroidea | 黄河中上游 |
| 江西鳅鮀 | Gobiobotia jiangxiensis | 江西信江水系 |
| 长须鳅鮀 | Gobiobotia longibarba | 曹娥江、钱塘江和闽江 |
| 南方鳅鮀 | Gobiobotia meridionalis | 长江中游各支流、珠江、元江及澜沧江下游 |
| 潘氏鳅鮀 | Gobiobotia pappenheimi | 黑龙江、辽河、大凌河、海河和黄河下游 |
| 少耙鳅鮀 | Gobiobotia paucirastella | 钱塘江上游衢江和瓯江水系 |
| 董氏鳅鮀 | Gobiobotia tungi | 长江支流水阳江和钱塘江 |
| 短身鳅鮀 | Gobiobotia abbreviate | 长江上游的四川盆地 |
| 桂林鳅鮀 | Gobiobotia guilinensis | 西江和北江上游，贵州榕江、都柳江等 |
| 异鳔鳅鮀属 Xenophysogobio | | |
| 异鳔鳅鮀 | Xenophysogobio boulengeri | 长江中上游，包括金沙江下游 |
| 裸体异鳔鳅鮀 | Xenophysogobio nudicorpa | 长江上游的岷江、金沙江下游水系 |
| 鲤亚科 Cyprininae | | |
| 鲤属 Cyprinus | | |
| 尖鳍鲤 | Cyprinus acutidorsalis | 广西钦江水系，海南岛 |
| 洱海鲤 | Cyprinus barbatus | 云南洱海 |

（续）

| 种名 | 拉丁名 | 分布 |
|---|---|---|
| 杞麓鲤 | *Cyprinus chilia* | 云南杞麓湖，抚仙湖、星云湖、异龙湖、滇池、洱海和茈碧湖等 |
| 大理鲤 | *Cyprinus daliensis* | 云南洱海 |
| 抚仙鲤 | *Cyprinus fuxianensis* | 云南抚仙湖河星云湖 |
| 翘嘴鲤 | *Cyprinus ilishanestomus* | 云南杞麓湖 |
| 春鲤 | *Cyprinus longipectoralis* | 云南洱海 |
| 龙州鲤 | *Cyprinus longzhouensis* | 西江上游 |
| 大眼鲤 | *Cyprinus megalophthalmus* | 云南洱海 |
| 小鲤 | *Cyprinus micristius* | 云南滇池 |
| 大头鲤 | *Cyprinus pellegrini* | 云南杞麓湖和星云湖 |
| 邛海鲤 | *Cyprinus qionghaiensis* | 四川邛海 |
| 异龙鲤 | *Cyprinus yilongensis* | 云南异龙湖 |
| 云南鲤 | *Cyprinus yunnanensis* | 云南杞麓湖 |
| 原鲤属 Procypris | | |
| 岩原鲤 | *Procypris rabaudi* | 长江中上游及其支流 |
| 鲃亚科 Barbinae | | |
| 光唇鱼属 Acrossocheilus | | |
| 北江光唇鱼 | *Acrossocheilus beijiangensis* | 西江和北江水系 |
| 光唇鱼 | *Acrossocheilus fasciatus* | 浙江、江苏、安徽、福建等 |
| 带半刺光唇鱼 | *Acrossocheilus hemispinus cinctus* | 珠江流域的西江支流 |
| 半刺光唇鱼 | *Acrossocheilus hemispinus hemispinus* | 闽江水系 |
| 大鳞光唇鱼 | *Acrossocheilus ikedai* | 海南昌化江水系 |
| 虹彩光唇鱼 | *Acrossocheilus iridescens iridescens* | 海南岛各水系 |
| 长鳍虹彩光唇鱼 | *Acrossocheilus iridescens longipinnis* | 珠江水系 |
| 元江虹彩光唇鱼 | *Acrossocheilus iridescens yuanjiangensis* | 云南元江水系 |
| 吉首光唇鱼 | *Acrossocheilus jishouensis* | 湖南吉首峒河 |
| 薄颌光唇鱼 | *Acrossocheilus kreyenbergii* | 江西长江水系的赣江、浙江灵江、钱塘江、甬江，福建各水系 |
| 厚唇光唇鱼 | *Acrossocheilus labiatus* | 长江、钱塘江、福建汀江及海南岛 |
| 软鳍光唇鱼 | *Acrossocheilus malacopterus* | 广东梁化镇、阳山，属珠江流域北江水系；广西融安溶江，属珠江流域西江水系；云南河口，属元江水系 |

（续）

| 种名 | 拉丁名 | 分布 |
|------|--------|------|
| 宽口光唇鱼 | *Acrossocheilus monticola* | 长江中上游 |
| 台湾光唇鱼 | *Acrossocheilus paradoxus* | 台湾 |
| 侧条光唇鱼 | *Acrossocheilus parallens* | 珠江水系 |
| 棘光唇鱼 | *Acrossocheilus spinifer* | 福建各水系，广东韩江 |
| 窄条光唇鱼 | *Acrossocheilus stenotaeniatus* | 珠江水系和海南岛 |
| 温州光唇鱼 | *Acrossocheilus wenchowensis* | 浙江瓯江水系，广东韩江水系，福建闽江、九龙江等水系 |
| 云南光唇鱼 | *Acrossocheilus yunnanensis* | 长江上游及其支流，珠江水系 |
| 四须鲃属 *Barbodes* | | |
| 多鳞四须鲃 | *Barbodes polyepis* | 贵州毕节，属长江水系 |
| 方口鲃属 *Cosmochilus* | | |
| 红鳍方口鲃 | *Cosmochilus cardinalis* | 澜沧江下游干流 |
| 南腊方口鲃 | *Cosmochilus nanlaensis* | 澜沧江下游支流 |
| 圆唇鱼属 *Cyclocheilichthys* | | |
| 中华圆唇鱼 | *Cyclocheilichthys sinensis* | 云南 |
| 瓣结鱼属 *Folifer* | | |
| 海南瓣结鱼 | *Folifer brevifilis hainanensis* | 海南岛诸水系 |
| 云南瓣结鱼 | *Folifer yunnanensis* | 云南抚仙湖 |
| 林氏鲃属 *Linichthys* | | |
| 宽头林氏鲃 | *Linichthys laticeps* | 贵州南明河（长江水系）和马林河（珠江水系） |
| 似鳡属 *Luciocyprinus* | | |
| 单纹似鳡 | *Luciocyprinus langsoni* | 西江、南盘江水系 |
| 新光唇鱼属 *Neolissochilus* | | |
| 保山新光唇鱼 | *Neolissochilus baoshanensis* | 云南怒江、南汀河、南滚河、龙川江 |
| 异口新光唇鱼 | *Neolissochilus heterostomus* | 云南龙川江、大盈江、勐典河等 |
| 白甲鱼属 *Onychostoma* | | |
| 高体白甲鱼 | *Onychostoma alticorpus* | 台湾 |
| 四川白甲鱼 | *Onychostoma angustistomata* | 长江上游 |
| 粗须白甲鱼 | *Onychostoma barbata* | 长江的乌江和沅江，珠江的东江、西江和红水河支流等 |
| 台湾白甲鱼 | *Onychostoma barbatula* | 长江下游支流、灵江、闽江、珠江和台湾 |
| 短身白甲鱼 | *Onychostoma brevis* | 长江上游 |
| 大渡白甲鱼 | *Onychostoma daduensis* | 大渡河下游和临近的长江干流 |

（续）

| 种名 | 拉丁名 | 分布 |
|---|---|---|
| 南方白甲鱼 | *Onychostoma gerlachi* | 澜沧江、元江、珠江等及海南岛 |
| 细尾白甲鱼 | *Onychostoma lepturum* | 广西、广东、海南、福建 |
| 小口白甲鱼 | *Onychostoma lini* | 珠江下游各水系，汀江、九龙江及沅江水系 |
| 多鳞白甲鱼 | *Onychostoma macrolepis* | 海河上游的滹沱河、拒马河等水系；黄河下游的大汶河上游，中游的沁河、渭河等水系；长江支流汉江、嘉陵江等的上游 |
| 珠江卵形白甲鱼 | *Onychostoma ovalis rhomboides* | 珠江水系和乌江水系 |
| 稀有白甲鱼 | *Onychostoma rara* | 湖南沅江水系至贵州东部及珠江的西江水系 |
| 白甲鱼 | *Onychostoma sima* | 长江中上游和珠江水系 |
| 侧纹白甲鱼 | *Onychostoma virgulatum* | 安徽石台秋浦河，属长江水系 |
| 鲈鲤属 *Percocypris* | | |
| 金沙鲈鲤 | *Percocypris pingi* | 长江上游包括金沙江中下游、螳螂川等 |
| 花鲈鲤 | *Percocypris regaini* | 抚仙湖、南盘江 |
| 后背鲈鲤 | *Percocypris retrodorslis* | 云南澜沧江、怒江、剑湖等 |
| 吻孔鲃属 *Poropuntius* | | |
| 常氏吻孔鲃 | *Poropuntius chonglingchungi* | 云南抚仙湖 |
| 颌突吻孔鲃 | *Poropuntius daliensis* | 云南洱海 |
| 油吻孔鲃 | *Poropuntius exigua* | 云南洱海 |
| 抚仙吻孔鲃 | *Poropuntius fuxianhuensis* | 云南抚仙湖 |
| 云南吻孔鲃 | *Poropuntius huangchuchieni* | 澜沧江中下游、元江、藤条江、李仙江 |
| 后鳍吻孔鲃 | *Poropuntius opisthoptera* | 云南保山县道街，属怒江水系 |
| 拟金线鲃属 *Pseudosinocyclocheilus* | | |
| 靖西拟金线鲃 | *Pseudosinocyclocheilus jinxiensis* | 广西靖西新靖镇，属左江水系 |
| 小鲃属 *Puntius* | | |
| 疏斑小鲃 | *Puntius paucimaculatus* | 海南岛陵水河、藤桥河和昌化江水系 |
| 斯奈德小鲃 | *Puntius snyderi* | 台湾中北部河、溪中 |
| 短吻鱼属 *Sikukia* | | |
| 黄尾短吻鱼 | *Sikukia flavicaudata* | 澜沧江下游及其支流 |
| 长须短吻鱼 | *Sikukia longibarbata* | 云南西双版纳勐腊，属澜沧江下游 |
| 金线鲃属 *Sinocyclocheilus* | | |
| 高肩金线鲃 | *Sinocyclocheilus altishoulderus* | 广西东兰太平乡的地下河中，属红水河水系 |
| 阿庐金线鲃 | *Sinocyclocheilus aluensis* | 云南泸西，属南盘江水系 |
| 鸭嘴金线鲃 | *Sinocyclocheilus anatirostris* | 广西乐业和凌云地下河中，属红水河水系 |
| 角金线鲃 | *Sinocyclocheilus angularis* | 贵州盘县，属南盘江水系 |

（续）

| 种名 | 拉丁名 | 分布 |
|---|---|---|
| 狭孔金线鲃 | *Sinocyclocheilus angustiporus* | 云南东部和贵州西部的南盘江上游支流黄泥河流域 |
| 无眼金线鲃 | *Sinocyclocheilus anophthalmus* | 云南宜良九乡个别洞穴地下河，属南盘江水系 |
| 安水金线鲃 | *Sinocyclocheilus anshuiensis* | 广西凌云逻楼镇附近一洞穴 |
| 鹰喙角金线鲃 | *Sinocyclocheilus aquihornes* | 云南丘北县一洞穴的地下河，属南盘江水系 |
| 双角金线鲃 | *Sinocyclocheilus bicornutus* | 贵州兴仁，属北盘江水系 |
| 短须金线鲃 | *Sinocyclocheilus brevibarbatus* | 广西都安高岭乡个别洞穴地下水中，属红水河水系 |
| 短身金线鲃 | *Sinocyclocheilus brevis* | 广西罗城，属柳江水系龙江支流 |
| 宽角金线鲃 | *Sinocyclocheilus broadihornes* | 云南石林镇落水洞地下伏流中，属南盘江水系 |
| 驼背金线鲃 | *Sinocyclocheilus cyphotergous* | 贵州罗甸边阳镇大井村，属红水河水系 |
| 东兰金线鲃 | *Sinocyclocheilus donglanensis* | 广西东兰太平乡太平村附近地下河，属红水河水系 |
| 曲背金线鲃 | *Sinocyclocheilus flexuosdorsalis* | 广西隆林天生桥镇一地下溶洞地下水，属红水河水系 |
| 叉背金线鲃 | *Sinocyclocheilus furcodorsalis* | 广西天峨境内的地下河，属红水河水系 |
| 细身金线鲃 | *Sinocyclocheilus gracilis* | 广西贺州一洞穴地下水，属珠江水系 |
| 滇池金线鲃 | *Sinocyclocheilus grahami* | 云南滇池及其附近水体，属金沙江南侧支流普渡河上游 |
| 桂林金线鲃 | *Sinocyclocheilus guilinensis* | 广西桂林附近溶洞内地下河中 |
| 圭山金线鲃 | *Sinocyclocheilus guishanensis* | 云南石林圭山乡左溪地下河和地下河口附近，属南盘江水系 |
| 黄田金线鲃 | *Sinocyclocheilus huangtianensis* | 广西贺州黄田镇油麻岩，属珠江水系贺江的支流 |
| 华宁金线鲃 | *Sinocyclocheilus huaningensis* | 云南华宁盘溪镇大龙潭 |
| 环江金线鲃 | *Sinocyclocheilus huanjiangensis* | 广西环江关兴乡洞穴地下河 |
| 巨须金线鲃 | *Sinocyclocheilus hugeibarbus* | 贵州荔波板潭坝和洞塘乡的地下河，属柳江水系 |
| 透明金线鲃 | *Sinocyclocheilus hyalinus* | 云南泸西阿庐古洞及其附近洞穴的地下河，属南盘江水系 |
| 季氏金线鲃 | *Sinocyclocheilus jii* | 广西富川和恭城的观音乡 |
| 九圩金线鲃 | *Sinocyclocheilus jiuxuensis* | 广西河池金城江区九圩镇附近的地下河，属红水河水系 |

（续）

| 种名 | 拉丁名 | 分布 |
|---|---|---|
| 侧条金线鲃 | *Sinocyclocheilus lateristritus* | 云南陆良龙潭，属南盘江水系 |
| 凌云金线鲃 | *Sinocyclocheilus lingyunensis* | 广西凌云泗城镇沙洞地下河 |
| 长须金线鲃 | *Sinocyclocheilus longibarbartus* | 贵州荔波和广西南丹，属柳江上游打狗河 |
| 长鳍金线鲃 | *Sinocyclocheilus longifinus* | 云南华宁大龙潭 |
| 逻楼金线鲃 | *Sinocyclocheilus luolouensis* | 广西凌云，属珠江水系右江支流 |
| 罗平金线鲃 | *Sinocyclocheilus luopingensis* | 云南罗平干龙潭 |
| 大头金线鲃 | *Sinocyclocheilus macrocephalus* | 云南石林黑龙潭水库，属南盘江支流 |
| 大鳞金线鲃 | *Sinocyclocheilus macrolepis* | 红水河支流 |
| 大眼金线鲃 | *Sinocyclocheilus macrophthalmus* | 广西都安下坳乡一溶洞和东兰县，属红水河水系 |
| 陆良金线鲃 | *Sinocyclocheilus macroscalus* | 云南陆良县龙潭及附近的石祥寺水库，属南盘江水系 |
| 麻花金线鲃 | *Sinocyclocheilus maculatus* | 现知仅分布于云南砚山县子马村和丘北县炭房，属南盘江水系 |
| 麦田河金线鲃 | *Sinocyclocheilus maitianheensis* | 南盘江水系 |
| 软鳍金线鲃 | *Sinocyclocheilus malacopterus* | 云南罗平大塘子溶洞、羊者窝水库、新寨小明寨村、沾益海家哨，均属红水河上游 |
| 马山金线鲃 | *Sinocyclocheilus mashanensis* | 广西马山古寨溶洞地下河 |
| 小眼金线鲃 | *Sinocyclocheilus microphthalmus* | 广西凌云逻楼镇、加尤乡和凤城一带的地下河中，属红水河流域 |
| 多斑金线鲃 | *Sinocyclocheilus multipunctatus* | 云南的牛栏江和金沙江与贵州的乌江，均属长江水系；贵州花溪、惠水、荔波，属珠江水系的柳江和红水河上游 |
| 尖头金线鲃 | *Sinocyclocheilus oxytcephalus* | 云南石林的黑龙潭水库，属南盘江水系 |
| 紫色金线鲃 | *Sinocyclocheilus purpureus* | 云南砚山平远街镇、开远市中和营乡大龙潭，隶属南盘江水系 |
| 丘北金线鲃 | *Sinocyclocheilus qiubeiensis* | 云南丘北，属南盘江水系 |
| 曲靖金线鲃 | *Sinocyclocheilus qujingensis* | 云南曲靖市麒麟区茨营乡吴家坟水库，属南盘江水系 |
| 犀角金线鲃 | *Sinocyclocheilus rhinocerous* | 云南罗平环城乡新寨办事处小明寨组和学田高家洞的地下河，属南盘江水系 |
| 粗壮金线鲃 | *Sinocyclocheilus robustus* | 贵州兴义黄泥河，属南盘江水系 |
| 天峨金线鲃 | *Sinocyclocheilus tianeensis* | 广西天峨，属红水河水系 |
| 田林金线鲃 | *Sinocyclocheilus tianlinensis* | 广西田林平山乡溶洞地下水，属红水河水系 |

（续）

| 种名 | 拉丁名 | 分布 |
|---|---|---|
| 状角金线鲃 | *Sinocyclocheilus tileihornes* | 现知仅分布在云南罗平阿岗乡老鸦洞地下河，属南盘江水系 |
| 抚仙金线鲃 | *Sinocyclocheilus tingi* | 云南抚仙湖，属南盘江水系 |
| 乌蒙山金线鲃 | *Sinocyclocheilus wumengshanensis* | 云南寻甸县龙潭村，沾益德泽、宣威西泽，属金沙江水系牛栏江上游 |
| 西畴金线鲃 | *Sinocyclocheilus xichouensis* | 云南西畴兴街镇干海子，属元江水系 |
| 驯乐金线鲃 | *Sinocyclocheilus xunlensis* | 柳江上游支流打狗河上游洞穴地下水 |
| 阳宗金线鲃 | *Sinocyclocheilus yangzongensis* | 云南阳宗海，属南盘江水系 |
| 易门金线鲃 | *Sinocyclocheilus yimenensis* | 云南易门大龙口 |
| 宜山金线鲃 | *Sinocyclocheilus yishanensis* | 广西宜州屏南乡里洞水库和同德楞村，属珠江水系 |
| 倒刺鲃属 *Spinibarbus* | | |
| 多鳞倒刺鲃 | *Spinibarbus denticulatus polylepis* | 南盘江水系 |
| 云南倒刺鲃 | *Spinibarbus denticulatus yunnanensis* | 云南抚仙湖、阳宗海和星云湖，均属南盘江水系 |
| 中华倒刺鲃 | *Spinibarbus sinensis* | 长江水系 |
| 结鱼属 *Tor* | | |
| 半刺结鱼 | *Tor hemispinus* | 怒江水系 |
| 多鳞结鱼 | *Tor polylepis* | 云南勐腊南腊河，属澜沧江水系支流 |
| 桥街结鱼 | *Tor qiaojiensis* | 云南龙川江和大盈江，属伊洛瓦底江水系 |
| 盈江结鱼 | *Tor yingjiangensis* | 云南大盈江、瑞丽江 |
| 盲鲃属 *Typhlobarbus* | | |
| 裸腹盲鲃 | *Typhlobarbus nudiventris* | 云南建水 |
| 野鲮亚科 Labeoninae | | |
| 孟加拉鲮属 *Bangana* | | |
| 短吻孟加拉鲮 | *Bangana brevirostris* | 云南西双版纳罗索江，属澜沧江水系 |
| 桂孟加拉鲮 | *Bangana decora* | 珠江水系的西江和北江 |
| 盆唇孟加拉鲮 | *Bangana discognathoides* | 海南岛 |
| 长江孟加拉鲮 | *Bangana rendahli* | 长江上游干支流 |
| 洞庭孟加拉鲮 | *Bangana tungting* | 洞庭湖及其上游的河流至湖北的洪湖等地区 |
| 伍氏孟加拉鲮 | *Bangana wui* | 珠江水系的西江和北江 |
| 云南孟加拉鲮 | *Bangana yunnanensis* | 澜沧江 |
| 朱氏孟加拉鲮 | *Bangana zhui* | 珠江水系上游南盘江和澜沧江水系 |
| 褶吻鲮属 *Cophecheilus* | | |
| 巴门褶吻鲮 | *Cophecheilus bamen* | 广西靖西，属珠江水系左江支流 |

（续）

| 种名 | 拉丁名 | 分布 |
|---|---|---|
| 盘口鲮属 Discocheilus | | |
| 多鳞盘口鲮 | Discocheilus multilepis | 珠江流域西江支流都柳江 |
| 伍氏盘口鲮 | Discocheilus wui | 珠江流域西江水系红水河支流 |
| 盘鮈属 Discogobio | | |
| 前胸盘鮈 | Discogobio antethoracalis | 云南嘎机盘龙河，属元江水系 |
| 双珠盘鮈 | Discogobio bismargaritus | 珠江水系西江支流上游 |
| 短鳔盘鮈 | Discogobio brachyphysallidos | 南盘江、元江和金沙江水系 |
| 长体盘鮈 | Discogobio elongatus | 云南宣威，属北盘江水系 |
| 宽头盘鮈 | Discogobio laticeps | 北盘江水系 |
| 长须盘鮈 | Discogobio longibarbatus | 云南抚仙湖 |
| 长鳔盘鮈 | Discogobio macrophysallidos | 云南抚仙湖及南盘江水系 |
| 多线盘鮈 | Discogobio multilineatus | 珠江水系的红水河 |
| 多鳞盘鮈 | Discogobio polylepis | 云南抚仙湖、澄江西龙潭 |
| 后腹盘鮈 | Discogobio poneventralis | 云南嘎机盘龙河，属元江水系 |
| 近臀盘鮈 | Discogobio propeanalis | 云南文山盘龙河支流，属元江水系 |
| 四须盘鮈 | Discogobio tetrabarbatus | 珠江水系的西江和北江上游 |
| 云南盘鮈 | Discogobio yunnanensis | 长江中上游、南盘江及元江等水系 |
| 盘鲮属 Discolabeo | | |
| 五洛河盘鲮 | Discolabeo wuluoheensis | 云南师宗五洛河，属南盘江水系 |
| 墨头鱼属 Garra | | |
| 双刺墨头鱼 | Garra bispinosa | 云南大盘江、龙川江 |
| 斑尾墨头鱼 | Garra fascicauda | 澜沧江下游 |
| 小垫墨头鱼 | Garra micropulvinus | 云南西畴嘎机盘龙河，属元江水系 |
| 奇额墨头鱼 | Garra mirofrontis | 云南澜沧江水系 |
| 怒江墨头鱼 | Garra nujiangensis | 云南镇康大叉河，属怒江水系 |
| 海南墨头鱼 | Garra pingi hainanensis | 海南昌江、万泉河等水系 |
| 宜良墨头鱼 | Garra pingi yiliangensis | 云南南盘江水系 |
| 桥街墨头鱼 | Garra qiaojiensis | 云南龙川江，属伊洛瓦底河水系 |
| 圆鼻墨头鱼 | Garra rotundinasus | 云南伊洛瓦底江 |
| 腾冲墨头鱼 | Garra tengchongensis | 云南伊洛瓦底江 |
| 红水河鲮属 Hongshuia | | |
| 板么红水河鲮 | Hongshuia banmo | 广西珠江水系红水河 |
| 大眼红水河鲮 | Hongshuia megalophthalmus | 珠江水系红水河支流 |
| 小口红水河鲮 | Hongshuia microstomatus | 珠江水系红水河支流 |
| 袍里红水河鲮 | Hongshuia paoli | 珠江水系红水河支流 |
| 长臀鲮属 Longanalus | | |

（续）

| 种名 | 拉丁名 | 分布 |
|---|---|---|
| 大鳍长臀鲮 | *Longanalus macrochirous* | 贵州茂兰 |
| 湄公鱼属 Mekongina | | |
| 澜沧湄公鱼 | *Mekongina lancangensis* | 云南勐腊南腊河，属澜沧江上游 |
| 异华鲮属 Parasinilabeo | | |
| 异华鲮 | *Parasinilabeo assimilis* | 珠江水系 |
| 长须异华鲮 | *Parasinilabeo longibarbus* | 广西珠江水系贺江支流 |
| 长体异华鲮 | *Parasinilabeo longicorpus* | 广西珠江水系西江和红水河支流 |
| 长鳍异华鲮 | *Parasinilabeo longiventralis* | 广西富川，属珠江水系 |
| 斑异华鲮 | *Parasinilabeo maculatus* | 安徽石台秋浦河 |
| 小眼异华鲮 | *Parasinilabeo microps* | 贵州江口龙家寨 |
| 盆唇鱼属 Placocheilus | | |
| 缺须盆唇鱼 | *Placocheilus cryptonemus* | 怒江水系 |
| 独龙盆唇鱼 | *Placocheilus dulongensis* | 云南独龙江，属伊洛瓦底河水系 |
| 原鲮属 Protolabeo | | |
| 原鲮 | *Protolabeo protolabeo* | 云南会泽以礼河，属长江上游金沙江支流 |
| 拟缨鱼属 *Pseudocrossocheilus* | | |
| 巴马拟缨鱼 | *Pseudocrossocheilus bamaensis* | 珠江水系西江水系红水河 |
| 柳城拟缨鱼 | *Pseudocrossocheilus liuchengensis* | 珠江水系西江上游柳江 |
| 长鳔拟缨鱼 | *Pseudocrossocheilus longibullus* | 贵州荔波，属珠江中游西江支流 |
| 黑纵纹拟缨鱼 | *Pseudocrossocheilus nigrovittatus* | 贵州荔波，属珠江流域的西江 |
| 乳唇拟缨鱼 | *Pseudocrossocheilus papillolabrus* | 贵州贞丰，属珠江水系上游北盘江 |
| 三齿拟缨鱼 | *Pseudocrossocheilus tridentis* | 珠江流域西江上游南盘江及其支流 |
| 泉水鱼属 *Pseudogyinocheilus* | | |
| 长沟泉水鱼 | *Pseudogyinocheilus longisulcus* | 广西靖西 |
| 泉水鱼 | *Pseudogyinocheilus procheilus* | 长江上游及其支流 |
| 卷口鱼属 Ptychidio | | |
| 卷口鱼 | *Ptychidio jordani* | 珠江水系及台湾 |
| 长须卷口鱼 | *Ptychidio longibarbus* | 珠江水系西江支流 |
| 大眼卷口鱼 | *Ptychidio macrops* | 珠江水系西江支流 |
| 黔鲮属 Qianlabeo | | |
| 条纹黔鲮 | *Qianlabeo striatus* | 贵州安顺，属珠江水系北盘江支流 |
| 直口鲮属 Rectoris | | |
| 长须直口鲮 | *Rectoris longibarbus* | 广西靖西属珠江流域西江支流左江 |
| 长鳍直口鲮 | *Rectoris longifinus* | 云南东部南盘江水系 |

（续）

| 种名 | 拉丁名 | 分布 |
|---|---|---|
| 泸溪直口鲮 | *Rectoris luxiensis* | 湖南沅江和湘江，四川大宁河等水系 |
| 华鲮属 *Sinilabeo* | | |
| 胡氏华鲮 | *Sinilabeo hummeli* | 长江上游 |
| 长须华鲮 | *Sinilabeo longibarbatus* | 贵州清镇五里区猫跳河 |
| 华缨鱼属 *Sinocrossocheilus* | | |
| 华缨鱼 | *Sinocrossocheilus guizhouensis* | 长江水系乌江支流 |
| 穗唇华缨鱼 | *Sinocrossocheilus labiatus* | 珠江水系西江支流打狗河 |
| 狭吻鱼属 *Stenorynchoacrum* | | |
| 西江狭吻鱼 | *Stenorynchoacrum xijiangensis* | 广西桂林大埔，属珠江水系漓江支流相思河 |
| 裂腹鱼亚科 Schizothoracinae | | |
| 扁吻鱼属 *Aspiorhynchus* | | |
| 扁吻鱼 | *Aspiorhynchus laticeps* | 新疆塔里木水系 |
| 黄河鱼属 *Chuanchia* | | |
| 骨唇黄河鱼 | *Chuanchia labiosa* | 黄河上游 |
| 裸鲤属 *Gymnocypris* | | |
| 兰格湖裸鲤 | *Gymnocypris chui* | 西藏兰格湖 |
| 软刺裸鲤 | *Gymnocypris dobula* | 西藏佩枯错和戳错龙错 |
| 祁连裸鲤 | *Gymnocypris eckloni* | 甘肃石羊河、弱水和疏勒河 |
| 花斑裸鲤 | *Gymnocypris eckloni eckloni* | 黄河水系 |
| 斜口裸鲤 | *Gymnocypris eckloni scolistomus* | 青海久治县逊木错 |
| 纳木湖裸鲤 | *Gymnocypris namensis* | 西藏纳木错 |
| 硬刺松潘裸鲤 | *Gymnocypris potanini firmispinatus* | 金沙江上游和澜沧江支流永春河 |
| 松潘裸鲤 | *Gymnocypris potanini potanini* | 岷江上游和澜沧江水系 |
| 甘子河裸鲤 | *Gymnocypris przewalskii ganzihonensis* | 青海湖入湖支流甘子河 |
| 青海湖裸鲤 | *Gymnocypris przewalskii* | 青海湖及其湖周支流 |
| 拉孜裸鲤 | *Gymnocypris scleracanthus* | 西藏拉孜兰格湖 |
| 高原裸鲤 | *Gymnocypris waddelli* | 西藏南部的羊卓雍错、哲古错、冲巴雍错、莫特里湖、嘎罗维金马湖 |

（续）

| 种名 | 拉丁名 | 分布 |
|---|---|---|
| 裸重唇鱼属 Gymnodiptychus | | |
| 全裸裸重唇鱼 | Gymnodiptychus integrigymnatus | 高黎贡山龙川江上游支流、怒江支流 |
| 厚唇裸重唇鱼 | Gymnodiptychus pachycheilus | 黄河水系和长江上游金沙江的上游及雅砻江中下游 |
| 高原鱼属 Herzensteinia | | |
| 小头高原鱼 | Herzensteinia microcephalus | 长江上游源头区 |
| 尖裸鲤属 Oxygymnocypris | | |
| 尖裸鲤 | Oxygymnocypris stewartii | 雅鲁藏布江中上游干流及其主要支流 |
| 扁咽齿鱼属 Platypharodon | | |
| 极边扁咽齿鱼 | Platypharodon extremus | 黄河上游 |
| 叶须鱼属 Ptychobarbus | | |
| 中甸叶须鱼 | Ptychobarbus chungtienensis chungtienensis | 云南中甸东南向流的小中甸及附属的那亚河、碧塔海、属都海等，属金沙江中上游过渡段 |
| 格咱叶须鱼 | Ptychobarbus chungtienensis gezaensis | 云南中甸西南向流的格咱河，属金沙江上游支流 |
| 双须叶须鱼 | Ptychobarbus dipogon | 雅鲁藏布江水系 |
| 裸腹叶须鱼 | Ptychobarbus kaznakovi | 怒江、澜沧江和金沙江上游 |
| 裸裂尻鱼属 Schizopygopsis | | |
| 前腹裸裂尻鱼 | Schizopygopsis anteroventris | 澜沧江上游干支流 |
| 柴达木裸裂尻鱼 | Schizopygopsis kessleri | 诺木洪河，属柴达木水系 |
| 嘉陵裸裂尻鱼 | Schizopygopsis kialingensis | 嘉陵江水系 |
| 宝兴软鳍裸裂尻鱼 | Schizopygopsis baoxingensis | 四川青衣江上游 |
| 大渡软刺裸裂尻鱼 | Schizopygopsis malacanthus chengi | 大渡河上游 |
| 软刺裸裂尻鱼 | Schizopygopsis malacanthus malacanthus | 金沙江和雅砻江上游 |
| 黄河裸裂尻鱼 | Schizopygopsis pylzovi | 黄河上游干流及支流 |
| 班公湖裸裂尻鱼 | Schizopygopsis stoliczkai bangongensis | 西藏西部班公湖水系，属印度河上游 |

（续）

| 种名 | 拉丁名 | 分布 |
|---|---|---|
| 玛旁雍裸裂尻鱼 | *Schizopygopsis stoliczkai maphamyumensis* | 西藏西部玛旁雍错 |
| 温泉裸裂尻鱼 | *Schizopygopsis thermalis* | 唐古拉山温泉中 |
| 喜马拉雅裸裂尻鱼 | *Schizopygopsis younghusbandi himalayensis* | 西藏南部波曲河，属恒河 |
| 昂仁裸裂尻鱼 | *Schizopygopsis younghusbandi wui* | 西藏昂仁县金湖（昂仁湖） |
| 拉萨裸裂尻鱼 | *Schizopygopsis younghusbandi younghusbandi* | 雅鲁藏布江中上游和朋曲河 |
| 裂腹鱼属 *Schizothorax* | | |
| 北盘江裂腹鱼 | *Schizothorax beipanensis* | 北盘江 |
| 塔里木裂腹鱼 | *Schizothorax biddulphi* | 新疆塔里木河水系 |
| 细鳞裂腹鱼 | *Schizothorax chongi* | 金沙江中下游、岷江下游和长江干流上游 |
| 隐鳞裂腹鱼 | *Schizothorax crytolepis* | 四川雅安青衣江，属长江水系 |
| 弧唇裂腹鱼 | *Schizothorax curvilabiatus* | 雅鲁藏布江下游 |
| 重口裂腹鱼 | *Schizothorax davidi* | 嘉陵江、沱江和岷江 |
| 长丝裂腹鱼 | *Schizothorax dolichonema* | 澜沧江、金沙江和雅砻江等上游 |
| 独龙裂腹鱼 | *Schizothorax dulongensis* | 独龙，属伊洛瓦底江上游支流 |
| 长身裂腹鱼 | *Schizothorax elongatus* | 大盈江，属伊洛瓦底江水系 |
| 宽口裂腹鱼 | *Schizothorax eurystoma* | 新疆塔里木河水系 |
| 贡山裂腹鱼 | *Schizothorax gongshanensis* | 怒江上游 |
| 昆明裂腹鱼 | *Schizothorax grahami* | 金沙江中下游干支流 |
| 灰裂腹鱼 | *Schizothorax griseus* | 澜沧江及南、北盘江和乌江 |
| 异唇裂腹鱼 | *Schizothorax heterochilus* | 四川青衣江，属长江水系 |
| 异鳔裂腹鱼 | *Schizothorax heterophysallidos* | 云南南盘江上游 |
| 中唇裂腹鱼 | *Schizothorax intermedia* | 新疆 |
| 四川裂腹鱼 | *Schizothorax kozlovi* | 长江中上游包括金沙江流域 |
| 厚唇裂腹鱼 | *Schizothorax labrosus* | 云南和四川交界处的泸沽湖 |
| 澜沧裂腹鱼 | *Schizothorax lantsangensis* | 澜沧江中上游 |
| 光唇裂腹鱼 | *Schizothorax lissolabiatus* | 怒江、澜沧江中上游、元江上游和南盘江上游 |
| 长须裂腹鱼 | *Schizothorax longibarbus* | 大渡河干流中游 |
| 巨须裂腹鱼 | *Schizothorax macropogon* | 雅鲁藏布江中游 |
| 软刺裂腹鱼 | *Schizothorax malacathus* | 大盈江，属伊洛瓦底江水系 |
| 小口裂腹鱼 | *Schizothorax microstomus* | 云南和四川交界处的泸沽湖 |

（续）

| 种名 | 拉丁名 | 分布 |
|------|--------|------|
| 吸口裂腹鱼 | *Schizothorax myzostomus* | 云南独龙江，属伊洛瓦底江上游支流 |
| 宁蒗裂腹鱼 | *Schizothorax ninglangensis* | 云南和四川交界处的泸沽湖 |
| 裸腹裂腹鱼 | *Schizothorax nudiventris* | 云南澜沧江干流及支流 |
| 怒江裂腹鱼 | *Schizothorax nukiangensis* | 怒江水系 |
| 异齿裂腹鱼 | *Schizothorax o'connori* | 雅鲁藏布江中上游 |
| 少鳞裂腹鱼 | *Schizothorax oligolepis* | 云南大盈江，属伊洛瓦底江水系 |
| 小裂腹鱼 | *Schizothorax parvus* | 云南丽江漾弓江（中江），属金沙江中游 |
| 齐口裂腹鱼 | *Schizothorax prenanti* | 大渡河和岷江水系 |
| 中华裂腹鱼 | *Schizothorax sinensis* | 嘉陵江上游及其支流 |
| 大理裂腹鱼 | *Schizothorax taliensis* | 云南洱海 |
| 拉萨裂腹鱼 | *Schizothorax waltoni* | 雅鲁藏布江中上游 |
| 短须裂腹鱼 | *Schizothorax wangchiachii* | 乌江、金沙江和雅砻江 |
| 保山裂腹鱼 | *Schizothorax yunnanensis paoshanensis* | 云南保山东河，属怒江水系 |
| 威宁裂腹鱼 | *Schizothorax yunnanensis weiningensis* | 贵州威宁草海，属长江水系 |
| 云南裂腹鱼 | *Schizothorax yunnanensis yunnanensis* | 澜沧江中游 |

胭脂鱼科 Catostomidae

胭脂鱼属 *Myxocyprinus*

| 胭脂鱼 | *Myxocyprinus asiaticus* | 长江和闽江水系 |
|------|--------|------|

条鳅科 Nemacheilidae

须鳅属 *Barbatula*

| 阿勒泰须鳅 | *Barbatula altayensis* | 新疆额尔齐斯河流域 |
|------|--------|------|
| 弓背须鳅 | *Barbatula gibba* | 内蒙古达里诺尔湖流域 |

间条鳅属
*Heminoemacheilus*

| 透明间条鳅 | *Heminoemacheilus hyalinus* | 广西都安地下河，属红水河流域 |
|------|--------|------|
| 郑氏间条鳅 | *Heminoemacheilus zhengbaoshani* | 广西都安和大化地下河，属红水河流域 |

副鳅属 *Homatula*

| 尖头副鳅 | *Homatula acuticephala* | 云南洱源海西海，属澜沧江水系 |
|------|--------|------|
| 拟鳗副鳅 | *Homatula anguillioides* | 云南洱源左所龙潭，属澜沧江水系 |
| 洱海副鳅 | *Homatula erhaiensis* | 云南洱海 |
| 宽带副鳅 | *Homatula laxiclathra* | 陕西渭河 |
| 茂兰盲副鳅 | *Homatula maolanensis* | 贵州荔波茂兰地下溶洞 |

（续）

| 种名 | 拉丁名 | 分布 |
|---|---|---|
| 南盘江副鳅 | *Homatula nanpanjiangensis* | 云南罗平南盘江水系 |
| 寡鳞副鳅 | *Homatula oligolepis* | 云南阳宗海 |
| 后鳍盲副鳅 | *Homatula posterodarsalus* | 广西南丹，属珠江流域西江支流柳江水系 |
| 短体副鳅 | *Homatula potanini* | 长江中上游及其附属水体 |
| 副鳅 | *Homatula pycnolepis* | 澜沧江支流漾濞江 |
| 红尾副鳅 | *Homatula variegatus* | 黄河支流渭河、长江中上游 |
| 乌江副鳅 | *Homatula wujiangensis* | 乌江水系 |
| 无量山副鳅 | *Homatula wuliangensis* | 云南景东无量山，属澜沧江水系 |
| 小条鳅属<br>*Micronemacheilus* | | |
| 海南小条鳅 | *Micronemacheilus zispi* | 海南岛 |
| 条鳅属 *Nemacheilus* | | |
| 暗纹条鳅 | *Nemacheilus obscurus* | 金沙江中下游（云南华坪县河、四川安宁河等） |
| 新条鳅属<br>*Neonoemacheilus* | | |
| 孟定新条鳅 | *Neonoemacheilus mengdingensis* | 云南耿马南定河，属怒江流域 |
| 岭鳅属 *Orenonectes* | | |
| 无眼岭鳅 | *Orenonectes anophthalmus* | 广西武鸣太极洞，属珠江水系西江支流右江 |
| 东兰岭鳅 | *Orenonectes donglanensis* | 广西东兰，属红水河水系 |
| 都安岭鳅 | *Orenonectes duanensis* | 广西都安，属红水河水系 |
| 关安岭鳅 | *Orenonectes guananensis* | 广西环江境内的地下河，属珠江流域西江支流柳江水系 |
| 罗城岭鳅 | *Orenonectes luochengensis* | 广西罗城，属珠江流域西江支流柳江水系 |
| 多斑岭鳅 | *Orenonectes polystigmus* | 广西桂林大埠乡等地溶洞地下河，属桂江水系 |
| 异条鳅属 *Paranemachilus* | | |
| 颊鳞异条鳅 | *Paranemachilus genilepis* | 广西扶绥地下河 |
| 平果异条鳅 | *Paranemachilus pingguoensis* | 广西平果，属珠江流域西江支流右江水系 |
| 游鳔条鳅属 *Physoschistura* | | |
| 双江游鳔鳅 | *Physoschistura shuangjiangensis* | 云南双江小黑江、南滚河 |
| 原条鳅属<br>*Protonemacheilus* | | |
| 长鳍原条鳅 | *Protonemacheilus longipectoralis* | 云南潞西，属伊洛瓦底江水系 |

（续）

| 种名 | 拉丁名 | 分布 |
|---|---|---|
| 南鳅属 *Schistura* | | |
| 白鼻南鳅 | *Schistura albirostris* | 云南龙川江，属伊洛瓦底江水系 |
| 版纳南鳅 | *Schistura bannanensis* | 云南勐腊南腊河，属澜沧江水系 |
| 美斑南鳅 | *Schistura callichroma* | 云南景东把边江，属元江水系 |
| 锥吻南鳅 | *Schistura conirostris* | 云南景洪流沙河口，属澜沧江水系 |
| 隐斑南鳅 | *Schistura cryptofasciata* | 云南永德南定河，属怒江水系 |
| 戴氏南鳅 | *Schistura dabryi dabryi* | 长江中上游及其附属水体 |
| 小眼戴氏南鳅 | *Schistura dabryi microphthalmus* | 贵州瓮安，属长江水系 |
| 异斑南鳅 | *Schistura disparizona* | 云南沧源南滚河、怒江下游等 |
| 华坪南鳅 | *Schistura huapingensis* | 金沙江中游及其支流四川德昌安宁河 |
| 宽纹南鳅 | *Schistura latifasciata* | 云南澜沧江水系 |
| 凌云南鳅 | *Schistura lingyunensis* | 广西凌云，属珠江流域西江支流右江 |
| 长南鳅 | *Schistura longa* | 怒江 |
| 大斑南鳅 | *Schistura macrotaenia* | 云南屏边南溪河，属元江水系 |
| 南定南鳅 | *Schistura nandingensis* | 云南云县南定河，属怒江水系 |
| 牛栏江南鳅 | *Schistura niulanjiangensis* | 云南牛栏河，属金沙江水系下游支流 |
| 多纹南鳅 | *Schistura polytaenia* | 云南龙川江，属伊洛瓦底江水系 |
| 似横纹南鳅 | *Schistura pseudofasciolata* | 四川会东鲹鱼河，属金沙江水系下游支流 |
| 六斑南鳅 | *Schistura sexnubes* | 云南双江，属澜沧江流域 |
| 盈江条鳅 | *Schistura yingjiangensis* | 云南盈江的大盈江和腾冲的龙川江，属伊洛瓦底江水系 |
| 稀有南鳅 | *Schistura rara* | 广东北江上游支流 |
| 球鳔鳅属 *Sphaerophysa* | | |
| 滇池球鳔鳅 | *Sphaerophysa dianchiensis* | 云南滇池 |
| 沙猫鳅属 *Traccatichthys* | | |
| 突结沙猫鳅 | *Traccatichthys tuberculum* | 广东鉴江 |
| 高原鳅属 *Triplophysa* | | |
| 阿里高原鳅 | *Triplophysa aliensis* | 西藏阿里地区象泉河、狮泉河，属森格藏布河上游 |
| 隆头高原鳅 | *Triplophysa alticeps* | 青海湖及其附属水体 |
| 阿庐高原鳅 | *Triplophysa aluensis* | 云南泸西县阿庐古洞地下河 |
| 安氏高原鳅 | *Triplophysa angeli* | 四川西部 |
| 前鳍高原鳅 | *Triplophysa anterodorsalis* | 金沙江水系 |

（续）

| 种名 | 拉丁名 | 分布 |
|------|--------|------|
| 巴山高原鳅 | *Triplophysa bashanensis* | 陕西西乡通江上游巴水河，属嘉陵江水系 |
| 勃氏高原鳅 | *Triplophysa bleekeri* | 长江中上游水系 |
| 隆额高原鳅 | *Triplophysa bombifrons* | 新疆塔里木水系 |
| 短须高原鳅 | *Triplophysa brevibarba* | 四川安宁河（金沙江流域雅砻江支流） |
| 短尾高原鳅 | *Triplophysa brevicauda* | 青藏高原及其毗连的新疆、甘肃和四川西部 |
| 茶卡高原鳅 | *Triplophysa cakaensis* | 青海茶卡盐湖入湖小河 |
| 铲颌高原鳅 | *Triplophysa chondrostoma* | 新疆柴达木水系 |
| 粗唇高原鳅 | *Triplophysa crassilabris* | 四川若尔盖辖曼湖和茂县岷江水系 |
| 尖头高原鳅 | *Triplophysa cuneicephala* | 北京永定河，属海河水系 |
| 达里湖高原鳅 | *Triplophysa dalaica* | 黄河中上游北侧支流及其附属湖泊（如内蒙古的黄旗海、岱海、达里湖等），海河流域北部山区河流等 |
| 大桥高原鳅 | *Triplophysa daqiaoensis* | 四川安宁河、属金沙江水系雅砻江支流 |
| 峒敢高原鳅 | *Triplophysa dongganensis* | 广西环江川山镇峒敢村，属柳江水系 |
| 凤山高原鳅 | *Triplophysa fengshanensis* | 广西凤山林桐乡一洞穴地下河，属红水河水系 |
| 黄体高原鳅 | *Triplophysa flavicorpus* | 广西都安红水河水系 |
| 暗色高原鳅 | *Triplophysa furva* | 新疆乌鲁木齐河水系 |
| 抚仙高原鳅 | *Triplophysa fuxianensis* | 云南抚仙湖 |
| 个旧盲高原鳅 | *Triplophysa gejiuensis* | 云南个旧市卡房乡地下河 |
| 改则高原鳅 | *Triplophysa gerzeensis* | 西藏改则的茶措支流、措勤的苏里藏布和夏康坚雪山北坡的小湖 |
| 昆明高原鳅 | *Triplophysa grahami* | 云南金沙江水系的螳螂川和元江水系的礼社江 |
| 郃阳高原鳅 | *Triplophysa heyangensis* | 陕西郃阳黄河支流 |
| 酒泉高原鳅 | *Triplophysa hsutschouensis* | 甘肃河西走廊的自流水体 |
| 环江高原鳅 | *Triplophysa huanjiangensis* | 广西环江川山镇的洞穴地下河，属柳江水系 |
| 花坪高原鳅 | *Triplophysa huapingensis* | 广西乐山花坪镇、同乐镇和田林县浪平乡，均属红水河水系 |
| 忽吉图高原鳅 | *Triplophysa hutjertjuensis* | 甘肃河西走廊的石羊河水系和内蒙古达尔罕茂明安联合旗的艾不盖河水系 |
| 剑川高原鳅 | *Triplophysa jianchuanensis* | 云南剑川，属澜沧江水系 |
| 佳荣盲高原鳅 | *Triplophysa jiarongensis* | 贵州荔波佳荣镇，属柳江水系 |

（续）

| 种名 | 拉丁名 | 分布 |
|---|---|---|
| 湖高原鳅 | *Triplophysa lacustris* | 云南星云湖 |
| 浪平高原鳅 | *Triplophysa langpingensis* | 广西田林浪平乡一洞穴地下河，属红水河水系 |
| 侧斑高原鳅 | *Triplophysa laterimaculata* | 新疆喀什克孜河，属塔里木水系 |
| 宽头高原鳅 | *Triplophysa laticeps* | 云南禄丰绿汁江，属元江水系 |
| 棱形高原鳅 | *Triplophysa leptosoma* | 长江、黄河上游，西藏北部，柴达木盆地，青海湖及河西走廊等地 |
| 里湖高原鳅 | *Triplophysa lihuensis* | 广西南丹里湖镇洞穴地下河，属柳江水系 |
| 理县高原鳅 | *Triplophysa lixianensis* | 四川理县岷江支流杂谷脑河 |
| 蛇形高原鳅 | *Triplophysa longianguis* | 青海久治逊木错，属黄河水系 |
| 长须盲高原鳅 | *Triplophysa longibarbata* | 贵州荔波，属柳江水系 |
| 长鳍高原鳅 | *Triplophysa longipectoralis* | 广西环江驯乐乡，属柳江水系 |
| 龙里高原鳅 | *Triplophysa longliensis* | 贵州龙里百胜村，属红水河水系 |
| 大头高原鳅 | *Triplophysa macrocephala* | 广西南丹八圩乡附近一洞穴中，属柳江水系 |
| 大斑高原鳅 | *Triplophysa macromaculata* | 云南南盘江上游，属珠江水系 |
| 大眼高原鳅 | *Triplophysa macrophthalma* | 云南宜良南盘江水系 |
| 麻尔柯河高原鳅 | *Triplophysa markehenensis* | 金沙江上游包括雅砻江和大渡河中上游水系 |
| 细眼高原鳅 | *Triplophysa microphthalma* | 新疆哈密、吐鲁番和托克逊等地 |
| 小鳔高原鳅 | *Triplophysa microphysa* | 新疆阿克苏河 |
| 小体高原鳅 | *Triplophysa minuta* | 新疆北部的托克逊、乌鲁木齐、米泉、精河、博乐、温泉和乌尔禾等地 |
| 岷县高原鳅 | *Triplophysa minxianensis* | 甘肃洮河和渭河水系 |
| 墨曲高原鳅 | *Triplophysa moquensis* | 四川若尔盖辖曼湖 |
| 南丹高原鳅 | *Triplophysa nandanensis* | 广西南丹六寨镇溶洞地下河，属红水河水系 |
| 南盘江高原鳅 | *Triplophysa nanpanjiangensis* | 云南沾益海家哨和老母格地下河出口处，属南盘江水系 |
| 鼻须高原鳅 | *Triplophysa nasobarbatula* | 贵州荔波柳江 |
| 宁蒗高原鳅 | *Triplophysa ninglangensis* | 云南宁蒗宁蒗河，属金沙江水系 |
| 怒江高原鳅 | *Triplophysa nujinagensa* | 云南怒江和保山怒江干流 |
| 黑体高原鳅 | *Triplophysa obscura* | 黄河上游和嘉陵江支流白龙江上游 |
| 短吻高原鳅 | *Triplophysa obtusirostra* | 黄河源头卡日曲小湖 |
| 东方高原鳅 | *Triplophysa orientalis* | 甘肃、青海、四川西部的长江水系，黄河上游干流及其附属水体，怒江上游，甘肃河西走廊和青海柴达木盆地的自流水体，西藏的拉萨河 |

（续）

| 种名 | 拉丁名 | 分布 |
|---|---|---|
| 重穗唇高原鳅 | *Triplophysa papillosolabiata* | 新疆塔里木河水系及甘肃黑河和疏勒河 |
| 黄河高原鳅 | *Triplophysa pappenheimi* | 黄河水系上游 |
| 小高原鳅 | *Triplophysa parvus* | 云南宜良贾龙河，属南盘江水系 |
| 多带高原鳅 | *Triplophysa polyfasciata* | 四川汶川岷江水系上游 |
| 拟硬刺高原鳅 | *Triplophysa pseudoscleroptera* | 青海、云南、四川西部和甘肃境内的长江、黄河干流及其附属水体，柴达木盆地的柴达木河和格尔木河 |
| 拟细尾高原鳅 | *Triplophysa pseudostenura* | 四川雅砻江 |
| 丘北盲高原鳅 | *Triplophysa qiubeiensis* | 云南丘北喀斯特洞穴地下河 |
| 粗壮高原鳅 | *Triplophysa robusta* | 黄河和长江支流嘉陵江等的上游 |
| 玫瑰高原鳅 | *Triplophysa rosa* | 重庆武隆，属乌江水系 |
| 圆腹高原鳅 | *Triplophysa rotundiventris* | 青海通天河支流结古河，西藏怒江上游那曲、安多和二道河等地 |
| 硬刺高原鳅 | *Triplophysa scleroptera* | 青海湖和黄河上游水系 |
| 赛丽高原鳅 | *Triplophysa sellaefer* | 黄河水系中下游 |
| 陕西高原鳅 | *Triplophysa shaanxiensis* | 渭河下游北岸各支流 |
| 石林盲高原鳅 | *Triplophysa shilinensis* | 云南路南石林地下河 |
| 似鲇高原鳅 | *Triplophysa siluroides* | 黄河上游 |
| 细尾高原鳅 | *Triplophysa stenura* | 青藏高原和四川西部的长江、澜沧江、怒江、雅鲁藏布江等水系 |
| 异尾高原鳅 | *Triplophysa stewarti* | 青藏高原长江、怒江源头，狮泉河，雅鲁藏布江中上游干支流及纳木错、奇林湖、羊卓雍错、多钦错、昂拉仁错、斯潘古尔湖等水域 |
| 唐古拉高原鳅 | *Triplophysa tanggulaensis* | 青海唐古拉山口北坡温泉附近的温泉溪流中 |
| 天峨高原鳅 | *Triplophysa tianeensis* | 广西天峨八腊乡和岜暮乡洞穴，属红水河水系 |
| 西藏高原鳅 | *Triplophysa tibetana* | 雅鲁藏布江水系、狮泉河、玛旁雍错、莫特里湖、朋曲等水系 |
| 吐鲁番高原鳅 | *Triplophysa turpanensis* | 新疆吐鲁番鄯善和乌鲁木齐等地 |
| 秀丽高原鳅 | *Triplophysa venusta* | 云南丽江的黑龙潭和漾弓江 |
| 歪思汗高原鳅 | *Triplophysa waisihani* | 新疆伊宁伊犁河支流喀什河 |
| 武威高原鳅 | *Triplophysa wuweiensis* | 甘肃河西走廊的石羊河水系 |
| 响水箐高原鳅 | *Triplophysa xiangshuingensis* | 云南石林，属南盘江水系 |

（续）

| 种名 | 拉丁名 | 分布 |
|---|---|---|
| 湘西盲高原鳅 | *Triplophysa xiangxiensis* | 湖南龙山火岩乡地下河中 |
| 西昌高原鳅 | *Triplophysa xichangensis* | 四川西昌安宁河（雅砻江支流） |
| 西溪高原鳅 | *Triplophysa xiqiensis* | 四川昭觉西溪河 |
| 姚氏高原鳅 | *Triplophysa yaopeizhii* | 西藏的江达、芒康、贡觉等地，均属金沙江水系 |
| 河西叶尔羌高原鳅 | *Triplophysa yarkandensis macroptera* | 甘肃河西走廊的疏勒河、月牙泉和弱水 |
| 叶尔羌高原鳅 | *Triplophysa yarkandensis yarkandensis* | 新疆塔里木水系 |
| 云南高原鳅 | *Triplophysa yunnanensis* | 云南南盘江上游 |
| 巨头高原鳅 | *Triplophysa zamegacephala* | 新疆阿克陶苏巴什湖，琼块勒巴什湖和布伦口，均属盖孜河水系；巴楚县楚巴什海子 |
| 赵氏高原鳅 | *Triplophysa zhaoi* | 新疆吐鲁番盆地 |
| 贞丰高原鳅 | *Triplophysa zhenfengensis* | 贵州贞丰北盘江水系 |
| 洞鳅属 *Troglonectes* | | |
| 弓背洞鳅 | *Troglonectes acridorsalis* | 广西天峨，属红水河水系 |
| 弱须洞鳅 | *Troglonectes barbatus* | 广西南丹，属柳江水系 |
| 长体洞鳅 | *Troglonectes elongatus* | 广西环江溶洞河，属珠江流域西江支流柳江水系 |
| 叉尾洞鳅 | *Troglonectes furcocaudalis* | 广西融水城郊地下河，属珠江流域西江支流柳江水系 |
| 大鳞洞鳅 | *Troglonectes macrolepis* | 广西环江，属珠江流域西江支流柳江水系 |
| 小眼洞鳅 | *Troglonectes microphthalmus* | 广西罗城，属珠江流域西江支流柳江水系 |
| 透明洞鳅 | *Troglonectes translucens* | 广西都安下坳溶洞地下河，属珠江流域西江水系红水河 |
| 云南鳅属 *Yunnanilus* | | |
| 高体云南鳅 | *Yunnanilus altus* | 云南南盘江水系 |
| 长臀云南鳅 | *Yunnanilus analis* | 云南星云湖 |
| 白莲云南鳅 | *Yunnanilus bailianensis* | 广西柳州白莲洞，属柳江水系 |
| 巴江云南鳅 | *Yunnanilus bajiangensis* | 云南石林黑龙潭水库 |
| 北盘江云南鳅 | *Yunnanilus beipanjiangensis* | 云南北盘江水系 |
| 草海云南鳅 | *Yunnanilus caohaiensis* | 贵州草海 |
| 褚氏云南鳅 | *Yunnanilus chui* | 云南抚仙湖 |

（续）

| 种名 | 拉丁名 | 分布 |
|---|---|---|
| 纺锤云南鳅 | *Yunnanilus elakatis* | 云南阳宗海 |
| 异色云南鳅 | *Yunnanilus discoloris* | 云南呈贡白龙潭 |
| 叉尾云南鳅 | *Yunnanilus forkicaudalis* | 云南石林黑龙潭泉眼外小溪流，罗平县牛街乡小溪流 |
| 干河云南鳅 | *Yunnanilus ganheensis* | 云南寻甸大河乡干河，属金沙江水系支流牛栏江 |
| 靖西云南鳅 | *Yunnanilus jinxiensis* | 广西靖西禄峒乡、那坡坡荷乡等地的洞穴地下河，均属左江水系 |
| 长须云南鳅 | *Yunnanilus longibarbatus* | 广西都安县高岭镇澄江上游一支流的源头地下河、地苏乡地下河上游东庙乡等地，均属红水河水系 |
| 长鳔云南鳅 | *Yunnanilus longibulla* | 云南程海 |
| 长背云南鳅 | *Yunnanilus longidorsalis* | 云南罗平阿岗龙潭，属南盘江水系 |
| 膨腹云南鳅 | *Yunnanilus macrogaster* | 云南罗平大塘子 |
| 大斑云南鳅 | *Yunnanilus macroistanus* | 云南石林黑龙潭泉眼外小溪流 |
| 大鳞云南鳅 | *Yunnanilus macrolepis* | 云南罗平学田龙潭，属南盘江水系 |
| 南盘江云南鳅 | *Yunnanilusn anpanjiangensis* | 云南南盘江水系 |
| 黑体云南鳅 | *Yunnanilus niger* | 云南罗平大塘子 |
| 黑斑云南鳅 | *Yunnanilus nigromaculatus* | 云南抚仙湖、滇池和贵州草海 |
| 牛栏山云南鳅 | *Yunnanilus niulanensis* | 云南崇明牛栏江支流杨林河 |
| 钝吻云南鳅 | *Yunnanilus obtusirostris* | 云南澄江西龙潭 |
| 宽头云南鳅 | *Yunnanilus pachycephalus* | 云南宣威北盘江支流 |
| 沼泽云南鳅 | *Yunnanilus paludosus* | 云南罗平大塘子 |
| 小云南鳅 | *Yunnanilus parvus* | 云南南盘江水系 |
| 侧纹云南鳅 | *Yunnanilus pleurotaenia* | 云南滇池、抚仙湖、洱海、杨林湖、金沙江等地 |
| 丽纹云南鳅 | *Yunnanilus pulcherrimus* | 广西都安地下河，属红水河水系 |
| 后鳍云南鳅 | *Yunnanilus retrodorsalis* | 广西南丹六寨、月里两镇喀斯特地貌的洞穴，属红水河水系 |
| 四川云南鳅 | *Yunnanilus sichuanensis* | 四川冕宁安宁河，属雅砻江水系 |
| 横斑云南鳅 | *Yunnanilus spanisbripes* | 云南沾益牛栏江，属金沙江水系 |
| 阳宗海云南鳅 | *Yunnanilus yangzonghaiensis* | 云南阳宗海 |

花鳅科 Cobitidae

花鳅亚科 Cobininae

（续）

| 种名 | 拉丁名 | 分布 |
|---|---|---|
| 双须鳅属 *Bibarba* | | |
| 双须鳅 | *Bibarba bibarba* | 广西都安红水河支流澄江 |
| 花鳅属 *Cobitis* | | |
| 南方花鳅 | *Cobitis australis* | 广西邕江和郁江 |
| 北方花鳅 | *Cobitis granoei* | 黑龙江水系、滦河上游、湟水等 |
| 斑条花鳅 | *Cobitis laterimaculata* | 浙江的金华江、剡溪、龙泉溪 |
| 大斑花鳅 | *Cobitis macrostigma* | 长江中下游及其附属水体 |
| 小头花鳅 | *Cobitis microcephala* | 广西博白南流江 |
| 多斑花鳅 | *Cobitis multimaculata* | 广西博白南流江 |
| 稀有花鳅 | *Cobitis rara* | 汉江上游（陕西略阳、凤县） |
| 浙江花鳅 | *Cobitis zhejiangensis* | 浙江台州灵江 |
| 细头鳅属 *Paralepidocephalus* | | |
| 圭山细头鳅 | *Paralepidocephalus guishanensis* | 云南石林圭山乡 |
| 细头鳅 | *Paralepidocephalus yui* | 云南异龙湖、阳宗海及南盘江支流 |
| 副泥鳅属 *Paramisgurnus* | | |
| 大鳞副泥鳅 | *Paramisgurnus dabryanus* | 原产于长江水系，浙江、福建、台湾等中东部地区，西北、华北和东北地区应为引入种 |
| 原花鳅属 *Protocobitis* | | |
| 前腹原花鳅 | *Protocobitis anteroventris* | 广西田林浪平乡一洞穴，属红水河水系 |
| 多鳞原花鳅 | *Protocobitis polylepis* | 广西武鸣，属右江水系 |
| 无眼原花鳅 | *Protocobitis typhlops* | 广西都安下坳乡的溶洞河，属红水河水系 |
| 沙鳅亚科 Botiinae | | |
| 沙鳅属 *Botia* | | |
| 宽体沙鳅 | *Botia reevesae* | 长江水系上游 |
| 中华沙鳅 | *Botia superciliaris* | 长江中上游、云南澜沧江水系 |
| 云南沙鳅 | *Botia yunnanensis* | 云南澜沧江水系 |
| 薄鳅属 *Leptobotia* | | |
| 长薄鳅 | *Leptobotia elongata* | 长江中上游，珠江流域的漓江可能也有分布 |
| 黄线薄鳅 | *Leptobotia flavolineata* | 北京房山十渡拒马河 |
| 桂林薄鳅 | *Leptobotia guilinensis* | 广西漓江 |
| 汉水扁尾薄鳅 | *Leptobotia hansuiensis* | 长江流域的汉江、清江等 |

（续）

| 种名 | 拉丁名 | 分布 |
|---|---|---|
| 小眼薄鳅 | *Leptobotia microphthalma* | 四川岷江水系 |
| 东方薄鳅 | *Leptobotia orientalis* | 长江水系的汉江和海河水系 |
| 薄鳅 | *Leptobotia pellegrini* | 珠江、九龙江、闽江、瓯江、沅江等水系 |
| 斑点薄鳅 | *Leptobotia punctatus* | 广西桂平黔江，属西江水系 |
| 后鳍薄鳅 | *Leptobotia posterodorsalis* | 广西环江县小环江，属柳江水系 |
| 红唇薄鳅 | *Leptobotia rubrilabris* | 长江水系上游 |
| 紫薄鳅 | *Leptobotia taeniops* | 长江中下游及其附属水体 |
| 张氏薄鳅 | *Leptobotia tchangi* | 沅江 |
| 扁尾薄鳅 | *Leptobotia tientainensis* | 浙江灵山 |
| 斑纹薄鳅 | *Leptobotia zebra* | 西江水系 |
| 副沙鳅属 *Parabotia* | | |
| 武昌副沙鳅 | *Parabotia bănărescui* | 长江中游及其附属水体 |
| 双斑副沙鳅 | *Parabotia bimaculata* | 长江水系上游 |
| 短吻副沙鳅 | *Parabotia brevirostris* | 广西都安红水河水系 |
| 花斑副沙鳅 | *Parabotia fasciata* | 黑龙江至珠江各水系 |
| 漓江副沙鳅 | *Parabotia lijiangensis* | 广西漓江 |
| 点面副沙鳅 | *Parabotia maculosa* | 珠江、闽江、沅江、汉江等水系 |
| 小副沙鳅 | *Parabotia parva* | 广西南流江 |
| 爬鳅科 Balitoridae | | |
| 腹吸鳅亚科 Gastromyzonninae | | |
| 爬岩鳅属 *Beaufortia* | | |
| 固体爬岩鳅 | *Beaufortia cyclica* | 西江水系 |
| 黄果树爬岩鳅 | *Beaufortia huangguoshuensis* | 贵州北盘江 |
| 中间爬岩鳅 | *Beaufortia intermedia* | 贵州三都 |
| 细尾贵州爬岩鳅 | *Beaufortia kweichowensis gracilicauda* | 东江和北江水系 |
| 贵州爬岩鳅 | *Beaufortia kweichowensis kweichowensis* | 西江水系 |
| 侧沟爬岩鳅 | *Beaufortia liui* | 长江上游 |
| 牛栏爬岩鳅 | *Beaufortia niulanensis* | 金沙江支流牛栏江 |
| 多鳞爬岩鳅 | *Beaufortia polylepis* | 云南南盘江 |
| 四川爬岩鳅 | *Beaufortia szechuanensis* | 长江上游 |

（续）

| 种名 | 拉丁名 | 分布 |
|---|---|---|
| 条斑爬岩鳅 | *Beaufortia zebroidus* | 西江水系 |
| 近原吸鳅属 *Erromyzon* | | |
| 中华近原吸鳅 | *Erromyzon sinensis* | 西江中上游 |
| 杨氏近原吸鳅 | *Erromyzon yangi* | 西江 |
| 台鳅属 *Formosania* | | |
| 陈氏台鳅 | *Formosania chenyiyui* | 福建九龙江和韩江水系 |
| 达氏台鳅 | *Formosania davidi* | 福建闽江水系 |
| 花尾台鳅 | *Formosania fascicauda* | 福建沿海各水系 |
| 横纹台鳅 | *Formosania fasciolata* | 浙江飞云江水系 |
| 亮斑台鳅 | *Formosania galericula* | 浙江庆元合湖乡山溪，属瓯江水系 |
| 缨口台鳅 | *Formosania lacustre* | 台湾西部淡水河至浊水溪各水系 |
| 少鳞台鳅 | *Formosania paucisquama* | 广东炼江、溶江及韩江等水系 |
| 斑纹台鳅 | *Formosania stigmata* | 闽江至韩江的闽粤沿海各水系 |
| 廷氏台鳅 | *Formosania tinkhami* | 东江水系 |
| 拟平鳅属 *Liniparhomaloptera* | | |
| 琼中拟平鳅 | *Liniparhomaloptera disparis qiongzhongensis* | 海南岛各水系 |
| 钝吻拟平鳅 | *Liniparhomaloptera obtusirostris* | 珠江支流北流江 |
| 似原吸鳅属 *Paraprotomyzon* | | |
| 巴马似原吸鳅 | *Paraprotomyzon bamaensis* | 广西巴马盘阳河，属珠江流域的红水河水系 |
| 龙口似原吸鳅 | *Paraprotomyzon lungkowensis* | 长江上游支流香溪河 |
| 似原吸鳅 | *Paraprotomyzon multifasciatus* | 长江上游、珠江红水河 |
| 牛栏江似原吸鳅 | *Paraprotomyzon niulanjiangensis* | 金沙江水系的支流牛栏江 |
| 近腹吸鳅属 *Plesiomyzon* | | |
| 保亭近腹吸鳅 | *Plesiomyzon baotingensis* | 海南凌水河的山溪支流 |
| 原吸鳅属 *Protomyzon* | | |
| 厚唇原吸鳅 | *Protomyzon pachychilus* | 珠江水系的广西大瑶山山溪 |
| 拟腹吸鳅属 *Pseudogastromyzon* | | |
| 长汀拟腹吸鳅 | *Pseudogastromyzon changtingensis changtingensis* | 韩江水系 |
| 东坡拟腹吸鳅 | *Pseudogastromyzon changtingensis tungpeiensis* | 北江和西江水系 |

（续）

| 种名 | 拉丁名 | 分布 |
|------|--------|------|
| 圆斑拟腹吸鳅 | *Pseudogastromyzon cheni* | 韩江水系 |
| 珠江拟腹吸鳅 | *Pseudogastromyzon fangi* | 珠江流域的北江、西江和长江支流湘江 |
| 拟腹吸鳅 | *Pseudogastromyzon fasciatus fasciatus* | 自瓯江至木兰溪的闽浙沿海各水系 |
| 九龙江拟腹吸鳅 | *Pseudogastromyzon fasciatus jiulongjiangensis* | 福建九龙江水系 |
| 宽头拟腹吸鳅 | *Pseudogastromyzon laticeps* | 广东莲花山区各山溪 |
| 练江拟腹吸鳅 | *Pseudogastromyzon lianjiangensis* | 广东练江和榕江水系 |
| 花斑拟腹吸鳅 | *Pseudogastromyzon myersi* | 广东东江、榕江及香港等地 |
| 密斑拟腹吸鳅 | *Pseudogastromyzon peristictus* | 广东东部榕江和梅江水系 |
| 原缨口鳅属 *Vanmanenia* | | |
| 纵纹原缨口鳅 | *Vanmanenia caldwelli* | 闽江水系 |
| 裸腹原缨口鳅 | *Vanmanenia gymnetrus* | 闽粤沿海的九龙江和韩江等水系 |
| 海南原缨口鳅 | *Vanmanenia hainanensis* | 海南昌化江、万泉河水系 |
| 平头原缨口鳅 | *Vanmanenia homalocephala* | 广西柳江水系 |
| 钱纹原缨口鳅 | *Vanmanenia lineata* | 西江水系 |
| 平舟原缨口鳅 | *Vanmanenia pingchowensis* | 珠江、长江的清江及洞庭湖和鄱阳湖水系 |
| 原缨口鳅 | *Vanmanenia stenosoma* | 长江中游的鄱阳湖水系和钱塘江、瓯江等浙江沿海水系 |
| 横斑原缨口鳅 | *Vanmanenia striata* | 元江主干及其支流 |
| 信宜原缨口鳅 | *Vanmanenia xinyiensis* | 珠江下游支流 |
| 爬鳅亚科 Balitorinae | | |
| 爬鳅属 *Balitora* | | |
| 长体爬鳅 | *Balitora elongate* | 澜沧江水系 |
| 长须爬鳅 | *Balitora longibarbata* | 云南南盘江 |
| 禄洞爬鳅 | *Balitora ludongensis* | 广西靖西齐龙河，属左江水系 |
| 南汀爬鳅 | *Balitora nantingensis* | 云南南汀河，属怒江水系 |
| 怒江爬鳅 | *Balitora nujiangensis* | 怒江水系 |
| 张氏爬鳅 | *Balitora tchangi* | 澜沧江水系 |
| 原爬鳅属 *Balitoropsis* | | |
| 原爬鳅 | *Balitoropsis vulgaris* | 澜沧江 |
| 间吸鳅属 *Hemimyzon* | | |
| 台湾间吸鳅 | *Hemimyzon formosanus* | 台湾中央山脉以西各水系 |
| 大鳍间吸鳅 | *Hemimyzon macroptera* | 南盘江和北盘江水系 |

（续）

| 种名 | 拉丁名 | 分布 |
|---|---|---|
| 大眼间吸鳅 | *Hemimyzon megalopseos* | 南盘江水系 |
| 矮身间吸鳅 | *Hemimyzon pumilicorpora* | 南盘江水系 |
| 沈氏间吸鳅 | *Hemimyzon sheni* | 台湾台东大竹溪 |
| 台东间吸鳅 | *Hemimyzon taitungensis* | 台湾中央山脉以东各水系 |
| 窑滩间吸鳅 | *Hemimyzon yaotanensis* | 长江上游 |
| 金沙鳅属 *Jinshaia* | | |
| 短身金沙鳅 | *Jinshaia abbreviate* | 长江上游，包括金沙江干流 |
| 中华金沙鳅 | *Jinshaia sinensis* | 长江上游，包括金沙江上游下段以下干支流 |
| 犁头鳅属 *Lepturichthys* | | |
| 长期犁头鳅 | *Lepturichthys dolichopterus* | 闽江水系 |
| 犁头鳅 | *Lepturichthys fimbriata* | 长江水系 |
| 后平鳅属 *Metahomaloptera* | | |
| 长尾后平鳅 | *Metahomaloptera longicauda* | 金沙江水系 |
| 汉水后平鳅 | *Metahomaloptera omeiensis hangshuiensis* | 长江支流汉水 |
| 峨眉后平鳅 | *Metahomaloptera omeiensis omeiensis* | 长江上游干支流 |
| 华吸鳅属 *Sinogastromyzon* | | |
| 德泽华吸鳅 | *Sinogastromyzon dezeensis* | 云南 |
| 下司华吸鳅 | *Sinogastromyzon hsiashiensis* | 长江中游洞庭湖 |
| 李仙江华吸鳅 | *Sinogastromyzon lixianjiangensis* | 红河水系支流李仙江 |
| 大口华吸鳅 | *Sinogastromyzon macrostoma* | 红河水系支流李仙江 |
| 南盘江华吸鳅 | *Sinogastromyzon nanpanjiangensis* | 云南南盘江水系 |
| 南台华吸鳅 | *Sinogastromyzon nantaiensis* | 我国台湾南部高屏溪和曾文溪 |
| 埔里华吸鳅 | *Sinogastromyzon puliensis* | 台湾特有种；台湾中西部自大甲溪、大肚溪至浊水溪 |
| 西昌华吸鳅 | *Sinogastromyzon sichangensis* | 长江上游及其支流清江 |
| 四川华吸鳅 | *Sinogastromyzon szechuanensis* | 长江上游 |
| 伍氏华吸鳅 | *Sinogastromyzon wui* | 珠江水系 |
| 鲇形目 Siluriformes | | |
| 钝头鲇科 Amblycipitidae | | |
| 鉠属 *Liobagrus* | | |

（续）

| 种名 | 拉丁名 | 分布 |
|---|---|---|
| 等唇鮱 | *Liobagrus aequilabris* | 湘江上游 |
| 鳗尾鮱 | *Liobagrus anguillicauda* | 东南沿海河流 |
| 程海鮱 | *Liobagrus chenghaiensis* | 云南程海 |
| 台湾鮱 | *Liobagrus formosanus* | 台湾大甲溪至浊水溪流域中上游 |
| 金氏鮱 | *Liobagrus kingi* | 长江水系上游 |
| 拟缘鮱 | *Liobagrus marginatoides* | 长江水系上游 |
| 白缘鮱 | *Liobagrus marginatus* | 长江水系中上游 |
| 南投鮱 | *Liobagrus nantoensis* | 台湾南投 |
| 黑尾鮱 | *Liobagrus nigricauda* | 长江及其附属水体 |
| 司氏鮱 | *Liobagrus styani* | 长江中下游 |
| 修仁鮱属 *Xiurenbagrus* | | |
| 后背修仁鮱 | *Xiurenbagrus dorsalis* | 广西富川（属珠江流域西江支流贺江） |
| 巨修仁鮱 | *Xiurenbagrus gigas* | 广西都安红水河 |
| 修仁鮱 | *Xiurenbagrus xiurenensis* | 广西漓江、桂江、修仁河等，均属珠江水系 |
| 粒鲇科 Akysidae | | |
| 粒鲇属 *Akysis* | | |
| 短须粒鲇 | *Akysis brachybarbatus* | 澜沧江支流 |
| 中华粒鲇 | *Akysis sinensis* | 澜沧江干流及其支流的河口 |
| 鮡科 Sisoridae | | |
| 异鮡属 *Creteuchiloglanis* | | |
| 短鳍异鮡 | *Creteuchiloglanis brachypterus* | 大盈江、龙川江，属伊洛瓦底江水系 |
| 贡山异鮡 | *Creteuchiloglanis gongshanensis* | 怒江水系上游 |
| 长胸异鮡 | *Creteuchiloglanis longipectoralis* | 云南澜沧江水系 |
| 大鳍异鮡 | *Creteuchiloglanis macropterus* | 怒江、伊洛瓦底江水系 |
| 石爬鮡属 *Euchiloglanis* | | |
| 青石爬鮡 | *Euchiloglanis davidi* | 四川宝兴青衣江，属长江水系 |
| 黄石爬鮡 | *Euchiloglanis kishinouyei* | 金沙江水系 |
| 长须石爬鮡 | *Euchiloglanis longibarbatus* | 金沙江上游和雅砻江 |
| 长石爬鮡 | *Euchiloglanis longus* | 李仙江，属红河水系 |
| 凿齿鮡属 *Glaridoglanis* | | |
| 凿齿鮡 | *Glaridoglanis andersonii* | 雅鲁藏布江下游、伊洛瓦底江水系 |
| 纹胸鮡属 *Glyptothorax* | | |
| 德钦纹胸鮡 | *Glyptothorax deqinensis* | 澜沧江上游 |
| 异色纹胸鮡 | *Glyptothorax fucatus* | 南汀河、小黑河、南滚河支流，属怒江水系 |

（续）

| 种名 | 拉丁名 | 分布 |
|------|--------|------|
| 福建纹胸鮡 | *Glyptothorax fukiensis* | 长江及其以南诸水系 |
| 粒线纹胸鮡 | *Glyptothorax granosus* | 云南泸水怒江支流 |
| 茅形纹胸鮡 | *Glyptothorax lanceatus* | 云南保山怒江水系 |
| 长尾纹胸鮡 | *Glyptothorax longicauda* | 云南大盈江水系 |
| 长须纹胸鮡 | *Glyptothorax longinema* | 怒江、南汀河和澜沧江 |
| 龙江纹胸鮡 | *Glyptothorax longjiangensis* | 云南龙川江，属伊洛瓦底江水系 |
| 细斑纹胸鮡 | *Glyptothorax minimaculatus* | 云南大盈江、龙川江，属伊洛瓦底江水系 |
| 斜纹纹胸鮡 | *Glyptothorax obliquimaculatus* | 云南耿马小黑河，属怒江水系 |
| 白线纹胸鮡 | *Glyptothorax pallozonus* | 广东东江水系 |
| 四斑纹胸鮡 | *Glyptothorax quadriocellatus* | 云南把边江，属红河水系 |
| 扎那纹胸鮡 | *Glyptothorax zanaensis* | 怒江及澜沧江水系 |
| 珠江纹胸鮡 | *Glyptothorax zhujiangensis* | 广东江门白水带溪流中 |
| 异齿鰋属 *Oreoglanis* | | |
| 无斑异齿鰋 | *Oreoglanis immaculatus* | 云南沧源的南滚河和永德县的南汀河，均属怒江水系 |
| 景东异齿鰋 | *Oreoglanis jingdongensis* | 云南景东勐片河，属红河水系 |
| 鮡属 *Pareuchiloglanis* | | |
| 短腹鮡 | *Pareuchiloglanis abbreviatus* | 澜沧江、李仙江 |
| 前臀鮡 | *Pareuchiloglanis anteanalis* | 金沙江、青衣江、大渡河、白龙江 |
| 细尾鮡 | *Pareuchiloglanis gracilicaudata* | 澜沧江上游 |
| 扁头鮡 | *Pareuchiloglanis kamengensis* | 雅鲁藏布江下游 |
| 长尾鮡 | *Pareuchiloglanis longicauda* | 南盘江、北盘江、红水河 |
| 兰坪鮡 | *Pareuchiloglanis myzostoma* | 澜沧江上游 |
| 长背鮡 | *Pareuchiloglanis prolixdorsalis* | 澜沧江下游 |
| 壮体鮡 | *Pareuchiloglanis robustus* | 四川青衣江 |
| 四川鮡 | *Pareuchiloglanis sichuanensis* | 四川青衣江 |
| 中华鮡 | *Pareuchiloglanis sinensis* | 金沙江、大渡河、白龙江水系 |
| 天全鮡 | *Pareuchiloglanis tianquanensis* | 四川青衣江 |
| 褶鮡属 *Pseudecheneis* | | |
| 短尾褶鮡 | *Pseudecheneis brachyurus* | 大盈江、龙川江，属伊洛瓦底江水系 |
| 纤体褶鮡 | *Pseudecheneis gracilis* | 龙川江，属伊洛瓦底江水系 |
| 无斑褶鮡 | *Pseudecheneis immaculatus* | 云南白济汛和溜洞江，属澜沧江上游江段 |
| 少斑褶鮡 | *Pseudecheneis paucipunctatus* | 云南沧源南滚河 |
| 细尾褶鮡 | *Pseudecheneis stenura* | 龙川江，属伊洛瓦底江水系 |

（续）

| 种名 | 拉丁名 | 分布 |
|------|--------|------|
| 似黄斑褶鮡 | *Pseudecheneis sulcatoides* | 澜沧江水系 |
| 扁体褶鮡 | *Pseudecheneis tchangi* | 云南 |
| 拟鳘属 *Pseudexostoma* | | |
| 短体拟鳘 | *Pseudexostoma brachysoma* | 怒江水系 |
| 长鳍拟鳘 | *Pseudexostoma longipterus* | 怒江中游 |
| 拟鳘 | *Pseudexostoma yunnanense* | 云南大盈江水系 |
| 长臀鮠科 Cranoglanididae | | |
| 长臀鮠属 *Cranoglanis* | | |
| 长臀鮠 | *Cranoglanis bouderius* | 西江水系 |
| 海南长臀鮠 | *Cranoglanis multiradiatus* | 海南岛的南渡河和南泉河水系 |
| 隐鳍鲇属 *Pterocryptis* | | |
| 糙隐鳍鲇 | *Pterocryptis gilberti* | 珠江流域的西江 |
| 鲇属 *Silurus* | | |
| 都安鲇 | *Silurus duanensis* | 广西都安，属红水河水系 |
| 抚仙鲇 | *Silurus grahami* | 云南抚仙湖、星云湖和阳宗湖 |
| 兰州鲇 | *Silurus lanzhouensis* | 黄河水系上游 |
| 昆明鲇 | *Silurus mento* | 云南滇池 |
| 大口鲇 | *Silurus meridionalis* | 珠江、闽江、湘江、长江等水系 |
| 锡伯鲇科 Schilbeidae | | |
| 鲱鲇属 *Clupisoma* | | |
| 云南鲱鲇 | *Clupisoma yunnanensis* | 怒江中下游 |
| 鲿科 Bagridae | | |
| 鳠属 *Hemibagrus* | | |
| 大鳍鳠 | *Hemibagrus macropterus* | 珠江和长江水系 |
| 鮠属 *Leiocassis* | | |
| 纵带鮠 | *Leiocassis argentivittatus* | 珠江流域 |
| 粗唇鮠 | *Leiocassis crassilabris* | 长江、珠江、闽江水系及云南程海 |
| 长须鮠 | *Leiocassis longibarbus* | 金沙江中下游 |
| 长吻鮠 | *Leiocassis longirostris* | 辽河至闽江水系 |
| 叉尾鮠 | *Leiocassis tenuifurcatus* | 长江及珠江水系，闽江上游的支流 |
| 黄颡鱼属 *Pelteobagrus* | | |
| 长须黄颡鱼 | *Pelteobagrus eupogon* | 长江水系 |
| 光泽黄颡鱼 | *Pelteobagrus nitidus* | 黑龙江、辽河、海河、长江、闽江等水系 |
| 拟鲿属 *Pseudobagrus* | | |
| 长脂拟鲿 | *Pseudobagrus adiposalis* | 珠江、台湾淡水河等水系 |

（续）

| 种名 | 拉丁名 | 分布 |
|---|---|---|
| 白边拟鲿 | *Pseudobagrus albomarginatus* | 安徽 |
| 长臂拟鲿 | *Pseudobagrus analis* | 江西湖口 |
| 短臂拟鲿 | *Pseudobagrus brevianalis* | 台湾、福州 |
| 短尾拟鲿 | *Pseudobagrus brevicaudatus* | 长江水系 |
| 凹尾拟鲿 | *Pseudobagrus emarginatus* | 长江、闽江水系 |
| 富氏拟鲿 | *Pseudobagrus fui* | 长江水系 |
| 细长拟鲿 | *Pseudobagrus gracilis* | 漓江 |
| 开封拟鲿 | *Pseudobagrus kaifenensis* | 河南开封 |
| 中臀拟鲿 | *Pseudobagrus medianalis* | 云南滇池 |
| 峨眉拟鲿 | *Pseudobagrus omeihensis* | 四川峨眉 |
| 盎堂拟鲿 | *Pseudobagrus ondon* | 黄河、淮河、汉水、曹娥江、灵江、瓯江等水系 |
| 细体拟鲿 | *Pseudobagrus pratti* | 长江水系 |
| 条纹拟鲿 | *Pseudobagrus taeniatus* | 闽江至长江水系 |
| 台湾拟鲿 | *Pseudobagrus taiwanensis* | 台湾日月潭 |
| 圆尾拟鲿 | *Pseudobagrus tenuis* | 长江水系 |
| 三线拟鲿 | *Pseudobagrus trilineatus* | 东江水系山区溪流中 |
| 切尾拟鲿 | *Pseudobagrus truncatus* | 闽江、长江、黄河水系 |
| 胡瓜鱼目 Osmeriformes | | |
| 香鱼科 Plecoglossinae | | |
| 香鱼属 *Plecoglossus* | | |
| 中国香鱼 | *Plecoglossus altivelis chinensis* | 青岛 |
| 银鱼科 Salangidae | | |
| 间银鱼属 *Hemisalanx* | | |
| 短吻间银鱼 | *Hemisalanx brachyrostralis* | 长江中下游及附属湖泊、浙江等地 |
| 白肌银鱼属 *Leucosoma* | | |
| 白肌银鱼 | *Leucosoma chinensis* | 瓯江下游、闽江、九龙江、珠江水系的北江和西江，以及广东和广西的通海河流等 |
| 新银鱼属 *Neosalanx* | | |
| 陈氏新银鱼 | *Neosalanx tangkahkeii* | 福建、广东、广西沿海及江苏太湖等 |
| 寡齿新银鱼 | *Neosalanx oligodontis* | 洞庭湖、鄱阳湖、洪泽湖、太湖、阳澄湖、白洋淀、微山湖等 |
| 鲑形目 Salmoniformes | | |
| 鲑科 Salmonidae | | |
| 细鳞鲑属 *Brachymystax* | | |
| 秦岭细鳞鲑 | *Brachymystax lenok tsinlingensis* | 渭河上游及其支流的上游、汉水北侧支流滑水河和子午河的上游 |

（续）

| 种名 | 拉丁名 | 分布 |
|---|---|---|
| 哲罗鲑属 Hucho | | |
| 川陕哲罗鲑 | *Hucho bleekeri* | 长江上游大渡河、岷江上游和汉江北侧一些支流的上游 |
| 大麻哈鱼属 Oncorhynchus | | |
| 台湾马苏大麻哈鱼 | *Oncorhynchus masou formosanus* | 台湾大甲溪上游 |
| 颌针鱼目 Beloniformes | | |
| 大颌鳉科 Adrianichthyidae | | |
| 青鳉属 Oryzias | | |
| 曲背青鳉 | *Oryzias curvinotus* | 海南岛 |
| 刺鳅科 Mastacembelidae | | |
| 刺鳅属 Mastacembelus | | |
| 腹纹刺鳅 | *Mastacembelus strigiventus* | 云南盈江那邦河 |
| 三叶刺鳅 | *Mastacembelus triolobus* | 云南腾冲龙江 |
| 鲉形目 Scorpaeniformes | | |
| 杜父鱼科 Cottidae | | |
| 杜父鱼属 Cottus | | |
| 阿尔泰杜父鱼 | *Cottus sibiricus* | 额尔齐斯河流域 |
| 鲈形目 Perciformes | | |
| 鮨鲈科 Percichthyidae | | |
| 少鳞鳜属 Coreoperca | | |
| 漓江少鳞鳜 | *Coreoperca loona* | 广西、贵州、湖南、江西、福建 |
| 中国少鳞鳜 | *Coreoperca whiteheadi* | 钱塘江、瓯江、福建木兰溪、珠江、元江、海南岛 |
| 鳜属 Siniperca | | |
| 麻鳜 | *Siniperca fortis* | 珠江流域支流西江水系 |
| 柳州鳜 | *Siniperca liuzhouensis* | 广西柳州柳江 |
| 暗鳜 | *Siniperca obscura* | 长江至珠江各水系 |
| 高体鳜 | *Siniperca robusta* | 海南岛南渡江水系 |
| 长身鳜 | *Siniperca roulei* | 长江至珠江各水系 |
| 波纹鳜 | *Siniperca undulata* | 长江至珠江各水系 |
| 变色鲈科 Badidae | | |
| 黛鲈属 Dario | | |
| 大盈江黛鲈 | *Dario dayingensis* | 龙川江、大盈江（伊洛瓦底江水系） |

（续）

| 种名 | 拉丁名 | 分布 |
|---|---|---|
| 沙塘鳢科 Odontobutidae | | |
| 黄黝鱼属 Micropercops | | |
| 小黄黝鱼 | Micropercops swinhonis | 广泛分布于我国东中部、东南部、西南部各大小河流、水库、湖泊等 |
| 新沙塘鳢属 Neodontobutis | | |
| 海南新沙塘鳢 | Neodontobutis hainanensis | 广东珠江水系、海南各水系 |
| 沙塘鳢属 Odontobutis | | |
| 海丰沙塘鳢 | Odontobutis haifengensis | 广东南部的河溪中 |
| 河川沙塘鳢 | Odontobutis potamophila | 长江中下游（湖北荆州至上海江段）及沿江各支流、钱塘江水系、闽江水系，偶见于黄河水系 |
| 中华沙塘鳢 | Odontobutis sinensis | 长江中上游的江西、湖北、湖南、珠江水系的广东、广西及海南等地 |
| 鸭绿沙塘鳢 | Odontobutis yaluensis | 辽河水系及鸭绿江水系 |
| 华黝鱼属 Sineleotris | | |
| 萨氏华黝鱼 | Sineleotris saccharae | 广东韩江、龙津河、东江、漠阳江水系 |
| 虾虎鱼科 Gobiidae | | |
| 鳍虾虎鱼属 Gobiopterus | | |
| 大鳞鳍虾虎鱼 | Gobiopterus macrolepis | 广东珠江三角洲 |
| 舟山裸身虾虎鱼 | Gobiopterus zhoushanensis | 浙江舟山 |
| 鲻虾虎鱼属 Mugilogobius | | |
| 黏皮鲻虾虎鱼 | Mugilogobius myxodermus | 长江、瓯江、九龙江和珠江等水系 |
| 拟鰕虎鱼属 Pseudogobiopsis | | |
| 伍氏拟鰕虎鱼 | Pseudogobiopsis wuhanlini | 闽江水系的闽侯、珠江水系的新会等河川 |
| 吻虾虎鱼属 Rhinogobius | | |
| 无孔吻虾虎鱼 | Rhinogobius aporus | 浙江瓯江上游的仙都小溪中 |
| 明潭吻虾虎鱼 | Rhinogobius candidianus | 台湾东北部、北部及中部的溪流上游水域 |
| 昌江吻虾虎鱼 | Rhinogobius changjiangensis | 海南西部昌化江水系 |
| 长汀吻虾虎鱼 | Rhinogobius changtinensis | 福建韩江水系 |
| 波氏吻虾虎鱼 | Rhinogobius cliffordpopei | 黑龙江、辽河、黄河、长江、钱塘江、珠江等水系 |

（续）

| 种名 | 拉丁名 | 分布 |
|---|---|---|
| 戴氏吻虾虎鱼 | *Rhinogobius davidi* | 浙江、福建各水系 |
| 细斑吻虾虎鱼 | *Rhinogobius delicatus* | 台湾花莲、台东的溪流中 |
| 溪吻虾虎鱼 | *Rhinogobius duospilus* | 珠江、闽江水系及海南各河、溪 |
| 丝鳍吻虾虎鱼 | *Rhinogobius filamentosus* | 西江及北江的支流 |
| 台湾吻虾虎鱼 | *Rhinogobius formosanus* | 台湾北部的溪流中 |
| 福岛吻虾虎鱼 | *Rhinogobius fukushimai* | 辽宁（大凌河水系）、河北（滦河水系）、上海（长江水系） |
| 颊纹吻虾虎鱼 | *Rhinogobius genanematus* | 浙江 |
| 大吻虾虎鱼 | *Rhinogobius gigas* | 台湾宜兰南部、花莲、台东各地区的溪流中 |
| 恒春吻虾虎鱼 | *Rhinogobius henchunensis* | 台湾南部的枫港溪及四重溪 |
| 兰屿吻虾虎鱼 | *Rhinogobius lanyuensis* | 台湾兰屿岛 |
| 李氏吻虾虎鱼 | *Rhinogobius leavelli* | 钱塘江以南各水系及海南各河、溪 |
| 雀斑吻虾虎鱼 | *Rhinogobius lentiginis* | 浙江灵江、飞云江和鳌江各水系 |
| 林氏吻虾虎鱼 | *Rhinogobius lindbergi* | 松花江、绥芬河、黑龙江等水系的支流和湖泊中 |
| 陵水吻虾虎鱼 | *Rhinogobius linshuiensis* | 海南 |
| 刘氏吻虾虎鱼 | *Rhinogobius liui* | 四川、湖北等长江中上游干支流 |
| 龙岩吻虾虎鱼 | *Rhinogobius longyanensis* | 福建九龙江水系 |
| 龙吴吻虾虎鱼 | *Rhinogobius lungwoensis* | 广东韩江水系 |
| 斑带吻虾虎鱼 | *Rhinogobius maculafasciatus* | 台湾的曾文溪及高屏溪水系 |
| 密点吻虾虎鱼 | *Rhinogobius multimaculatus* | 浙江 |
| 南渡江吻虾虎鱼 | *Rhinogobius nandujiangensis* | 海南南渡江水系 |
| 南台吻虾虎鱼 | *Rhinogobius nantaiensis* | 台湾的曾文溪、高屏溪等水系 |
| 小吻虾虎鱼 | *Rhinogobius parvus* | 广西 |
| 朋口吻虾虎鱼 | *Rhinogobius ponkouensis* | 福建韩江水系 |
| 网纹吻虾虎鱼 | *Rhinogobius reticulatus* | 福建福州北峰山溪流中 |
| 红条吻虾虎鱼 | *Rhinogobius rubrolineatus* | 福建闽江水系 |
| 短吻红斑吻虾虎鱼 | *Rhinogobius rubromaculatus* | 台湾北部、中部、南部的溪流中上游区域，即中央山脉以西的浊水溪及以北的溪流水系中 |
| 剑形吻虾虎鱼 | *Rhinogobius sagittus* | 福建闽江水系 |
| 神农吻虾虎鱼 | *Rhinogobius shennongensis* | 中部及东南部河溪中 |
| 四川吻虾虎鱼 | *Rhinogobius szechuanensis* | 四川岷江水系 |

(续)

| 种名 | 拉丁名 | 分布 |
|---|---|---|
| 万泉河吻虾虎鱼 | *Rhinogobius wangchuangensis* | 海南万泉河水系 |
| 汪氏吻虾虎鱼 | *Rhinogobius wangi* | 广东韩江水系 |
| 乌岩岭吻虾虎鱼 | *Rhinogobius wuyanlingensis* | 浙江飞云江水系 |
| 武义吻虾虎鱼 | *Rhinogobius wuyiensis* | 浙江武义河 |
| 仙水吻虾虎鱼 | *Rhinogobius xianshuiensis* | 福建木兰溪水系 |
| 瑶山吻虾虎鱼 | *Rhinogobius yaoshanensis* | 广西大瑶山、金秀等河溪中 |
| 周氏吻虾虎鱼 | *Rhinogobius zhoui* | 广东莲花山溪流中 |
| 枝牙虾虎鱼属<br>*Stiphodon* | | |
| 多鳞枝牙鱼虎 | *Stiphodon multisquamus* | 海南 |
| 汉霖虾虎鱼属<br>*Wuhanlinigobius* | | |
| 多鳞汉霖虾虎鱼 | *Wuhanlinigobius polylepis* | 上海奉贤和南汇泥城溪流、福建九龙江、海南岛河川、台湾淡水河下游等 |
| 斗鱼科 Osphronemidae | | |
| 斗鱼属 *Macropodus* | | |
| 圆尾斗鱼 | *Macropodus chinenesis* | 海河、黄河、淮河及长江水系 |
| 香港斗鱼 | *Macropodus hongkongensis* | 香港、福建和广东 |
| 鳢科 Channidae | | |
| 鳢属 *Channa* | | |
| 黑月鳢 | *Channa nox* | 广西南流江水系 |

# 第三节　我国珍稀濒危鱼类

《中国濒危动物红皮书》的物种等级划分参照国际上 IUCN 濒危物种红色名录，同时根据我国国情，使用了野生绝迹（Ex）、国内绝迹（Et）、濒危（E）、易危（V）、稀有（R）和未定（I）等等级（汪松等，1998）。1988 年颁布的《国家重点保护野生动物名录》使用了两个保护等级，将中国特产稀有或濒于灭绝的野生动物列为一级保护、将数量较少或有濒于灭绝危险的野生动物列为二级保护动物。2021 年 2 月 5 日，新国家重点保护野生动物名录正式更新公布，新名录共列入野生动物 980 种和 8 类，其中水生野生动物共有294 种 8 类（表 3 - 2）。

2022 年，我国首部《中国水生野生动物保护蓝皮书》日前发布，系统梳理了我国水生野生动物"家底"和保护状况，目前我国已有 92 种鱼类被列为野生绝迹、濒危、易危、稀有等级。蓝皮书指出，目前我国内陆鱼类濒危物种有 252 种，其中 211 种是特有种，占濒危物种总数的 83.73%。

## 表3-2　中国濒危水生动物名录

（摘自《国家重点保护野生动物名录》（2021年版））

| 中文名 | 学名 | 保护级别 | 备注 |
|---|---|---|---|
| 脊索动物门 CHORDATA | | | |
| 哺乳纲 MAMMALIA | | | |
| 食肉目 CARNIVORA | | | |
| 鼬科 Mustelidae | | | |
| 小爪水獭 | *Aonyx cinerea* | 二级 | |
| 水獭 | *Lutra lutra* | 二级 | |
| 江獭 | *Lutrogale perspicillata* | 二级 | |
| 海狮科 Otariidae ♯ | | | |
| 北海狗 | *Cailorhmus ursinus* | 二级 | |
| 北海狮 | *Eumetopias jvbatus* | 二级 | |
| 海豹科 Phocidae ♯ | | | |
| 西太平洋斑海豹 | *Phoca largha* | 一级 | 原名"斑海豹" |
| 髯海豹 | *Erignathus barbatus* | 二级 | |
| 环海豹 | *Pusa hispida* | 二级 | |
| 海牛目 SIRENIA ♯ | | | |
| 儒艮科 Dugongidae | | | |
| 儒艮 | *Dugong dugon* | 一级 | |
| 鲸目 CETACEA ♯ | | | |
| 露脊鲸科 Balaenidae | | | |
| 北太平洋露脊鲸 | *Eubalaena japonica* | 一级 | |
| 灰鲸科 Eschrichtiidae | | | |
| 灰鲸 | *Eschrichtius robustus* | 一级 | |
| 须鲸科 Balaenopteridae | | | |
| 蓝鲸 | *Balaenoptera musculus* | 一级 | |
| 小须鲸 | *Balaenoptera acutorostrata* | 一级 | |
| 塞鲸 | *Balaenoptera borealis* | 一级 | |
| 布氏鲸 | *Balaenoptera edeni* | 一级 | |
| 大村鲸 | *Balaenoptera omurai* | 一级 | |
| 长须鲸 | *Balaenoptera physalus* | 一级 | |
| 大翅鲸 | *Megaptera novaeangliae* | 一级 | |
| 白鱀豚科 Lipotidae | | | |
| 白鱀豚 | *Lipotes yexillifer* | 一级 | |

（续）

| 中文名 | 学名 | 保护级别 | 备注 |
|---|---|---|---|
| 恒河豚科 Platanisddae | | | |
| 恒河豚 | *Platanista gangetica* | 一级 | |
| 海豚科 Delphinidae | | | |
| 中华白海豚 | *Sousa chinensis* | 一级 | |
| 糙齿海豚 | *Steno biedanensis* | | 二级 |
| 热带点斑原海豚 | *Stenella attenuata* | | 二级 |
| 条纹原海豚 | *Stenella coeruleoalba* | | 二级 |
| 飞旋原海豚 | *Stenella longirostris* | | 二级 |
| 长喙真海豚 | *Delphinus capensis* | | 二级 |
| 真海豚 | *Delphinus delphis* | | 二级 |
| 印太瓶鼻海豚 | *Tursiops adimcus* | | 二级 |
| 瓶鼻海豚 | *Tursiops truncatus* | | 二级 |
| 弗氏海豚 | *Lagenodelphis hosei* | | 二级 |
| 里氏海豚 | *Grampus griseus* | | 二级 |
| 太平洋斑纹海豚 | *Lagenorhynchus obliquidem* | | 二级 |
| 瓜头鲸 | *Peponocephala electra* | | 二级 |
| 虎鲸 | *Orcinus orca* | | 二级 |
| 伪虎鲸 | *Pseudorca crassiderts* | | 二级 |
| 小虎鲸 | *Feresa attenuata* | | 二级 |
| 短肢领航鲸 | *Globicephala macrorhynchus* | | 二级 |
| 鼠海豚科 Phocoenidae | | | |
| 长江江豚 | *Neophocaena asiaeotientalis* | 一级 | |
| 东亚江豚 | *Neophocaena sunameri* | | 二级 |
| 印太江豚 | *Neophocaena phocaenoides* | | 二级 |
| 抹香鲸科 Physeteridae | | | |
| 抹香鲸 | *Physeter macrocephalus* | 一级 | |
| 小抹香鲸 | *Kogia breviceps* | | 二级 |
| 侏儒抹香鲸 | *Kogia sima* | | 二级 |
| 喙鲸科 Ziphidae | | | |
| 鹅喙鲸 | *Ziphius cavirostris* | | 二级 |
| 柏氏中喙鲸 | *Mesoplodon densirostris* | | 二级 |
| 银杏齿中喙鲸 | *Mesoplodon ginkgodens* | | 二级 |
| 小中喙鲸 | *Mesoplodon peruvianus* | | 二级 |

（续）

| 中文名 | 学名 | 保护级别 | | 备注 |
|---|---|---|---|---|
| 贝氏喙鲸 | *Berardius bairdii* | | 二级 | |
| 朗氏喙鲸 | *Indopacetus pacificus* | | 二级 | |
| 爬行纲 REPTILIA | | | | |
| 龟鳖目 TESTUDINES | | | | |
| 平胸龟科 Platysteraidae # | | | | |
| 平胸龟 | *Platysternon megacephalum* | | 二级 | 仅限野外种群 |
| 地龟科 Geoemydidae | | | | |
| 欧式摄龟 | *Cyclemys ouhamii* | | 二级 | |
| 黑颈乌龟 | *Mauremys nigricans* | | 二级 | 仅限野外种群 |
| 乌龟 | *Mauremys reevesii* | | 二级 | 仅限野外种群 |
| 花龟 | *Mauremys sinensis* | | 二级 | 仅限野外种群 |
| 黄喉拟水龟 | *Mauremys mutica* | | 二级 | 仅限野外种群 |
| 闭壳龟属所有种 | *Cuora* spp. | | 二级 | 仅限野外种群 |
| 地龟 | *Geoemyda spengleri* | | 二级 | |
| 眼斑水龟 | *Sacalia bealei* | | 二级 | 仅限野外种群 |
| 四眼斑水龟 | *Sacalia quadriocellata* | | 二级 | 仅限野外种群 |
| 海龟科 Cheloniidae # | | | | |
| 红海龟 | *Caretta caretta* | 一级 | | |
| 绿海龟 | *Chelonia mydas* | 一级 | | |
| 玳瑁 | *Eretmochelys imbricata* | 一级 | | |
| 太平洋丽龟 | *Lepidochelys olivacea* | 一级 | | |
| 棱皮龟科 Dermochelyidae # | | | | |
| 棱皮龟 | *Dermochelys coriacea* | 一级 | | |
| 鳖科 Trionychidae | | | | |
| 鼋 | *Pelochelys cantorri* | 一级 | | |
| 山瑞鳖 | *Palea steindachneri* | | 二级 | 仅限野外种群 |
| 斑鳖 | *Rafetus swinhoei* | 一级 | | |
| 有鳞目 SQUAMATA | | | | |
| 瘰鳞蛇科 Acrochordidae | | | | |
| 瘰鳞蛇 | *Acrochordus granulatus* | | 二级 | |
| 眼镜蛇科 Elapidae | | | | |
| 蓝灰扁尾海蛇 | *Laticauda colubrina* | | 二级 | |
| 扁尾海蛇 | *Laticauda laticaudata* | | 二级 | |

（续）

| 中文名 | 学名 | 保护级别 | | 备注 |
|---|---|---|---|---|
| 半环扁尾海蛇 | *Laticauda semifasciata* | | 二级 | |
| 龟头海蛇 | *Emydocephalus ijimae* | | 二级 | |
| 青环海蛇 | *Hydrophis cyanocinctus* | | 二级 | |
| 环纹海蛇 | *Hydrophis fasciatus* | | 二级 | |
| 黑头海蛇 | *Hydrophis melanocephalus* | | 二级 | |
| 淡灰海蛇 | *Hydrophis ornatus* | | 二级 | |
| 棘眦海蛇 | *Hydrophis peronii* | | 二级 | |
| 棘鳞海蛇 | *Hydrophis stokesii* | | 二级 | |
| 青灰海蛇 | *Hydrophis caerulescens* | | 二级 | |
| 平颏海蛇 | *Hydrophis curtus* | | 二级 | |
| 小头海蛇 | *Hydrophis gracilis* | | 二级 | |
| 长吻海蛇 | *Hydrophis platurus* | | 二级 | |
| 截吻海蛇 | *Hydrophis jerdonii* | | 二级 | |
| 海蝰 | *Hydrophis viperinus* | | 二级 | |
| 鳄目 CROCODILIA | | | | |
| 鼍科 Alligatoridae | | | | |
| 扬子鳄 | *Alligator sinensis* | 一级 | | |

两栖纲 AMPHIBIA

| | | | | |
|---|---|---|---|---|
| 有尾目 CAUDATA | | | | |
| 小鲵科 Hynobiidae | | | | |
| 安吉小鲵 | *Hynobius amjiertsis* | 一级 | | |
| 中国小鲵 | *Hynobius chinensis* | 一级 | | |
| 挂榜山小鲵 | *Hynobius guabangshanen* | 一级 | | |
| 猫儿山小鲵 | *Hynobius maoershanen* | 一级 | | |
| 普雄原鲵 | *Protohynobius puxiongensis* | 一级 | | |
| 辽宁爪鲵 | *Onychodactylus zhaoermni* | 一级 | | |
| 吉林爪鲵 | *Onychodactylus zhangyapingi* | | 二级 | |
| 新疆北鲵 | *Ranodon sibiricus* | | 二级 | |
| 极北鲵 | *Salamandrella keyserlingii* | | 二级 | |
| 巫山巴鲵 | *Liua shihi* | | 二级 | |
| 秦巴巴鲵 | *Liua tsinpaensis* | | 二级 | |
| 黄斑拟小鲵 | *Pseudohynobius flavomaculatus* | | 二级 | |
| 贵州拟小鲵 | *Pseudohynobius guizhouensis* | | 二级 | |

（续）

| 中文名 | 学名 | 保护级别 | | 备注 |
|---|---|---|---|---|
| 金佛拟小鲵 | *Pseudohynobius jinfo* | | 二级 | |
| 宽阔水拟小鲵 | *Pseudohynobius kuankuoshuiensis* | | 二级 | |
| 水城拟小鲵 | *Pseudohynobius shuichengensis* | | 二级 | |
| 弱唇褶山溪鲵 | *Batrachuperus cochranae* | | 二级 | |
| 无斑山溪鲵 | *Batrachuperus karlschmidti* | | 二级 | |
| 龙洞山溪鲵 | *Batrachuperus londongensis* | | 二级 | |
| 山溪鲵 | *Batrachuperus pinchonii* | | 二级 | |
| 西藏山溪鲵 | *Batrachuperus tibetanus* | | 二级 | |
| 盐源山溪鲵 | *Batrachuperus yenyuanensis* | | 二级 | |
| 阿里山小鲵 | *Hynobius arisanensis* | | 二级 | |
| 台湾小鲵 | *Hynobius formosanus* | | 二级 | |
| 观雾小鲵 | *Hynobius fucus* | | 二级 | |
| 南湖小鲵 | *Hynobius glacialis* | | 二级 | |
| 东北小鲵 | *Hynobius leechii* | | 二级 | |
| 楚南小鲵 | *Hynobius sonani* | | 二级 | |
| 义乌小鲵 | *Hynobius yiwuensis* | | 二级 | |
| 隐鳃鲵科 Cryptobranchidae | | | | |
| 大鲵 | *Andrias davidianus* | | 二级 | 仅限野外种群 |
| 蝾螈科 Salamandridae | | | | |
| 潮汕蝾螈 | *Cynops orphicus* | | 二级 | |
| 大凉螈 | *Liangshantriton taliangensis* | | 二级 | 原名"大凉疣螈" |
| 贵州疣螈 | *Tylototriton kweichowensis* | | 二级 | |
| 川南疣螈 | *Tylototriton pseudoverrucosus* | | 二级 | |
| 丽色疣螈 | *Tylototriton pulcherrima* | | 二级 | |
| 红瘰疣螈 | *Tylototriton shanjing* | | 二级 | |
| 棕黑疣螈 | *Tylototriton verrucosus* | | 二级 | 原名"细瘰疣螈" |
| 滇南疣螈 | *Tylototriton yangi* | | 二级 | |
| 安徽瑶螈 | *Yaotriton anhuiensis* | | 二级 | |
| 细痣瑶螈 | *Tylototriton asperrimus* | | 二级 | 原名"细痣疣螈" |
| 宽脊瑶螈 | *Yaotriton broadoridgus* | | 二级 | |
| 大别瑶螈 | *Yaotriton dabienicus* | | 二级 | |
| 海南瑶螈 | *Yaotriton hainanensis* | | 二级 | |
| 浏阳瑶螈 | *Yaotriton liuyangensis* | | 二级 | |

（续）

| 中文名 | 学名 | 保护级别 | | 备注 |
|---|---|---|---|---|
| 莽山瑶螈 | *Yaotriton lizhenchangi* | | 二级 | |
| 文县瑶螈 | *Yaotriton wenxianensis* | | 二级 | |
| 蔡氏瑶螈 | *Yaotriton ziegleri* | | 二级 | |
| 镇海棘螈 | *Echinotriton chinhaiensis* | 一级 | | 原名"镇海疣螈" |
| 琉球棘螈 | *Echinotriton andersoni* | | 二级 | |
| 高山棘螈 | *Echinotriton maxiquadratus* | | 二级 | |
| 橙脊瘰螈 | *Paramesotriton aurantius* | | 二级 | |
| 尾斑瘰螈 | *Paramesotriton caudopunctatus* | | 二级 | |
| 中国瘰螈 | *Paramesotriton chinensis* | | 二级 | |
| 越南瘰螈 | *Paramesotriton deloustali* | | 二级 | |
| 富钟瘰螈 | *Paramesotriton fuzhongensis* | | 二级 | |
| 广西瘰螈 | *Paramesotriton guangxiensis* | | 二级 | |
| 香港瘰螈 | *Paramesotriton hongkongensis* | | 二级 | |
| 无斑瘰螈 | *Paramesotriton labiatus* | | 二级 | |
| 龙里瘰螈 | *Paramesotriton longliensis* | | 二级 | |
| 茂兰瘰螈 | *Paramesotriton maolanensis* | | 二级 | |
| 七溪岭瘰螈 | *Paramesotriton qixilingensis* | | 二级 | |
| 武陵瘰螈 | *Paramesotriton wulingensis* | | 二级 | |
| 云雾瘰螈 | *Paramesotriton yunwuensis* | | 二级 | |
| 织金瘰螈 | *Paramesotriton zhijinensis* | | 二级 | |
| 无尾目 ANURA | | | | |
| 叉舌蛙科 Dicroglossidae | | | | |
| 虎纹蛙 | *Hoplobatrachus chinensis* | | 二级 | 仅限野外种群 |
| 脆皮大头蛙 | *Limnonectes fragilis* | | 二级 | |
| 叶氏肛刺蛙 | *Yerana yei* | | 二级 | |
| 蛙科 Ranidae | | | | |
| 海南湍蛙 | *Amolops hainanensis* | | 二级 | |
| 香港湍蛙 | *Amolops hongkongensis* | | 二级 | |
| 小腺蛙 | *Glandirana minima* | | 二级 | |
| 务川臭蛙 | *Odorrana wuchuanensis* | | 二级 | |
| 文昌鱼纲 AMPHIOXI | | | | |
| 文昌鱼目 AMPHIOXIFORMES | | | | |
| 文昌鱼科 Branchiostomatidae # | | | | |

（续）

| 中文名 | 学名 | 保护级别 | 备注 |
|---|---|---|---|
| 厦门文昌鱼 | *Branchiotoma belcheri* | 二级 | 仅限野外种群。原名"文昌鱼" |
| 青岛文昌鱼 | *Branchiotoma tsingdauense* | 二级 | 仅限野外种群 |
| 圆口纲 CYCLOSTOMATA | | | |
| 七鳃鳗目 PETROMYZONTIFORMES | | | |
| 七鳃鳗科 Petromyzontidae ♯ | | | |
| 日本七鳃鳗 | *Lampetra japonica* | 二级 | |
| 东北七鳃鳗 | *Lampetra morii* | 二级 | |
| 雷氏七鳃鳗 | *Lampetra reissneri* | 二级 | |
| 软骨鱼纲 CHONDRICHTHYES | | | |
| 鼠鲨目 LAMNIFORMES | | | |
| 姥鲨科 Cetorhinidae | | | |
| 姥鲨 | *Cetorhinus maximus* | 二级 | |
| 鼠鲨科 Lamnidae | | | |
| 噬人鲨 | *Carcharodon carcharias* | 二级 | |
| 须鲨目 ORECTOLOBIFORMES | | | |
| 鲸鲨科 Rhincodontidae | | | |
| 鲸鲨 | *Rhincodon typus* | 二级 | |
| 鲼目 MYLIOBATIFORMES | | | |
| 魟科 Dasyatidae | | | |
| 黄魟 | *Dasyatis bennetti* | 二级 | 仅限陆封种群 |
| 硬骨鱼纲 OSTEICHTHYES | | | |
| 鲟形目 ACIPENSERIFORMES ♯ | | | |
| 鲟科 Acipenseridae | | | |
| 中华鲟 | *Acipenser sinensis* | 一级 | |
| 长江鲟 | *Acipenser dabryanus* | 一级 | 原名"达氏鲟" |
| 鳇 | *Huso dauricus* | 一级 | 仅限野外种群 |
| 西伯利亚鲟 | *Acipenser baerii* | 二级 | 仅限野外种群 |
| 裸腹鲟 | *Acipenser nudiventris* | 二级 | 仅限野外种群 |
| 小体鲟 | *Acipenser ruthenus* | 二级 | 仅限野外种群 |
| 施氏鲟 | *Acipenser schrenckii* | 二级 | 仅限野外种群 |
| 匙吻鲟科 Polyodontidae | | | |

（续）

| 中文名 | 学名 | 保护级别 | | 备注 |
|---|---|---|---|---|
| 白鲟 | *Psephurus gladius* | 一级 | | |
| 鳗鲡目 ANGUILLIFORMES | | | | |
| 鳗鲡科 Anguillidae | | | | |
| 花鳗鲡 | *Anguilla marmorata* | | 二级 | |
| 鲱形目 CLUPEIFORMES | | | | |
| 鲱科 Clupeidae | | | | |
| 鲥 | *Tenualosa reevesii* | 一级 | | |
| 鲤形目 CYPRINIFORMES | | | | |
| 双孔鱼科 Gyrinocheilidae | | | | |
| 双孔鱼 | *Gyrinocheilus aymonieri* | | 二级 | 仅限野外种群 |
| 裸吻鱼科 Psilorhynchidae | | | | |
| 平鳍裸吻鱼 | *Psilorhynchus homaloptera* | | 二级 | |
| 亚口鱼科 Catostomidae | | | | 原名"胭脂鱼科" |
| 胭脂鱼 | *Myxocyprinus asiaticus* | | 二级 | 仅限野外种群 |
| 鲤科 Cyprinidae | | | | |
| 唐鱼 | *Tanichthys albonubes* | | 二级 | 仅限野外种群 |
| 稀有鮈鲫 | *Gobiocypris rarus* | | 二级 | 仅限野外种群 |
| 鯮 | *Luciobrama macrocephalus* | | 二级 | |
| 多鳞白鱼 | *Anabarilius polylepis* | | 二级 | |
| 山白鱼 | *Anabarilius transmontanus* | | 二级 | |
| 北方铜鱼 | *Coreius septentrionalis* | 一级 | | |
| 圆口铜鱼 | *Coreius guichenoti* | | 二级 | 仅限野外种群 |
| 大鼻吻鮈 | *Rhinogobio nasutus* | | 二级 | |
| 长鳍吻鮈 | *Rhinogobio ventralis* | | 二级 | |
| 平鳍鳅鮀 | *Gobiobotia homalopteroidea* | | 二级 | |
| 单纹似鳡 | *Luciocyprinus langsoni* | | 二级 | |
| 金线鲃属所有种 | *Sinocyclocheilus* spp. | | 二级 | |
| 四川白甲鱼 | *Onychostoma angustistomata* | | 二级 | |
| 多鳞白甲鱼 | *Onychostoma macrolepis* | | 二级 | 仅限野外种群 |
| 金沙鲈鲤 | *Percocypris pingi* | | 二级 | 仅限野外种群 |
| 花鲈鲤 | *Percocypris regani* | | 二级 | 仅限野外种群 |
| 后背鲈鲤 | *Percocypris retrodorslis* | | 二级 | 仅限野外种群 |
| 张氏鲈鲤 | *Percocypris tchangi* | | 二级 | 仅限野外种群 |

（续）

| 中文名 | 学名 | 保护级别 | | 备注 |
|---|---|---|---|---|
| 裸腹盲鲃 | *Typhlobarbus nudiventris* | | 二级 | |
| 角鱼 | *Akrokolioplax bicornis* | | 二级 | |
| 骨唇黄河鱼 | *Chuanchia labiosa* | | 二级 | |
| 极边扁咽齿鱼 | *Platypharodon extremus* | | 二级 | 仅限野外种群 |
| 细鳞裂腹鱼 | *Schizothorax chongi* | | 二级 | 仅限野外种群 |
| 巨须裂腹鱼 | *Schizothorax macropogon* | | 二级 | |
| 重口裂腹鱼 | *Schizothorax davidi* | | 二级 | 仅限野外种群 |
| 拉萨裂腹鱼 | *Schizothorax waltoni* | | 二级 | 仅限野外种群 |
| 塔里木裂腹鱼 | *Schizothorax biddulphi* | | 二级 | 仅限野外种群 |
| 大理裂腹鱼 | *Schizothorax taliensis* | | 二级 | 仅限野外种群 |
| 扁吻鱼 | *Aspiorhynchus laticeps* | 一级 | | 原名"新疆大头鱼" |
| 厚唇裸重唇鱼 | *Gymnodiptychus pachycheilus* | | 二级 | 仅限野外种群 |
| 斑重唇鱼 | *Diptychus maculatus* | | 二级 | |
| 尖裸鲤 | *Oxygymnocypris stewartii* | | 二级 | 仅限野外种群 |
| 大头鲤 | *Cyprinus pellegrini* | | 二级 | 仅限野外种群 |
| 小鲤 | *Cyprinus micristius* | | 二级 | |
| 抚仙鲤 | *Cyprinus fuxianensis* | | 二级 | |
| 岩原鲤 | *Procypris rabaudi* | | 二级 | 仅限野外种群 |
| 乌原鲤 | *Procypris merus* | | 二级 | |
| 大鳞鲢 | *Hypophthalmichthys harmandi* | | 二级 | |
| 鳅科 Cobitidae | | | | |
| 红唇薄鳅 | *Leptobotia rubrilabris* | | 二级 | 仅限野外种群 |
| 黄线薄鳅 | *Leptobotia flavolineata* | | 二级 | |
| 长薄鳅 | *Leptobotia elongata* | | 二级 | 仅限野外种群 |
| 条鳅科 Nemacheilidae | | | | |
| 无眼岭鳅 | *Oreonectes anophthalmus* | | 二级 | |
| 拟鲇高原鳅 | *Triplophysa siluroides* | | 二级 | 仅限野外种群 |
| 湘西盲高原鳅 | *Triplophysa xiangxiensis* | | 二级 | |
| 小头高原鳅 | *Triphophysa minuta* | | 二级 | |
| 爬鳅科 Balitoridae | | | | |
| 厚唇原吸鳅 | *Protomyzon pachychilus* | | 二级 | |
| 鲇形目 SILURIFORMES | | | | |
| 鲿科 Bagridae | | | | |

（续）

| 中文名 | 学名 | 保护级别 | | 备注 |
|---|---|---|---|---|
| 斑鳠 | *Hemibagrus guttatus* | | 二级 | |
| 鲇科 Siluridae | | | | |
| 昆明鲇 | *Silurus mento* | | 二级 | |
| 𩷬科 Pangasiidae | | | | |
| 长丝𩷬 | *Pangasius sanitwangsei* | 一级 | | |
| 钝头鮠科 Amblycipitidae | | | | |
| 金氏鿄 | *Liobagrus kingi* | | 二级 | |
| 鮡科 Sisoridae | | | | |
| 长丝黑鮡 | *Gagata dolichonema* | | 二级 | |
| 青石爬鮡 | *Euchiloglanis davidi* | | 二级 | |
| 黑斑原鮡 | *Glyptosternum maculatum* | | 二级 | |
| 鿅 | *Bagarius bagarius* | | 二级 | |
| 红鿅 | *Bagarius rutilus* | | 二级 | |
| 巨鿅 | *Bagarius yarrelli* | | 二级 | |
| 鲑形目 SALMONIFORMES | | | | |
| 鲑科 Salmonidae | | | | |
| 细鳞鲑属所有种 | *Brachymystax* spp. | | 二级 | 仅限野外种群 |
| 川陕哲罗鲑 | *Hucho bleekeri* | 一级 | | |
| 哲罗鲑 | *Hucho taimen* | | 二级 | 仅限野外种群 |
| 石川氏哲罗鲑 | *Hucho ishikawai* | | 二级 | |
| 花羔红点鲑 | *Salvelinus malma* | | 二级 | 仅限野外种群 |
| 马苏大麻哈鱼 | *Oncorhynchus masou* | | 二级 | |
| 北鲑 | *Stenodus leucichthys* | | 二级 | |
| 北极茴鱼 | *Thymallus arcticus* | | 二级 | 仅限野外种群 |
| 下游黑龙江茴鱼 | *Thymallus tugarinae* | | 二级 | 仅限野外种群 |
| 鸭绿江茴鱼 | *Thymallus yaluensis* | | 二级 | 仅限野外种群 |
| 海龙鱼目 SYNGNATHIFORMES | | | | |
| 海龙鱼科 Syngnathidae | | | | |
| 海马属所有种 | *Hippocampus* spp. | | 二级 | 仅限野外种群 |
| 鲈形目 PERCIFORMES | | | | |
| 石首鱼科 Sciaenidae | | | | |
| 黄唇鱼 | *Bahaba taipingensis* | 一级 | | |
| 隆头鱼科 Labridae | | | | |

（续）

| 中文名 | 学名 | 保护级别 | | 备注 |
|---|---|---|---|---|
| 波纹唇鱼 | *Cheilinus undulatus* | | 二级 | 仅限野外种群 |
| 鲉形目 SCORPAENIFORMES | | | | |
| 杜父鱼科 Cottidae | | | | |
| 松江鲈 | *Trachidermus fasciatus* | | 二级 | 仅限野外种群。原名"松江鲈鱼" |
| 半索动物门 HEMICHORDATA | | | | |
| 肠鳃纲 ENTEROPNEUSTA | | | | |
| 柱头虫目 BALANOGLOSSIDA | | | | |
| 殖翼柱头虫科 Ptychoderidae | | | | |
| 多鳃孔舌形虫 | *Glossobalanus polybranchioporus* | 一级 | | |
| 三崎柱头虫 | *Balanoglossus misakiensis* | | 二级 | |
| 短殖舌形虫 | *Glossobalanus mortenseni* | | 二级 | |
| 肉质柱头虫 | *Balanoglossus carnosus* | | 二级 | |
| 黄殖翼柱头虫 | *Ptychodera flava* | | 二级 | |
| 史氏柱头虫科 Spengeliidae | | | | |
| 青岛橡头虫 | *Glandiceps qingdaoensis* | | 二级 | |
| 玉钩虫科 Harrimaniidae | | | | |
| 黄岛长吻虫 | *Saccoglossus hwangtauensis* | 一级 | | |
| 节肢动物门 ARTHROPODA | | | | |
| 肢口纲 MEROSTOMATA | | | | |
| 剑尾目 XIPHOSURA | | | | |
| 鲎科 Tachypleidae ♯ | | | | |
| 中国鲎 | *Tachypleus tridentatus* | | 二级 | |
| 圆尾蝎鲎 | *Carcinoscorpius rotundicauda* | | 二级 | |
| 软甲纲 MALACOSTRACA | | | | |
| 十足目 DECAPODA | | | | |
| 龙虾科 Palinuridae | | | | |
| 锦绣龙虾 | *Panulirus ornatus* | | 二级 | 仅限野外种群 |
| 软体动物门 MOLLUSCA | | | | |
| 双壳纲 BIVALVIA | | | | |
| 珍珠贝目 PTERIOIDA | | | | |
| 珍珠贝科 Pteriidae | | | | |
| 大珠母贝 | *Pinctada maxima* | | 二级 | 仅限野外种群 |

（续）

| 中文名 | 学名 | 保护级别 | 备注 |
|---|---|---|---|
| 帘蛤目 VENEROIDA | | | |
| 砗磲科 Tridacnidae # | | | |
| 大砗磲 | *Tridacna gigas* | 一级 | 原名"库氏砗磲" |
| 无鳞砗磲 | *Tridacna derasa* | 二级 | 仅限野外种群 |
| 鳞砗磲 | *Tridacna squamosa* | 二级 | 仅限野外种群 |
| 长砗磲 | *Tridacna maxima* | 二级 | 仅限野外种群 |
| 番红砗磲 | *Tridacna crocea* | 二级 | 仅限野外种群 |
| 砗蚝 | *Hippopus hippopus* | 二级 | 仅限野外种群 |
| 蚌目 UNIONIDA | | | |
| 珍珠蚌科 Margaritanidae | | | |
| 珠母珍珠蚌 | *Margaritiana dahurica* | 二级 | 仅限野外种群 |
| 蚌科 Unionidae | | | |
| 佛耳丽蚌 | *Lamprotula mansuyi* | 二级 | |
| 绢丝丽蚌 | *Lamprotula fibrosa* | 二级 | |
| 背瘤丽蚌 | *Lamprotula leai* | 二级 | |
| 多瘤丽蚌 | *Lamprotula polysticta* | 二级 | |
| 刻裂丽蚌 | *Lamprotula scripta* | 二级 | |
| 截蛏科 Solecurtidae | | | |
| 中国淡水蛏 | *Novaculina chinensis* | 二级 | |
| 龙骨蛏蚌 | *Solenaia carinatus* | 二级 | |
| 头足纲 CEPHALOPODA | | | |
| 鹦鹉螺目 NAUTILIDA | | | |
| 鹦鹉螺科 Nautilidae | | | |
| 鹦鹉螺 | *Nautilus pompilius* | 一级 | |
| 腹足纲 GASTROPODA | | | |
| 田螺科 Viviparidae | | | |
| 螺蛳 | *Margarya melanioides* | 二级 | |
| 蝾螺科 Turbinidae | | | |
| 夜光蝾螺 | *Turbo marmoratus* | 二级 | |
| 宝螺科 Cypraeidae | | | |
| 黑星宝螺（虎斑宝贝） | *Cypraea tigris* | 二级 | |
| 冠螺科 Cassididae | | | |
| 唐冠螺 | *Cassis cornuta* | 二级 | 原名"冠螺" |

（续）

| 中文名 | 学名 | 保护级别 | 备注 |
|---|---|---|---|
| 法螺科 Charoniidae | | | |
| 法螺 | *Charonia tritonis* | 二级 | |
| 刺胞动物门 CNIDARIA | | | |
| 珊瑚纲 ANTHOZOA | | | |
| 角珊瑚目 ANTIPATHARIA ♯ | | | |
| 角珊瑚目所有种 | ANTIPATHARIA spp. | 二级 | |
| 石珊瑚目 SCLERACTINIA ♯ | | | |
| 石珊瑚目所有种 | SCLERACTINIA spp. | 二级 | |
| 苍珊瑚目 HELIOPORACEA | | | |
| 苍珊瑚科 Helioporidae ♯ | | | |
| 苍珊瑚科所有种 | Helioporidae spp. | 二级 | |
| 软珊瑚目 ALCYONACEA | | | |
| 笙珊瑚科 Tubiporidae | | | |
| 笙珊瑚 | *Tubipora musica* | 二级 | |
| 红珊瑚科 Coralliidae ♯ | | | |
| 红珊瑚科所有种 | Coralliidae spp. | 一级 | |
| 竹节柳珊瑚科 Isididae | | | |
| 粗糙竹节柳珊瑚 | *Isis hippuris* | 二级 | |
| 细枝竹节柳珊瑚 | *Isis minorbrachyblasta* | 二级 | |
| 网枝竹节柳珊瑚 | *Isis reticulata* | 二级 | |
| 水螅纲 HYDROZOA | | | |
| 花裸螅目 ANTHOATHECATA | | | |
| 多孔螅科 Milleporidae ♯ | | | |
| 分叉多孔螅 | *Millepora dichotoma* | 二级 | |
| 节块多孔螅 | *Millepora exaesa* | 二级 | |
| 窝形多孔螅 | *Millepora foveolata* | 二级 | |
| 错综多孔螅 | *Millepora intricata* | 二级 | |
| 阔叶多孔螅 | *Millepora latifolia* | 二级 | |
| 扁叶多孔螅 | *Millepora platyphylla* | 二级 | |
| 娇嫩多孔螅 | *Millepora tenera* | 二级 | |
| 柱星螅科 Stylasteridae ♯ | | | |
| 无序双孔螅 | *Distichopora irregularis* | 二级 | |

（续）

| 中文名 | 学名 | 保护级别 | 备注 |
|---|---|---|---|
| 紫色双孔螅 | *Distichopora violacea* | 二级 | |
| 佳丽刺柱螅 | *Errina dabneyi* | 二级 | |
| 扇形柱星螅 | *Stylaster flabelliformis* | 二级 | |
| 细巧柱星螅 | *Stylaster gracilis* | 二级 | |
| 佳丽柱星螅 | *Stylaster pulcher* | 二级 | |
| 艳红柱星螅 | *Stylaster sanguineus* | 二级 | |
| 粗糙柱星螅 | *Stylaster scabiosus* | 二级 | |

注：标"♯"者，代表该分类单元所有种均列入名录。

# 第四节　我国淡水鱼类的利用

人类对淡水鱼类的利用可溯源久远，研究人员通过对中国周口店遗址田园洞出土的早期现代人遗骸进行稳定同位素检测发现，早在约 4 万年前，在人类的食物结构中，鱼就占了很大比重（Hu et al.，2009）。我国是世界上开发、利用、研究淡水鱼类最早的国家之一。河南安阳市殷墟遗址出土的甲骨卜辞中就有"圃渔"的记载，表明我国在距今 3 000多年的商代晚期就有圈养鱼类的历史了。范蠡著的《养鱼经》是最早的养鱼专著，在该著述中，不仅有鱼类的习性、渔期的详细记述，而且有鱼类的生长、繁殖和生态等方面的知识。

## 一、淡水鱼类的养殖利用

中国的水产养殖产量占到世界水产养殖产量的近70%，中国是世界上唯一一个水产养殖产量超过捕捞产量的国家（Moffitt et al.，2014；农业农村部渔业渔政管理局，2022），而"淡水渔业"又是水产养殖中鱼产量的主要来源，淡水鱼类养殖业是"淡水渔业"的重要组成部分。我国有淡水鱼类 1 452 种，淡水鱼类养殖产量位居世界第一。鱼类养殖是保护鱼类资源的主要方式之一，从古到今鱼类养殖事业的发展，对资源保护和鱼类增殖起到极其重要的作用。

我国是世界上淡水鱼养殖历史最悠久的国家，原始鱼类养殖业诞生于奴隶社会，远在3 000多年前的商末周初就有池塘养鱼的记录（蒋高中，2009）。在《诗经·灵台篇》中有"王在灵沼，于牣鱼跃"等，道出周文王曾在灵沼中养鱼的事实，当时主要是养鲤。由秦至汉代，养鱼业不断改进、扩大，养鱼事业有了更大的发展，汉代开始发展大面积养鱼。《史记》中有"水居千石鱼陂"；《汉书·西南夷传》中有"昆明池在长安西南，周围四十里"，所谓千石鱼陂和利用昆明池养鱼都是大水面养殖。公元前 460 年的春秋战国时期，养鲤已相当普遍，而且有了比较成熟的经验。我国养鱼史上的著名始祖陶朱公范蠡根据当时的养鱼经验编写了世界上第一部养鱼著作《养鱼经》，详细记载了池塘养鲤的环境条件、繁殖和饲养方法（戈贤平，2009）。稻田养鲤开始于汉末三国时期，魏武在《四时食制》中讲到"郫县子鱼黄鳞赤尾，出稻田，可以为酱。"就是在稻田里养出小鲤作酱，证明我国在那个时期就已经在稻田里养殖鲤鱼了（蔡仁逵，1991）。

此后，再经魏、晋、南北朝到隋，淡水养鱼生产稳步发展，但不甚明显。

在唐代，我国的淡水鱼养殖进入了一个新的发展阶段。由于"鲤"与皇姓"李同音，象征皇族，《唐书·玄宗纪》中尚有"禁断天下采捕鲤鱼"令，到唐玄宗开元十九年又令"禁捕鲤鱼"。朝廷忌鲤、禁鲤，民间不能养鲤，对鲤鱼养殖业产生了极大的抑制作用。然而却促进了青鱼、草鱼、鲢、鳙、鲮养殖的兴起和发展，从而奠定了饲养四大家鱼的基础，开始了从单品种养殖扩大到多品种混养。从长江和珠江沿岸地区开始，成功的经验由近到远逐渐推广并积累，到了唐代末期已有相当的规模。到了宋代，因江河鱼苗的张捕和运输技术的蓬勃发展，淡水鱼养殖区域和养殖品种有了进一步的扩大，对鱼苗种类、食性和其相互关系也有了进一步了解。在江边出现了鱼苗业，转运鱼苗到内地饲养。九江的鱼苗已成为专门企业运转到江西的内地、浙江和福建；在这些地区还发展了夏花和食用鱼的饲养业。明代的养鱼经验更加丰富，技术更加完善，已有文字详细记载鱼池建造、鱼种搭配、饵料投喂、鱼病防治等内容。清朝时期我国劳动人民对鱼苗生产季节、鱼苗习性、过筛分养和运输等技术的掌握更加成熟，开始进行鲂、鳊的养殖。有关家鱼饲养的经验更加丰富，对建造鱼池、放养密度、搭配比例、分鱼、转塘、饲喂等均积累了丰富的经验，两广和浙江的"撇鱼"可能是清代发展的。

我国人民经过几千年的养鱼实践，不断地积累了丰富的技术经验。新中国成立后，淡水鱼养殖业得到了快速的发展。1958年家鱼人工繁殖的成功从根本上改变了淡水养鱼长期依靠捕捞天然鱼苗的被动局面，从根本上解决了"四大家鱼"鱼苗供应问题，满足养鱼生产按计划发展的需要，开创了淡水渔业新纪元。1960年我国科研人员总结出"八字精养法"，成为池塘养鱼的技术核心。改革开放以来，我国确立了"以养为主"的渔业发展方针，培育出了建鲤、异育银鲫、团头鲂等一批新品种，使得淡水鱼养殖取得了显著的成绩，解决了长期困扰我们的"吃鱼难"问题（赵永锋等，2012）。

我国的淡水鱼养殖也推动了世界淡水养殖业的发展，20世纪50年代和60年代我国的草鱼和鲢、鳙等主要养殖鱼类相继传入欧美；70年代起，联合国粮农组织委托中国建立了养鱼培训中心，先后为20多个国家和地区培训学员数百人；同时我国的几种主要养殖鱼类也被移养到世界20多个国家和地区；从而在世界范围内推广了中国的养鱼技术，对世界淡水渔业的发展和淡水鱼类生物学的研究起了很大的促进作用（张福绥，2003）。

我国是世界第一渔业大国。目前，我国渔业已经发展成为一个由养殖、捕捞、加工、流通以及科研和教育相互配套的产业体系。据《2022中国渔业统计年鉴》资料显示，2021年我国水产品总产量达6 690.29万 t，其中养殖产量5 394.41万 t，其中淡水养殖总产量为3 183.27万 t，占养殖总产量的59%，淡水养殖产值7 473.75亿元。在淡水养殖中，青鱼、草鱼、鲢、鳙、鲤、鲫、鳊鲂是我国的特产鱼类，俗称淡水常规养殖品种，其产量年均在200万 t以上，因此也被称为"大宗淡水鱼类"。这几种养殖的淡水鱼占淡水鱼消费量的70%以上。

## 二、淡水鱼类的药用

淡水鱼富含蛋白质、各种氨基酸、脂肪、维生素 A、维生素 D 及多种矿物质等营养成分，具有多种药用价值。李时珍的《本草纲目》和赵学敏的《本草纲目拾遗》所载的鱼类生药达 50 余种。鱼肉中的蛋白质属于优质蛋白，其含量一般在 15%～20% 之间，含量是猪肉的两倍，能提供人体必需而自身又不能合成的 8 种氨基酸，且易于被人体吸收（琴翔等，1999）。

消化吸收率高达 97% 的鱼肉富含各种维生素，特别是维生素 A 和维生素 D 的含量更是高于其他肉类。鱼肉中还含有丰富的牛磺酸、核黄素、烟酸、维生素 D、钙、磷、铁等矿物质，能够保护视力，也能有效地预防骨质疏松症。多吃鱼还可防止因年龄增高引发黄斑恶化所导致的失明。鱼肉中的脂肪含量虽低，但其中的不饱和脂肪酸含量却很高，不饱和脂肪酸能够抗动脉硬化，对防治心脑血管疾病、预防中风等都有一定的功效。另外，鱼肉中含有丰富的硫氨基酸，硫氨基酸能调节血压，使尿钠排出量增加，从而抑制钠盐对血压的影响，降低高血压的发病率（孙普选，1989；孙红卫，2003）。

研究人员对新加坡的 6 万名广东裔和福建裔居民进行了长达 10 年的跟踪调查，发现女性每天进食 40 g 以上的鱼肉可以将患乳腺癌的风险降低四分之一（健康网）。老年人每天吃鱼 60～100 g 能有效地预防和减轻动脉硬化、高血压、冠心症、脑出血等心血管性疾病。此外鱼体内的 DHA 和 EPA（所谓脑黄金和脑白金）的含量也较高，由于 DHA 是大脑细胞活动和保持活力必需的营养物质，它有助于改善神经的信息传递功能，具有增强思维和记忆能力、延缓衰老的功效。除此之外，鱼体内还含有一种特殊的脂肪酸，它与人体大脑中的"开心激素"有关，具有缓解精神紧张、平衡情绪、抗抑郁等作用（耕耘，2004）。

中国可供药用的淡水鱼有百种以上，从各种鱼肉里可提取水解蛋白、细胞色素 C、卵磷脂、脑磷脂等，河豚的肝脏和卵巢里含有大量的河豚毒素，可以提取出来治疗神经病、痉挛、肿瘤等病症。大型鱼类的胆汁可以提制"胆色素钙盐"，为人工制造牛黄的原料。常见的药用淡水鱼类及其功效见表 3-3。

表 3-3　常见淡水鱼及营养功效

| 鱼名 | 功效 |
| --- | --- |
| 青鱼 | 益气化湿、养肝明目、养胃、截疟，主治脚气湿痹、烦闷 |
| 草鱼 | 平肝息风，温中和胃，主治虚劳、肝风头痛、久疟、食后饱胀、消化不良、呕吐泄泻。草鱼胆清热、利咽、明目、祛痰止咳，主治咽喉肿痛、小儿乳食难下、目赤肿痛、咳嗽痰多。其头蒸食，治虚风头痛 |
| 鲢 | 温中益气，暖胃泽肤 |
| 鳙 | 增强记忆力、抗肿瘤，其头补虚，治耳鸣目眩等病 |
| 鲤 | 具有安胎、催乳、利尿的功效，可治胎动不安、妊娠水肿以及肾虚、肾炎、肝硬化、水肿、黄疸等症 |

（续）

| 鱼名 | 功效 |
|---|---|
| 鲫 | 除湿利尿、和中补虚，具有消水肿、通乳汁、止咳、健脾开胃的功效，可治水肿、脾胃虚弱，还可治疗久咳不愈、急性黄疸肝炎 |
| 乌鳢 | 促进伤口愈合、生肌、治疗炎症、心血管系统、神经系统疾病，被视为患者术后虚弱身体恢复的滋补品。补脾益胃，利水消肿。可治全身水肿、温痹、脚气、肺痨体虚、胃脘胀满、肠风及痔疮下血、疥癣 |
| 黄鳝 | 补五脏、补中益气养血，除风湿身痒，可治面部神经麻痹、中耳炎等。经常食用鳝鱼，对内痔出血、气虚脱肛、妇女劳伤、子宫脱垂等症均有治疗作用 |
| 泥鳅 | 补五脏、养肝益肾、催乳生津、健脑益智，可治四肢倦怠、五心烦热、盗汗、腰酸膝软、阳痿早泄等症。其胆汁可治疥疮、阴蚀疮、杀虫止痛 |
| 黄颡鱼 | 利小便、消水肿、祛风、醒酒、通乳汁 |
| 鳜 | 开胃健脾、增进食欲，降血脂，缓解神经压力，主治脾胃虚寒、反胃呕吐等症状 |
| 鲈 | 益入肝肾，和肠胃、健筋骨，补中安胎 |
| 胡子鲇 | 主治伤口不痊愈、消化不良、去疳虫、活血补血 |
| 光倒刺鲃 | 其胆主治小儿惊风、火眼 |
| 鳡 | 主治肠内恶血、去腹内小虫、益气力、补虚劳、益脾胃 |
| 鲮 | 益气活血、健筋骨、利小便 |
| 鳗鲡 | 养阴益肺，补虚劳，健脾胃，治疮瘘。结核病者常食，有辅助治疗作用。补小儿体弱 |
| 鲶 | 滋阴补阳、利水催乳 |
| 鲂 | 健脾益胃、消食和中，可以改善消化不良，具有补虚养血、益脾健胃、祛风除寒等功效 |
| 赤眼鳟 | 暖胃和中、止泻。适合于胃虚、胃寒疼痛、胃热疼痛、胃肠道功能不好及心悸、消瘦、腹泻的人群食用，还可以治疗胃寒呕吐、小儿腹泻、旅行性腹泻、小儿迁徙与慢性腹泻及热带性口炎性腹泻等病症 |
| 鳘 | 暖胃。适用于腹泻 |
| 三线舌鳎 | 补虚益气、和胃健脾，对咳嗽、哮喘、胃痛胃胀、呃逆等症有辅助食疗、促进康复之效果。对脾胃功能欠佳、慢性胃炎、脾虚久泻以及咳喘、慢性消化道疾病有很好的食疗作用 |
| 翘嘴鲌 | 补肾益脑、开窍利尿、开胃、健脾、补水、消肿，对产后痉挛有一定的疗效 |
| 塘鳢 | 有调和脾胃、避免血栓、保护心脑血管的作用。补肾、暖腰膝 |

# 第四章

# 我国淡水渔业资源调查历史回顾

鱼类是水产资源的主要内容，是我国内陆水域渔业生产的主要对象，在渔业自然资源调查中鱼类调查是重点，通过调查要查清各类型水域内的鱼类种类组成、地理分布状况、研究鱼类的区系构成和演变情况。由于鱼类资源属于可以再生的水生生物资源，受自然因素及人为因素的制约和影响，其数量不断发生变化，在调查研究各类鱼类的区系、数量及群体结构状态的同时，也研究主要经济鱼类的生物学特性及相关的生态环境诸要素（生物因素和非生物因素），从而分析其种群数量变动规律，为充分合理利用鱼类资源、维护水域生态平衡、进行增养殖，指定渔业区划，因地制宜的发展渔业生产提供科学依据。

我国的鱼类调查从古代的博闻强记到新时期的系统性调查，前后经历了几千年，调查覆盖范围和调查内容不断深入。同时，随着调查新方法和新技术的不断引入，比如 3S 技术及水声学技术的应用等，调查效率与调查精度大大提高。随着新一轮的渔业资源调查兴起，我国的渔业资源调查必将达到一个新的高度，且越来越具周期性。

相比于世界发达国家，我国的渔业资源调查研究虽然历史悠久，但是研究一度处于落后状态，但是也越来越受到重视且发展迅速。关于我国的鱼类调查研究，大致可以分为以下时期：

## 第一节　古代的博闻强记时期

我国对鱼类的研究可以追溯到春秋战国时期，自此一直到 1600 年左右，主要由古代儒者根据鱼的形态等信息进行记述，如《尔雅·翼》对刀鱼的描述为"刀鱼长头而薄狭，腹背如刀，故名。"但是这段时期的鱼类研究不具有科学性，因为古代交通不发达，也没有解剖学的相关知识，当听说某地有某物时，就提起笔来写记。由于不能亲自去查看，只能仅凭传说写记，因此很多记载就变成了神话一类的传说了（方炳文，1923），比如《尔雅》和《本草纲目》分别记录比目鱼为"东方有比目鱼焉，不比不行，其名谓之鲽""比目鱼，鱼各一目，相并而行"，意思是必须是两条比目鱼一起才能游动。后来的科学观察已经证实比目鱼在幼鱼时期时，眼睛也是一边一只的，只是为了适应海底的生活环境，底面的那只眼睛逐渐移到上面变成两只眼睛都在一侧的特殊形态，其游动时，像波浪一样上下波动，并不需要两条鱼一起时才能游动。又如《山海经》对何罗鱼的记载："谯明之山，谯水出焉，西流注于河，其中多何罗之鱼，一首而十身，其音如吠犬，食之已痈"，意思是谯明水从这座山发源，向西流入黄河，水中生长着很多何罗鱼，长着一个脑袋却有十个身子，发出的声音像狗叫，人吃了它的肉就可以治愈痈肿病。关于何罗鱼具体为何鱼到现在并没有一个具体的结论，但是现代鱼类学家认为何罗鱼很可能是属于头足类的章鱼或者乌贼（王红旗等，2011）。

又如《山海经》里描述多文鳐鱼为"文鳐鱼，状如鲤鱼，鱼身而鸟翼，苍文而白首赤喙，常行西海，游于东海，以夜飞。其音如鸾鸡，其味酸甘，食之已狂，见则天下大穰"，意思是文鳐鱼形状像鲤鱼，鱼身却长着鸟翅膀，斑纹青灰色，头白嘴红，常常出现在西海，游弋于东海，在夜里飞行，发出的声音像鸾鸡。它的味道酸甜可口，且吃了能治疗癫狂之症，它出现的地方就会大丰收，是吉祥之兆。现代研究认为文鳐鱼应该是飞鱼科中的燕鳐鱼，体长而扁圆，胸鳍特长且宽大，能飞出水面，多产于我国海南岛东部和南海，但是它的出现和是否丰收没有关系。

因此这段时期对鱼类的研究主要是记载，而且很大一部分都添加了神话的成分，代表作品有《尔雅》《山海经》《博物志》《本草纲目》等（方炳文，1923）。

# 第二节　外国人研究中国鱼类的时期

第二个时期大约是 1600 年到 1910 年，是外国人研究中国鱼类的时期。

我国最早期的鱼类调查可以追溯到 1600 年前后，这段时间主要是外国人研究中国鱼类时期，主要聚焦于分类学与生物学。关于中国鱼类的最早记录应该出现在法国人亚当·帕耶（Adam Preyel）所著的《中国和欧洲自然、历史、地理、政治和人类生活对比》一书中，其中记载了中国鱼类约 42 种（Preyel，1655）。瑞典著名生态学家卡尔·林奈（Carl Linnaeus）于 1735 年发表了 Systema Naturae 一书，奠定了生物分类学的基础，从此将动物分类纳入正轨，同时在这本书中也记录了产于我国的鲫、花鳅（Cobitis taenia）、东方欧鳊等 26 种鱼类（Linnaeus，1758）。瑞典人彼得·奥斯贝克（Peter Osbeck）是第一个到中国来研究鱼类的外国人，1757 年在《中国和东印度群岛旅行记》一书中，也记载了不少中国鱼类，我们所熟知的白肌银鱼（Leucosoma chinensis）也是其定名的。

之后研究中国鱼类的外国学者越来越多，在众多国家中，当属当时较发达的英国对中国的鱼类研究最多，特别是英国自然博物馆对中国的鱼类一直都有研究。1831 年东印度公司验茶员约翰·雷维斯（John Reeves）在广东收集了不少鱼类标本，当时英国自然博物馆动物部主管约翰·格雷（John Eedward Gray）对这些标本进行了记载（方炳文，1923）。英国人 Theodore Cantor 对采集于舟山等地的鱼类也进行了研究（Cantor，1842）。同时，1844—1848 年，英国有调查船来香港，在香港一带采集的鱼类都由英国鱼类学家理查德逊（J. Richardson）整理，其撰写的《中国和日本海鱼类学报告》是当时比较有影响的著作（方炳文，1923）。到了 20 世纪初，英国自然博物馆的鱼类学家鲍伦格（George Albert Boulenger）和里甘（C. Tate Regan）分别对我国鱼类做过大量研究，特别是里甘对产于云南、西藏拉萨等地的淡水鱼类研究做出了重要贡献，发表新种超过 15 个（Regan，1904，1905a，1905b，1906，1907，1908a，1908b）。

同一时期，俄国人对我国北方的鱼类也做了大量研究。1855 年，俄国著名鱼类学家西列乌斯基（S. Basilewsky）著有《中国北部鱼类志》，记述了大量我国华北和东北的鱼类，为研究北方鱼类提供了重要的资料（Basilewsky，1855；邢迎春等，2013）。其后，迪波斯基（Benedikt Dybowski）也于 1872 年发表了针对黑龙江鱼类研究的《阿莫尔地区鱼志》(Dybowski 1872)。1876 年，俄国的鱼类学家科斯勒（K. T. Kessler）描述了在内蒙古和青海等地收集的鱼类 (Kessler，1876)。此后俄国学者 L. S. Berg 于 1909 年又发表了《阿莫尔地区的鱼类》，对黑龙江及其支流松花江、乌苏里江等水系的鱼类作了较详细的叙述 (Berg，1909)。

同时，美国学者对中国鱼类也做了大量研究。鱼类学家 Cloudsley Louis Rutter 应该是最早研究中国鱼类的美国人，其 1895 年发表的《汕头鱼类志》是后人研究南方鱼类非常重要的参考书籍（方炳文，1923）。美国学者 Henry W. Fowler 对香港学者送去的标本和材料进行了整理，发表了 *Hongkong Naturalist*，并报道了鲤科鳊鲅属的新种 (Fowler，1910)。John Treadwell Nichols 根据美国博物馆所藏的中国淡水鱼类及前人文献，报道了大量中国鱼类，共记录了 25 科、143 属 (Nichols，1925a，1925b，1925c，1925d，1925e，1925f，1925g，1926a，1926b，1927)。

除此之外，荷兰著名鱼类学家 P. Bleeker 在 1870—1873 年间对我国内陆水域的鲤科鱼类做了大量的整理和记录 (Bleeker，1870，1871)。德国人 Peter 对 1880 年中国政府送到柏林国际渔业展览会的鱼类标本进行了记述（方炳文，1923）。德国鱼类学家冈瑟（A. Günther）对保存在英伦自然博物馆的我国鱼类进行过研究，其所著的《英伦博物馆所收集鱼类目录》中记载了一部分在长江流域、四川、甘肃以及辽宁营口收集的鱼类 (Günther，1873，1889，1893，1896，1898)。比利时学者 Boulenger G A (1899，1901) 对采自海南的淡水鱼类进行了研究。法国人 H. Rendahl 将在中国采集的淡水鱼类标本以及前人的文献进行了整理。日本学者 Masamitsu Oshima (1919，1920，1926) 整理了分布于我国台湾岛的淡水鱼类，报道了 1 新属 5 新种 (Oshima，1919，1920，1926)。

这一时期，外国学者对中国鱼类的研究主要是对由传教士带到国外或直接采集于我国水域的鱼类标本进行的整理鉴定（表 4-1）。这些工作对中国鱼类的研究具有开创性意义，为我国鱼类的后续研究提供了依据，也为后来学者了解中国鱼类的分布及组成提供了资料（邢迎春等，2013）。

表 4-1 外国人对中国鱼类的研究

| 姓名 | 国家 | 代表作 | 年代 | 备注 |
|---|---|---|---|---|
| Adam Preyel | 法国 | 中国和欧洲自然、历史、地理、政治和人类生活对比 | 1665 | 关于中国鱼类的最早记录，记载中国鱼类约 42 种 |
| Carl Linnaeus | 瑞典 | *Systema Naturae* | 1735 | 奠定了生物分类学的基础，记录了鲫、花鳅、鳊等 26 种鱼类 |
| Peter Osbeck | 瑞典人 | 中国和东印度群岛旅行记 | 1757 | 第一个到中国来研究鱼类的外国人 |
| Theodore Cantor | 英国 | *General features of Chusan, with remarks on the flora and fauna of that island* | 1842 | 研究采集于舟山等地的鱼类 |
| J. Richardson | 英国 | 中国和日本海鱼类学报告 | 1844 | 当时比较有影响的著作 |

（续）

| 姓名 | 国家 | 代表作 | 年代 | 备注 |
|---|---|---|---|---|
| S. Basilewsky | 俄国 | 中国北部鱼类志 | 1855 | 记述了大量华北和东北的鱼类 |
| P. Bleeker | 荷兰 | *Description et figure d'une espèce inédite de Hemibagrus de Chine* | 1870 | 对我国内陆水域的鲤科鱼类做了大量的整理和记录 |
| Benedikt Dybowski | 俄国 | 阿莫尔地区鱼志 | 1872 | 研究了黑龙江鱼类 |
| K. T. Kessler | 俄国 | *Beschreibung der von Oberst Przewalski in der Mongolei gesammelten Fische* | 1876 | 描述了在内蒙古和青海等地收集的鱼类 |
| A. Günther | 德国 | 英伦博物馆所收集鱼类目录 | 1889 | 记载了一部分在长江流域、四川、甘肃以及辽宁营口收集的鱼类 |
| Cloudsley Louis Rutter | 美国 | 汕头鱼类志 | 1895 | 是最早研究中国鱼类的美国人 |
| George Albert Boulenger | 比利时 | *On the Reptiles, Batrachia and fishes collected by the late Mr. John whitehead in the interior of Hainan* | 1899 | 对采自海南的淡水鱼类进行了研究 |
| C. Tate Regan | 英国 | *Descriptions of two new cyprinid fishes from Yunnan Fu* | 1904 | 研究产于云南、西藏拉萨等地收集的鱼类，发表新种超过 15 个 |
| L. S. Berg | 俄国 | 阿莫尔地区的鱼类 | 1909 | 对黑龙江及其支流松花江、乌苏里江等水系的鱼类作了较详细的叙述 |
| Henry W. Fowler | 美国 | *Hongkong Naturalist* | 1910 | 报道了鲤科鲹鲅属的新种 |
| Masamitsu Oshima | 日本 | *Contributions to the Study of Fresh-Water Fishes of the Island of Formosa* | 1919 | 整理了分布于我国台湾岛的淡水鱼类，报道了 1 新属 5 新种 |
| John Treadwell Nichols | 美国 | *A new homalopterin loach from Fukien* | 1925 | 报道了大量中国鱼类，共记录了 25 科、143 属 |

# 第三节　中国人开始自己的鱼类研究时期

中国人开始自己的鱼类学研究始于 18 世纪初，1910 年颜惠庆在第四次国际渔业会议上作的《中国渔业》报告，应该是国人发表的第一篇关于中国渔业的报道（Ye，1910）。寿振黄和美国鱼类学家 Barton Warren Evermann 于 1927 年共同发表的《华东鱼类志》，对采自我国上海、南京、杭州、宁波、温州等地的鱼类标本进行了研究，这应该是我国学者关于本土鱼类最早的调查研究，从此拉开了中国科学家调查研究中国鱼类的帷幕（Evermann et al.，1927；Shaw，1929，1931，1939）。其后涌现出一大批知名鱼类学家，对我国的鱼类进行了大量的调查研究。如张春霖调查了长江流域的鱼类（张春霖，1928，1930，1960；张春霖等，1955，1964），发现了大量新种（张春霖，1932，1935，1936，1962），并出版了《中国鲤科志》（张春霖，1933，1959），弄清了我国淡水鱼类的分布（张春霖，1954，1957），为我国内陆水域鱼类的研究做出了巨大贡献（Tchang，1928，1930，1933，1954）。此后，伍献文对长江一带的鱼类也做了大量的调查研究（Wu，1930a，1930b，1931，1934），并分别于1964、1977年出版《中国鲤科鱼类志·上卷》《中国鲤科鱼类志·下卷》，成为研究中国淡水鱼类的必备文献和重要资料。林书颜根据中山博物馆馆藏标本及从西江、广州附近采集的标本，编写了《南中国之鲤鱼及似鲤鱼类之研究》，为后人鉴定使用中国南方鱼类奠定了基础（林书颜，1931，1932a，1932b，1932c，1933，1934，1935）。方炳文在大量的调查研究中也发现了14个新属、44个鱼类新种、5个新亚种，且国外关于平鳍鳅的分类全依据于方炳文的研究结果（Fang，1930，1931，1933，1934a，1934b，1935，1936）。其后，朱元鼎总结了1930年以前中国鱼类的研究成果，对我国鱼类的组成进行了较为系统研究，并于1931年编著了《中国鱼类索引》，共列举中国鱼类1540种，隶属于592属213科40目，为研究中国鱼类分类奠定了基础（Chu，1931；朱元鼎等，1962，1963）。

期间，关于渔业资源的调查也已初具规模。就地域而言，长江、珠江、黄河三大流域及沿海各省均有调查。调查资料虽然零星，但也有相关记载。如伍献文于1935年主持了由中央研究院动植物研究所承担的规模较大的渤海及山东半岛的海洋渔业调查，这应该是中国首次开展的海洋渔业资源综合调查，但是由于战事的原因，浮游生物、鱼类等调查资料散失（伍献文，1948）。同年，厦门大学陈子英也主持了福建省渔业调查，也是国内最早的规模较大的渔业资源调查之一，调查内容包括渔场所在地、渔船、渔具、捕捞的品种与数量等（陈子英，1935）。浙江省水产试验场陈同白于1935—1936年间也主持了浙江省的渔业资源调查，调查结果刊登在《水产学报》上（伍献文，1948）。此外，中央水产实验所于1950年也对到胶东沿岸的水产资源及渔业情况进行了调查（寿振黄等，1950）。虽然那个时候的渔业捕捞方法极其传统和简陋，特别是沿海地区，大部分渔船都是渔民自家的民用渔船，不能出远海，只能在近海极尽捕捞，因此导致近海渔业资源逐渐衰退。

这一时期正值我国"五四运动"时期，大批出国留学的青年学者归国，因此此时期的很大一部分中国鱼类研究都是以外文的形式发表。这一时期我国鱼类学家在中国鱼类研究上已逐渐开始发挥重要作用。该时期的工作除了报道新种外，区域性鱼类物种多样性调查与系统研究已经崭露头角、初具雏形，这段时间的鱼类调查研究对整个中国鱼类的调查研究都起到很大的推动作用（表4-2）。

表4-2 中国人自主研究时期鱼类调查研究代表性作品

| 作者 | 代表作 | 年代 | 备注 |
|---|---|---|---|
| 颜惠庆 | 中国渔业 | 1910 | 国人发表的第一篇关于渔业的报道 |
| 寿振黄 | 华东鱼类志 | 1927 | 我国学者关于本土鱼类最早的调查研究 |
| 张春霖 | 中国鲤科志 | 1933 | 记述我国鲤科鱼类50属99种，为我国内陆水域鱼类的研究做出了巨大贡献 |

（续）

| 作者 | 代表作 | 年代 | 备注 |
|------|--------|------|------|
| 陈兼善 | 广东鳗鱼研究、鱼类学 | 1928、1947 | 国内最早的鳗鱼资源调查研究 |
| 伍献文 | 中国鲤科鱼类志·上卷、中国鲤科鱼类志·下卷 | 1964、1977 | 研究中国淡水鱼类的必备文献和重要资料 |
| 陈子英 | 福建省渔业调查报告 | 1935 | 国内最早的规模较大的渔业资源调查之一 |
| 陈同白 | 浙江省的渔业资源调查 | 1935—1936 | 国内最早的渔业资源调查之一 |
| 王以康 | 浙江鱼类志、山东沿海硬骨鱼类之调查 | 1933、1933 | 主要以海水鱼研究为主 |
| 林书颜 | 南中国之鲤鱼及似鲤鱼类之研究 | 1931 | 对广东及其邻省的鲤科及似鲤类制定了亚科、属、种的分类检索表 |
| 方炳文 | 鳅鲩属鱼类、中国缨口鳅鱼类研究、中国沙鳅鱼类研究 | 1931、1934、1936 | 一生发现了 44 个鱼类新种、14 个新属、5 个新亚种，国外关于平鳍鳅的分类全依据于方炳文的研究结果 |
| 朱元鼎 | 中国鱼类索引 | 1931 | 对我国鱼类的组成进行了较为系统的研究，为研究中国鱼类分类奠定了基础 |

# 第四节　建国后渔业资源调查发展时期

　　系统的渔业资源调查开始于 20 世纪 40 年代，新中国成立后，流域规划和渔业资源逐渐受到重视。1948 年，时任中央研究院动植物研究所研究员的朱树屏曾带队出海进行舟山渔场海洋调查，这应该是我国第一次海洋渔业资源调查（朱树屏等，1949）。1953—1955 年由中国科学院水生生物研究所青岛海洋生物研究室、中国科学院动物研究室、中央人民政府农业部水产实验所、山东大学和山东水产公司等五个单位联合组成的烟台鲐鱼渔场以及近海鱼类种类和分布调查是新中国成立后首次开展的海洋渔业资源综合调查（青岛海洋生物研究室，1953）。

　　1956 年，在周恩来总理亲自主持下，国务院首次将"中国海洋的综合调查及其开发方案"列入国家科学技术发展规划。作为全国海洋普查的预演，1957 年，在"两弹一星"元勋赵九章担任组长的国务院科学规划委员会海洋组的领导下，中国科学院海洋生物研究所等多家单位联合进行了海洋多学科多船同步观测，并编写了《1957 年 6 月至 1958 年 8 月渤海及北黄海西部综合调查报告》（徐渡，2010）。1958 年 9 月，国务院科学规划委员会海洋组采取了大协作的方式开展了全国海洋综合调查，调查的范围包含了我国大部分近海区域，包括渤海、黄海、东海、南海海区及浙江、福建沿海的 2 个海区，共获得各种资料报表和原始记录 9.2 万多份，图表 7 万多幅，样品 1 万多份，并于 1964 年出版了《全国海洋综合调查报告》（10 册）、《全国海洋综合调查资料》（10 册）和《全国海洋综合调查图集》（14 册）（徐渡，2010）。这是我国有史以来规模最大的一次全国海洋普查。

同时期，1957—1958 年中国科学院水生生物研究所易伯鲁先生对黑龙江流域的渔业也进行了调查，这应该是中国首次开展的淡水渔业资源综合调查（易伯鲁等，1959）。针对三峡大坝建设对渔业资源的影响，1958 年中国科学院水生生物研究所组织了长江水系渔业生物调查（波鲁茨基等，1959；李恒德等，1959）。同一时期，国内各流域渔业资源调查大为兴起，如 1959 年河北省人民政府农林厅也组织对河北省水产资源也进行了调查，这些都为后来开展的渔业资源调查提供了初步经验。

为贯彻落实伟大领袖毛泽东主席及周恩来总理对发展渔业生产、加强鱼类资源调查的一系列重要指示，农林部先后于 1971 年和 1972 年在北京分别召开沿海八省二市海洋鱼类资源调查和长江六省一市水产资源调查座谈会，并发布"全国海洋鱼类资源调查"及"长江主要经济鱼类资源调查"等重大协作专项，对东海区鱼类资源、饵料生物、重点渔场等进行了深入调查，积累了大量丰富的渔业资源数据。同时分省市（四川省、湖北省、湖南省、江西省、安徽省、江苏省、上海市）对长江及其附属湖泊主要经济鱼类资源和渔产量的变动情况等进行了调查，并取得了一定成绩（六省一市长江水产资源调查小组，1975），为科学利用渔业资源打下了深厚的基础，极大地推进了捕捞方式、仪器设备的创新发展。这是我国第一次海洋与淡水同时进行的较为系统的全国性普查。

广西壮族自治区水产研究所资源捕捞组与中国科学院动物研究所脊椎动物研究室共同协作于 1974—1976 年对广西淡水鱼类资源进行了调查，同时还编写了《广西淡水鱼类志》为广西淡水渔业提供基础资料（广西壮族自治区水产研究所，1981）。新疆巴音郭楞蒙古自治州博斯腾湖水产研究所于 1977 年对博斯腾湖的水域环境、饵料生物、主要经济鱼类的生活习性、渔具、渔法以及资源增殖等方面也进行了初步调查研究（新疆博斯腾湖水产研究所，1977）。

1980 年原国家水产总局根据 1979 年全国农业自然资源调查和农业区划工作会议的精神，下达了全国渔业资源调查和渔业区划的调查任务，开始进行全国渔业自然资源调查和渔业区划研究工作。中国水产科学研究院黄海水产研究所、东海水产研究所、南海水产研究所、长江水产研究所、珠江水产研究所、黑龙江水产研究所及大连水产学院分别牵头承担了黄渤海区、东海区、南海区以及长江、珠江、黑龙江和黄河水系的渔业资源调查。这次调查，是继 1958 年全国海洋普查以来，在各海区进行的一次范围最广、规模最大、时间最长的多学科综合调查研究，不但摸清了我国四大海区与四大流域内渔业资源分布及变动状况，还介绍了各水系水文及理化性质、鱼类资源，分析了影响渔业资源的主要因素，包括水工建筑、围垦、酷鱼滥捕、水域污染等。并相继出版了《黄渤海区渔业资源调查与区划》《东海区渔业资源调查与区划》《南海区渔业资源调查与区划》以及《长江水系渔业自然资源调查》《珠江水系渔业自然资源调查》《黑龙江水系渔业自然资源调查》和《黄河水系渔业自然资源调查》（何志辉，1986；张觉民，1986；农牧渔业部水产局，1987，1989，1990；长江水系渔业资源调查协作组，1990；陆奎贤，1990）。在此基础上，各专业调查组根据调查所得的大量资料，进行了分析整理，于 1988 年编写成《中国渔业资源调查和区划》14 本专题文献，较全面系统地阐明中国渔业自然资源的地域分布特点和渔业生产现状，并按照地区间自然条件和社会经济情况的差异，将全国划分为3个一级渔业区，19个二级渔业区。这是新中国成立后对全国各水域进行的最全面的一项普查，所形成的文献资料目前仍在使用。

这段时期的调查初步查清了我国沿海及内陆主要流域的鱼类组成、渔业资源家底、环境状况等数据。新中国成立后，国家陆续培养了一大批从事鱼类研究的专门人才，并组织开展了大量区域性或全国范围的资源调查工作，调查研究区域进一步扩展至青藏高原、西北旱寒等地区，取得了大量研究成果。

## 第五节　新时期系统的渔业资源调查时期

然而，上次调查距今已四十余年。新时期以来由于经济高速发展，各江段高强度开发、采砂船遍布各水域滥采乱挖、航运升级等直接破坏鱼类栖息地；水电站等各种涉水工程建设造成鱼类洄游通道受阻、产卵场被淹没或破坏；大量污废水的排放，导致水生生境遭到破坏；过度捕捞以及电、毒、炸等非法捕捞现象屡禁不止，造成鱼类种类组成与分布改变；同时随着经济和交通的发展，人类在不同地区间的交流日益频繁，导致鱼类入侵发生的频率也随之上升。各种人类活动的交互影响在不同程度上导致野生渔业资源锐减，品种趋于单一化，鱼类多样性下降，种质资源衰退严重（Carpenter et al.，1992；Dudgeon et al.，2005）。因此有必要再次系统和深入地开展各水域鱼类资源的全面调查。

为深入贯彻落实习近平总书记关于长江流域"共抓大保护，不搞大开发"及西藏流域"坚持生态保护第一"的重要指示，农业部提出"坚持生态优先、强化资源养护"的精神，并加大了各流域水生生物资源与生态环境保护工作的力度，批准设立了一系列渔业资源与环境调查专项。由中国水产科学研究院发起，院属长江所和黑龙江所分别牵头的农业部"长江、西藏重点水域渔业资源与环境调查"专项，"西北地区重点水域渔业资源与环境调查"专项及"东北地区重点水域渔业资源与环境调查"专项分别于2017年、2019年和2020年相继启动。后续还会有"西南地区重点水域渔业资源与环境调查"及"珠江渔业资源与环境调查"，调查技术除常规的野外调查外，还结合了遥感、渔业声学、3S技术、耳石微化学等国际先进调查技术。

此次调查，将摸清长江（长江源至长江口）、西藏（雅鲁藏布江、怒江、澜沧江干流西藏段及重要通江湖泊巴松错、错那、错鄂、哲古错等）、新疆、青海、甘肃、宁夏和内蒙古五省区五河五湖重点水域（额尔齐斯河、塔里木河、伊犁河、黑河、疏勒河，博斯腾湖、艾比湖、乌伦古湖及青海湖）、东北地区"五江（河）五湖一岛"（黑龙江、松花江、辽河、鸭绿江、滦河等重点河流，兴凯湖、呼伦湖、查干湖、镜泊湖、松花湖及黑瞎子岛）等重点水域的渔业资源、珍稀濒危特有水生动物和生态环境状况等"家底"，掌握各水域水生生物资源及变动趋势，提出重点水域渔业资源保护及地区渔业可持续发展规划与建议，构建重点水域渔业资源与环境数据共享平台，评价水利水电工程、航运等活动对各水域水生生物资源与环境的影响，为渔业供给侧结构性改革和渔业高质量发展提供科技支撑。此次大调查是继20世纪70年代全国渔业资源与环境大普查后第二轮内陆重点水域渔业资源与环境大调查。

# 第五章

# 淡水鱼类资源采样与调查方法

　　渔业资源调查成本高昂且费时，对研究水域内的种群进行抽样调查是必然选择。但是不同的鱼类分布呈现出不同的特征，而且受到环境变化和人为活动影响，为避免样本不具代表性或者采集不到样本，因此针对不同的鱼类种群及分布特点和调查目标，采用不同的采样设计方案，保证数据的准确性和精度（唐政等，2019）。常用的调查采样方法有定点采样、随机采样等。

## 第一节　野外采样方案设计

　　科学的野外采样方法有助于研究者在有限的成本下获取具有代表性的数据。由于鱼类种群和调查目的不同，需要采用不同的采样方法。目前应用于野外的采样方法有主要有：

### 一、定点采样

　　定点采样即设置固定站点进行采样调查，适用于鱼类群落和分布稳定的种群资源调查。定点采样一般选择有代表性的采样地点，比如在资源最丰富且监测采样方便的水域设定1个采样点。采样必须在正常环境状态下进行，避免人为因素的影响，对于资源量季节变化较大的水域，应将渔业资源最丰富的季节选择为重点采样季节。

　　与其他采样设计相比，定点采样的优势主要是获取的数据可以进行时间序列上的比较，更有利于研究资源年际间动态变化（Shuai et al.，2016），且采样成本较低，但是定点采样比其他采样方法覆盖的空间要小（McClelland et al.，2012）。

### 二、简单随机采样

　　早期的鱼类采样为了便于统计分析，通常假设鱼类是随机分布的，因此常应用简单随机采样的方法。简单随机采样就是将研究区域分成一系列单元，随机选取单元作为采样站点。简单随机采样操作简单，是最基础的采样方法之一。因为每个样本被采到的概率相同，所以对于估算总体资源量较为方便（金勇进等，2015）。但是，大多数情况下鱼类可能分布在特定的区域，不符合鱼类个体随机分布的假设，而且，样本之间的空间自相关性会对估算结果产生较大影响。因此实际调查时，很难实现严格的随机化采样（Petitgas，2001）。所以简单随机采样不能直接应用于野外渔业资源调查，而是常与其他方法结合使用，例如分层随机采样等。

### 三、分层随机采样

鱼类由于其生活习性不同，即便是分布于同一区域的鱼类，在不同水层也具有不同的分布模式。此时可以根据鱼类栖息地特征（底质、水深等因素）和鱼类种群垂直分布特点，将研究区域划分成不同的水层（Ault et al.，1999），再从每个水层中随机采样，即分层随机采样，其获取高质量的数据主要取决于层次的划分和层次数量这 2 个关键的影响因素。

合理的分层可以缩小样本与总体之间的差异，使得样本在总体中分布更加均匀，提高采样的精度（Yu et al.，2012）。增加层次的数量可以降低采样误差，但是层次数量过多，工作量会加大，且采样的总体方差不会明显的降低，因此一般层次不超过 6 个（Cochran，1977）。研究水域较大而层次数量过少会使得某些水层的鱼类无法采集到，增加了采样的误差，因此为保证数据的可靠性，可以根据经验来划分水层的数量，在重要的鱼类栖息地增加采样站点。由于分层随机采样可以通过划分层次和分配站点等多种途径提高数据质量，因此自 19 世纪 60 年代末开始，分层随机采样成为国内外最常用的渔业资源调查采样方法之一，被广泛应用于海洋、河流和湖泊等水域的渔业资源调查中（Urpanen et al.，2009）。分层随机采样的性能在年际间和季节间具有稳定性，而且要高于等距采样和简单随机采样。

### 四、等距采样

等距采样也称为系统采样，是将研究区域划分成排列规则的采样单元，随机选取一个采样单元作为初始单元，再按照固定间隔依次选取其他采样单元的采样方法。等距采样适用于水域面积大、形状规则和物种密度分布较均匀的区域调查。等距采样获取的数据精度比简单随机采样更高，也更容易实施，尤其是针对空间分布存在自相关性的种群（Haining，2003），等距离采样方法更合适。但是，等距采样获取的数据存在一定的偏差，有高估或低估实际种群资源量的可能性，而且样本量较少的话会造成较大误差（金勇进等，2015）。

在实际采样中，常将分层随机采样与等距采样相结合，即将研究水域按照经验或历史资料先分层，然后在各水层中进行等距采样，这样可消除数据的周期性对采样的不利影响（Mier et al.，2008）。同时随着地理统计学的发展和应用，等距采样可以为估算种群的空间分布提供很好的支持，比如克里金等各种空间插值法等。

### 五、适应性采样

在实际采样过程中，当调查物种呈斑块状分布、聚集分布或者缺少历史分布信息时，以上的采样方法就不再适用，这时应选用适应性采样方法。首先从研究区域随机选取若干个单元作为初始采样单元，如果这些单元中调查物种的值大于预先设置的限定值，则对邻域再进行采样，直到所有符合条件的单元都被采样（Thompson，1990）。对邻域进行采样就是一个适应性的过程，采样的效率取决于种群聚集的程度。一般来说，种群分布越聚集，适应性采样效率越高。这种采样设计需要确定样本单元的大小和形状，设定初始采样单元的数量以及限定值。为了防止无休止采样，一般会设定最大采样次数。

虽然这种方法可以减少在资源分布稀疏区域的消耗（Sullivan et al.，2008），但是同样会使调查精度下降，增加采样路线的复杂程度，进而导致成本增加。同时采样单元大小难以确定，小单元容易造成站点数量过多，而大单元会造成调查结果精度下降，因此实际中常将分层采样与适应性采样相结合，第一阶段先将研究水域分层，然后在每个水层中随机选择单元进行适应性采样。如果某一个单元的值超出了限定值，则对该层次所有的单元进行采样。该采样方法不存在因单元大小设定不合理而导致的采样站点数量过多的问题。在没有历史信息的情况下，可以将研究区域分成规则的矩形，也可以达到一定的效果。

## 六、基于地理统计学的采样方法

随着计算机技术和地理信息科学的发展，渔业资源调查和管理地理统计学最早被用于采矿学和地质学等研究领域，直到 20 世纪 80 年代才被应用于渔业，用来估算渔业种群的丰度（Conan，1985），目前已经扩展到渔业资源调查的采样方法中（Jardim et al.，2007），其主要是利用模拟退火算法使站点布设达到预先设定的条件，实现采样的最优设计（姜成晟等，2009）。模拟退火算法的主要优势是能适应各种抽样约束条件。与系统采样和分层随机采样相比，基于地理统计学的采样方法能更准确地估算鱼类种群的资源量，表现出了很好的发展潜力，但是该方法需要大量的种群历史分布信息以构建种群分布模型。

## 七、计算机模拟及重采样

近年来，采样设计不断更新完善。如何检验目前采样设计的合理性以及如何对其进行改进是野外渔业资源调查方法优化的关键。随着计算机技术的快速发展，各种种群分布模型和数据处理技术的产生，利用模型模拟种群分布，再结合重采样技术进行采样设计优化的方法被广泛应用。

重采样是指利用 R 语言等对数据重抽样代替实际的采样。通过该过程获取的数据可以用于评估和比较不同的采样设计（Cabral et al.，2004；王家启 2017）。通过搜集近期的调查数据，构建种群分布模型，并假设模型模拟值为"真实值"，然后按照采样设计的规则对数据重抽样，并估算样本均值和方差等，最后利用评价指标比较各采样设计的性能。计算机模拟采样可以节省大量时间和成本，可以提高效率，比实际的重新采样更具有优势。

# 第二节 采样方法评价

鱼类分布随着年份和季节的变化而变化，特别是在不同的生活史阶段，如索饵和产卵等时期，其空间分布变化较大。调查数据的可信度以及在长时间序列上的稳定性在很大程度上取决于采样方法的精度，同时也是保证渔业资源评估结果准确的关键。为了判断不同采样方法的效率与精度，需要对采样方法进行评价，常用的评价指标有以下 4 种：（1）相对偏差（relative bias），可以评估采样设计的准确性以及判断是否低估或高估种群的均值。（2）相对估计误差（relative estimation error），可以评估采样设计的精度和准确性，通常将相对估计误差和相对偏差值是否接近 0 作为判断采样方法优劣的依据之一，一般认为相对估计误差和相对偏差值越接近 0，采样效率越好。（3）变异系数（coefficient of variation），就是数据的离散程度，也被认为是相对标准误差。在实际应用中，可以比较不同采样设计获取的数据在时空上的稳定性，一般认为变异系数越小，采样效率越高。

在渔业资源调查研究工作中所观察的样本，只是极小部分，为了使样本能代表总体，必须采取随机抽样方法，兼用数理统计的原理和方法，判断样本所能代表总体的程度及总体的可能存在范围。回归线不能完全代表两现象之间的关系，有其一定的误差，标准差则表示各个变量分散的程度，有了标准差就可以说明平均数的代表性，标准差小则表明所测集团的各个变量比较集中，平均数的代表性就大，反之则小。因此在计算平均数之后，必须计算标准差，标准差计算公式如下：

$$\delta = \sqrt{\frac{\sum (\overline{X} - X_i)^2}{n}} \text{（大样本）} \qquad (5-1)$$

或

$$\delta = \sqrt{\frac{\sum (X_i - \overline{X})^2}{n-1}} \text{（小样本）} \qquad (5-2)$$

式中，$X_i$ 为各次观测值；$\overline{X}$ 为平均数；$n$ 为样本数。

# 第三节　调查时间与调查频率

渔业资源调查时间与频率设计可以根据调查目标酌情设计，通常开展逐月调查或者季度调查等，甚至可以安排春、秋两季调查。以季度调查为例，通常规定春季为 3—5 月，夏季为 6—8 月，秋季为 9—11 月，而冬季则为 12 月至翌年 2 月。一般地，这 4 个时段可代表春、夏、秋、冬四季，渔业资源四季调查时间一般在这 4 个时段内即可。但是根据调查研究的目标要求、调查对象的生物学特征及调查水域的具体情况等，如遇禁渔期等，可以酌情在这 4 个时段进行增减。一般来说要求各季节调查的时间间隔应基本相同，如果再有特殊的要求酌情增加调查频次。

对于四季分明的研究区域，调查时间应覆盖不同的季节，在特殊的时间节点，如鱼类繁殖季节等应增加调查时间和频率。根据调查对象的不同生活史阶段（产卵、索饵、溯河洄游等）确定调查时间和调查范围，也可根据河流水量变化，进行月度性（每月 1～2 次）或季度性（每季度 1～2 次）调查。也可根据研究目的的不同在不同河流的不同区段设置采样站位，也可按环境因子梯度变化进行断面布设，一般一次采样作业时间为 24 h。

# 第四节　鱼类调查方法

## 一、历史资料获取

历史资料获取主要是通过查阅已经公开发表的计划调查区域相关调查研究、鱼类志等相关文献与书籍，以及一些未发表的历史调查记录和报告等。通过查阅文献初步了解目的区域的鱼类种类组成、地理分布状况、区系构成和演变等情况。历史鱼类分布数据和栖息地环境等信息对调查采样的设计非常重要,利用这些历史调查数据,可以降低成本,减少调查采样对生态系统的破坏。调查的渔获物应记录于历史资料调查记录表5-1。

表5-1　渔获物历史资料调查记录表

| 资料来源 | | | | | | |
|---|---|---|---|---|---|---|
| 时间 | | 站点 | | 河流区段 | | |
| 记录人 | | 记录日期 | | 渔具 | | |

具体列表

| 序号 | 种名 | 体长（cm） | 全长（cm） | 体重（g） | 性别 | 备注 |
|---|---|---|---|---|---|---|
| 1 | | | | | | |
| 2 | | | | | | |
| 3 | | | | | | |
| 4 | | | | | | |
| 5 | | | | | | |
| 6 | | | | | | |
| 7 | | | | | | |
| 8 | | | | | | |
| 9 | | | | | | |
| 10 | | | | | | |
| …… | | | | | | |

## 二、社会访问调查

社会访问调查一般作为历史资料获取的补充,访问调查的对象一般为当地渔民、水产局、水产科学研究院相关人员及相关水产工作者,征询他们关于目标调查区域鱼类种类组成、主要鱼类的产卵场、资源量变化、珍稀濒危鱼类的出现与分布状况、渔获状况等情况并记录,为下一步进行现场调查及方案实施起到指导作用。调查的渔获物应记录于走访调查记录表5-2。

表5-2 渔获物社会访问调查记录表

| 被访对象姓名 | | 职称 | | 联系方式 | |
|---|---|---|---|---|---|
| 访问时间 | | 站点 | | 河流区段 | |
| 记录人 | | 记录日期 | | 渔具 | |

具体列表

| 序号 | 种名 | 体长（cm） | 全长（cm） | 体重（g） | 性别 | 备注 |
|---|---|---|---|---|---|---|
| 1 | | | | | | |
| 2 | | | | | | |
| 3 | | | | | | |
| 4 | | | | | | |
| 5 | | | | | | |
| 6 | | | | | | |
| 7 | | | | | | |
| 8 | | | | | | |
| 9 | | | | | | |
| 10 | | | | | | |
| …… | | | | | | |

## 三、市场调查法

各地都还有一些专业的渔民，他们会将渔获物在一定的时间到菜市场或者特殊的市场进行售卖。同时由于同一个地区的渔民各有专长，比如有的擅长抛网，有的擅长钩钓，有的擅长下笼，他们将通过自己擅长的渔具捕捞得到的渔获物集中在一个市场售卖，市场上的渔获物往往集中了不同的采样网具所捕捞到的不同鱼类，因此市场上的渔获物比单独的拖网捕捞等种类更丰富更全面，因此各地的市场是渔业资源调查的重要场所。但是由于渔民的网具大小不同，作业时间也长短不一，在进行市场调查时，除了调查渔民的渔获物种类、体长、全长、体重、尾数等基本信息，还应调查渔民的网具大小和作业时间，以便将不同的市场调查的渔获物进行标准化比较。同时还应记录鱼类重量和数量组成：将取出的样品按种类计数和称重，并计算每种鱼在渔获物中所占的数量百分比与重量百分比，调查及计算结果应记入渔获物记录表5-3中。

还应重点调查主要经济鱼类的体长、体重和年龄组成，样品中的主要经济鱼类应逐尾测定体长和体重，同时采集鳞片等年龄材料并逐号进行鉴定。体长、体重和年龄的测定结果应随时记入调查表中，并根据测定结果求出每种鱼的体长组成、体重组成、年龄组成以及各龄鱼的体长和体重。

表 5-3　渔获物市场调查记录表

| 市场名称 | | 地址 | | 河流区段 | |
|---|---|---|---|---|---|
| 渔民渔具 | | 网具大小 | | 作业时间 | |
| 调查人 | | 调查日期 | | | |

具体列表

| 序号 | 种名 | 体长（cm） | 全长（cm） | 体重（g） | 性别 | 备注 |
|---|---|---|---|---|---|---|
| 1 | | | | | | |
| 2 | | | | | | |
| 3 | | | | | | |
| 4 | | | | | | |
| 5 | | | | | | |
| 6 | | | | | | |
| 7 | | | | | | |
| 8 | | | | | | |
| 9 | | | | | | |
| 10 | | | | | | |
| …… | | | | | | |

## 四、码头调查法

渔业资源调查还可通过蹲点的方式在各地码头进行调查采样。按照实际情况可以每个季度或者每月在码头蹲点调查，每次进行 3～7 天，当渔船数量较多时，随机选取渔船进行调查，一般调查渔船数量不少于 10 艘，对于不同作业方式的渔船应都调查到，同时记录该码头的渔船总数量与该河段的渔船总数量。调查的内容包括载重、渔船功率、渔具类型、作业时间和渔船每月作业天数等，并统计渔获物种类与年龄结构以及渔船单日渔获量等记录于表 5-4 中；当渔船总数量较少时，对所有的渔船都应进行调查，并掌握该河段的渔船总数量。

表 5-4　渔获物码头调查记录表

| 码头名称 | | 地址 | | 河流区段 | |
|---|---|---|---|---|---|
| 渔民渔具 | | 网具大小 | | 作业时间 | |
| 渔船每月作业天数 | | 调查人 | | 调查日期 | |

具体列表

| 序号 | 种名 | 体长（cm） | 全长（cm） | 体重（g） | 性别 | 备注 |
|---|---|---|---|---|---|---|
| 1 | | | | | | |
| 2 | | | | | | |
| 3 | | | | | | |
| 4 | | | | | | |
| 5 | | | | | | |
| 6 | | | | | | |
| 7 | | | | | | |
| 8 | | | | | | |
| 9 | | | | | | |
| 10 | | | | | | |
| …… | | | | | | |

## 五、渔具采样调查法

按照分类原则，渔具可分为刺网类、围网类、拖网类、张网类、敷网类、抄网类、掩罩类、钓具类、耙刺类、笼壶类、陷阱类等。在进行鱼类现场调查之前，一定向有关主管部门办理好采捕手续，如在禁渔期、禁渔区进行采集鱼类标本的证明和准捕证等。

### 1. 刺网类

刺网是由若干块网片连接成长带形的网具，其作业原理是将网具设置在水域中，依靠沉浮力使网衣垂直张开，拦截鱼、虾的通道，使其刺入网目或缠络于网衣上，从而达到捕捞目的（孙满昌，2012）。刺网按照结构特征分可以分为单片型（由单片网衣和上下纲构成）、双重型（由 2 片网目尺寸不同的重合网衣和上下纲构成）、三重型（由 2 片网目网衣中间夹 1 片小网目网衣和上下纲构成）、无下纲型（由单片网衣和上纲构成）和框格型（由单片网衣与细绳结成的若干框格和上下纲构成）。按照作业方式又可分为定置刺网（是指利用插杆、打桩、锚、石或砂石袋等将刺网固定于水域中进行作业，如定置浮刺网一般在近岸浅水区使用，捕捞上层鱼类，而定置底刺网既可使用于浅水区，也可设置在水深较深和水流变化大的渔场，用来捕捞近底层鱼类）、漂流刺网（是随风、流漂移作业的刺网，简称流刺网或流网）、包围刺网（利用一列刺网，包围较密集的鱼群，并借助声响等恫吓手段使鱼类受惊逃窜刺挂于网衣上，适用于近岸浅水水域）、拖曳刺网（利用渔船逆流拖曳刺网渔具，使鱼类刺挂于网目或缠络于网衣上，达到捕捞目的）等类型。其中漂流刺网不受水深等渔场条件的限制，自由流动作业，迎捕鱼类，作业范围广，并可根据作业对象的活动水层自由调节网具作业水层，从表层、中层至底层均可作业，渔获率较高，因此漂流刺网也是刺网渔具中数量最多、使用最广的渔具。

刺网类渔具结构简单，操作方便，对渔船动力要求不高，生产作业机动灵活，选择性好，由于其依靠鱼类与网具直接接触而捕获，可以随着不同取样面积在各种水体中采样，且劳动强度较小，具有自身的特点。缺点是刺网类渔具采集的种类与网目的大小有较大关系，一定程度上影响了调查的准确性。同时摘取渔获物麻烦，费时又费力，鱼体往往会受到损伤。因此在实际中常常通过使用多层不同规格网目的刺网进行采样，或者与其他采样方式结合。

**2. 围网类**

围网类渔具是由网片和纲索等组成长带形的或带有网囊的网渔具，根据捕捞对象集群的特性，利用长带形或一囊两翼的网具包围鱼群，通过逐步缩小包围圈使鱼群集中到取鱼部或网囊，从而达到捕捞目的。按作业方式，围网类渔具有单船、双船和多船3种。围网类渔具适合捕捞集群性的中、上层鱼类。在淡水鱼类调查中应用较少（水产辞典编辑委员会，2007）。

**3. 张网类**

张网类渔具是最主要的定置渔具之一，也是我国分布最广、种类最多、数量最大的传统定置工具，是一种被动性、过滤性的渔具，根据捕捞对象的生活习性和作业水域的水文条件，将囊袋型网具，用桩、锚或竹竿、木杆等定置在鱼类密集且具有一定水流速度的水域中，如鱼虾洄游通道或产卵场所、索饵渔场及洄游通道上，借助潮流冲击，迫使捕捞对象进入网囊进行张捕作业的网具，是江浙沿海地区传统渔具，具有近岸作业、小船作业和技术要求较简便、依潮水涨落朝出夜归、生产相对稳定等特点。如在珠江口和长江口，每年的鳗鲡溯河洄游期间，都有渔民利用张网进行鳗苗捕捞。张网的种类也很多，可分三型（框架型、桁杆型、竖杆型）、三式（锚张网式、桩张网式、船张网式）。按网具结构类型可分为张纲型张网、框架型张网、桁杆型张网、竖杆型张网、单片型张网、有翼单囊张网；按作业方式可分为单桩式张网、双桩式张网、多桩式张网、单锚式张网、双锚式张网、船张式张网、樯张式张网、并列式张网、多锚式张网（孙满昌，2012）。张网的优点是耗能少、技术要求低、成本低、产量稳定，缺点是选择性差、对幼鱼及水产动物的幼体等损害严重、捕捞强度超出近岸水域的承受能力。随着我国近岸资源衰退，人们对资源保护意识逐渐加强，张网的使用越来越少。

**4. 敷网类**

敷网类渔具的作业原理是将网具预先敷设在水中，等待、诱集或驱赶捕捞对象进入网的上方，然后迅即提升网具而达到渔获的目的（孙满昌，2012）。敷网类渔具按照结构类型划分，可以分为箕状型（由网衣构成的簸箕形敷网，如安徽巢湖使用的夹网和河北青龙的鱼梁）和撑架型（用支架或支持索与矩形网衣等构成的敷网网具，如长江中上游一些湖泊中使用的虾罾、湖北等地使用的自浮式沉水网箱和四川等地使用的跳网等）。按其作业方式可以分为岸敷式、船敷式（单船和多船）和拦河式。岸敷撑架敷网一般在沿海外侧岛屿周围作业，从岸上伸出撑竿，敷设网具。网一般呈方形，网的四角支以撑架。作业时将鱼群诱集至网架上方，在合适时间内起网捕获。此类敷网在沿海各地广为分布，网具规格较小，以捕捞小杂鱼为主，如各地广泛使用的板罾。船敷式是将敷网网具设置在渔船船头作业的方式。单船敷网一般规模较小，使用方形扳缯网，或带浮子、沉子的其他形状网衣，或袋桶形网具，如湖南洞庭湖使用的船头罾。多船敷网一般规模较大。网具呈方形、箕形，使用两艘以上渔船将网浮敷于水面，或沉敷于水底。用光、饵料等手段诱集鱼类进入网具上方而起捕。对于大规模敷网也有使用十余艘渔船。拦河式敷网由方形网衣构成，利用网架将其敷设在河流的鱼类通道上或鱼类必经的通道，如四川等地使用的跳网等。

敷网类渔具结构简单，操作技术简单，集鱼和诱鱼的方法比较科学，除少数几种渔具生产规模较大外，大多数渔具生产规模都比较小，渔获量也较少。缺点是作业规模不大，而且集鱼、诱鱼需要一定条件，因此作业时间受到限制。

**5. 抄网类**

抄网在古代又被称为撩罟，是比较原始的囊袋状有把式的小型网具之一，由网囊、框架和手柄组成，以舀取方式作业的小型网渔具。作业规模小，主要在浅滩、浅水区作业，也有倚山抄捞，如淡水溪流等地的调查。抄网类渔具作业历史悠久，结构简单，但捕捞效率低。长柄圆形抄网往往作为副渔具从网中舀取渔获物时使用。按照网具结构特点可分为兜状抄网1个型。兜状抄网是由撑架和兜形网衣构成，其网具规模一般均较小，由一人操作。而作为副渔具的抄网，其规格更小（孙满昌，2012）。

按照抄网的作业方式可分为推移抄网1个式。推移抄网是将兜形的网具固定在框架上（有三角形、圆形等），作业时，依靠手推、船推或舀取，达到捕捞的目的，如福建的光诱船抄网、山东的毛虾推网、江苏的稠网。作业渔场一般为沿岸水深数米的岸礁或滩涂水域。作业渔场较近，生产成本低，作业技术简单，劳动强度大，渔获放率一般较低。为提高渔获效率，有的结合光诱作业，有的结合潮水涨落，趁退潮时进行作业。抄网类渔具多数是靠人力在浅水区推移，少数利用舢板借助风力（或挂机）进行作业，也有利用捕捞对象在岛屿岩礁边产卵的习性，直接倚山抄鱼达到捕捞目的。

**6. 拖网类**

拖网捕捞，是指利用船舶的运动，拖曳囊袋形网具在水体中前进，在其经过的水域将鱼、虾、蟹等强行施入网囊，达到捕捞的目的。拖网是一种移动的过滤性渔具，10—14世纪欧洲已出现。按结构分为有翼拖网和无翼拖网两大类。无翼拖网按囊网数量分为单囊和多囊2种。有翼拖网又分为两翼一囊和两翼双囊2种。捕捞对象为底层和近底层鱼、虾及软体动物等（孙满昌，2012）。

拖网按网具结构类型可分为单囊型（由网身和单一网囊构成的拖网，如通常使用的中层拖网）、多囊型（由网身和若干网囊构成的拖网，如广东的百袋拖网）、有翼单囊型（由网翼、网身和1个囊袋构成的拖网，如单拖网多数属此型）、有翼多囊型（由网翼、网身和几个囊袋构成的拖网）、桁杆型（由桁杆或桁架、网身和网囊构成的拖网，如桁拖网）、框架型（由网口框架、网身和网囊构成的拖网，如我国山东的桃花虾拖网）、双联型（由并联的2顶拖网构成的拖网，如福建的双联式虾拖网）、双体型（由同一网口、2个网身构成的拖网）。按照作业方式分为单船表层拖网、单船中层拖网、单船底层拖网、双船表层拖网、双船中层拖网、双船底层拖网、多船式拖网（以3艘以上船只同拖一顶拖网的作业）等。按结构特点可分为有袖拖网（一般有1个网囊和2个网袖，网具上下纲分别装配适当数量的浮子和沉子，使网口垂直张开）和无袖拖网（有无袖单囊式和无袖多囊式2种）2种形式。无袖单囊式拖网是小型拖网，网口一般都有固定撑架装置以保持网口张开，海洋和内陆水域均有使用。无袖多囊式拖网，一般具有2个以上的网囊。网囊数量主要取决于捕捞对象的生态习性和渔船的吨位大小。网口的水平和垂直张开借助两船拖网间距和垂直撑杆来保证。有袖和无袖拖网一般多用于底层水域，其中的中层拖网主要用于中层水域。它与底层拖网的不同点主要在于一般无网袖或网袖较短，从而可以减少网具阻力，增加拖速；网口略呈方形或矩形；网具下方除装有沉子外，有的还装有重锤等沉降装置，以扩大网口垂直张开尺度和保持网具在水层中的位置。淡水中一般采用单船拖网捕捞方式。

采用单船进行中层拖网捕捞，是目前世界各国中层拖网作业的主要形式。其操作技术与单船底拖网相似。保持网具的水层位置也主要通过调节曳纲长度、拖速来进行。

拖网作业不受水深和底形的限制，机动灵活，适应性强，拖网采样面积较大，而且作为一种主动性网具可以适应不同的底质、水流状况和水域，是渔业资源调查中有较高生产效率且最常使用也是较好的网具之一。但是拖网的缺点是采样时要求水体底质平坦，无障碍物、水域宽广、水生植物稀少，风浪和潮流不太大，有利于船只和拖网的行进，对船只功率与网具规格要求较高，而且耗费人力、物力较多，在淡水鱼类群落研究应用中具有一定的局限性，常在大规模的鱼类群落研究中应用。

### 7. 掩罩类

掩罩类渔具为小型传统的渔具，在船上或岸边用手将网具抛出，力求撒成圆形，发挥最大的捕捞面积，自上而下的罩扣鱼类，下纲迅速沉降，起网时随着网衣拉出水，下纲缩小包围圈，迫使鱼类落入褶边形网衣而被捕获。掩罩类渔具是沿岸型作业渔具，历史悠久，结构简单，成本低廉，操作简单，多为兼作轮作渔具。由于网具规格较小，同时抛撒的面积不可能很大，生产规模小，因此渔获较少，并以小型鱼、虾类为主，主要用于湖泊、河流等水体取样，使用最广泛的为手抛（撒）网。

掩罩类网具按网具结构特点分为掩网和罩架2个型（孙满昌，2012）。掩网的结构特点是：一种圆锥形网具，顶端有一引纲，只装沉子纲和沉子，使用时用手撒等方法，使网口充分张开，自上而下，迅速下沉，扣罩鱼群。国内外均有这种网具，如我国福建的大黄鱼掩网和手抛（撒）网等。罩架掩网的结构特点是：一般用竹片或网衣敷设在框架上，自上而下地扣罩捕捞对象，达到捕捞目的。这种渔具主要在内陆水域中使用，渔具的结构也简单，作业规模也很小，常为副业和个体经营，产量也不高，但其作业形式多种多样。按照掩罩类渔具的作业方式分类又可分为抛撒、撑开、扣罩和罩夹4类。抛撒掩网以手撒等方法，将网具充分张开网口，自上而下扣罩鱼群，达到捕捞目的。内陆水域的撒网、海洋的手抛网均属之。抛撒式作业方式，是将网具抛出船外，力求将它撒开，形成圆形，才能发挥最大的捕捞效果。不用渔船作业时，即在岸上选择合适的地形，瞄准鱼群，进行单人撒网。有时可先撒饵诱集鱼群，然后撒网捕获。船上作业多为单船方式，也有数船组合进行作业的方式。撑开掩网与抛撒式掩网相似，但网型较大，作业时以撑篙撑开网口，并借水流将网口张开罩捕鱼类。这类网具主要在内陆水域有水流的江河中生产，水深 15 m 以内，如江西鄱阳的撑篙网。撑式作业往往借助另一小船拉紧沉子纲，两船向内转，使网放下后撑开成圆形。扣罩掩网有罩架，网具呈截头圆锥体，是掩网类型中最小的渔具，作业时以网罩捕捞鱼类，如湖北洪湖的麻罩网。掩罩型网口装配沉子纲和沉子，依靠作业技术使网口充分张开。罩架型网口装有框架，使网口始终维持一定的张开度。罩夹掩网的网衣装置在用竹竿组成的罩夹上，它是利用鱼类潜于水底的习性，将网口张开，插入水底捕捞鱼类而达到捕捞目的。各地区随水域环境和季节不同，作业形式多种多样，既可单独使用，也可结合其他渔具配合生产，在长江流域分布很广，如湖北的罱网。

### 8. 钓具类

远在石器时代，人类先祖已发明了钩钓之术，新石器时期出现的精致骨鱼钩，表明其发展历史久远。1972 年在河南偃师二里头早于商代的文化遗址中发现了铜鱼钩、铜箭头等物，被学术界认为是夏代的青铜器。垂钓渔法因简便易行，故数千年传习未衰。钓具类渔具一般延绳钓，是钓具中最主要的一种作业方式，分布面最广，数量和产量最高。

钓具调查适宜针对凶猛肉食性鱼类的资源调查。对那些受地形和水域深浅限制无法进行底拖网调查的水域，也可选用钓具类渔具开展渔业资源专项调查。钓具类渔具基本结构为在一根干线上系结许多等距离的支线，末端结有钓钩和饵料，利用浮子、沉子装置，将其敷设于水体表层、中层和底层，通过浮标和浮子将干线敷设于表层、中层；控制浮标绳的长度和沉降力的配备，将钓具沉降至所需要的水层，如鳗鱼延绳钓、黄颡鱼延绳钓等。根据钓具的结构和作业性能，针对不同调查区域和目标种类，选用以下渔具：

① 漂流延绳钓：适用于渔场广阔、水流较缓的水域；

② 定置延绳钓：适用于水流较急、渔场面积狭窄的水域。

### 9. 笼壶类

笼壶类是用钢筋焊接成笼壶形架子，外包网衣或竹篾，或用陶土制成壶；或用各种螺壳，以诱捕有钻穴习性的头足类、甲壳类海洋生物的渔具，是根据捕捞对象习性，设置洞穴状物体或笼具，诱其入内而捕获的专用工具。比如利用捕捞对象在繁殖季节觅求产卵附着物、寻找配偶等行为，诱导它们在笼内集结，从而达到捕捞的目的（孙满昌，2012）。也有很多鱼类喜欢寻求笼壶来作为他们的栖息与觅食场所，因此寻求蔽藏处以及洄游、觅食鱼类通常可能被大量捕获。该类渔具主要是通过对笼具构造的设计来实现捕捞目的，即在笼壶内设置一些小房室，这些房室能在鱼进入后关闭；或制作一个通道使鱼难以逃脱。

笼壶类是一种被动式渔具，不仅结构简单、操作方便、分布广泛、而且具有成本低、操作安全、渔获物鲜活等优点，尤其在底拖网、底延绳钓等难以作业的水底地形起伏较大水域，笼壶类具有较灵活的作业方式。

按笼壶的结构分为倒须（在入口处装有倒须以防入笼的渔获物逃逸，目标种类为底层鱼类）和洞穴（无倒须）2 个型。按作业方式分为漂流延绳（使用干线系结笼壶，类似延绳钓）、定置延绳（使用支线系结笼壶）和散布（逐个散布敷设的，一般笼体较大）3种。按制作材料的不同又可以分为竹笼壶、陶土笼壶、塑料笼壶、金属笼壶等。按笼壶形状可分为腰鼓形、圆柱圆锥台形、笼罩形、折叠形、长方形、半圆柱形、筒管形、螺贝壶罐形等。按捕捞对象不同分为甲壳类笼壶、贝类笼壶、鱼类笼壶、头足类笼壶等。应当注意，按不同的捕捞对象分类仅表示以何类捕捞对象为主，不是绝对的，因为一种笼壶实际上可混捕、兼捕多种水产动物。

笼壶类渔具捕捞方法因捕捞对象而异。有的将笼结缚于桩上，敷设在捕捞对象活动的水域，利用潮流作用，诱陷鱼类而捕获（如鲚鱼篓等）。有的利用捕捞对象的钻穴习性、走触探究行为，引诱入笼而捕获。有的在笼内装饵，吸引捕捞对象入笼。常用笼壶类渔具有躲藏式笼壶渔具（如鳗鲡筒）、全封闭式笼壶渔具等。笼壶调查适宜穴居性鱼类的调查。笼具放置的作业时间一般一次不少于1天。

### 10. 耙刺类

耙刺类渔具是利用特制的锐利的耙齿、钩、铲、钩耙、箭叉等物直接刺捕鱼类，达到渔获目的。耙刺类渔具通常生产规模小，种类繁多，是历史悠久的传统渔具。耙刺类渔具按结构形式可以分为：齿耙型、滚钩型、柄钩型、叉刺型、箭铦型和锹铲型。按作业方式可以分为：铲耙式、定置延绳式、漂流延绳式、钩刺式、投射式和拖曳式。拉钩属定置延绳滚钩耙刺渔具，又称空钓、滚钩。将渔具固定敷设于鱼类活动场所，钩刺鱼体达到渔获目的（孙满昌，2012），比如斑鳠、鳗鲡、黄颡鱼等底栖鱼类的捕捞。

一般拉钩渔网可以放置180个长形钓钩（有的有倒刺，有的无倒刺），采用顺风横流和偏风横流放钓。右舷操作，先抛出首端浮标和木碇，然后依次放钓，并在2干线连接处系结木碇1个，最后放出末端木碇和浮标。放钓时间有时长达一晚上。一般正横于主流向放钓为宜。大潮汐作业比小潮汐好，晚上比白天好。平潮缓流时起钓。先捞取下风边浮标，起干线，拉钓线并盘放于网垫上，一人解木碇和相邻干线的接头，一人协助起钓和取鱼。同时将钓具依次装挂于钓夹中。滚钩的刺捕率与钓钩形状及钩尖锋利程度直接有关，应经常注意整形和磨尖。同时，干线上钓钩的密度也是重要因素，滚钓的支线长度和支线间距均等于15 cm。适当增加钓钩密度，可提高多种经济鱼类的刺捕率。

耙刺类渔具结构简单。操作方便，成本低，适用范围广。规模小的仅使用小船一人作业，规模大的使用船队用捕鲸炮发射箭铦刺捕鲸鱼。

### 11. 陷阱类

陷阱类渔具是利用水域地理环境特征，将渔具设置成特殊形状，固定设置在水域中，拦截诱导捕捞对象，使其陷入而被渔获的一种渔具。这种渔具允许鱼进入但是鱼要想返逃却很困难。此类渔具的渔获机制，基于阻断、诱导、分区、陷阱等渔法要素，对沿岸附近或靠岸洄游的产卵、索饵等鱼群，拦截其鱼道，通过诱导使其陷入而一举捕获。

陷阱类渔具是一种简单的、被动式的渔具，陷阱捕鱼是一种古老的捕鱼方法。在古时候，由于潮汐的涨落造成了河和湖的水平面上升下降，使鱼被那些由石头和木棒构成的障碍物拦截住。于是那时的人类就知道了把鱼赶往这些有障碍物的地方，可以捕到较多的鱼。此外，还发现当鱼对障碍物比较熟悉时就很容易逃脱，所以人们就希望能把这些障碍物移到另一个水域去捕鱼。然而要移动这样的天然障碍物或构造类似的障碍物是比较困难的。由于那些构成障碍物的石头比较重，新的类似的石头也很难找到，于是渔民们就尽力使用一些相对较轻的、容易取得的东西来制作，比如树枝、灌木和一些藤类植物。逐渐地，人们用灌木及由藤编制的网创造了更轻的、更容易移动的陷阱，使得他们更方便地到一个新的水域捕鱼。另外，还尝试着在湖泊、江河和沿海水域制作更大、更复杂的栏式陷阱进行捕鱼活动。

根据沿岸地形和鱼群洄游范围，有的陷阱渔具规模很大。多数渔具在相当长的期间内固定在一处，保持原来的位置不做移动。因此，敷设渔具的渔场位置，应选择在鱼群的洄游通道上，要求历年相对比较稳定而且捕捞时间较长，具有相当的可捕量。数种不同的捕捞对象，先后经过同一沿岸渔场洄游，更能发挥陷阱类渔具的长年捕捞效能。较小规模的陷阱类渔具，也可在较短期间内改变其敷设位置。陷阱类渔具通常在海滩潮间带敷设渔具。有的在河口内湾、岛屿、山岙一带，利用有利地形，敷设渔具；有的在平潮时将渔具埋入滩底，潮水涨平时吊起上纲及网衣。有的简单地用石块垒成堤岸拦截鱼类。它们都是借潮流涨落，拦截随涨潮而来的鱼虾类，是陷阱类渔具传统的作业方式（孙满昌，2012）。

大多数的鱼类都可以被陷阱类渔具捕获。渔获的数量取决于作业水域中鱼类的数量，以及它们在水中的分布。如果它们在水中聚集少，或不四处游动觅食，就不能算是好的渔获目标，除非能够把它们吸引到陷阱中。大多数底层作业的陷阱被敷设在岩礁区作业，在那里鱼和其他生物被礁石和粗糙的地面所聚集。在岩礁区鱼可能生活在洞穴里，埋藏在暗礁下或泥土里，不太适合刺网和拖网作业。然而，如果鱼类在白天或夜晚的某个时间离开这些保护去觅食、交配或寻求更好的保护场所，这可能使渔民有丰富的渔获。如果陷阱对所捕的鱼有吸引力，就会产生较好渔获效果。诱饵的选择也很重要，可以很容易地吸引目标鱼类。捕捞对象对陷阱渔具的行为反应有各种不同的类型。有些鱼类畏惧网壁，被拦截后沿网壁一定距离移动，不易进入网内，勉强进入网内，活动范围小，不易返逃。有些鱼类对网壁不产生恐惧，贴近网壁移动，很容易进入网内，活动范围大，然而从网门处返逃也容易，此类属主动性陷入。

陷阱类渔具的种类很多，规模大小悬殊，作业方式也有较大差别。我国海洋陷阱类渔具中，主要以插网型为主，沿海各地均有，主要拦截随涨潮游来的鱼、虾，待退潮后捕获，主要捕捞小型鱼类、虾、蟹类，兼捕多种鱼、虾的幼体，对渔业资源繁殖保护不利，应限制其发展。

陷阱类渔具价格通常较低，而且可利用当地的许多低价材料；铺设和起吊陷阱方法简单，成本不高，简单的陷阱只要用独木舟或无动力的渔船就可完成操作；即使使用更先进的陷阱渔法，与之相应的燃油和设备价格远低于其他的渔法，如拖网、刺网或围网；通常来说，由于使用陷阱捕鱼对水下的岩礁没有破坏，而且能够控制渔获量和一些不必要的兼捕鱼类，所以这类渔具还在被广泛使用。

按网具结构特点，陷阱类渔具分为插网、建网和泊筌3个型。插网由矩形网衣和插竿构成。网墙一般长数百米，按地形而定，网高随水深变化。导陷插网将网墙按"八"字形、曲弧形等多种形状插诱诱导鱼类，并设置圈网、取鱼部等，使陷入的鱼集中。为了诱导鱼类，应按地形和鱼的洄游方向，或潮水涨落方向，选定网具敷设形状。拦截插网通常按地形插置，它借助涨落潮流，或河川急流、拦截鱼、虾类，有时还以噪音、驱赶等辅助手段，强制其陷入而捕获。插网结构简单、操作简便，适宜捕获沿岸滩涂小型鱼、虾类。建网是陷阱类渔具中规模较大、比较先进的渔具。日本、原苏联等使用较多，对渔具渔法的研究也相当深入。建网渔具由网墙部和网身部构成。网墙拦截和诱导鱼类，网身起聚集鱼类的作用。网身部有网圈部（或运动场）或带漏斗网的升网。它们都是以锚、石等将侧张纲和型纲固定在一定的场所，并在纲上悬挂网片，使锚、石等的固定力、浮子的浮力、网衣和沉子的沉降力等维持平衡，以保持所需的形状。建网可分为大折网、落网和袋建网。大折网是建网的早期网型，由网墙、网圈和取鱼部组成。大折网又可分为大敷网和大谋网。大敷网取鱼部形状近似三角形，一边开口作为鱼群入口。大谋网取鱼部呈椭圆形或近似矩形，宽边仅有狭窄的入口。实际生产中大折网几乎不再使用。落网由网墙、升网和网囊（箱网）3部分组成，有的还设置网圈部。其特征是具有升网这一漏斗状通道，现在的建网几乎都有这一结构。同时，为进一步提高渔获效率，还有二重落网、二重箱网、在水面下敷设的中层建网、底层建网等。袋建网由网墙、网圈和网袋3部分组成。它多数敷设在沿岸浅水区和内湾等渔场，规模较小，网具以支柱和锚固定敷设。泊筌型的捕鱼原理和渔具结构与建网型相同，仅渔具材料不同。建网型使用网衣，泊筌型主要使用竹、木等材料。

陷阱类渔具按作业方式又可分为拦截式和导陷式。拦截式主要有：①阻碍鱼类活动的陷阱，包括墙、坝、篱笆等。②掩蔽式陷阱（传统陷阱），包括灌木陷阱。③可被鱼触动而关闭的陷阱，包括重力式陷阱（或盒状陷阱）。④离水设置的陷阱，比如，在波浪作用下或在受到威胁时滑行跳离水面的飞鱼，这类陷阱可以是箱状的或木筏式的，铲斗网有时用来使鱼跳跃，任何表面不明显的陷阱都可以捕捉到陆上栖息的海洋动物，如蟹等。导陷式主要有：①管状陷阱，这种陷阱是用狭窄的通道或管子来阻止鱼类向后退出，鳗鲡管就属于这种陷阱。②篮筐式陷阱，这是一种全包围式并且具有很难逃脱结构的陷阱，它们包括由树木、纲索或塑料制成的全包围的陷阱，由带网衣的铁环和框架制成的圆锥形或鼓形陷阱（如鼓状网），由坚固框架制成的类似箱盒的陷阱，有墙网装置。③大型开放式陷阱，这种陷阱有一部分设置有机械装置能阻止鱼逃脱，它们可以用桩或锚固定，或进行漂浮作业，有导鱼装置。

每一种网具都因网具面积有限，网目大小有别等因素，单次取样获取的信息较少，因此一定程度上影响了研究的准确性，只有通过加大采样频率来解决，但这又在一定程度上增加了工作量。各种采样方法均有优缺点，需要根据不同研究针对性地进行取舍或者几种网具相结合。为准确反映河流区段渔业资源组成状况，应选用网目尺寸较小的网具进行采样调查。

## 六、水声学调查法

19世纪中期，世界渔业资源调查基本上是以走访调查的形式进行的。19世纪后期，随着声学及光学的发展，渔业资源调查方法有了很大的改进。1929年水声探测技术首次应用于渔场探察，主要是用来确定鱼群位置以及估算渔业资源量状况。20世纪60年代以来，声学资源评估技术进入定量应用阶段及高速发展阶段，成为渔业资源调查的主要方法之一，特别是海洋渔业资源调查，水声学调查是必不可少的手段之一。水声学调查适用于中上层鱼类的资源调查。渔业资源的综合性调查，可采用底拖网与水声学调查相结合的方式进行。我国的渔业水声学是从 20 世纪 80 年代开始发展应用。我国首次利用水声学调查评估渔业资源是 1984 年对黄海、东海鳀资源的调查，该调查船由挪威政府赠送并装备了回声积分系统。河流鱼类水声学调查可单独进行声呐探测，或结合渔获物调查结果分析渔业资源状况。如利用回声探测仪对青海湖裸鲤资源量及其空间分布进行过探测评估，获得了青海湖裸鲤在青海湖的资源量及分布现状等数据（王崇瑞等，2011）。

　　声学调查的主要工具为装有回声探测-积分系统、自噪声较低的声呐探测船。主要仪器设备为科研用回声探测仪（EY 60）、装有声学数据分析软件（Echoview 或 Sonar 5）的计算机、导航定位仪、航速仪（计程仪）。调查时回声探测仪的换能器垂直固定在距船首 1/3 船体长度的调查船船舷处，换能器入水深度至少 0.5 m。通过 Sonar 5 或者 Echoview 记录分析水声学鱼类映像数据。

　　在调查开始及航次结束时，应严格按照仪器操作要求对回声探测-积分系统各进行一次声学校正，以确保声学数据的准确性。观察过程中值守人员应填写观测记录，内容包括每一基本积分航程单元结束时刻的航程、时间、水深和经纬度等数据；调查信息栏则据情况填写，包括天气、渔获物采样信息、现场渔业生产船动态以及其他可供映像分析参考的相关信息等。声学探测数据处理过程中，需要排除一些误差信号，如气泡、不规则底质及本底噪声等，对原始积分值进行必要的修正。

　　目前，水声学调查方法已经大量运用于渔业资源调查与评估之中。与其他的渔业资源调查方法相比，渔业水声学方法具有探测范围广、调查效率高、对调查的鱼类对象及调查区域的生态环境无损害、鱼群位置定位精准等优点。

　　渔业资源调查方法在实际应用中常与地理信息系统结合，利用水声学进行定点采样或随机采样，然后利用地理信息系统进行空间插值，最终获得研究区域内的鱼类空间分布与资源量等数据。目前，利用水声学手段评估渔业资源主要通过双频识别声呐与数字回声探测两种仪器。数字回声探测检测水中目标时，回声探测仪换能器发射的声波在水中传播，当遇到目标鱼体时，由于鱼体的声阻抗率与水不同，就会对入射声波产生散射和反射作用，部分反射声波被换能器接收，进而判别目标鱼类的大小和数量等数据，结合偏振特征分析可对鱼群种类进行识别。同时根据声波从发射到接收的时间差，可以用来测量目标鱼体到换能器之间的距离，进而估计目标种群的分布等情况（唐启升，1995）。双频识别声呐主要是利用声透镜对声波波束进行压缩，可以在没有光源且能见度较低的水中生成高清的声学图像，进而对渔业资源进行估算（王晓峰，2011；张进，2012）。双频识别声呐的优势主要是体积小、重量轻、方便携带及安装、成像清晰，估算的渔业资源量与鱼类组成精确度高等优点。

　　数字回声探测仪和双频识别声呐都可以用于评估渔业资源，但两种仪器各自拥有不同的适用场景。对于数字回声探测仪，在鱼群集群现象比较突出以及调查区域鱼类体长普遍较小的时候，可以发挥比较大的优势。与此同时，当调查涉及更多的项目，如沉水植物调查与底质调查等，使用回声探测仪更加方便。但在测区水深较浅时，其受气泡等因素干扰较大。对于双频识别声呐，当调查区域鱼类大多为单体分布，且鱼类的体长普遍较大时较为适用。当测区平均水深较浅时，也适合用双频识别声呐进行渔业资源评估，以排除气泡影响。同时由于双频识别声呐可以直观地反映包括鱼类在内的水下物体，因此它更适用于定点观测和对鱼类的行为学调查。

水声学评估的可靠性通常受水域环境、天气、调查路线和时间等诸多因素的影响，由于鱼类行为节律（比如昼夜垂直迁移现象）的变化，不同探测时间的评估结果也会存在差异，因此水声学探测也需要在不同的时间段进行多次探测以消除误差。

### （一）鱼类密度的估测

水声学探测数据处理过程中，如果是鱼类资源量稀少的水域，鱼类在水层中呈分散状态时，采用回波计数法估测鱼类密度，如果鱼类聚集成群时，则利用回波积分法估测鱼类密度。

**1. 回波计数法**

先通过回声探测调查及处理数据，获得目标河段水深数据、鱼类个体数 $N$ 和探头的数量。每一个探头探测到的水体体积计算公式为：

$$V = \frac{1}{3}\pi \times \tan\left(\frac{\theta'}{2}\right) \times \tan\left(\frac{\Phi'}{2}\right) \times (R_2^3 - R_1^3) \tag{5-3}$$

式中，$V$ 为每一个探头探测到的水体体积；$\theta'$ 和 $\Phi'$ 分别为换能器的横向和纵向有效检测角度；$R_2$ 为探测位置水深；$R_1$ 为换能器 1 m 以下的水深。进而鱼类密度估算公式为：

$$\rho = \frac{N}{PV} \tag{5-4}$$

式中，$\rho$ 为鱼类密度，单位为（ind/m³）；$N$ 为探测到的鱼类的个体数；$P$ 为探头的数量。

因此可以将研究河流划分成 $n$ 个河段，并获得各河段的水体体积 $V_i$，结合渔获物调查获得各河段鱼类的平均体重 $\overline{W}_i$，则鱼类资源量估算公式为：

$$B = \sum_{i=1}^{n}(\rho_i \times V_i \times \overline{W}_i) \tag{5-5}$$

式中，$\rho_i$ 为平均鱼类密度（ind/m³）；$V_i$ 为各河流分段的水体体积（m³）；$\overline{W}_i$ 为鱼类平均体重（kg/ind），计算公式为：

$$\overline{W}_i = \sum_{j=1}^{Ns}(W_{ij} \times N_{ij}\%) \tag{5-6}$$

式中，$N_s$ 为鱼类物种总数，$i$ 代表河段，$j$ 代表鱼类物种，$W_{ij}$ 为鱼的重量，$N_{ij}\%$ 为鱼类个体数百分比。

**2. 回波积分法**

在多数鱼类呈单体目标形式存在的情况下，通过现场测定法获得鱼类目标强度 $TS$。在 EchoView 软件中进行单体目标检测和单体目标轨迹追踪后，测定鱼类 $TS$，获得鱼类 $TS$ 频度分布和平均面积散射系数（$S_a$，m²/m²），则鱼类平均密度（$\bar{\rho}$，ind/km²）计算公式为：

$$\bar{\rho} = \frac{S_a}{\sigma_{bs}} \times 10^{-6} \tag{5-7}$$

式中，$S_a$ 为平均面积散射系数（$m^2/m^2$）；$\sigma_{ts}$ 为后向散射截面（$m^2/ind$），$\sigma_{ts}=10^{TS\times0.1}$。

进而可以将研究河流划分成 $n$ 个河段，并获得各河流分段的水体面积 $A_i$（$km^2$）；根据渔获物调查和分析结果，获得各分段鱼类平均体重 $\overline{W}_i$（kg/ind）；根据鱼类声学映像数据，获得各分段平均鱼类密度 $\bar{\rho}_i$（ind/$km^2$）。则研究河段的鱼类资源量计算公式为：

$$B=\sum_{i=1}^{n}(\bar{\rho}_i\times A_i\times\overline{W}_i) \qquad (5-8)$$

式中，$\bar{\rho}_i$ 为平均鱼类密度（ind/$km^2$）；$A_i$ 为各河流分段的水体面积（$km^2$）；$\overline{W}_i$ 为鱼类平均体重（kg/ind），计算公式为：

$$\overline{W}_i=\sum_{j=1}^{}(W_{ij}\times N_{ij}\%) \qquad (5-9)$$

式中，$i$ 代表河段，$j$ 代表鱼类物种，$W_{ij}$ 为鱼的重量，$N_{ij}\%$ 为鱼类个体数百分比。

## （二）声学调查的技术要求

① 调查时间：调查时间与频率应按调查的主要目的设计，进行季度性或月度性调查。宜选择目标种分布较为集中、分布格局较为稳定的时期进行。

② 调查航线：可对河流全段进行探测，或进行河流区段式探测。按调查区域的地理形状，调查航线一般分为平行断面和"之"字形两种。"之"字形航线主要用于沿岸线狭长带状分布的生物资源调查，平行断面则用于除调查区域特别复杂外的绝大部分水域，是航线设计的首选。在河流探测中，"之"字形较为常用。

③ 站位设置：在预设站位的基础上，按鱼群声学映像的分布水层适量增加底层或变水层拖网取样站位。这种站位的设置策略适用于渔业生物群落结构和主要目标种类并重的调查。

不预设取样站位，在调查过程中完全按实时观测的鱼群声学映像进行拖网取样。这种站位的设计策略适用于某些目标种资源量评估的调查。

④ 调查航速设计：调查时走航速度以 $7\sim15$ km/h 为宜。

## （三）调查数据的采集

调查船要装有回声探测-积分系统，能进行底拖网和变水层拖网取样，噪声较低的渔业资源专业调查船。取样网具为选择性较低的专用调查网具，包括底拖网和变水层拖网。主要仪器设备为科研用回声探测-积分系统，声学仪器校准成套工具，声学数据下载、存储及后处理系统，计算机光盘刻录机或其他大容量数据存储媒介，彩色映像打印机，网具监测系统，导航定位仪、航速仪（计程仪）等。

在调查开始及航次结束时，应严格按照仪器操作要求对回声探测-积分系统各进行一次声学校正，以确保声学数据的准确性。深入了解调查对象的生态习性和水声学映像特征，以便调查时根据实时观测的鱼群水声学映像进行拖网取样。准确查明或现场测定调查对象和各主要渔获物种类的目标强度，以对调查对象进行定量水声学评估。

① 积分起始水层：积分起始水层至少应为换能器近场距离的 2 倍。常用工作频率为 38 kHz 和 120 kHz，回声探测-积分系统的积分起始水层一般为 $3\sim5$ m。

② 积分终止水层：当水深 <1 000 m 时，积分至海底之上 $0.5\sim1$ m；当水深 >1 000 m 时，积分至 1 000 m。

③ 积分水层厚度：基本等间距设置。根据水深可选 5 m、10 m、20 m、50 m、100 m 或 200 m。

④ 基本积分航程单元：当调查范围的尺度较小时选 1 n mile；当调查尺度是 5 n mile 的多倍时选 5 n mile。

在预设站位及映像密集区投至底层或变水层拖网采集产生回波映像的生物样品。进行变水层拖网时应使用网具监测系统瞄准捕捞。根据映像密度情况作 10～60 min 的有效拖曳，获取适量样品进行生物种类组成与各渔获物种类的体长、体重组成分析。

调查过程中值守人员应该填写观测记录（表 5-5），内容包括每一基本积分航程单元结束时刻的航程、时间、水深和经纬度等数据；调查信息栏则据情况填写包括船舶航程信息、拖网信息、站位、气象、现场渔业生产船动态以及其他可供映像分析参考的相关信息等。

表 5-5　水声学调查记录表

| 航程 | | 航程开始时间 | | 航程结束时间 | |
|---|---|---|---|---|---|
| 经纬度 | | 水深 | | 天气 | |
| 航速 | | 调查人 | | 记录人 | |

具体列表

| 序号 | 种名 | 体长（cm） | 全长（cm） | 体重（g） | 数量（尾） | 备注 |
|---|---|---|---|---|---|---|
| 1 | | | | | | |
| 2 | | | | | | |
| 3 | | | | | | |
| 4 | | | | | | |
| 5 | | | | | | |
| 6 | | | | | | |
| 7 | | | | | | |
| 8 | | | | | | |
| 9 | | | | | | |
| 10 | | | | | | |
| …… | | | | | | |

**（四）数据处理**

排除偶尔出现的非生物来源回波信号，如气泡、不规则海底及本底噪声等，对原始积分值进行必要的修正。以基本积分航程单元为单位进行映像分析和积分值判读。根据生物学取样资料和映像特征来鉴别产生回波映像的目标生物种类，并将预处理后的积分值（$S_A$）分配给对回声积分作出贡献的每一生物种类。

## 七、卫星遥感调查法

随着近三十年来卫星遥感技术的发展，卫星遥感手段在各行各业中的普及应用，通过卫星遥感技术获取调查水域的渔场预报图，从而指导捕捞作业，已经成为一种高效的渔业资源调查技术。美国是从事渔业遥感研究最早的国家。20 世纪 70 年代初在密西西比河口海域渔业遥感试验中发现卫星遥感信息与油鲱渔场分布关系密切。20 世纪 80 年代以来，美国已普遍使用气象卫星遥感资料寻找中上层鱼类渔场。日本从 1977 年开始渔业遥感调查技术研究，1982 年利用气象卫星遥感资料预报秋刀鱼、金枪鱼渔场并试验成功。此外，俄罗斯、英国、法国、冰岛、南非、中国和联合国粮农组织等也相继应用遥感技术探察渔业资源（杨晓明等，2006）。

我国早在 20 世纪 90 年代初，就开展利用卫星遥感等高新技术手段进行渔业生产的科学研究，但限于当时的技术和经济等条件，研究也主要集中于我国近海和周围大洋海域（如西北太平洋）；随着卫星遥感技术的不断发展，目前的卫星遥感调查技术已经可以用于湖泊等淡水水域。主要原理为根据遥感数据（水表温度、叶绿素浓度、水表高度和温度梯度）和历史渔获数据之间长时间序列建立相关关系，进而准确评估渔业资源现状（商少凌等，2002；陈雪冬等，2006）。

卫星遥感技术能够实现对地表信息长时间、大范围、高精度的同步监测，因此在渔场分布等研究中得到了越来越多的应用。在渔业调查应用中，常用的卫星遥感数据有光学遥感数据和微波遥感数据，光学遥感数据主要有 NOAA/AVHRR 数据、中分辨率成像光谱仪（MODIS）数据、Landsat 卫星数据（包括 MSS、TM、ETM＋）、SPOT 数据等，微波遥感数据常有 Envisat、Radarsat-1、Radarsat-2 等卫星数据。在研究过程中可以根据实际需要选择合适的数据进行解译（樊伟，2004）。

AVHRR 遥感数据具有以下几个特点：第一，覆盖范围大，幅宽为 2 800 km，能够完整地获取大尺度范围内瞬时同步的海洋环境信息；第二，时间周期短，加上多星系统，周期更短，可以实时观测大面积的海洋表面温度、叶绿素浓度等环境要素的分布以及变化情况（张松等，2009；钱莉等，2011；吴越等，2014）；第三，数据容量、处理量小。同时，AVHRR 遥感数据是国际共享资料，数据来源比较方便，国内可以实时接收（赵冬至等，2003；张松，2009）。

MODIS 是搭载在 TERRA 和 AQUA 卫星上的一个重要的传感器，是卫星上唯一将实测数据通过 X 波段向全世界直接广播，可以免费接收数据并无偿使用的星载仪器。MODIS 共有 36 个光谱波段，从 0.4 μm（可见光）到 14.4 μm（热红外）全光谱覆盖，具有 250 m、500 m、1 000 m 空间分辨率，每 1～2 d 观测 1 次地球表面。在轨道的夜间时段，只有热红外波段收集数据。MODIS 数据具有以下几个特点：第一，覆盖范围大，幅宽为 2 330 km，能够获取大尺度范围内瞬时同步的海洋环境数据；第二，空间分辨率大幅度提高，由 NOAA 的千米级提高到了 MODIS 的百米级；第三，周期短，TERRA 和 AQUA 卫星都是太阳同步极轨卫星，TERRA 在地方时上午过境，AQUA 在地方时下午过境，1 d 可以过境 4 次，具有快速实时的监测能力；第四，多波段数据，MODIS 数据具有 36 个波段，多波段信息可以同时提供海洋水色、浮游植物等特征信息，可以准确地反演海洋表面温度、叶绿素 a 浓度时空分布特征，并分析其年际变化（刘良明等，2006；沙慧敏等，2009）。

Landsat TM 卫星数据是由美国 NASA 的陆地卫星（Landsat）接收的数据，分为 MSS、TM、ETM+数据。目前在海洋监测中最常用的是 TM 数据，它是 Landsat 4 和 Landsat 5 携带的传感器专题制图仪（thematic mapper）所获取的多波段扫描影像，从 1982 年发射至今，工作状态良好，实现了连续地获取地球影像。TM 数据包含 7 个波段，波段 1～5 和波段 7 的空间分辨率为 30 m，波段 6（热红外波段）的空间分辨率为 120 m。TM 数据的主要特点是空间分辨率高，空间分辨率比 MODIS 遥感数据更高，但是周期较长且覆盖范围偏小，Landsat 4、Landsat 5 卫星 16 d 覆盖全球 1 次，幅宽为 185 km，适用于小范围内环境监测。TM 数据的另一个特点是时间序列长，从 1982 年至今，TM 遥感数据保持着良好的工作状态，具有长时间监测同一地区的能力，同时还可以与 MSS 和 ETM+遥感数据进行互补，适合长期监测海域环境变化（郑小慎等，2010；国巧真等，2008）。

微波遥感数据有合成孔径雷达数据、Radarsat－2 卫星数据等。合成孔径雷达（synthetic aperture radar，简称 SAR）因其全天候、全天时、高分辨率、强穿透力等优点，得到了广泛的应用。星载 SAR 系统的卫星有很多种，包括 ERS－1、ERS－2、Radarsat－1、ASAR、Radarsat－2 等。相对于光学遥感来说，微波遥感具有很多独特的优点：同步性、快速观测性；全天时、全天候；微波辐射对地表具有一定的穿透能力；对某些地表物体具有特殊的波谱特征。SAR 数据在海洋渔业中主要用于监测海冰信息，随着科技的发展，其监测技术逐步成熟（朱海天等，2012）。

Radarsat－2 是由加拿大航天局和麦克唐纳/德特威勒联合出资研制的星载合成孔径雷达系统，设计的最高分辨率可以达到 3 m，它具有高分辨率成像能力以及多种极化方式，能够根据指令进行左右视切换获取图像，重访周期为 24 d，增加了立体数据的获取能力，另外还具有强大的数据存储功能和高精度姿态测量及控制能力，成为了目前世界上最先进的商业合成孔径雷达卫星。Radarsat－2 的 SAR 数据具有超精细分辨率等特点，分辨率最高可达 3 m，是目前在商业卫星中使用的最小分辨率，因此能够准确的反演水域叶绿素 a 质量浓度（李露锋等，2012）、同步实测渔船数据特征（张忠等，2012）等。Radarsat－2 作为目前最先进的星载 SAR 卫星之一，其 SAR 数据具有较强的探测能力及独特的优势，为今后渔业资源的遥感探测提供了保障。

目前利用卫星遥感技术进行渔业资源调查还具有一定的局限性，且大多应用于海洋渔业，相关研究精度偏低，淡水渔业资源的调查与评估应用极少，但随着卫星遥感技术的不断提高，应用卫星遥感技术进行渔业资源的调查将会逐步成熟。

## 八、标志放流法

标志放流法是根据标志放流尾数、重捕尾数和渔获尾数之间的比例关系估算资源数量，是早期鱼类资源调查中应用较多的一种方法。由于标志放流数量有限，回捕率一般较低，其应用受到限制，特别是难以用于大水域的资源量调查。

标志放流法在 17 世纪已开始采用，标志技术有体外标志法和体内标志法两种。体外标志法费用低廉，是最早使用的方法之一，主要有作标志法和加标法两类。作标志法它是在鱼体的原有器官做上标记，如剪鳍法、剪棘法等，此法简便又快，适用于幼鱼，缺点是切除的鱼鳍在很多情况下会再生。因此，剪鳍法通常用于脂鳍完全不能再生的鲑。现代大多采用加标法，即把特别的标志物附加在鱼体上，包括穿体标、箭形标和内锚标等，标志物上一般应注明标志单位、日期等。体外标志法最广泛使用的是将标志牌系挂于鱼体表面。体外标志牌种类繁多，目前普遍使用的类型有：①静水力学标牌，管内藏有字条，扎在鱼体背部；②彼得逊标牌，似小纽扣状的圆牌，成对地系在体背两侧；③环形标牌，扎在尾柄部位；④倒钩标牌。

前两种标牌一般都用彩色塑料制成，易被发现，不腐蚀，保留时间长；后两种标牌常用银、镍或铝制成。对于大型、凶猛、体滑、不易操作的鱼类，采用磺酸间氨基苯甲酸和季戊醇等麻醉剂，以保证标志工作的顺利进行。标志牌对鱼的行动有影响，易被渔网挂住、被敌害发现和追击。此外，体外标记法还有颜料标记法（具体有染色法、入墨法、荧光色素标记法等）和烙印法等。染色法是将无害的生物染料注射入鱼体皮下，使鱼皮显出明显花纹，并可保持数月至数年。对鳗鲡的标志曾采用此法。烙印法是把装满丙酮与干冰冷液（-78 ℃）或液氮（-196 ℃）的金属管紧压在鱼体上 1～2 s，使之产生"冷伤"痕迹，一般可保持几个月。

体内标志法是将标志物置于鱼体内的方法，包括金属线码标志（CWT）法、被动整合雷达（PIT）法、档案式标志法、分离式卫星标志法、生物遥测标志法等。体内标牌一般用磁性传导率较大的银、镍、不锈钢皮或镀镍铁皮制成，以便标志鱼被重捕时容易通过电磁感应器发现。示踪原子标志法以放射周期较长（1～2 年）而又对鱼类机体无害的放射性同位素（如磷、锌、钙的同位素），通过混入饵料使鱼食用，或将鱼投入含有同位素的特制鱼池中，使鱼体带有同位素。当标志鱼被重捕后用同位素检验器检取。此外，英、美等国还采用在鱼类、海洋哺乳动物的体内或体外安置微型超声波、无线电发射机的方法，驾船以声纳或无线电接收机进行跟踪，效果良好。而体内标志法费用昂贵，适合于经济价值较高的金枪鱼等鱼类以及国家重点保护鱼类中华鲟等。

## 九、鱼卵仔稚鱼法

利用浮游生物网或专用网具定点定量采集鱼卵和仔稚鱼样品，通过面积法获得鱼卵密度 $K$（ind/m³），再根据鱼卵、仔稚鱼的采集量估算渔业资源量。同时通过鱼类生物学测定获得鱼类个体绝对繁殖力（1 尾雌鱼产卵前卵巢所怀成熟的卵粒数）进而计算雌鱼平均绝对繁殖力 $F$：

$$F = \frac{\sum_{i=1}^{N} F_i}{N} \tag{5-10}$$

式中，$F_i$ 为第 $i$ 尾雌鱼的个体绝对繁殖力（粒）；$N$ 为雌鱼数量；则鱼类种群密度 $\rho$（ind/m³）的计算公式为：

$$\rho=\frac{K}{F\times r} \qquad (5-11)$$

式中，$K$ 为鱼卵密度；$F$ 为雌鱼平均绝对繁殖力；$r$ 为雌鱼在种群中所占的比例。

从鱼卵、仔稚鱼到渔业资源量需经历一个复杂的补充过程，而且二者之间又缺乏确定性的关系，因此，用此方法进行资源调查评估资精度较低，在实际应用中很少用到。但是，此法具有简单易行的特点，仍然具有一定的应用潜力。

## 十、生产力法

生产力法亦称营养动态法，是通过调查水域初级生产力的量，再根据初级有机物年产量、食物链营养阶层转换级数和生态效率等资料建立水域初级生产力与渔业资源量之间的相关关系，进而估算资源量的一种方法。初级生产力在水生生态系统中具有举足轻重的作用，是水体食物链中营养指标的重要表征因子（陈兴群等，2007）。它在一定程度上可以体现出渔业资源的潜在分布情况。

根据天然饵料基础估算鱼产力

先调查测算浮游植物和浮游动物的生产量，然后依据浮游生物生产量估算鱼产力。

$$F=\left[m\times\left(\frac{P}{B}\right)\times\alpha\right]\Big/E \qquad (5-12)$$

式中，$F$ 为某种鱼，比如鲢或鳙的鱼产力（kg/hm²）；$m$ 为浮游生物年平均生物量（kg/hm²）；$\left(\dfrac{P}{B}\right)$ 为主要饵料生物的现存量与生产量之比；$\alpha$ 为饵料利用率；$E$ 为饵料系数。

在通过浮游植物计算鱼产力的过程中，$\left(\dfrac{P}{B}\right)$ 取作 50，$\alpha$ 取 30%，$E$ 取 30～40；在通过浮游动物计算鱼产力中，$\left(\dfrac{P}{B}\right)$ 取作 20，$\alpha$ 取 50%，$E$ 取 7～10。

例如可以据浮游植物生产量估算鲢的生产潜力，首先测定总初级生产力和净初级生产力，其结果呈现为氧单位，即 gO₂/m²·d，1 g O₂ 等于 6.1 g 浮游植物鲜重，因此初级生产力可换算为浮游植物生产量，以（g 浮游植物鲜重/m²·d）为单位。

鲢对摄食的总饵料能中约有 20% 转化为生长能和呼吸代谢能，则根据鱼类的生产潜力计算公式为：

$$F_H=\frac{P_G\times f\times K\times a\times H_y}{E_H\times C} \qquad (5-13)$$

式中，$F_H$ 代表鲢的生产潜力；$f$ 为浮游植物的净产量与毛产量之比（0.78）；$f=P_N/P_G$，$P_N$ 为浮游植物净产量，$P_G$ 为浮游植物毛产量；$K$ 为氧的热当量，一般取值 3.51；$a$ 为允许鲢对浮游植物净产量的最大利用率（0.8）；$C$ 为鲜鱼肉的热当量（1.2）；$H_y$ 为鲢在群落中的比例；$E_H$ 为浮游植物对鲢的能量转化系数。

此方法通用于大尺度的资源评估调查，但由于水域生态系统食物链营养转换的实际层次和效率尚不十分清楚，不同研究者的估算结果相差悬殊，在实际运用中也很少用到。

## 十一、环境 DNA（eDNA）调查法

传统的鱼类调查方法效率低下，选择性强、对生态环境破坏性大、费时费力，且经常存在形态鉴别困难和稀有物种捕获率低等缺点（Causey et al.，2004）。随着高通量测序技术的不断发展，分子生物学技术开始应用于水生生物监测。环境 DNA 指环境中游离的DNA 分子，即生物通过细胞脱落、粪便、唾液、配子和分泌物等方式向环境中分泌的游离 DNA。新兴的环境 DNA 宏条形码（eDNA metabarcoding）技术能够通过直接提取环境小样本（如水、沉积物、土壤等）中 DNA，运用针对目标类群的通用引物，通过 PCR扩增结合高通量测序技术，对环境样本中存在的多个目标物种进行识别（Taberlet et al.，2012；Thomsen et al.，2015），从而确定目标生物在该环境中的分布及功能特征。整个过程无需采集目标生物，以非破坏性采样、操作简易高效和检测灵敏度高的优势弥补了传统形态学监测的不足，对生物多样性评估具有极大的应用潜能。

尽管 eDNA 技术是一种相对较新的调查方法，但其已被证明在生物多样性和资源量监测中具有巨大的潜力，是一种很有潜力的鱼类监测保护工具。eDNA 技术可以有效地在空间和时间上追踪稀有、濒危或外来鱼类物种，并评估其系统发育、功能多样性和繁殖生态学（Bylemans et al.，2017；Deiner et al.，2017；Marques et al.，2021）。

由于 eDNA 监测方法具有易标准化、高通量等特性，可以通过针对不同物种的靶向监测、更大范围取样、提高分类结果分辨率等途径，提高对生物群落监测评估的准确性。近年来，环境 DNA 宏条形码已被广泛运用于淡水和海洋生态系统的渔业管理与鱼类多样性监测中。eDNA 技术最早在湖泊型水体中的应用是开展细菌类群的研究（Brinkhoff et al.，1997），随着高通量测序技术的快速发展、NCBI（美国国家生物技术信息中心）参考数据库的不断完善，使得 eDNA 技术逐步应用到植物、动物等高等生物研究中。尽管环境 DNA 宏条形码的采样方案与分析流程的各项环节在不同的研究中有不同的策略与优化，但已形成成熟完整的标准化操作流程，保障了该技术在野外调查的成功应用（Shu et al.，2020）。

随着高通量测序技术（high-throughput sequencing，HTS）的广泛应用，利用 eDNA 作为传统调查的补充或替代方法开展生物多样性研究成为更经济、有效的方式，eDNA 调查方法在近些年渔业资源的调查中得到了广泛的应用。目前国内运用环境 DNA 宏条形码调查鱼类多样性的研究仍然不多（舒璐等，2020）。环境 DNA 宏条形码在国内水生态系统的鱼类多样性监测与保护领域还具有巨大的应用空间。

## 十二、水下观察法

水下观察法通过研究人员亲自潜入水中或通过一定的设备在水中直接观察鱼类的活动，可获取鱼类在自然环境中的第一手资料，数据可靠性高。但这种方法对设备要求较高，操作复杂，在鱼类群落调查研究中较少采用，仅用于一些特殊淡水鱼类群体的调查，如青海湖裸鲤洄游的监测等。

# 第五节　渔获物处理方法

采样调查采集到的渔获物，应按以下步骤进行处理：

① 渔获收集：为避免不同采样批次间渔获物的混合，造成交叉误选，应将不同批次的渔获物分别收集至鱼箱（袋）中，记录采样信息（调查时间、网具规模、渔船编号、作业时间）和渔获量。

② 留取样品：根据渔获情况和调查目的，将不需要现场分析的样品以及个体较大和重要的种类应单独挑出装箱（袋），其余的渔获物混合装箱（袋），并记录现场渔获量。对于优势种，一般取样不少于 20 尾，若渔获不足 20 尾，则全部取样。记录采样信息，及时置于−20 ℃条件下冷冻保存；特殊样品可用纱布（袋）包装，做好标签和记录后，置于浓度为 5%～10%的甲醛或 70%～75%的酒精中固定保存。

③ 样品分类和计数：每网样品必须按种分类、计数、称重，获取每个物种的尾数和重量。当渔获物较多必须部分取样时，从所有样品中挑出的大个体样品要与小个体样品分别处理。现场不能鉴定到种的渔获物应留取样品，记录采样信息，置于−20 ℃条件下冷冻保存；或用纱布（袋）包装，记录采样信息后，保存于浓度为 5%～10%的甲醛或 70%～75%的酒精中。

④ 渔获物数量统计：按种类称重、计数，测量鱼体的最大、最小体重和体长等并记录，计算全部渔获物的重量和尾数并推算网产量。

⑤ 收集鱼类标本样品：采取随机取样方法收集各种类的样品，每种鱼的标本数量宜为 10～20 尾，稀少或特有种类的标本应多采集。选取不同个体大小的、新鲜的、鳞片和鳍条完整无缺的鱼类个体制作标本，记录标本固定之前的鱼体各部分的色彩。

⑥ 收集生物学测定样品：每种每次取样不少于 50 尾，不足 50 尾的样品全取。按大、小个体取样分类，记录采样信息，带回室内进行生物学测定。

# 第六节　渔业资源量评估

## 一、利用底拖网面积估算资源量

估算公式为：

$$\rho = C/(aq) \tag{5-14}$$
$$B = \rho \times A \tag{5-15}$$

式中，$\rho$ 为资源密度，kg/km² 或 ind/km²；$C$ 为平均每小时拖网渔获量，kg/(网·h) 或 ind/(网·h)；$a$ 为网具每小时扫海面积，km²/(网·h)；$q$ 为网具的捕获率（捕获系数），$0 < q < 1$；$B$ 为总资源量，kg；$A$ 为调查水域总面积，km²。

同时还可以根据每个小渔区的每一种生物资源的密度和资源量累加后乘以调查水域面积进而计算出调查水域的资源量。

## 二、声学法评估渔业资源量

### 1. 断面法

以断面观测值代表断面两侧各半个断面间距水域内的平均值，各断面所代表水域资源量之和即为调查范围内的总资源量。

某一给定断面所代表的水域内评估种类的资源尾数 $N$（尾）和生物量 $B$（g）分别按下式计算：

$$N = \frac{(\check{S}_A \times D \times S)}{\delta} \qquad (5-16)$$

$$B = N \times \hat{W} \qquad (5-17)$$

式中，$\check{S}_A$ 为断面内评估种类的平均积分值，$m^2/n\ mile^2$；$D$ 为断面长度，$n\ mile$，由断面起止计算经纬度算得，当纬度为 $\theta$ 时，一个经度的里程为 $60 \cdot \cos\theta\ n\ mile$；$S$ 为断面间距，$n\ mile$；$\delta$ 为断面内评估种类的平均声学截面，$m^2$；$\hat{W}$ 为断面所代表海域内评估种类的平均体重，g。

### 2. 方区法

将整个调查范围划分为若干小方区，以方区为单位进行计算，各方区内资源量之和即为调查范围内的总资源量。

某一给定的方区内评估种类的资源尾数 $N$（尾）和生物量 $B$（g）分别按下式计算：

$$N = \frac{(\check{S}_A \times A)}{\delta} \qquad (5-18)$$

$$B = N \times \hat{W} \qquad (5-19)$$

式中，$\check{S}_A$ 为方区内评估种类的平均积分值，$m^2/n\ mile^2$；$A$ 为方区面积，$n\ mile^2$；$\delta$ 为方区内评估种类的平均声学截面，$m^2$；$\hat{W}$ 为方区内评估种类的平均体重，g。

采用方区法进行的资源评估，当航线恰巧落在分区边界时，应预先约定航线上的观测值所代表的方区，同一观测值不能在不同的方区内重复使用。

### 3. 绘制资源密度分布图

一般以相对资源量指数［渔获量/(网·h)］或相对资源密度指数［尾/(网·h)］按不同大小的圆圈或等值线表示，取值标准可根据各站总渔获量和主要种类的数值，分为几个等级，即数值为 10、25、50、100、250、500、1 000、5 000 及 10 000，单位为 kg/(网·h) 或 ind (网·h)。渔获物副产品不计入资源密度。

# 第六章

# 淡水鱼类生物学特性调查

鱼类生物学特性调查是研究鱼类生态习性的基础，主要调查反映鱼类年龄、形态、栖息习性、生长发育、繁殖能力、摄食营养、洄游与分布等生物学特性，为合理的利用鱼类资源、繁殖保护、增殖水产资源提供科学依据，探索有效利用的途径。

比如通过对呼吸器官的显微观察以及解剖学特征的观察，可以分析鱼类的呼吸特性。如一半的鱼类都是通过鳃上丰富的血管网进行气体交换，但有的鱼类可以利用副呼吸器官进行呼吸，如黄鳝可以利用口咽腔黏膜进行呼吸、泥鳅可以用肠呼吸、鳗鲡和鲇可以用皮肤呼吸、胡子鲇可以用褶鳃呼吸等，有些鱼的鳔也有呼吸的作用。有副呼吸功能的鱼类离水后往往存活时间更长，尤其在较低温度下，只要保持相对湿润环境存活时间可达 24 h 以上，因此对于不同呼吸特征的鱼类要采取不同的呼吸器官调查。

通过对怀卵量与精巢重量等表征繁殖能力的数据调查，可以判断种群的繁殖能力以及种群更新能力，对繁殖器官的调查可以判断不同鱼类的繁殖方式，进而分析其生态适应形式，比如多数鱼都是雌雄异体，达到性成熟时追逐、产卵、射精、孵化，但是有些鱼却是体内受精，体内发育，雌鱼直接生出小鱼，为卵胎生或假胎生。罗非鱼则将受精卵含于口中孵化，并对仔鱼进行很好的保护；海马则将受精卵存于雄海马的腹皱褶中孵化并保育；鳗鲡性成熟时，由淡水洄游到深海中产卵并孵化，幼鱼游向江河入海口溯水而上，在淡水中发育，此谓"淡水中长海水中生"；鳟科鱼类（大麻哈鱼）则在海中生长发育 3～4 龄溯河而上，到其父母曾繁殖过的产卵场中产卵受精，完成使命，仔鱼出生后顺河而下回归大海，亲鱼则完成使命而双双死去。

## 第一节　鱼类标本的收集与制作

尽量收集各水系、各类型水域中所有的鱼类标本。对于经济鱼类标本的收集，应结合渔业捕捞生产采集标本。对于非渔业水域、非经济鱼类或稀有、珍贵的鱼类标本，则需要进行专门采捕。鱼类标本的采集、固定和保存参照标准 SL - 167 - 2014 进行，应按照以下要求进行：

（1）在河流区段采集各种鱼类，选取新鲜、鳞片和鳍条完整的鱼类制作标本，每种鱼类标本要包含大小不同的个体。在标本未固定前要详细观测记录鱼体各部位的色彩，并做好记录。

（2）每种鱼的标本采集数量宜为 10～20 尾，视调查任务而不同，稀有种或特有种的标本应多采集。采得的标本应用水洗涤干净，并在鱼的下颌或尾柄上系上带有编号的标签。采集时间、地点、渔具等应随时记入表6-1中。

表6-1 鱼类标本采集记录表

| 河流区段 | | | 记录人 | | | 记录日期 | |

具体列表

| 编号 | 种名 | 体长（cm） | 全长（cm） | 体重（g） | 性别 | 采集时间 | 采集地点 | 渔具 | 备注 |
|---|---|---|---|---|---|---|---|---|---|
| 1 | | | | | | | | | |
| 2 | | | | | | | | | |
| 3 | | | | | | | | | |
| 4 | | | | | | | | | |
| 5 | | | | | | | | | |
| 6 | | | | | | | | | |
| 7 | | | | | | | | | |
| 8 | | | | | | | | | |
| 9 | | | | | | | | | |
| 10 | | | | | | | | | |
| …… | | | | | | | | | |

（3）固定时首先将鱼体用清水洗干净，然后放在平盘内，先加含10％甲醛的水溶液浸泡固定，在鱼体未僵硬前，摆正鱼体各鳍条的形状，对大个体的鱼，在浸泡时还要用注射器向鱼体内注入适量的上述固定液。

（4）标本宜用纱布覆盖，以防表面风干，待鱼体定型变硬后，另置换5％的甲醛水溶液中浸泡保存，以防鳞片脱落。待标本变硬定型后，移入鱼类标本箱内，用5％～7％甲醛水溶液保存，用量至少应能淹没鱼体。

（5）对鳞片容易脱落的鱼类，应用纱布包裹以保持标本完整。对小型鱼类，可不必逐一系上标签，将适量的标本连同标签用纱布包裹，保存于标本箱内。

（6）标本如果是在夏季气温高时采到，应及时固定。对易掉鳞的鱼或小规格鱼，要将适量的标本连同标签用纱布包裹起来放入固定液中保存，以防鳞片脱落。

（7）种类鉴定要求在采集的渔获物鲜活状态下现场鉴定，对一时难以鉴定的鱼（主要指小型鱼类）一定要在标本未固定前详细观测记录鱼体各部位的色彩并拍照和做好形态学测定记录后再固定带回实验室鉴定。鱼类标本的鉴定，一般要求鉴定到种，特殊情况下要鉴定到亚种。鉴定时要根据对鱼体各部位的测量、观察数据等查找检索表。为避免出现同物异名或同名异物，造成混乱，所用名称要求以《中国鱼类检索》（成庆泰，1987）的鱼类名称为基础。《中国鱼类检索》未能收集的种类或对来自境外的引进种参照孟庆闻等编著的《鱼类分类学》进行检索分类（张觉民等，1991）。如根据文献引用资料，要求注明引用的参考文献，以便汇集时查考，鉴定完的标本，要妥善保存备查。

# 第二节 繁殖特征调查

## 一、性别鉴定

鱼类品种繁多，区别雌雄的方法各有不同，但一般来讲，鱼类可以利用第二性征（或称副性征，如珠星、体色、婚姻色等）来鉴别其性别。例如白鲢性成熟的雄性个体，其胸鳍棘条内侧会有栉齿，而雌鱼则光滑。一般雌鱼比雄鱼个体大，腹部膨大，生殖孔微凸起，雄鱼多表现于鳍、吻的变异，如鳍延长。但也不是千篇一律的，有些鱼的雌雄特点也不明显。许多鱼类在生殖季节发生色泽变异，雄鱼出现鲜艳的色彩。有些鱼类雄鱼体上出现珠星，特别是在吻部、胸鳍上有明显珠星，有的鱼类在整个头部许多部位和臀鳍上也出现珠星，如金鱼。有些鱼类的雄性个体，在生殖季节变得特别好斗，甚至斗得你死我活。雄鱼与雄鱼相遇或为争夺配偶，往往会"打架"，例如非洲凤凰。有些鱼类雌雄性的长相差异较大比，如斗鱼（就如孔雀一般），雄鱼有好看的鱼鳍，尤其是尾鳍宽大较长，而雌鱼的尾鳍则较小。我国的叉尾斗鱼，雄鱼体色鲜艳，生殖期尤为明显，雌鱼体色暗淡（张爱良，2003）。

但第二性征通常在生殖季节表现比较明显，平时很难准确区别，则需要根据第一性征（卵巢和精巢）来鉴定。在繁殖期可以挤压生殖孔看流出的是精液还是鱼卵来判断雌雄，也可解剖观察性腺进行鉴别，雄鱼记为"♂"，雌鱼记为"♀"。对幼鱼等目测或解剖都不能判断性别的，或者暂时不能做解剖的鱼要登记说明。

## 二、性腺成熟度

鱼类性腺发育的程度，分性腺未发育、性腺开始发育或产卵后重新发育、性腺正在发育但尚未成熟、性腺即将成熟、性腺完全成熟即将产卵和产卵后的个体 6 期。

Ⅰ期：性腺尚未发育的个体。性腺不发达，呈细线或细带透明状，紧贴于鳔下两侧的体腔膜上，肉眼不能识别雌雄。

Ⅱ期：性腺开始发育或产卵后重新发育的个体。狭长的细带已增粗，并能辨出雌雄。生殖腺小，只占腹腔的一小部分。卵巢成细管状（或扁带状），半透明，分支血管不明显，呈浅红肉色或粉色，卵巢膜较精巢膜坚韧，肉眼不能看出卵粒，但在放大镜下可清晰看出卵粒。精巢扁平或呈线状，半透明或不透明，呈灰白色或灰褐色。

Ⅲ期：性腺正在成熟的个体。性腺已较发达，卵巢体积增大，占整个腹腔的 $1/3 \sim 1/2$。肉眼可以明显看出卵巢内充满不透明的稍具白色或浅黄色的卵粒，卵巢大血管（生殖动脉）明显增粗。卵粒互相粘成团块状，切开卵巢挑取卵粒时，卵粒很难从卵巢上脱落下来。精巢的前部较扁平，后部收缩，精巢表面呈灰白色或稍具浅红色。压挤精巢，不能挤出精液。

Ⅳ期：性腺即将成熟的个体。卵巢已有很大发展，占整个腹腔的 $2/3$ 左右，其分支血管也能明显看出。卵粒显著，呈圆形，很容易彼此分离，有时能看到少量半透明卵。卵巢呈橘黄色或橘红色，轻压鱼腹无成熟卵粒流出。精巢也显著增大，呈白色。挑破精巢或轻压鱼腹能有少量精液流出，精巢横断面的边缘略呈圆形。

Ⅴ期：性腺完全成熟，即将或正在产卵的个体。卵巢饱满，充满体腔。卵大而透明，压挤卵巢或者手提鱼头使肛门朝下，对腹部稍加施力，卵粒即行流出。切开卵巢膜，卵粒就各个分离。精巢体积也有最大发展，呈乳白色，充满精液。表面光滑发亮，压挤精巢或对鱼腹稍加压力，精液即行流出。

Ⅵ期：已产过卵、性腺萎缩、松弛、充血，呈暗红色，体积显著缩小，只占体腔的一小部分。其中有少量卵粒稍呈灰褐色。输卵管中尚有透明卵存在。产卵腺干瘪呈黄色，表面皱纹很多，卵巢套膜增厚，卵巢、精巢内部常残留少数成熟的卵粒或精液，末端有时出现淤血。

以上6期为一般的划分标准，可根据不同鱼类的情况和需要，对某一期进行再划分为A、B期，如ⅥA、ⅥB期。若性腺成熟度处于相邻的两期之间，就可写出两期的数字，之间加以连接号，如：Ⅲ-Ⅳ期，Ⅳ-Ⅲ期比较接近哪一期，就将这一期的数字写在前面，如Ⅳ-Ⅲ期，表明性腺成熟度比较接近于第Ⅳ期。

如属于性细胞分次成熟，每一生殖季节可多次产卵的鱼类，可根据已产出或余下的性细胞发育情况记录，如Ⅳ-Ⅲ期，表明产卵后卵巢内还有部分卵粒处于第Ⅲ期，但在卵巢的外观上具有部分第Ⅳ期的特征。

## 三、性腺成熟系数与繁殖力

可采用称重法计算性腺的成熟系数，计算其占鱼体纯体重的千分数—性腺成熟系数，将鱼体、性腺分别进行称重后，计算公式为：

$$K_m = \frac{W_s}{W_p} \times 1\ 000 \qquad\qquad (6-1)$$

式中，$K_m$ 为性腺成熟系数；$W_s$ 为性腺重（g），即为卵巢或精巢重；$W_p$ 为鱼体纯重（g），最大误差不超过±0.2 g。成熟系数随鱼的性腺发育阶段而异，需进行不同季节的测定，或不同成熟期结合测定以消除误差。收取性腺时，随机采集各种体长范围的性腺，并放入种名、编号、采集时间和站点等标签，用5%（V/V）的甲醛溶液固定保存。

## 四、怀卵量

怀卵量是雌鱼怀卵的数量，是评估鱼类繁殖能力的重要指标。不同种类的鱼怀卵量差别很大，如鳕鱼的怀卵量高达2 800万粒，鳗鲡的怀卵量为700万～1 300万粒，带鱼的怀卵量为1 400～76 000粒，鲻鱼的怀卵量290万～720万粒，海鳗怀卵量18万～120万粒，遮目鱼怀卵量300万～540万粒，而鲟鱼的怀卵量则只有1 400～7 600粒。雌体鱼类的怀卵量，与其种类、种群关系、营养条件、性成熟、体重、鱼龄及生存环境等因子有关，总体来说淡水鱼的怀卵量相对少于海水鱼类。如一条10 kg重的草鱼怀卵量约在100万粒，鲤鱼一般怀卵量20万～30万粒，白鲢怀卵量20万～80万粒，鲫鱼1万～11万粒，已知黄鳝怀卵量较低，每次只有200粒，卵生鲨鱼怀卵量最低，每次只产18～20粒卵。

绝大多数鱼类是体外受精，有的鱼类终生生产一次卵，如大麻哈鱼、河鳗等；有的一生多次产卵，如小黄鱼、鲐鱼等。各种鱼类怀卵的数量是维持种族延续、对外界环境长期适应的结果，产出的鱼卵以及孵出的仔鱼在没有保护的情况下，常常受到敌害的吞食和环境条件的剧烈影响，造成大量的死亡。因此，那些怀卵量十分高的鱼，它们在发育过程中的成活率往往特别低；相反，那些有保护措施的鱼，虽然产卵量很少，可是成活率很高。

了解鱼类的怀卵量和繁殖力对保护鱼类资源意义重大。鱼类是卵生动物，尽管繁殖力很强，但如果滥捕怀卵鱼类，必将影响到资源及可捕量。况且，从受精卵孵化成仔鱼到长成成鱼有一个漫长过程。淡水中的青鱼、草鱼、鲢和鳙，达到商品规格 $500\,g$ 左右需生长 $12 \sim 18$ 个月。因此，我国制定的《中华人民共和国渔业法》规定要保护产卵鱼及幼鱼。禁止滥捕不符起捕规定的鱼类是有深远意义的。

计算怀卵量有绝对怀卵量和相对怀卵量两项。绝对怀卵量是一尾雌鱼的卵巢中成熟卵粒的总数，在计算时先将采集的Ⅳ期卵巢样本吸干外部的水分，称其总重，然后在卵巢的前、中、后部均匀取出 $1\,g$ 或者 $2\,g$ 的卵粒（视鱼卵粒大小的不同，卵粒大的可取 $2\,g$，卵粒小的取 $1\,g$）样品组成一个样品试样，放入 $5\%$ 甲醛水溶液固定后（如需做性腺切片则需用波恩试液固定）置于解剖镜下全部数出卵的粒数，平行取样计数两次，然后将所得 $1\,g$ 重的卵粒数值乘以卵巢总重量，即得绝对怀卵量。

则雌鱼个体绝对繁殖力可通过公式计算：

$$F_i = (n_1/2w_1 + n_2/2w_2) \times W_i \qquad (6-2)$$

式中，$F_i$ 为第 $i$ 尾雌鱼的个体绝对繁殖力，粒；$n_1$，$n_2$ 为分别为试样 1 和试样 2 的卵粒数，粒；$w_1$，$w_2$ 为分别为试样 1 和试样 2 的重量，g；$W_i$ 为第 $i$ 尾雌体的卵巢重，g。

将绝对怀卵量除以鱼体重，得出的平均每克体重相对应的卵粒数，即为相对怀卵量。

## 五、怀卵量与体长、体重的关系

怀卵量与体长关系式：

$$F = aL^b \qquad (6-3)$$

怀卵量与体重关系式：

$$F = a + bW \qquad (6-4)$$

式中，$F$ 为绝对怀卵量（粒数）；$L$ 为体长；$W$ 为体重；$a$ 为常数；$b$ 为指数。

在实际计算时，通过获得一系列体长与绝对怀卵量或者体重与绝对怀卵量的对应关系，通过 Excel 或者 R 软件拟合方程得出 $a$、$b$ 的值。一般来说，绝对怀卵量随着体长、体重的增长而增加。

求 6-3 式中的 $a$、$b$ 值的计算法，参考前面相似公式。

求 6-4 式中的 $a$、$b$ 值的计算法：

$$a = \frac{\sum W^2 \times \sum F - \sum W \times \sum(W \times F)}{N \times \sum W^2 - \left(\sum W\right)^2} \qquad (6-5)$$

$$b = \frac{n \times \sum(W \times F) - \sum W \times \sum F}{N \times \sum W^2 - \left(\sum W\right)^2} \qquad (6-6)$$

根据测量统计的体长（mm）或体重（g）和绝对怀卵量（粒数）的数据，作出相关曲线图，计算相关系数，研究分析怀卵量与体长或体重的相关程度。

# 第三节　年龄鉴定

鱼类年龄鉴定是渔业资源评估的基础内容，也是研究鱼类种群结构的重要内容之一，是阐明鱼类生长、种群年龄组成、性成熟年龄的先决条件。研究鱼类个体的生长、种群的补充和死亡的计算，都需要具有精确的年龄数据。同时，种群的年龄结构分析也是构建渔业资源评估模型的基础。利用年龄结构参数对鱼类种群动力学进行分析，可对资源现状做出正确的判断，为制定合理的渔业管理措施，实现渔业的可持续发展提供科学依据。鱼类年龄鉴定具有较长的研究历史，早在18世纪，科学家就开始利用鱼类的骨质结构鉴定鱼类年龄（陈新军，2004）。经过长时间的发展，众多的方法被应用到鱼类年龄鉴定领域。

要测定鱼类的年龄和生长，最常用的方法是直接根据鱼体某些组织（如鳞片、脊椎骨、鳍条、匙骨、鳃盖骨或耳石等），在生长过程所形成的年龄痕迹，即年轮来确定。由于季节等环境因素的影响，夏季鱼类大量摄取营养物质，生长十分迅速，而在冬季鱼类由于缺少食物，其生长速率缓慢甚至停滞。鱼类的这种生长规律，具体反映在骨片、鳞片、耳石等钙化组织的生长上，即春夏季鱼类生长十分迅速，在钙化组织上形成许多同心圈，而且呈宽松状况，称为"疏带"，也称"夏轮"；而到了秋冬季节，鱼类生长缓慢甚至停滞，这时在钙化组织上形成的同心圈纹较窄，称为"密带"，也称"冬轮"。疏带和密带结合起来构成生长带，这样，每年就形成一个生长轮带，也就是一个年龄带或一个年轮。鉴定年轮时，以秋冬季形成的密带和翌年春夏季形成的疏带之间的分界线为年龄标志。

鱼类年龄鉴定常用方法有直接观察法、渔获物长度频率分析法和钙化组织鉴定法等（Murphy et al.，1996）。而利用钙化组织鉴定年龄是鱼类鉴定的主要方法，常用的钙化组织有鳞片、胸鳍条、背鳍条、背鳍支鳍骨、鳃盖骨、匙骨、脊椎骨和耳石等（叶富良，1993）。有鳞片的鱼类年龄鉴定可以以鳞片为主，辅以其他作为鉴定年龄的对照材料。无鳞片的鱼类或鳞片细小的鱼类，鉴定年龄的材料视情况而定，可取耳石、背鳍基部前方的脊椎骨、鳃盖骨、匙骨、鳍棘等，辅以其他材料加以鉴定。

## 一、利用鳞片鉴定年龄

鳞片的表面是由中心向外逐次生长的环纹组成。当鳞纹的生长发生周期性变形时，即可把它看作为年轮标志（邓景耀等，1991）。利用鳞片上的轮纹鉴定鱼类年龄是最为传统和常用的方法。自1898年，鲤鱼鳞片被第一次采用为年龄鉴定的材料组织（陈新军，2004）以来，鳞片被认为是鉴定有鳞鱼类年龄的可靠鉴定材料，特别是在淡水鱼的年龄鉴定上，应用最多。这主要是由于鳞片取材最为方便而且数量最多、年轮最清晰。虽然鳞片在年龄鉴定上应用较为广泛，但它也存在一些缺点。一方面，由于鱼体对鳞片有重吸收现象，且鳞片在生长过程中会受到磨损，所以对于高龄鱼来说，鉴定结果比实际年龄偏低（Gunn et al.，2008）。因此，鳞片一般只用于对低龄、生长较快的鱼类进行年龄鉴定。另一方面，除了年轮标志外，鱼类的鳞片上还会出现其他轮纹，如副轮、幼轮等，会对年龄的鉴定工作造成干扰。

**1. 鳞片的采集预处理**

鲤科和鲑科鱼类：取背鳍前下方至侧线上方的鳞片。

鲈科鱼类：取体前部侧线下方的鳞片。

裂腹鲤亚科鱼类：取臀鳞，鱼体左右两侧宜各取一部分。

大型鳞片取 5～10 片，小型鳞片要适当多取一些。大型鳞片取下后注意目视检查，防止取鳞片环纹纹理不清的再生鳞。外形不完整、环片不清晰的鳞片不宜取用。取下的鳞片放置在鳞片袋内，做好记录并将装袋的鳞片晾干保存，每次采集到的鳞片装袋要分类捆扎在一起，防止混淆弄错，采到的鉴定年龄用的鳞片需要进行室内处理，以便观察。

挑选每条鱼的形态完好且规整的鳞片约 10 片，以 5% 的 NaOH 溶液浸泡约 10 min。待浸泡之后，取出，使用刷子、滤纸或软布将鳞片上的表皮和黏液等杂质轻轻擦去。鳞片处理时先用清水或肥皂水轻轻刷洗，洗不净的可用淡氨水浸泡洗涤，去除鳞片表皮和所附的黏液后，再用清水漂洗，汲干水分夹在两片载玻片之间，保持鳞片基部方向一致，鳞片在载玻片上放置的位置一致，以便显微镜下观察。夹放的枚数根据每片鳞片大小和载玻片的容量而定。每尾鱼的鳞片要单独处理、单独夹放，夹放鳞片的载玻片，要附上注明鱼名、编号、性别、体长、体重、日期、地点等内容的小标签，夹贴在载玻片一端，以备鉴定，免得混乱。用橡皮圈和粘带固定两片玻片，将鱼类种类及其编号写上，制作完毕的玻片按照编号顺序放置于专用的储存盒中。显微镜观察和拍照，记录每一条鱼类的鳞片年龄结构特征并判断其年龄，将相同世代的个体归入同一个年龄组。

**2. 鳞片的年龄鉴定**

鳞片可能在整个生活史阶段中遭受损坏，环状结构也可能因高龄鱼鳞片上的环形被压缩而混合。以鳞片鉴定鱼的年龄主要是观察鳞片上环片所形成的年轮，不同鱼类形成年轮的环片构造型式不一样，需根据各自的特点来区别鉴定年龄。一般有三种方法：一是根据鳞片上所呈疏密环片之间的分界线所显示的年轮，观察计数其年龄；二是以观察环片相交处的切割现象计数年龄；三是以鳞片上的两列完整环片之间出现的一些断裂环片凸出物来鉴定年轮。但鳞片年龄鉴定也具有一定的误差，特别是老年鱼的年龄鉴定常常存在较大的困难。且鱼体对鳞片具有重吸收现象，同时由于鳞片生长在鱼体表层会受到来自外界如压力等的机械性破坏，因此在鉴定年龄时一般会低估实际年龄。

观察鳞片年轮时，在双筒解剖镜下用透射光观察较简便，也可用显微读数仪，把鳞片反射到屏幕上进行观察。鳞片上环片生长和排列有差异，可以分为以下几种情况：

① 疏密型：这是最常见的年轮类型，环片宽而疏的宽带与窄带相间排列，当年秋冬季形成的窄带与翌年春夏季形成的宽带交界处即为年轮；

② 切割型：由于同一年形成的环片走向相互平行，而不同年形成的环片走向不同，导致环片群出现切割；

③ 碎裂型：在 1 个生长年带即将结束时，因生长缓慢而有 2～3 个环片变粗，断裂并形成短棒状突出物；

④ 间隙型：在两个生长年带处因 1～2 个环片消失而形成间隙，因而形成年轮。

年龄的划分和统计，方法不一，一般可用如下方法：

0 龄组：是经过 1 个生长季节，尚未形成或正在形成第一个年轮的 1 龄鱼（$0^+ \sim 1$）。

Ⅰ龄组：是经过 2 个生长季节，已有一个或正在形成第二个年轮的 2 龄鱼（$1^+$～2）。

Ⅱ龄组：是经过 3 个生长季节，已有两个或正在形成第三个年轮的 3 龄鱼（$2^+$～3）。

其余龄组，依此类推。

## 二、利用鳍棘、鳃盖骨、匙骨及脊椎骨等鉴定年龄

### 1. 鳍棘、鳃盖骨等年龄材料的采集与处理

鳍条、鳍棘和支鳍骨：鳍棘一般是用胸鳍外侧第一根不分枝鳍条或背鳍前部较粗的硬棘，鳍条或鳍棘从关节部完整取下，用锯条垂直于鳍棘在离基部 0.5～1.0 cm 截取一段厚约 2～3 mm 的片段。此片段需要在砂轮上粗磨，再在油石上磨成厚约 0.2～0.3 mm 的透明薄片。截取和磨片时注意截面要与棘条长度垂直，将磨成的薄骨片用二甲苯或热水浸泡脱脂后，观察可见有清晰的环层，如年层不清晰，也可把切片置放烘箱中加热几分钟，效果可好些。然后将制成的薄骨片用加拿大树胶粘在载玻片上，如鳞片一样贴上标签备用。采鳍棘时对细的鳍棘先将欲采的鳍棘与其后部鳍叶割开，再用手捏住其基部向外撕开并前后扭转，使其脱落，再剪断肌肉和韧带的联系即可取下。对粗的鳍棘可用小手锯从鳍条基部锯断，然后用刀沿鳍棘与后部鳍叶割开，即可取下。取下的鳍棘插在鳞片袋内，做好记录，扎牢防止脱出袋，造成混乱，晾晒后带回室内处理。较细的鳍棘不易切片，可先浸在明胶（赛璐璐）中，然后再移放明胶的丙酮浓稠液中，使棘条裹络较厚一层明胶，晾干后切锯，则好操作。

经甲醛浸泡过的鱼不适于取鳍棘鉴定年龄。

鳃盖骨、匙骨等扁平骨片：取新鲜鱼，入水稍煮沸，或用开水烫相应部位 1～2 次，取相应骨片经洗净、锉薄、脱脂或染色后观察。匙骨取下后用开水烫 1～2 次或用温水轻煮，便于剔除附着的肌肉皮层，并可使轮层清晰，然后用二甲苯或乙醚等溶液或汽油浸泡脱脂，即可观察使用。为避免混乱防止弄错，在较大的骨片上可用黑色油漆或蜡笔写上编号，做好记录保存备用。大型鱼的鳃盖骨较厚，有的部分不透明，制片时可用细铿磨薄使其透明。利用鳃盖骨、匙骨或脊椎骨作观察年龄材料时，一般只切割摘取所需部位即可。

脊椎骨：取基枕骨后的脊椎骨 10 节，除去附骨及肌肉，按测定的编号顺序以细线拴好，阴干保存。在 0.5%～2% KOH 溶液中浸泡 1～2 天，在酒精或乙醚中脱脂，将椎骨关节臼朝上的方式放在蜡盘里，观察椎体。作年龄鉴定用的脊椎骨，一般是采用背鳍基部前方部位的，将鱼的脊椎骨解剖剔出后，每一个脊柱节的一半，即用一个凹面，将凹的背部用细挫挫落，呈漏斗状，再用上述相同方法脱脂后即可观察使用。对较少鱼类的鳃盖骨、匙骨或脊椎骨取样时，则可把头部或头后部或肩带骨整个取下，然后摘出使用。

### 2. 鳍棘、鳃盖骨、匙骨及脊椎骨等年龄鉴定

鳍条（棘）也是一种应用广泛的鱼类年龄鉴定材料，需要经过处理之后才能观察到年轮，对鳍条（棘）主要的处理方法有锯片法、磨片法和脱钙切片法（陈康贵等，2002）。由于单独使用鳍条（棘）可能会严重低估实际年龄，缺乏精确性，故较少有研究利用鳍条（棘）对鱼类进行年龄鉴定，目前鳍条（棘）更多地用于对其他鉴龄材料，如对耳石、鳞片等鉴定出的结果的验证。

由于鱼类的鱼鳞和脊椎骨同步增长（Frolkina，1977），因此脊椎骨也广泛应用到鱼

类的年龄鉴定中，是无耳石或鳞片的鱼类开展鉴龄工作比较常用的材料。首先利用 KOH 浸泡脊椎骨，而后利用酒精脱脂后直接观察。一般脊椎骨鉴定年龄主要应用于热带地区板鳃鱼类（Moltschaniwskyj et al.，2009）。

虽然脊椎骨是常用的年龄鉴定材料，但由于脊椎骨的提取和处理较耳石更加复杂且困难，且利用耳石已经可以十分精确地鉴定年龄，所以，能用耳石鉴定年龄的鱼类一般不采用脊椎骨。脊椎骨一般用来鉴定鱼类的种类（王永梅等，2014）以及作为验证年龄鉴定结果的辅助材料（程方圆等，2014）。

鳍棘、鳃盖骨、匙骨和脊椎骨等的骨片呈现不同层次宽窄相间的年带，每一年带代表 1 年的生长。鳍棘、鳃盖骨、匙骨和脊椎骨上的年带，用肉眼可明显看出宽层和窄层，窄层与下 1 年宽层的交界处的暗黑部分即为年层，相当于鳞片上的年轮。在实体镜下观察上述材料时，宽层在入射光下呈乳白色，在透射光下呈暗黑色，窄层在入射光下呈暗黑色，在透射光下透明。

**3. 年龄归组**

由于鱼类的生态习性不同，各种鱼类的产卵繁殖季节有差异，摄食增长的时间和生长速度也各不相同，每种鱼类年轮形成的时间不尽一致，加上采集标本时间不同，故对不同鱼类或不同时间采到的骨片标本进行年龄生长鉴定时，其结果也不尽相同，因此，在计算年龄和生长时，了解年轮形成时间和推测鱼体出生时间，对准确地计算年龄和生长是有帮助的。为避免年龄的划分和名称混乱，把生长状况比较接近的个体归纳起来，合拼成一个年龄组，一般采用下列归纳统计方法分别年龄组。

在年轮形成后到同年 12 月底，以年轮数代表年龄，记为 0，1，3，4，…，n 龄。从下一年 1 月开始到新轮出现前，则以"＋"号表示年龄，记为 $0^+$，$1^+$，$2^+$，$3^+$，$4^+$，…，$n^+$ 龄。把 $0^+$ 龄和 1 龄，$1^+$ 龄和 2 龄，$2^+$ 龄和 3 龄，$3^+$ 龄和 4 龄，$4^+$ 龄和 5 龄，…，$n^+$ 龄和 n＋1 龄归为同一年龄组。

0 龄组（$0^+$～1）：一般经过 1 个生长季节，春、夏季出生的当年个体，尚未经过冬季，在其骨质组织上尚未形成或正在形成年龄标志的 1 龄鱼（$0^+$～1）归于"0 龄组"。

Ⅰ 龄组（$1^+$～2）：经过 2 个生长季节，骨质组织上已有一个或正在形成第二个年轮的 2 龄鱼（$1^+$～2），包括已越过冬季的个体或是秋季孵出到第二年春季尚不满一周年的幼鱼，归于"Ⅰ 龄组"。

Ⅱ 龄组（$2^+$～3）：经过 3 个生长季节，骨质组织上已有 2 个或正在形成第三个年轮的 3 龄鱼（$2^+$～3）归于"Ⅱ 龄组"。

其余龄组如上法类推。

## 三、利用耳石轮纹鉴定年龄

耳石是存在于硬骨鱼类内耳膜迷路内，起平衡定向和听觉作用的硬组织，主要由碳酸钙构成。在膜迷路的椭圆囊、球囊和听壶中各具有微耳石（lapillus）、矢耳石（sagitta）和星耳石（asteriscus）一对。耳石上具中心核（nucleus），为耳石的生长中心，其内具原基（primordium），其外为按同心排列的生长轮（张治国等，2001）。1899 年 Reibisch 第一次观察到耳石上的年轮（Jones，1992），Pannella 于 1971 年首先报道了银无须鳕（*Merluc-*

*cius bilinearis*）耳石上存在日轮（daily growth increment）。耳石从此被广泛应用到年龄鉴定中。大量研究发现，耳石的年轮和日轮准确地记录了鱼类生活史历程。目前，耳石是应用最广泛的年龄鉴定材料，也是最为精确的年龄鉴定材料，利用其他鉴定方法得出的结果经常利用耳石年轮的鉴定结果进行检验（Waldron et al.，2001；Machias et al.，2002）。

由于不同鱼类的耳石大小不同，形态各异，所以对耳石轮纹的观察也存在多种方法。最常见的有直接观察法、断裂灼烧法和包埋打磨法。直接观察法是最简单的一种方法，多用于耳石较小较薄的鱼种，或者仔稚鱼个体。由于耳石表面的沉积作用随着鱼的生长而改变，导致一些年轮无法从耳石表面观察到，必须对耳石进行断裂，从断裂面可观察其隐藏的年轮。而通过灼烧，可以使耳石的不透明区变成亮棕色，透明区由于富含蛋白质的原因变成暗棕色，从而使年轮更易观察（Graynoth，1999）。此外，有时耳石还需在树脂包埋后进行磨片，从而获得更为清晰的年轮切面（Newman et al.，2000）。

自1971年Pannella首次提出银无须鳕耳石上存在日轮之后，一些学者陆续证实其他鱼类耳石同样存在日轮结构，不同鱼种第一日轮形成时间各异，但自第一日轮形成后，一日就会产生一轮。目前耳石日轮被广泛地应用于鱼类年龄鉴定。通过研究耳石日轮，可以确定鱼类的孵化时间（解玉浩，1995；Paragamian etal.，1992）；还可以利用耳石日轮边际增量分析数据建立生长方程，进一步对不同时间、不同地点的幼鱼生长状况做出评价（Nishimura et al.，1988）；同时对日轮生长规律的分析能够反映环境变化情况下鱼的生长变化规律（Hwang et al.，2006）。

鳞片适合用于生长较快且年龄较低的个体年龄鉴定；生长缓慢或年龄较大的鱼类适合利用耳石进行年龄鉴定。因此，通常情况下，南极鱼类生活时间跨度较长且生长缓慢，若单独利用鳞片对南极鱼类进行年龄的鉴定，得出的结果一般会低于实际年龄。而脊椎骨采样收集的难度又要大于耳石的采集，因此南极鱼类一般采用耳石作为年龄鉴定的材料。

鱼类耳石鉴定是对精确度要求较高的工作。利用耳石日轮鉴定年龄的精确度与鱼体的生长速度有很大关系，一般来说，鱼体生长越快的个体其日轮鉴定的精确度也越高（Ivarjord et al.，2008）。此外，仪器和耳石材料的准备过程对耳石日轮鉴定的精确性影响也较大。

**1. 耳石的制备**

鱼体解剖后从头骨后端两侧球囊内取出矢耳石，清除耳石表面的有机质，去离子水清洗后，室温下干燥备用。首先，对选取样本的矢耳石进行矢平面图像的采集。将耳石核心部位凸起面朝上，放置于体视显微镜下。放大45倍，并辅以冷光源对其矢平面进行图像采集。图像采集完成后，选取耳石的短轴截面进行打磨、抛光。

**2. 耳石年轮的读取**

利用解剖镜辅以冷光源对处理后的耳石截面及矢平面进行轮纹的读取。以反射光下显微镜呈现出的明暗交替的轮纹作为读取年龄的标志，即1条暗带和1条明带共同计作1龄。每次读取轮纹时，耳石的读取顺序均被打乱，至少2名读者3次读取轮纹后，加上读取耳石矢平面轮纹对短轴截面的读数进行辅助验证，最终确定其年龄。鉴于耳石轮纹读数的冗繁性和主观性，有些研究者研究利用计算机对耳石图像轮纹进行自动计数。

近 20 年来，耳石作为应用最多的南极鱼类年龄鉴定材料，其优点显而易见。首先，耳石生长于鱼体内部较生长在鱼体表面的鳞片和鳍条（棘）更加不易受到外界的影响。其次，与鳞片相比，耳石从未经历过重吸收及外界压力的影响。针对高龄鱼类，鳞片的主要不足在于其所记录的生长量低于实际生长量。鳞片的生长与鱼类体长的生长具相关性，但针对生长缓慢的物种，其鳞片的生长速率也较为缓慢，且有时较难辨别。与鳞片不同，耳石生长更加稳定；甚至在鱼类临近最大体长之后，耳石的这些结构仍保持增长。

## 四、利用耳石重量鉴定年龄

与鱼类个体体长和其他钙化组织生长模式不同，鱼类耳石重量在其整个生活史中不断增长，其平均重量随着年龄的增大而呈线性增加（沈建忠等，2001，2002）。因此，耳石重量成为鉴定鱼类年龄的良好指标（Lou et al.，2005），如对长江口刀鲚（*Coilia nasus*）耳石重量所估算的年龄与实测的年龄无显著差异（郭弘艺等，2006）。

利用耳石重量鉴定鱼类年龄虽然有着操作简单、成本较低等优点，但同时具有较大的局限性：①由于长期以来的过度捕捞，使得鱼种年龄结构组成比较单一，低龄鱼在渔获群体中比例很大，故此缺乏高龄组的体长和耳石重量资料，从而影响整个种群年龄鉴定的准确性，因为耳石重量测定年龄对低龄鱼比较有效，但应用于高龄鱼时误差较大（Cardinale et al.，2000）。②耳石生长在一定程度上还受到个体生长的影响，同一种群中生长过快或过慢的个体，在用耳石重量估算其年龄时，可能被高估或低估（Green et al.，2009）。③耳石重量会受到生长环境的影响，这也制约了这种方法的应用。④当样品数量较少时，无法构建可靠的耳石重量与年龄线性关系，因此也无法通过此方法来鉴定年龄（Pilling et al.，2003）。

## 五、利用体长频率分布鉴定年龄

利用年轮鉴定鱼类年龄是最为精确的方法，但它同时也存在一些缺点：一方面，年轮的读取需要一定的技巧，这主要取决于鉴定者的经验，不同的鉴定者对同一材料得出结果往往不同；另一方面，年轮鉴定方法耗时耗力，分析成本较高。因此，依据鱼类体长频率分布估算鱼类群体年龄的方法同样有一定的应用价值。

体长频率分布法可以用于区分同一种类不同年龄组的鱼类，也可以估计一些鱼类的年龄与体长之间的关系。但体长频率分布法并不适用于早期生活史阶段的鱼类年龄。因为样品处于早期，特别是处于"0"和"1"年龄段的鱼类未被充分代表。另外，鱼类体长随着年龄增长渐至体长最大值之后，不再随年龄的增加而增长。因此，此方法对高龄成鱼的年龄鉴定也存在缺陷，容易低估成鱼年龄。总的来讲，体长频率分布法鉴定年龄通常适用于快速生长或生长缓慢的鱼类。针对高龄鱼类，其生活史前期，体长随着年龄的增加而增长，而当体长临近最大值后，尽管年龄仍在增加，但体长却基本保持不变。

### 1. 自然长度分布曲线法

鱼类个体在其生活史中不断生长，每相隔一年，其平均长度和体重相差一级。在同一种群中，通常包含不同年龄组，因此所有个体可分为若干体长组，在测得所取样品的体长数据后，将各个长度组包含的个体数量绘制在坐标纸上，可以看出某些连续长度组的数量特别多，而某些长度组的数量特别少，或者没有，形成一个系列的高峰与低谷。各个高峰代表着一个年龄组，每个高峰的长度组即代表该年龄组的体长范围。

自然长度分布曲线法也存在一定局限性，主要是由于渔具对渔获物具有一定程度的选择性，在所捕捞渔获物中很难同时包括一个种群的所有年龄组个体（孙满昌，2004）。同时，鱼类在不同的季节并不是按体长或年龄的自然数目成比例的混合着。高龄鱼进入衰老期，生长缓慢甚至停止，容易出现长度分布重叠的现象，所以利用长度分布曲线法鉴定高龄鱼的年龄误差较大（Cardinale et al.，2000）。最后，鱼类在生长发育过程中，受环境的影响加大，如饵料丰富程度，水质状况等，都直接影响鱼类的生长。因此，在实际应用中，自然长度分布曲线法常结合其他鉴定方法同时使用以达到校正误差和降低工作量的目的（Macfarilane et al.，2005）。

**2. 体长-年龄换算表法**

体长-年龄换算表法是应用比较早也比较广泛的年龄鉴定方法（Fridrikson，1934）。经过几十年的不断发展和校正，目前已经成为相对完善的鉴定方法。首先，从一个大的鱼类样本中进行二次取样，利用耳石或其他相对可靠的方法对其进行年龄鉴定，记录每条鱼的年龄和体长数据，并进行分组汇总。以体长组为行，年龄组为列，列出每组中鱼的数目，经过转换，可得出每个长度组分属于不同年龄组的频率，由此，即可由以上的年龄-体长换算表来确定样本中每一个长度组内各龄鱼所占的百分数，所有长度组的年龄百分数计算完毕，按年龄组对各长度组的百分数累加，即可得到年龄频率分布（Salthaug，2003；Francis et al.，2005）。

然而，这种以体长频率来判定年龄的方法，只能获得样本的年龄结构，而不能对每一尾具体的鱼赋予年龄值。后续改进的计算机程序可以对每尾鱼的年龄予以赋值（Isermann et al.，2005）。

## 六、鱼类年龄鉴定方法的校验

鱼类年龄鉴定技术虽然已经经过了数百年的发展，正在日趋完善，有些技术已形成相对完善的体系。不同的鱼类所采用鉴龄方法及材料有所差异，同一种鱼在其生活史的不同阶段，或者同一种类，同一生活史阶段，不同水域的鱼类，其年龄鉴定的方法和材料也有所不同。然而，无论采用哪种鉴定方法，均会存在一定的不足。主要是由于并非所有的鉴定材料（耳石、鳞片、骨质）在其生活史中都能形成完整的标志年轮结构；其次是受鉴定者主观性因素影响较大，在对实验材料的鉴定过程中，不同的鉴定者由于经验的不同，通常采用不同的辨别标准，进而影响鉴定结果。尤其是通过硬组织轮纹鉴定年龄时，对鉴定者的经验和技巧要求较高。同时由于年龄鉴定的自动化程度较低，绝大多数工作需要人工进行，所以往往需要耗费较长时间。虽然计算机自动化技术正在逐步运用到年龄鉴定工作中去，但仍存在许多不足，要成为主流的鉴定技术尚需时日。同时鱼类年龄鉴定也未经标准化。不同的鉴定者往往采用不同的鱼体组织对一个鱼种进行年龄鉴定，即使采取同一组织结构，对它的处理技术和观察手段也有很大不同。因此，有必要对年龄鉴定结果的精确性做出校验。目前使用较多的校正方法主要有以下几种类型：

**1. 标志放流法**

标志放流法是一种最行之有效的年龄校正法。通过对已知年龄的鱼类个体进行标志放流，随后通过对重捕个体进行年龄结构分析，并用其结果与真实年龄进行对比，进而确定年龄鉴定的可靠性。但是由于随着时间的增长，标志鱼的重捕率会逐渐降低（Sandercock，2003）。

**2. 饲养法**

饲养法是最原始最直接的鱼类年龄校验方法，即将已知年龄的鱼饲养在人工环境里，定期检查生长状况，研究年轮的结构和年轮的形成时期，而且进一步探索年轮形成的原因和环境因素对鱼类生长的影响。但也有学者指出，利用饲养法进行年龄校正的准确性不高，因为人工饲养环境下鱼类的生长速度一般较慢（Itoh et al.，2000；Saito et al.，2007）。同时，养殖环境很难达到真实的自然环境水平，而纹轮的形成受环境的影响较大，人工饲养环境容易导致人工纹轮的产生，从而造成校正过程中的偏差。但由于日轮受到环境的影响较小，因此，饲养法在日轮校正方面更具有优势（Shinoda et al.，2004；Eckmann，1999）。

**3. 边际增量分析法**

边际增量分析法是应用最广泛的年龄校正方法。它是基于以下前提：如果 1 个轮纹是在一年或者一日的时间内形成的，那么在这个时间周期内，轮纹最外围部位将不断增长，直至形成一个新的轮纹。通过在一定时间周期内对鱼种进行连续取样，观察其硬组织上的轮纹结构，即可掌握轮纹的形成规律，从而对通过轮纹进行年龄鉴定的技术进行校验（陈新军，2004）。但此技术操作过程存在一定的难度，主要是因为所要观察的材料边缘通常十分薄，使得观察受到折射光的干扰。因此，该方法对幼鱼及生长较快的鱼类鉴定结果比较可靠，当它应用到高龄鱼时，则会产生较大的误差（Fowler，1990；Fey，2005）。同时，温度等环境因素对边际增量分析的影响也较大（Lessa et al.，2006）。

**4. 同位素校验法**

这种方法的原理为：同位素进入耳石后，经过一定的时间衰变为其他元素，而每个元素的半衰期是已知的，因此可以通过这两种元素的比率来确定鱼体所经历的时间（Bennety etal.，1982）。由于元素的半衰期一般较长，所以这种方法适用于寿命较长的鱼类（福尔，1980）。但是这种方法需要满足 3 个假设条件：①耳石处于一个封闭的环境，在衰变过程中，它不受到外界放射性同位素的影响；②初始的 $^{210}Pb/^{226}Ra$ 比值应该低于 1，接近于 0；③在鱼的整个生活史中，耳石所吸收的放射性同位素的放射性保持恒定。其中，第一个假设条件最难以保证（Kastelle et al.，2000）。

# 第四节  生长及测算

鱼类的生长研究是研究鱼类生物学的基本内容之一，也是预测鱼类资源变动情况的依据之一。通过掌握某种鱼类的年龄组成及生长速度，可清楚地了解种群各世代的数量消长情况，在评价水域鱼类资源变动和渔业生产管理上都具有重要的意义。同时通过产卵群体的年龄组成分析，可估算鱼类蕴藏量和可渔获量。

## 一、鱼类的寿命

鱼类的寿命与其种类、个体大小、遗传特性、性成熟年龄、生活环境都有关。一般说来，鱼体越大，性成熟越晚，寿命就越长。比如世界上最大的鱼——鲸鲨，可以活 70～100 年左右，普通的鲨鱼可以活 30 年。淡水里寿命最长的鱼类应该是狗鱼（冷水性鱼类，分布在北半球寒冷地区，现存有 8 个种，我国只有一种，分布在黑龙江、松花江、乌苏里江等地）。1947 年在德国曾捕到一尾带环的狗鱼，环上刻着它的放生日期是 1680 年，据此推算这条鱼至少活了 267 年，堪称鱼中"老寿星"。我国长江里的白鲟，寿命也接近100 年。野生的金龙鱼、红龙鱼的寿命一般都可以过百年，银龙鱼的年龄都有 50 年。与此相反，寿命最短的鱼是非洲的一种卵生鳉鱼，名为佛泽瑞尾鳉，这种 5 cm 长的卵生鳉鱼从出生到发育成熟、交配排卵，直至死亡，大约只有 6 个星期的生命历程，不仅在鱼类寿命中是最短的，在脊椎动物中也属最短的。

很多小型鱼类，如淡水里的虾虎鱼、青鳉、银鱼，寿命只有一年左右。尽管鱼类的寿命种间差异很大，但绝大多数鱼的寿命集中在 2～20 年之间，其中又有 60％集中在 5～20 年，能活到 30 年以上的鱼类不会超过 10％，而 2 年以下的也只有 5％。在我国的淡水鱼中，银飘鱼、铜鱼、黄颡鱼、银鲴、沙鳢的寿命在 2～4 年之间；青鱼、草鱼、鲢、鳙、鲫、鲂、翘嘴鲌、鳜的寿命多在 7～8 年，个别可活到 10 年以上。

由于受到自然因素和人为捕捞的影响，绝大多数鱼都不能够完成它们的整个生命过程而被捕。所以，对于鱼类的生理寿命，目前了解得不多，只能根据捕到的某种鱼的最大个体，根据它的鳞片、鳃盖骨、脊椎骨等上的年轮来判断其寿命。鱼类和哺乳动物不一样，只要符合鱼类的生长条件，如食料充足、环境适合，鱼类在其整个生命周期中都是在生长的，但往往长到某个长度或重量后，生长速度减慢。鱼类的不同生长阶段，表现出的生长特点也不同，有的阶段突出表现为体长的增长，有的阶段突出表现为体重的增加。

## 二、鱼类的生长发育阶段

鱼类的生长发育过程一般可以分为以下几个阶段：

胚胎期：从受精卵开始到孵化成鱼之前的一段时间。

仔鱼：刚从受精卵中孵化出的小鱼苗，到卵黄囊被吸收消失为止。这个阶段仔鱼不吃东西，靠卵黄供给营养，也没有游泳能力。

稚鱼（苗鱼）：仔鱼经过 3～5 周，长至 3 cm 长的小鱼称稚鱼（苗鱼）。

幼鱼：此时，鱼身体发育基本成型，各鳍性状较为明显，体色逐渐鲜明，只有性腺尚未发育成熟。

成鱼：性腺发育完全成熟，繁殖季节出现第二性征。

## 三、Von bertalanffy 生长模型

在鱼类群体生长研究中，最常用的数学模型是 von bertalanffy 鱼类体长生长模型，被广泛应用于自然水域中鱼类生长曲线的拟合。von bertalanffy 模型基于的假设是鱼类的体重与体长的立方成正比，该模型中体长生长曲线方程与体重生长曲线方程分别为：

$$W_t = A(1 - Be^{-kt})^3 \qquad (6-7)$$

式中，$t$ 为年龄；$A$ 为成熟体重；$k$ 为瞬时相对生长率；$B$ 为常数；$W_t$ 为 $t$ 年龄下鱼类的体重。

应用 von bertalanffy 方程对样本拟合计算时，参数的计算一般要求研究对象寿命较长，样本各年龄组齐全，每个年龄组的样本数量要充分，特别是年龄组和高年龄组的样本应有一定的数量，不然就会给方程的参数计算带来困难，进而在应用该方程计算时会造成较大的误差（熊邦喜等，1996）。体重生长曲线方程描述的是一条不对称的"S"形曲线，可以由试验数据拟合得到，然而正是该方程的不对称"S"形的特点，使得采用该方程进行计算时，常常出现样本的最低年龄组和最高年龄组的计算值与实测值误差较大的情况。

鱼类在不同条件下的生长曲线差异较大，但也存在共同点，多数鱼类的年龄可用鳞片进行鉴别，生长曲线可用 von bertalanffy 生长模型进行拟合，体长生长曲线呈类抛物线形，体重生长曲线呈 S 型曲线，该模型能够较准确的描述和解释鱼类的生长过程，被大多数研究者所采用。然而不同体形、不同鱼类的生长特征是不相同的，即使是相同体形或同种鱼类在不同的环境条件下其生长特性也会有相应的变化。von bertalanffy 模型拟合所得的体长与体重生长曲线是累积生长曲线，不能直接反映出生长率在某一特定时刻的变化。由于生长是一个连续的过程，对生长率的描述采用增重因子（即绝对生长率与相对生长率）可能更合理。

## 四、影响鱼类生长的环境因子

鱼类生长具有一定的规律，鱼在性成熟前生长速度快，性成熟后生长速度减缓，因为性腺发育需要吸收很多的营养物质从而对生长的营养供给减少。在从鱼苗到成年鱼的生长过程中，随着时间的推移，鱼的绝对生长速度（日增重）逐渐增大，相对生长速度（日增重占体重的百分率，也被称为日增长率或日增重率）逐渐下降。但是鱼类的生长同时也受很多环境因子的影响。

### 1. 鱼的生长与温度

一般在适应的水温范围内，水温越高、鱼类摄食量越大，生长越快，但是水温过高会影响鱼类生长，水温过低会增加营养消耗，同样不利于鱼类生长，最合适的水温为 24～28℃时，低于 15℃或超过 35℃时均不适于鱼类生长。鱼是变温动物，水温对鱼类的摄食强度有很大影响，在适温范围内，水温升高，摄食量增大；反之，总体代谢水平也随之降低。如草鱼在冬季水温降至 8℃以下停止摄食。随着天气的变化，鱼类会随时游到水温最适宜的地方去。春秋冷暖交替之际，岸边水浅易被阳光晒透，水温自然高于深水边，鱼类趋温而来会聚于浅水区域。夏日水面温度升高，鱼不耐热，自然游向阴凉处或深水区避暑。

### 2. 鱼类的生长与种群密度

一般来说，在自然界，种群密度越大，饵料相对就少，鱼类对饵料和溶解氧等资源的竞争越剧烈，鱼类因不能获得充足的食物和其他适宜的环境条件而限制了生长，因此鱼类生长就会缓慢。

### 3. 鱼类的生长与性别

大多数雄性鱼比雌性鱼的性成熟要早一些，雄性鱼在性成熟时，生长高峰就比雌性鱼提前结束，因而，雄性鱼体格就比雌性鱼小。如雄性鲤鱼1冬龄就性成熟了，而雌性鲤鱼则须2冬龄性成熟，所以，同批鲤鱼的雄鱼长势就会慢一些。又如草鱼、鲫鱼等种类因性成熟有差异化的缘故，同批鱼中雄鱼大多要小于雌鱼。但也有少数种类的雄鱼比雌鱼大，如黄颡鱼等；还有雌雄同体的种类，比如黄鳝等。

### 4. 鱼类的生长与水质

水质的好坏标志着水的肥瘦程度和水中浮游生物的多少，同时也反映出水体的清洁与污染的程度。同时水质好坏也直接影响到鱼类的生长发育，每一种鱼类都需要有适合其生存的水质条件，水质若能满足要求，鱼类就能顺利生长发育；如果水质某些指标超出其适应和忍耐范围，轻者抑制鱼类的生长，重者可能造成鱼类的大批死亡。水体透明度过高或过低均不适合鱼类生长。若透明度低于 20 cm 说明水质肥度太大，水质要变坏；反之，若透明度大于 40 cm，说明水体中饵料生物量少，不适宜鱼类生长。水体中的二氧化碳是浮游植物光合作用所必需的，但其含量一般应在 80 mg/L 以下。含量过高，易引起鱼类血毒症，有时还会引起水质恶化。偏酸的水质可使鱼类血液中的 pH 值下降，降低鱼类的载氧能力造成缺氧症；碱性过高的水会腐蚀鱼的鳃组织，使其生长受阻。水体中营养盐类含量的高低不仅与水体富营养化现象的产生有关，还与鱼类的健康生长密切相关，氨氮是水体中的营养素，也是水体中的主要耗氧污染物，对鱼类有毒害。水体中的硝酸盐最易被绿色浮游植物利用，水体中的硝酸盐含量超过 3 mg/L 就容易造成水体缺氧而导致鱼类死亡。水体中的有害物质，不仅会造成鱼类中毒，人吃了中毒的鱼类也会中毒。因此，应严禁被这些有害物质污染的水源流入自然水体（苏金祥，1993）。

## 五、鱼类生长的测算

鱼类的生长是鱼体大小和重量随时间变化的增长量，鱼的体长随年龄而不同，鱼的年龄除可依鳞片上的生长标志判别外，鳞上的标志（年轮间距）还常用来计算以往各生长季节结束时的体长，鱼各年龄之间的体长差数即为生长速度。了解鱼类的生长速度，在渔业的生产实践中是十分重要的。因为生长速度表征着鱼类的生存条件与性成熟的时期等一系列重要内容。根据鱼类一生中各个时期的生活、生长情况，可以有效地了解鱼类资源的发展变化趋势，制订合理的放养与捕捞周转期。根据渔获物中各年龄组的比例，可制订可靠的养捕生产计划，合理使用资源。

鱼类的年龄测定后，由于鳞片生长与鱼体长的生长成正比，所以，就可以根据鳞片年轮间的距离回推出以往几年的生长情况。可实测体长、鳞长相关曲线表示外，一般还利用鳞片上的年轮进行退算，退算是根据鱼类体长和鳞片增长成正比例的原理，而求得鱼在以往各龄的平均体长，测定退算鱼类体长生长用的鳞片要完整。

在鳞片上退算生长的测量方向是从鳞焦（生长中心）量到鳞峰（前区）及至各年轮（年轮半径）的距离，用胸鳍棘的横切磨片测量退算生长时，以磨片中心的突出点状结构为生长中心（中心为圆状小空心时，则以向中心延长线估计中心点），以下式原理计算。

$$\frac{L_n}{L} = \frac{r_n}{R} \qquad (6-8)$$

式中，$L_n$ 为鱼在以往某年龄的体长；$L$ 为鱼的实测体长；$r_n$ 为与 $L_n$ 相应的那一年中的鳞片长度；$R$ 为整个鳞片自鳞焦至前区的长度。

鳞片长度的测量，可用双筒体视镜或显微镜，利用接目测微尺量之，也可利用读数仪或描绘器来进行退算。先在位于扩大镜右方和描绘器的镜子下面放置的纸张上，用铅笔勾出鳞片中心的一个小小的轮廓，以及所有的年轮和鳞片的四缘，然后用毫米尺或两脚规在纸上量出从中心到各个年轮，以及到鳞片边缘的直线距离，再按上述公式进行计算。

在进行生长退算时，鱼体长度的测量，以从头部最前端量至尾部最后一个纵鳞片为准。鳞片半径的确定，要求在年轮清晰的部位测量，但这一部位在各类鱼鳞片上而有所不同，如鲤、鲫、鲢、鳙等的测量部位，以从鳞片中心至侧区边缘的水平距离（d2）为最好。草鱼、青鱼等则以从鳞片中心至后侧区边缘（ds）为最好。鳞片半径与年轮距离的测量，有的研究工作者在前区进行，有的则在后侧区进行。虽然鳞片并不是一个正圆形，但却是按一定的比例生长的，所以，测量前区或后侧区都是可以的，但同一批鱼的鳞片材料测量部位应该一致。由于后侧区的年轮最为明显，所以最好在后侧区测量（严志德，1982）。可以用下面的公式来进行计算：

$$L_n = \frac{r_n}{R} \cdot L \qquad (6-9)$$

式中，$L$ 为鱼的实测体长；$L_n$ 为鱼在以往某年度的体长；$R$ 为鳞片的实测半径；$r_n$ 为与 $L_n$ 相应的那一年的鳞片半径（鳞片中心至该年年轮的距离）。

据上式可知，当整个鳞片的长度（$R$），鳞片在指定某年中的长度（$r_n$），以及鱼的实测长度（$L$）三者已测知时，就可据此算出鱼在各该指定年份的长度。例如，有一尾鱼，实测体长 230 mm，经观测有 3 个年轮，鳞片半径为 3 mm，第一个年轮在距鳞片中心 1 mm 处，第二个年轮在 2.1 mm 处，第三个年轮在 2.7 mm 处，则即可代入公式，逆算其各年的体长。

$L = 230 \text{ mm}$

$R = 3 \text{ mm}$

$r_1 = 1 \text{ mm}$

$r_2 = 2.1 \text{ mm}$

$r_3 = 2.7 \text{ mm}$

$$L_1 = \frac{r_1}{R} \cdot L = \frac{1}{3} \times 230 = 76.67 \text{ mm} \qquad (6-10)$$

同理，求得 $L_2 = 161 \text{ mm}$，$L_3 = 207 \text{ mm}$。所以，这尾鱼第一年体长 76.67 mm，第二年的增长数为 $161 - 76.67 = 84.33 \text{ mm}$，第三年的增长数为 $207 - 161 = 46 \text{ mm}$。余下的就是尚未形成年轮的第四年的部分体长增长数。

## 六、鳞与体长的关系（$L$-$R$）

用鳞片半径计算与体长关系的公式，常用的有：

（1）直线回归方程式

$$L＝a＋bR \qquad\qquad (6-11)$$

两个参数（$a$，$b$），根据最小二乘法（对应于 $x$ 值的各个 $y$ 值，距回归方程 $Y$ 值的离差的平方和为最小）原理，可用下式求之：

$$a＝\frac{\varepsilon x^2\varepsilon y－\varepsilon x\varepsilon(xy)}{n\varepsilon x^2－(\varepsilon x)^2} \qquad\qquad (6-12)$$

$$b＝\frac{\varepsilon x(\varepsilon y)－\varepsilon x\varepsilon y}{n\varepsilon x^2－(\varepsilon x)^2} \qquad\qquad (6-13)$$

式中，$x$ 即 $R$；$y$ 即 $L$。

也可以计算回归系数（$b$）—回归线的斜率的方法，求出回归方程的有关参数。即在直线回归中有 $y$ 倚 $x$ 的回归系数 $by·x$ 和 $x$ 倚 $y$ 的回归系数 $bx·y$，其计算式为：

$$by·x＝r·\frac{\delta y}{\delta x} \qquad\qquad (6-14)$$

$$bx·y＝r·\frac{\delta y}{\delta y} \qquad\qquad (6-15)$$

用样本数据进行计算式 $\delta x$ 用 $Sx$ 代替，$\delta y$ 用 $Sy$ 代替（S—样本标准离差）。

应用回归方程进行推算时，应注意以下问题：

① 这些观测单元应是已观测单元所属集团中的一部分，即它们是属于同一集团，并且只在计算这个方程的资料中的自变量范围内，作内插时有效，外延是极不妥当的，应标明自变量的变动范围；

② 观测样品应严格按随机抽样的原则取得，绝无任何人的主观选择；

③ 从鳞片年轮测量来做体长的逆算，技术不正确，或当根据老年鱼的鳞片计算时，会产生低龄时期的体长估计值比该年龄的真正平均长度小，这现象被称为李氏现象。

（2）抛物线相关回归方程式

$$L＝a＋bR＋cR^2 \qquad\qquad (6-16)$$

各个参数值（$a$，$b$，$c$），可用以下联立方程式求之（分组资料应乘 $f$—各组频数，如 $\Sigma R$ 为 $\Sigma fR$ 等）。

$$a\Sigma R＋b\Sigma R＋c\Sigma R^2＝\Sigma L \qquad\qquad (6-17)$$

$$a\Sigma R＋b\Sigma R^2＋c\Sigma R^3＝\Sigma(RL) \qquad\qquad (6-18)$$

$$a\Sigma R^2＋b\Sigma R^3＋c\Sigma R^4＝\Sigma(R^2L) \qquad\qquad (6-19)$$

（3）幂函数相关回归方程式

$$L＝aR^b \ （Mohacthpkhn\ 1930） \qquad\qquad (6-20)$$

此式可改为
$$logL＝loga＋blogR \qquad\qquad (6-21)$$

幂函数相关，渔业生物的生长量和生长时间的关系，一般也有表现为幂函数回归方程的形式，求幂函数相关回归方程（6-20）的 $a$、$b$ 值，首先列计算如表 6-2。

表 6-2　生长量和生长时间计算列表

| 编号 | $R$ | $lgR$ | $L$ | $lgL$ | $lgR·lgL$ | $(lgR)^2$ |
|------|-----|-------|-----|-------|-----------|-----------|
| 1 | | | | | | |

（续）

| 编号 | $R$ | $\lg R$ | $L$ | $\lg L$ | $\lg R \cdot \lg L$ | $(\lg R)^2$ |
|---|---|---|---|---|---|---|
| 2 | | | | | | |
| 3 | | | | | | |
| …… | | | | | | |
| $N$ | | | | | | |
| $\Sigma$ | | | | | | |

然后依下列公式求出 $a$、$b$ 值

$$\log a = \frac{\Sigma \lg L \cdot \Sigma(\lg R)^2 - \Sigma \lg R \cdot \Sigma(\lg R \cdot \lg L)}{N \cdot \Sigma(\lg R)^2 - (\Sigma \lg R)^2} \tag{6-22}$$

$$b = \frac{\Sigma \lg L - (N \cdot \lg a)}{\Sigma \lg R} \tag{6-23}$$

或将幂函数公式变换成对数形式的直线回归式：

$$y = a + bx \tag{6-24}$$

式中，$y$ 即 $\lg L$；$a$ 即 $\lg a$；$x$ 即 $\lg R$。

用最小二乘法，按下式求出 $a$、$b$ 值：

$$N \lg a + b \Sigma \lg R = \Sigma \lg L \tag{6-25}$$

$$(\lg a) \cdot (\Sigma \lg R) + b \Sigma \lg R^2 = \Sigma(\lg R \cdot \lg L) \tag{6-26}$$

以上各式中，$L$ 为鱼体长，单位以 cm 计；$R$ 为鳞半径长度，单位以 cm 计；$N$ 为总尾数；$\Sigma$ 为总和符号；$a$、$b$、$c$ 分别为直线或曲线回归方程的参数。

曲线形式的选择一般以绘图的方法确定，即将各个测定值绘在图上，查看其趋势，从而确定它和某种函教的形状类似，然后依所确定的回归方程公式，求出各个参数。

在直线回归方程中的 $b$ 值，为回归指数（回归线的斜率）。幂函数相关的回归指数 $b$，可以反映不同鱼类或同种鱼在不同阶段和环境中生长的特征，是一个特征参数。回归系数 $a$ 同样在一定程度上反映鱼类种和种群的生长特征，反映鱼类生长的优劣，如同种鱼 $a$ 值较大时，则表明鱼类生长得好，鱼体较肥厚，反之则差。

以上方程式都是表示两种现象（体长和鳞片长度）的关系为单相关，单相关又分直线相关和曲线相关两种。直线相关又分为正相关与负相关。正相关为当增大一种现象的平均值时（如鳞片长度），另一种现象的平均值（如鱼体长度）也增大（增减的方向相同），负相关则与正相关相反。曲线相关则为增大一种现象（如鳞片长度）的平均值时，另一种现象（如鱼体长度）也随着增大或减少，但达到一定限度后，又减缓或减少（或增大），亦即在曲线的各段有时为正相关，有时为负相关，如抛物线，幂函数曲线等等。

上述 3 个退算体长的（$L$-$R$）公式，经检验对照根据每种鱼不同，而每公式显示的最优情况不同。故在计算使用时，对不同的鱼可以运用不同公式。如直线回归方程用于鲢鳙为最佳，抛物线回归方程用于草鱼为最佳，幂函数回归方程用于肉食性或凶猛性鱼类为最佳。

## 七、体长与体重的关系

由于分析鱼类生长规律时，测定鱼的体长较测体重准确，且操作容易，故多测体长，但是在渔业生产上是仅计量体重的，体重是主要因素。因此，弄清鱼的体长与体重的关系是有其一定意义的，鱼的体长和体重的关系，实际是线性相关，在计算鱼的体长和体重关系时，要先用实测的体长和体重数据绘出相关图，从而分析其线性相关的形状，选定公式，然后求出各参数。

鱼的体重一般是按其体长的立方幂次增加。常见的鱼类体长和体重关系计算式为

$$W = aL^b \qquad (6-27)$$

也可将上式变化成对数式的直线回归计算：

$$\log W = \log a + b \log L \qquad (6-28)$$

式中，$W$ 为鱼体重量；$L$ 为鱼体长度；$a$ 为常数；$b$ 为指数。

在计算所得的指数 $b=3$ 时，表示这鱼的生长为等速生长（均匀生长型），即表明这种鱼的生长特征为体形和体重不变，多数种类接近此型，至于有些种类的 $b$ 值大于或小于3，则其生长情况为异速生长，与鱼类营养条件有关，在同一种的不同群体之间或同一种群的不同年份之间有显著的差别。

## 八、鱼的生长率

鱼类在其一生的生长中是有阶段特征的，在不同的生长阶段，其体长和体重的变化具有相应的特点，或表现为生长的快慢，或表现为发育上的变化，用来表示或划分鱼类生长阶段的指数，通常称为鱼的生长率。在研究不同水域中的同一种鱼的生长率或不同种类的鱼的生长率时，大多采用对比同龄鱼的体长或体重及对比它们在同一年龄上所增加的体长或体重的方法。鱼的各项生长率可用推算鱼各年龄的体长和理论体重来计算。关于鱼的生长率常用的表示方法有如下几项：

（1）年增长量（绝对增长量）：即1尾鱼在1年（或1季）中的体长（或体重）减去前1年的体长（或体重），以 $L_2-L_1$ 或 $W_2-W_1$ 表示。式中 $L$ 为体长；$W$ 为体重。

（2）相对增长率：即1尾鱼在1年（或1季）中的体长（或体重）增长量除以1年时的体长（或体重）的百分数，以 $\dfrac{L_2-L_1}{L_1}\times 100\%$ 或 $\dfrac{W_2-W_1}{W_1}\times 100\%$ 表示。

（3）年生长比速（瞬时增长率）：在单位时间（一般为年）鱼的年生长末期体重（或体长）和鱼在该年起始时的体重（或体长）的自然对数，两者相减即得。年生长比速表示1年的生长速度或1年中各段时间的平均生长速度，其计算式为：

$$\frac{\log_e W_2 - \log_e W_1}{t_2 - t_1} \qquad (6-29)$$

或

$$\frac{\log_e L_2 - \log_e L_1}{t_2 - t_1} \qquad (6-30)$$

式中，$t_2$，$t_1$ 表示计算生长比速的那一段时间，其差为开始时和结束时的时距。

为了用普通对数来计算，上式可以改为：

$$\frac{\lg W_2 - \lg W_1}{0.434\ 3\ (t_2 - t_1)} \qquad (6-31)$$

式中，0.434 3 系由自然对数变到普通对数的转换系数，如测长度的生长比速，将体重（$W$）换为体长（$L$）即可。

根据鱼的体长资料，也可简便的估算体重的年生长比速，即将体长与体重关系式 $W = aL^b$ 的对数式 $\log_e W = \log_e a + b\ (\log_e L)$，代入上面的 $\log_e W_2 - \log_e W_1 = \log_e a + b\ (\log_e L_2) - \log_e a + b\ (\log_e L_1) = b\ (\log_e L_2 - \log_e L_1)$，$b$ 在计算 $W = aL^b$ 式中是已知值。

相对增长率和年生长比速，多用在计算体重方面。

（4）生长常数：生长比速乘上从生长开始时所经历的时间，即为生长常数。其计算式为：

$$(\log_e L_2 - \log_e L_1)\ \cdot\ \frac{t_2 - t_1}{2} \qquad (6-32)$$

或

$$\frac{\lg L_2 - \lg L_1}{0.434\ 3\ (t_2 - t_1)}\ \cdot\ \frac{t_2 + t_1}{2} \qquad (6-33)$$

这个常数在同一生长阶段中是不变的。不同生长阶段的鱼的平均生长常数各不相同，大多数鱼类有 2 个生长阶段，有些甚至有 3 个生长阶段。利用生长常数结合鱼的性成熟特征或老年期生长发育特征，可以划分每种鱼的生长阶段。

生长常数只能用来划分特定水域中某种鱼类的生长阶段，而不表明各阶段中生长的快慢。

（5）生长指标：是用鱼在年份开始时的长度（而不用时间），计算比较 1 年间，同一种鱼在不同生长阶段中的生长情况的指标。其计算式为：

$$(\log_e L_2 - \log_e L_1) \qquad (6-34)$$

或

$$\frac{\lg L_2 - \lg L_1}{0.434\ 3}\ \cdot\ L_1 \qquad (6-35)$$

上式也同样适用于比较同一种鱼在不同水域中的生长情况。要注意计算生长比速、生长常数和生长指标，在任何场合下所用的都是每个年龄的平均长度，而不是个别个体的长度。如欲比较不同种或不同属鱼类的生长时，可利用其性成熟以后阶段（第二阶段）的生长指标，这是因为这一阶段中的生长指标，同一种鱼即使是在不同的水域中，也很少变化。

（6）年增积量：即相邻两年鱼的体长增长量和体重增长量的积。其计算式为：

$$(W_2 - W_1)\ \cdot\ (L_2 - L_1) \qquad (6-36)$$

式中，$L_1$、$L_2$ 为相邻两龄鱼的体长；$W_1$、$W_2$ 为对应相邻两龄鱼体长的体重。

计算鱼的生长率和生长指标可用表 6-3 至表 6-6 的格式列表。

表 6-3　生长比速和生长常数表

| 年龄 | 长度（cm） | 生长比速 | 生长常数 | 按阶段而分的平均常数 |
|---|---|---|---|---|
| …… | | | | |

表 6-4 不同水域中鱼的生长指标变化情况

| 年龄 | ××河 | | | ××湖 | | |
|---|---|---|---|---|---|---|
| | 长度 (cm) | 生长指标 | 平均生长指标 | 长度 (cm) | 生长指标 | 平均生长指标 |
| | | | | | | |
| | | | | | | |

表 6-5 不同种的成熟鱼生长指标的比较表

| 鱼名 | | | | | | |
|---|---|---|---|---|---|---|
| 生长指标 | | | | | | |

表 6-6 鱼的各项生长率表

| 年龄 | 体长 | | | | | | 体重 | | | | 年增积量 |
|---|---|---|---|---|---|---|---|---|---|---|---|
| | 平均推算体长 | 年增长 | 相对增长率 | 生长比速 | 生长常数 | 生长指标 | 理论体重 | 年增长 | 相对增重率 | 生长比速 | |
| | | | | | | | | | | | |
| | | | | | | | | | | | |
| 几何均数 | | | | | | | | | | | |

几何均数为几个观测值的乘积开 $n$ 次方而得，主要用来计算平均生长速度、增长率、平均比速等，计算式为：

$$G = \sqrt[n]{X_1 \cdot X_2 \cdot X_3 \cdot \cdots \cdot X_n} \qquad (6-37)$$

上式可换算对数式为：

$$\lg G = \frac{1}{n}\Sigma \lg x_i \qquad (6-38)$$

其分组数列式为：

$$\lg G = \frac{1}{\Sigma f_1}\Sigma(f_1 \lg m_2) \qquad (6-39)$$

式中，$f_1$ 为组频数；$m_2$ 为组中值。

# 第五节  鱼类形态特征调查

鱼类的外部形态是其与环境长期协同进化最直接的表现形式之一（帅方敏等，2017），比如有些鱼类身体体态是扁平的，就是为了适应底栖生活，还能伪装在沙子里更好的捕食。鱼类的外部形态特征与其营养级位置、现实生态位、选择压力以及所处环境都存在广泛的联系。例如植食性鱼类相对肠长较长，而肉食性鱼类相对肠长较短；口裂的大小与食物大小呈正相关；眼位、眼径、口位和口须与食物在水体中的垂直位置相关（Fryer et al.，1972；Gatz，1979；Winemiller et al.，1995；Piet，1998）。通过分析形态特征与生态因子变量（捕食策略、摄食方式、运动行为、繁殖习性等）的关系，可为分析物种种群的形态功能多样性和生物多样性研究提供重要的依据（张堂林等，2008；Farré et al，2013）。

另外，形态特征也是鱼类最直观的种质表现之一（熊鹰等，2015），形态特征及形态性状可提供目标种类识别的关键形态参数，同时也可为其系统进化分析、种质资源鉴定、遗传育种目标性状筛选等研究提供技术支持（李思发，1998）。鱼类形态的变化是对选择压力的响应，并导致趋同现象的出现，即系统发育上不亲近的物种具有形态的相似性，鱼类形态特征调查能够让我们更加清楚地了解生态因子（生物与非生物）与功能性形态之间的关系，因此鱼类形态调查是鱼类多样性调查和渔业资源调查的重要内容之一。

近年来，得益于数字摄影和图像处理技术以及形态学统计理论的发展，使得大量、快速、准确地调查鱼类外部形态特征成为可能。利用传统测量方式、框架测度法、几何形态测量法、统计分析等手段，通过对鱼类外部形态特征进行系统测度与分析，可以为种质资源保护与选育提供形态学证据与判别依据，同时，可为不同种群的个体进行系统判别提供依据。

鱼类形态测量是进行一般鱼类分类鉴定、形态特征描述的前提和科学依据。对调查研究的鱼类首先要进行测定，然后进行检索，鉴定分类确定种属。鱼类形态测量的部位有外部和内部之分，测量内容有可量性状与可数性状之分。另外，还要做体色、形态结构的描述。鱼类形态的测量内容，依调查研究任务需要而确定。

## 一、鱼类形态特征及常用的测量部位

鱼类外部形态特征及常用测量部位（图6-1）：

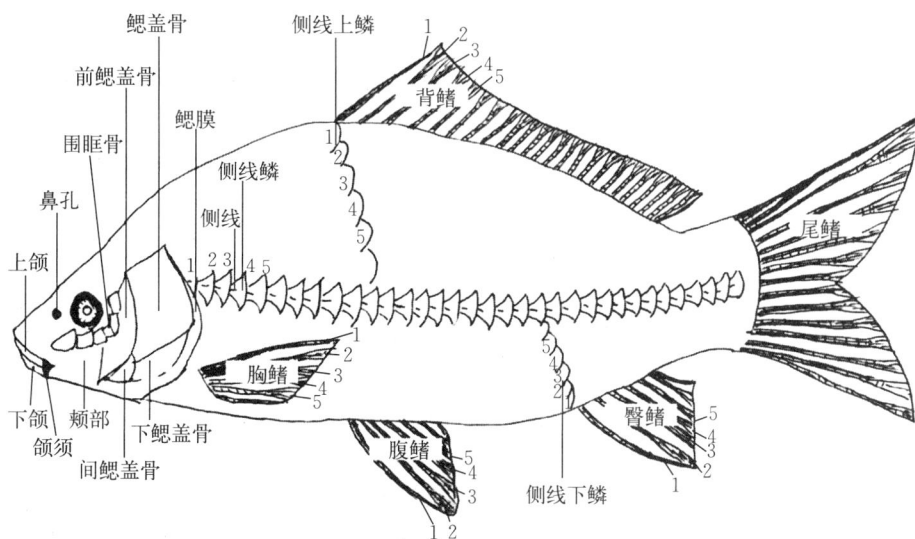

图6-1 鲤的外部形态

鱼类的身体可以划分成头部、躯干部和尾部等三个部分。头部和躯干部的分界在圆口类和板鳃类等没有鳃盖的种类中为最后一对鳃孔，而在具有鳃盖的硬骨鱼类中，则为鳃盖骨的后缘。躯干部和尾部的分界一般以肛门或尿殖孔的后缘为限。对少数肛门特别前移的种类，以体腔末端或最前一枚具脉弓的椎骨为界。

鱼类的头部主要有口、须、眼、鼻孔和鳃孔等器官，主要分成下列各部分：

① 吻部（snout）：头部最前缘到眼前缘。

② 眼后头部：眼的后缘到鳃盖骨后缘或最后一鳃裂。

③ 眼间隔（interobital space）：两眼间最短距离。

④ 须：可以根据口须的位置、形状、长短、数目作为分类特征。根据须着生的部位，鱼须分为：

吻须：着生在吻部背方或腹面，口周缘的须；

颌须（口角须）：着生在两口角处；

颐须（颏须）：着生在颐部（颏部）；

鼻须：着生在鼻部。

⑤ 颊部（cheek）：眼的后下方到前鳃盖骨后缘。

⑥ 上颌：由上颌骨和前颌骨共同组成的口裂上缘。

⑦ 下颌：每侧包括 3 块骨骼（齿骨、关节骨和隅骨）。

⑧ 下颌联合（mandibula sysmphysis）：下颌左右两齿骨在前方汇合处。

⑨ 颏部（颐部 chin）：紧接下颌联合的后方的两口角处，在下颌和左右两侧鳃膜附着点之间的区域。

⑩ 喉部（jugular）：腹面左右两鳃盖间的部分。

⑪ 鳃膜（branchial membrane 鳃盖膜、鳃条膜）：鳃盖后缘的皮褶或游离的膜，当鱼吞水时鳃膜盖住鳃孔。有的鱼类其左右鳃膜不连于峡部，如果左右鳃膜不在头腹面相愈合，而分别直接于峡部两侧相连，则称鳃膜连于峡部。

⑫ 鳃（gill）：包括鳃耙、鳃丝、鳃弓 3 部分。

⑬ 鳃孔：真骨鱼类呼吸时，水进入经过鳃，从鳃腔流出到外面的开孔称鳃孔，鳃孔因鱼而大小不同。

⑭ 鳃盖：覆盖着鳃腔的骨骼，鳃盖一般由 4 块鳃盖骨构成；即主鳃盖骨、下鳃盖骨、前鳃盖骨和间鳃盖骨。

⑮ 鳃耙：位于鳃弓内面及外侧的骨质突出，有不同的形状，呈细长或薄片状，借以滤取浮游生物，也有的呈结节状，甚至呈附生牙齿。

其中鳃丝是鳃的主要部分，内部密布毛细血管，水中溶解氧在鳃小片处进行气体交换，氧气进入毛细血管并随血液循环运往全身。此外鳃丝还具有滤食的功能，水中的浮游生物通过鳃丝过滤，进入口腔进行摄食。例如鲢、鳙是完全靠鳃来摄食的。淡水硬骨鱼鳃丝还可以吸收淡水中的氯化物，达到鱼体水盐平衡。

鳃耙是硬骨鱼类每 1 个鳃弓的内缘生有的两排并列的骨质突起，为鳃部的过滤器官，用以阻挡食物和沙粒随水流经鳃裂流出，以免损伤鳃瓣。其长短疏密因种和食性而异。如杂食性鲢鱼，鳃耙的疏密程度适中；肉食性鱼，鳃耙短而疏，仅具有保护鳃瓣作用，而无过滤食物的功能；以小型浮游生物为食的鱼类，鳃耙细而长，结成网状的"细筛"，用以阻挡微小食物随水流带出鳃外。鳃弓是支持鳃的回旋形骨状骨或软骨结构。

⑯ 伪鳃：位于鳃盖内侧残留的鳃。

⑰ 联合部：下颌前端中央左右下颌骨接合点。

⑱ 鳍：有奇鳍和偶鳍之分，奇鳍指背鳍、臀鳍、尾鳍及脂鳍；偶鳍指胸鳍、腹鳍。

背鳍：用"D"表示，多数鱼类为1个背鳍，但也有2个背鳍的，前面的称为第一背鳍，后面的称为第二背鳍。

腹鳍：用"V"表示，通常位于腹部，但在有些鱼上，腹鳍常移向前方至胸鳍基部下方，少数种向前移至喉部或在颏部。有的鱼其腹鳍变成一吸盘，也常有的鱼腹鳍缺失。

尾鳍：用"C"表示，鱼体末端尾柄的鳍，尾鳍形状随其种类而异，常见的尾鳍形态有圆形、截形、叉形及凹形等，根据不同鱼类尾部椎骨的向后伸长情况，尾型又分为正尾形（尾部最后一个椎骨只在尾鳍基部上翘，尾鳍上下叶对称）、歪尾形（尾部的椎骨末端向背上方弯曲，从外形上看，上下叶不对称，上叶显著较下叶大。

脂鳍：位于背鳍后方正中，为一无鳍条的肉质突起，通常不大，但在鲇科中偶尔也有长的脂鳍。

副鳍（小鳍）：位于背鳍和臀鳍后方，仅由一枚鳍条组成的鳍。

⑲ 尾柄：臀鳍后方至尾鳍基部的部分。

⑳ 腹棱：肛门向前到腹鳍基部或胸鳍基部的腹面隆起的皮质棱脊似刀刃状，即为腹棱，从腹鳍基到肛门的腹棱或仅在肛门前有少许腹棱的，称为半棱或称为腹棱不完全，如翘嘴红鲌；腹棱从胸鳍到肛门的，称腹棱完全，如红鳍鲌。

㉑ 腭：口腔的上顶壁，通称上腭。

㉒ 腭膜：在腭前部的一皮褶。

㉓ 鳃上器官：由四对咽腮骨，上腮骨卷曲而成的螺管状器官（仅鲤形目的鲢亚科鱼类独有）。

㉔ 鳃上辅助呼吸器官：由鳃弓的一部分特化而成，具有辅助呼吸的作用，如胡子鲇、鳢等有之。

㉕ 眼下刺：埋于眼眶下缘的刺。

㉖ 倒刺：背鳍起点前方的一根向前倒卧的硬刺（有时埋在皮肤内）。

淡水鱼类的口一般位于吻端，由上下颌组成，它既是捕食器，也是鱼类呼吸时入水的通道。有些鱼类的口附近着生有须，如鲤和鲇具须两对，埃及胡子鲇有须四对。须具有感觉和味觉作用，并可辅助寻觅食物。鱼类的眼睛位于头的两侧，没有眼睑，不能闭合，也不能较大的转动。眼的角膜平坦，水晶体呈圆球形，它的曲度不能改变，因此可以推测鱼类总是近视的。鱼眼的前上方左右各有一个鼻腔，其间有膜相隔，分为前后两鼻孔，后者不与口腔相通，故鱼类的鼻孔没有呼吸作用，只有嗅觉功能。头的后部两侧鳃盖后缘有一对鳃孔（只有鳝特殊，其左右鳃孔合成一个，位于腹面），它是呼吸时出水的通道。

躯干部和尾部主要有鳍、鳞片和侧线器官。鳍是鱼类的运动器官，按其所着生的位置，可分为背鳍、胸鳍、腹鳍、臀鳍和尾鳍。鱼在水中游动时，各鳍相互配合，保持身体的平衡并起推进、刹制或转弯的作用。大多数鱼类的体表都披有坚实的鳞片，它是皮肤的衍生物，通常呈覆瓦状排列。有些鱼类（如鳗鲡和黄鳝）的鳞片退化，也有残留少数鳞片的鱼类，如镜鲤。不管是有鳞还是缺鳞的鱼类，体表都能分泌大量的黏液，具有润滑和保护鱼体的作用。侧线是鱼类特有的感觉器官。它是深藏于皮下的管状系统结构，与神经系统紧密连接。有许多小管穿过鳞片与外界相通。这些小孔在体侧表面排列成线状。常见的淡水鱼类只有一条侧线，从头后部大致沿体侧中线直到尾鳍基部，但尼罗罗非鱼的侧线中断，分上下两段。侧线具有听觉和触觉功能，能感觉水的振动波、水流方向和水压的变化。

## 二、形态特征调查内容

鱼类常用形态特征可量性状见图 6-2。

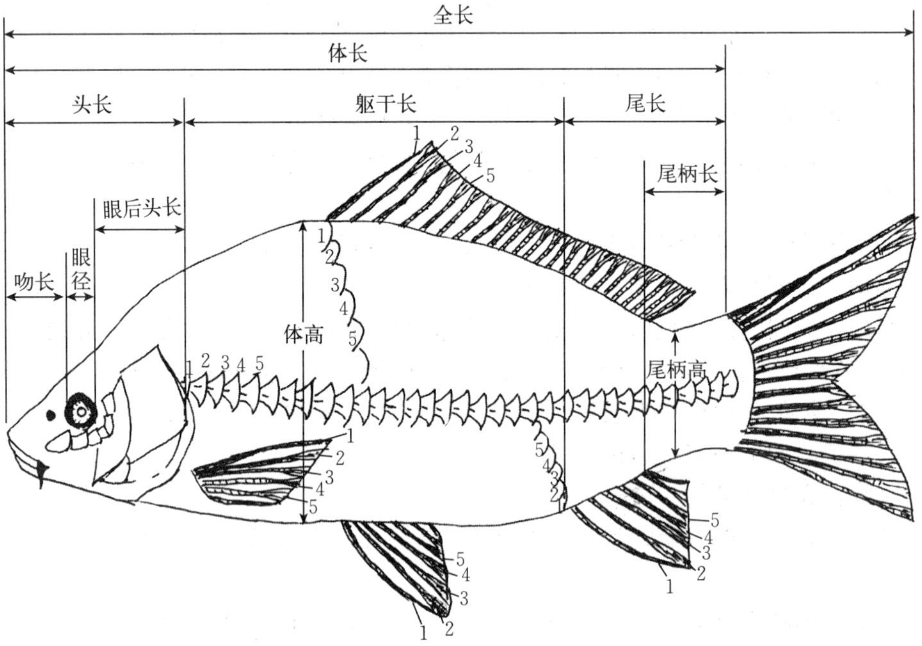

图 6-2　鱼类常用的测量部位

**1. 可量性状**

① 全长：从吻端至尾鳍末端的直线长度，鱼类全长多为辅助项目。

② 体长（标准长）：亦称为标准长，吻端到尾鳍基部或最后一椎骨后缘的长度。每类鱼的体长测量法有所不同，尾椎骨明显的鲤形目等种类以体长代表鱼体长度。

鲤科鱼类的体长：量自吻端至尾柄最后一个纵鳞后缘的直线长度，也有的是量自吻端至尾鳍基之间的直线长度。

无鳞鱼类的体长：自头部最前端量至最后一个椎骨末端褶痕之间的直线长度。

圆口类及鲟科鱼类的体长：吻端至尾鳍上叶末端之间的直线长度。

鲑科鱼类的体长：吻端量至尾叉中央末端的直线长度。

鲈形目及鲇形目鱼类的体长：吻端至尾柄最后一个纵鳞后缘的直线长度。

③ 头长：吻端到鳃盖骨或最后一鳃孔后缘的长度。

④ 躯干长：是指鳃盖后缘至肛门的长度。

⑤ 尾长：肛门以后至尾鳍基的长度。

⑥ 叉长：鱼体吻端至尾叉的直线长度，鲱科等尾叉明显的种类以叉长代表鱼体长度；

⑦ 吻长：眼前缘到吻端的直线长度。

⑧ 眼径：眼眶的前缘至后缘的直线距离，沿鱼体纵轴方向眼的直径。

⑨ 眼后头长：头在眼以后的长度。眼后缘到主鳃盖骨后缘的直线长度。

⑩ 肛长：鱼体吻端至肛门前缘的长度，尾鳍、尾椎骨不易测量的鳗鲡目种类以肛长代表鱼体长度。

⑪ 体高：是指鱼体的最大高度，通常是测量背鳍起点处到腹面的垂直距离。

⑫ 尾柄高：尾柄部分的最低高度。

⑬ 尾柄长：即尾长，鲤科鱼类是从臀鳍基部后端至尾鳍基部两垂直线之间的长度，其他鱼类是量到最后一枚鳞片后缘的长度。

⑭ 背吻距：自吻端量至背鳍前部起点之间的长度。

⑮ 背尾距：自背鳍起点量至尾柄最后一枚鳞片之间的直线长度。

⑯ 眼间距：鱼体两侧眼眶背缘之间的直线距离。

⑰ 臀鳍尾长：从臀鳍起点到背鳍基部末端的距离。

⑱ 背鳍高：背鳍最长鳍条（刺或棘）自基部至末端的长度。

⑲ 臀鳍高：臀鳍最长鳍条自基部至末端的长度。

⑳ 口裂宽：指开口的最大横断距离，量时口要闭上。

另外，根据不同鱼类的体形特征，有的还要测量胸鳍长、腹鳍长、上颌长、下颌长等。进行鱼体长度测量时，应使鱼体及尾鳍自然伸直，平置量鱼板上，将口闭合，吻端或下颌前端紧贴垂直挡板，然后测量。

㉑ 体重：一般称量鱼的总体重（包括内脏在内）。纯体重指除去性腺、胃、肠、心、肝、鳔及体腔内脂肪层的空壳重。体重测量一般为测量湿重，测量是先用滤纸吸干或拭干鱼体表面、口腔及鳃腔内的水分，然后称重。

除了常见的体长体高等测量外，还可以对鱼类的外形特征进行框架数据测量。框架形态度量学通过选取一定数量的同源特征点，将鱼体划分为不同区域，从不同方向去度量鱼体外部形态，结合主成分分析及判别分析等多元分析方法可以精确反映形态特征差异，这一方法在鱼类学研究上已被广泛采用。一般选取吻端、枕部、背鳍起点、背鳍终点、尾鳍背部起点、尾鳍腹部起点、臀鳍起点、腹鳍起点以及胸鳍起点等 9 个特征点为起点（图 6-3），相互之间的距离基本可以包括一条鱼外部形态。

㉒ 肥满度：鱼的肥满度为其重量与体长之比的百分数，是用以比较同一种鱼在不同时期或不同水域的肥瘦情况的一个指标。其计算式为：

$$K=\frac{W}{L^3}\times100\% \qquad (6-40)$$

式中，$K$ 为肥满度系数；$W$ 为鱼体全重或鱼体空壳（去内脏）重，以 g 为单位；$L$ 为体长，以 cm 为单位。

计算鱼的肥满度系数，对鱼的重量测定有两种方法，一种为用鱼的全重计算，称为福

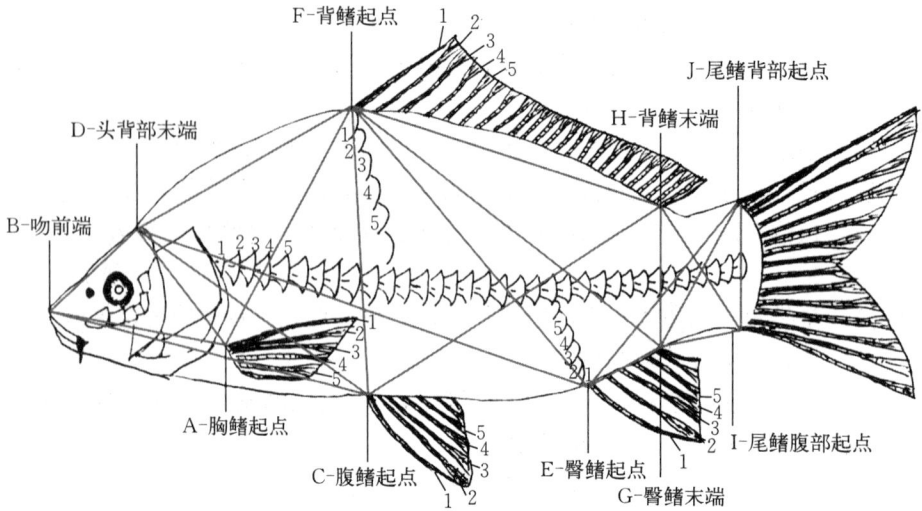

图 6-3　鲤的框架结构图

B—D：吻端至鳃盖前端上侧的距离。

A—D：鳃盖前端上侧至胸鳍起点的距离。

C—E：腹鳍起点至臀鳍起点的距离。

C—D：鳃盖前端上侧至腹鳍起点的距离。

F—H：背鳍基长。

I—J：尾鳍基部上端至尾鳍基部下端的距离。

E—G：臀鳍基长。

G—J：臀鳍基部后至尾鳍基部上端的距离。

G—H：背鳍基部后至臀鳍基部后的距离。

A—C：胸鳍起点至腹鳍起点的距离。

H—I：背鳍基部后至尾鳍基部下端的距离。

E—F：背鳍起点至臀鳍起点的距离。

D—F：鳃盖前端上侧至背鳍起点的距离。

E—H：背鳍基部后至臀鳍起点的距离。

D—E：鳃盖前端上侧至臀鳍起点的距离。

B—C：吻端至腹鳍起点的距离。

H—J：背鳍基部后至尾鳍基部上端的距离。

F—G：背鳍起点至臀鳍基部后的距离。

G—I：臀鳍基部后至尾鳍基部下端的距离。

勒统（Fulton）公式或汤姆生（Thompson）公式。为了避免受鱼腹内食物充塞量或性腺发育（卵巢，精巢）的影响使 $K$ 值产生一定的差异，还有一种测量是以去内脏后鱼体空壳重量计算的方法，称为克拉克（Clark）公式。

肥满度系数系条件因子，用 Fulton 公式测定的 $K$ 值，亦称为 Fulton 条件因子，它是 $W = aL^b$ 幂函数式（体长与体重公式），当指数 $b = 3$ 时（等速生长因子）的参数 $a$，即

$$a = \frac{W}{L^3} \qquad\qquad (6-41)$$

在上式中 $L$ 已定的鱼，其重量越重（因子越大），也就表明所处的条件越好。在计算肥满度系数时，对鱼的长度和重量的标准测法，最常用的是测鲜鱼的全重和测从鱼头部最前端至尾鳍末端凹处的叉长。

用去内脏重除以叉长立方所得的 $K$ 值，通常称 Clark 条件因子。

Fulton 条件因子适合于对同种的不同个体鱼做比较。在平均条件或标准条件下，应用幂函数公式 $W = aL^b$，指数 $b = 3$ 是最常见的，Fulton 条件因子可以用来比较大体上为同一长度的鱼，它也能指明与性别、季节及捕捞地点有关的差别，甚至当理论上认为异速生长因子（$b$ 值大于或小于 3）时，也常用 Fulton 条件因子作为近似计算。

**2. 可数性状的计数**

① 侧线鳞：指沿侧线直行的鳞片数目，从鳃孔上角的鳞片起一直到最后一枚有侧线的鳞片数。

② 侧线上鳞：从背鳍或第一背鳍起点处的鳞片依次斜顺数至紧接侧线的一枚鳞片为止（介于沿侧线两个相邻的鳞片之间）的鳞片数。

③ 侧线下鳞：侧线下面的横行鳞片数，一般是从接触到侧线的一枚鳞片，向下依次斜顺数到腹部正中线为止；如果只数到腹鳍的起点为止，则需在数目字的后面加上一个"V"形符号。

④ 鳞式：侧线鳞的记载，即：侧线鳞数 $\dfrac{\text{侧线上鳞数}}{\text{侧线下鳞数} - \text{V}}$

例如某条鱼的侧线鳞，鳞式记载为：$96\,\dfrac{23\sim28}{18\sim23-\text{V}}\,104$，表明沿侧线直行的鳞片是 96～104 枚，侧线上的横列鳞是 23～28 行，侧线下面到腹鳍起点的横列鳞是 18～23 行。

⑤ 纵列鳞：没有侧线或侧线不完全的鱼类，从鳃孔上端向后沿体侧中轴计数至体后最后一枚鳞片的一列鳞。

⑥ 横列鳞：没有侧线的鱼，从背鳞或第一背鳍起点处的鳞片开始，向下方依次斜数到腹鳍处为止的鳞片。

⑦ 背鳍前鳞：背鳍（第一背鳍）起点前方，沿背中线至头后的一列鳞片。

⑧ 围尾柄鳞：围绕尾柄最窄处一周的鳞。

⑨ 鳍条数：各种鱼的背鳍、臀鳍、胸鳍、腹鳍及尾鳍的鳍条数目也是鱼类形态分类的依据，鳍条根据其不同特点可分为分枝鳍条和不分枝鳍条两种，要分别记述，在鲤科鱼类中，不分枝鳍条和分枝鳍条均用阿拉伯数字表示，例如鲤鱼的背鳍不分枝鳍条有 4 根，分枝鳍条有 15～19 根，记录时则写为背鳍条 4，15～19；臀鳍的不分枝鳍条为 3 根，分枝鳍条为 5 根，记录时则写为臀鳍条 3，5。其他的鱼类，不分枝鳍条用罗马数字表示，分枝鳍条用阿拉伯数字表示，如鳜背鳍不分枝鳍条有 12 根，分枝鳍条有 13～14 根，则记为 XII，13～14。有的数上鳍条记述用如下符号如 DXIII，12，即为背鳍 XIII，12。AIII，7，即为臀鳍 III，7。其他各鳍代用的符号见前述。但也有时可见胸鳍用"P"，腹鳍用"$P_2$"

表示的。鲤科鱼类形态测量鳍条计数，主要是记述背鳍和臀鳍的，许多鱼的分枝鳍条，往往最后的两根是从一个基础上生出，对此多是按作一根鳍条计数。

⑩ 棘：是位在背鳍或臀鳍前部的，末端不分枝、坚硬不分节或分节，基部由一根鳍条或左右两根组成背鳍棘或臀鳍棘在文献上记述较多。棘在不同的种属间有上述不同情形。又称不分节由一根形成的为棘，称分节由左右两根形成的为刺。有的鱼的刺条后缘具有锯齿，在鱼体外形测量时要注意观察记述。前面所讲的不分枝鳍条的记述，指这种棘或刺，即用罗马字记述。

⑪ 鳃耙数：鳃耙是指鱼鳃弓前缘的刺状突起，在不同种类的鱼上鳃耙有长短、疏密和软硬程度的差异；白鲢的鳃耙非常细密，相互交织连成多孔的膜质孔，鳃耙的计数一般是指第一对鳃弓（最外侧的）外侧（靠近鳃盖一侧）的鳃耙数。

⑫ 下咽骨及下咽齿（咽喉齿）：下咽骨是一对呈弓形的骨，是由最末一对鳃弧的下面部分变化而成，位于鳃腔后部紧贴着肩带骨的地方，下咽齿着生于下咽骨上，其形状和行数随不同种类的鱼而异，在鲤科鱼类中，下咽齿是分类的依据之一，下咽齿通常有1～3行，极少有4行的。主要的1行下咽齿，不但形状较大，而且个数较多，一般有4～7枚，在鱼体上这一行的齿位于内侧。在检查下咽齿时，要先掀开鳃盖，将下咽骨与肩带骨剥离，再用镊子取下咽骨的一端，然后取另一端，取出放在开水中煮1～2分钟，剥掉附在下咽骨上的肌肉，即可看清。剥离附着的肌肉时，要注意勿剥掉咽齿。

⑬ 齿式（下咽齿记述的写法）：用数字表示鱼类下咽齿的数目和排列方式。下咽骨为一对，左右各一个。如果左边下咽骨上的下咽齿第一行有2枚，第二行有3枚，第三行有5枚；右边下咽骨上的下咽齿第一行为2枚，第二行为3枚，第三行为4枚，则其齿式记为2·3·5/4·3·2。

在对鱼的外形测量观察时，还要注意记述以下内容：

⑭ 色彩：要注意记述鱼体有明显色彩的部分。如鲤鱼尾鳍下叶有明显的橘红色；鳔鲏鱼有的种类在鳃盖后缘上方有黑色斑点，背鳍上有一黑色斑点或背鳍边缘为白色；也有些鱼类在繁殖期呈现明显的第二性征色彩，记述色彩要注意以新鲜鱼为标准。

⑮ 口的位置：记明是上位、端位还是下位、半下位。

⑯ 追星（珠星）：有的鱼类在生殖期其雄性个体的吻部、眼眶周围或鳍上出现的粒状物，系由表皮角质化形成。

⑰ 乳突：有些鱼类在上唇或下唇着生的肉质突起，也有的鱼类在上、下唇都着生。

⑱ 内部形态解剖体腔膜的颜色观察：有的鱼体腔膜为黑色，有的为银白色。

⑲ 鳔：位于消化管背面、肾脏腹面的囊状泡，凡只有1个鳔囊的称鳔1室，有2个鳔囊的称鳔2室，鳔室最多的为3室。对鳔的形状描述必要时要测量其长、宽比例。

⑳ 鳔咽管（鳔管）：指在鳔腹面（鳔前室或第二室前端）与食道背面相连通的一细长管。

㉑ 消化管：观察胃、肠的形状，测量其长度，有的鱼有胃部，有的鱼没有胃部而在肠前部形成膨大的肠管，胃和肠统为消化管，肠的构造因鱼的种类不同、食性不同而不同，一般植食性鱼类的肠道长，肉食性鱼类的消化管则较粗短。

### 三、形态特征测量方法

鱼类外部形态测定选取的界标点应涵盖鱼类的头部（包括口裂、眼径、头高、头长等）、鳍（鳍位置、大小、形状）、体形等整体外部信息。同时框架数据在测量时由于起点多，加上全长、体长、头长、眼径、体高、尾柄长及尾柄高等常规形态参数，因此测量的指标也多。这些指标的手工测量加上数据录入工作需要耗费大量时间，且持续重复劳动容易增大人为误差。

在实际中一般是：①将采集到的鱼类样本逐尾放置于事先设置好标尺（标尺长度大于 1 cm）的白色底板上，保持鱼体水平，口部闭合，尾鳍自然伸展，使鱼体与标尺平行，且标尺靠近头部一侧。②将枕部、背鳍终点、臀鳍起点、腹鳍起点和胸鳍起点进行标志。③待样本摆放好并对特征点标志完毕后使用相机镜头垂直向下对准鱼体拍摄得到样本图像。④将图像资料带回实验室。⑤将拍摄的样本图像分别导入到图形分析软件中，导入样本图像后，依次测量各项框架形态参数以及图像中标尺上 1 cm 长度，将样本图像中标尺上的 1 cm 作为该框架形态参数测量值的校准系数。⑥测量结束后将测量数据批量导出至存储文件中进行存储。这样极大地提高了测量效率，避免了大批量样本的运输和保存问题，同时结合特征点标志，可以确保测量结果的准确性。

### 四、形态数据处理方法

近二十年来，随着形态度量方法和数据统计分析方法的不断发展，目前针对鱼类框架结构数据，相继出现了许多对表型数据进行综合分析的形态度量方法，如主成分分析、判别函数分析、典型相关分析以及多重线性回归分析等，这些方法较大地提高了分析判别的效果，对鱼体形态特征能有更全面的描述。

#### 1. 主成分分析

主成分分析（principal component analysis，PCA），是通过正交变换将一组可能存在相关性的变量转换为一组线性不相关的变量，转换后的这组变量叫主成分。在分析多个变量时，变量个数太多就会增加问题的复杂性，同时变量之间往往具有一定的相关关系，主成分分析就是借助于一个正交变换，将具有相关关系的变量或者重复的变量组合起来变成新的、两两不相关的综合变量，而且这些新变量仍然能反映原有的信息，这在代数上表现为将原随机向量的协方差阵变换成对角形阵，在几何上表现为将原坐标系变换成新的正交坐标系，使之指向样本点散布最开的正交方向，然后对多维变量系统进行降维处理，使之能以一个较高的精度转换成低维变量系统，再通过构造适当的价值函数，进一步把低维系统转化成一维系统，也是数学上用来降维的一种统计方法。

主成分分析的主要作用：一是能降低所研究的数据空间的维数。即用研究 m 维的 Y 空间代替 p 维的 X 空间（m<p），而低维的 Y 空间代替高维的 X 空间所损失的信息很少。二是主成分分析也是多维数据的一种图形表示方法。我们知道当维数大于 3 时便不能画出几何图形，鱼类形态统计分析的变量远远大于 3，要把研究的问题用图形表示出来是不可能的。然而，经过主成分分析后，我们可以根据主成分的得分，选取前两个主成分画出 n 个样品在二维平面上的分布状况，由图形可直观地看出各参数在主分量中的地位，进而还

可以对样本进行分类处理，可以由图形发现远离大多数样本点的离群点。

**2. 判别函数分析**

判别函数分析（discrimination function analysis，DFA），是一种统计判别和分组技术，就是按照一定的判别准则，在分类确定的条件下，建立一个或多个判别函数，根据某一研究对象的各种特征值判别其类型归属问题的一种多变量统计分析方法。就是一定数量样本的一个分组变量和相应的其他多元变量的已知信息，确定分组与其他多元变量信息所属的样本进行判别分组，即当得到一个新的样品数据，要确定该样品属于已知类型中的哪一类，这类问题属于判别分析问题。

根据判别中的组数，可以分为两组判别分析和多组判别分析；根据判别函数的形式，可以分为线性判别和非线性判别；根据判别式处理变量的方法不同，可以分为逐步判别、序贯判别等；根据判别标准不同，可以分为距离判别、Fisher 判别、Bayes 判别法等。判别分析通常都要设法建立一个判别函数，然后利用此函数来进行判别，判别函数主要有两种，即线性判别函数（linear discriminant function）和典则判别函数（canonical discriminate function）。线性判别函数是指对于一个总体，如果各组样品互相对立，且服从多元正态分布，就可建立线性判别函数。典则判别函数是原始自变量的线性组合，通过建立少量的典则变量可以比较方便地描述各类之间的关系，例如可以用画散点图和平面区域图直观地表示各类之间的相对关系等。

建立判别函数的方法一般有四种：全模型法、向前选择法、向后选择法和逐步选择法。判别方法是确定待判样品归属于哪一组的方法，可分为参数法和非参数法，也可以根据资料的性质分为定性资料的判别分析和定量资料的判别分析。除最大似然法外，其余几种均适用于连续性资料。对于判别分析的准确度，还需要进行一定的验证，比如外部数据验证、样品二分法、交互验证、Bootstrap 法等。

**3. 典型相关分析**

典型相关分析（canonical correlation analysis），是研究两组变量之间相关关系的一种统计分析方法，是指为了从总体上把握两组指标之间的相关关系，分别在两组变量中提取有代表性的两个综合变量（分别为两个变量组中各变量的线性组合），即利用这两个综合变量之间的相关关系来反映两组指标之间的整体相关性，这些综合指标称为典型变量。

在实际调查获得的两组数据间，往往有许多相关关系和相关系数，使问题分析显得复杂，难以从整体进行描述。典型相关就是将多重相关降纬到简单相关的一种降维技术。典型相关分析是在考虑两组变量的线性组合，并研究它们之间的相关系数，在所有的线性组合中，找一对相关系数最大的线性组合，用这个组合的单相关系数来表示两组变量的相关性，叫做两组变量的典型相关系数，而这两个线性组合叫做一对典型变量。在两组多变量的情形下，需要用若干对典型变量才能完全反映出它们之间的相关性。下一步，再在两组变量的不相关的线性组合中，找一对相关系数最大的线性组合，它就是第二对典型变量。依此下去，可以得到若干对典型变量，从而提取出两组变量间的全部信息。实质就是在两组随机变量中选取若干个有代表性的综合指标，用这些指标的相关关系来表示原来的两组变量的相关关系，可以起到简化变量的作用，当典型相关系数足够大时，可以像回归分析那样，由一组变量的数值预测另一组变量线性组合的数值。

由于典型相关分析涉及较大量的矩阵计算，其方法在应用的早期曾受到较大的限制。但随着当代计算机及软件技术的迅速发展，典型相关分析现已被普遍应用。

**4. 多重线性回归**

多重线性回归（multiple linear regression）是简单直线回归的推广，研究一个因变量与多个自变量之间的数量依存关系简称多重回归。在许多多重线性回归中，模型中包含的自变量没有办法事先确定，如果把一些不重要的或者对因变量影响很弱的变量引入模型，则会降低模型的精度。所以尽可能将对因变量影响大的自变量选入回归方程中，并尽可能将对因变量影响小的自变量排除在外，即建立所谓的"最优"方程。对于自变量各种不同组合建立的回归模型，使用全局择优法选择"最优"的回归模型。自变量筛选方法有前进法、后退法和逐步回归法等，即用不同的方式逐一引入或者逐一剔除一个自变量，再计算因变量对 Y 的贡献。

多重共线性是指自变量之间存在近似的线性关系，即某个自变量能近似地用其他自变量的线性函数来表示。在实际回归分析应用中，一般当出现偏回归系数的估计值大小甚至是方向明显与常识不相符、因变量有影响的因素却不能选入方程中、去掉一两个记录或变量，方程的回归系数值发生剧烈的变化、整个模型的检验有统计学意义而模型包含的所有自变量均无统计学意义等情况出现时，就需要考虑是不是变量之间存在多重共线性。自变量间完全独立很难，所以共线性的问题并不少见。自变量一般程度上的相关不会对回归结果造成严重的影响，然而，当共线性趋势非常明显时，它就会对模型的拟合带来严重影响，直接采用多重回归得到的模型肯定是不可信的，此时可以通过增大样本含量、建立一个"最优"的逐步回归方程、去除专业上认为次要的、或者是缺失值比较多、测量误差较大的共线性因子、提取公因子代替原变量进行回归分析等方法解决多重共线性问题。

在使用多重线性回归时，自变量和因变量之间要存在线性关系，若自变量和因变量之间没有线性关系存在，则需要进行变量的变换予以修正。同时各个观测值之间要相互独立，残差要服从正态分布。

# 第六节 食性调查

鱼的食性研究是对鱼的摄食强度、摄食的食物组成变化的观察分析，鱼的食性与其所栖息水域的食物链位置、摄食场所生活史等有重要关系。食性调查是渔业资源调查中的一项核心内容，它可以为生境质量评价、容纳水平、种群关系、濒危鱼类保护等研究提供重要的理论依据，也是计算水域生产力的重要参数。同时也是渔业资源保护与可持续利用的重要环节。鱼类的选择性取食在水生生态系统中具有重要的意义，因为它决定了鱼类自身的营养摄入以及鱼类对水生生态系统能量流动的影响程度。准确获取鱼类的食性数据，对预测鱼类生产性能、探究鱼类群落动态变化与生物多样性也有着重要的指导意义。

鱼类的消化器官分为口、口咽腔、食道、胃、肠、直肠、肛门等几部分。鱼类食物的消化与胃肠的收缩运动有关，还受外界的水温、溶氧量、摄食量、食物的理化性质等因素的影响。关于鱼类的食性调查主要包括鱼类的食物组成调查、摄食强度调查、摄食行为调查、食物选择、营养级以及摄食器官等方面的调查（薛莹等，2003；颜云榕等，2011）。鱼类的食性调查有很多方法，而无论是哪种方法，都需要对食物各组分之间的联系有定量化的衡量。目前，对物种营养关系定量研究最常用的方法是胃（肠）含物分析法和稳定同位素分析法。

不同鱼类各有其不同的摄食习性，鱼类的食性通常分为 5 种类型：碎屑性、滤食性、草食性、肉食性和杂食性。根据所摄食的主要饵料对象，又可将鱼的食性区别为食浮游生物鱼类，食底栖生物鱼类和食大型动物（凶猛掠食的）鱼类等区别。对鱼进行食性调查，要解剖观察其消化管（胃、肠）的形状特征、消化管内含物、消化管中食物充塞度及其中食物种类出现的频率。

研究鱼类食性用的鱼，需选自拉网渔具，以防止定置渔具捕捞的标本，由于鱼挂在网上或进入网具时间长了食物已消化，凶猛性鱼类对食物的消化力则更强烈，需将捕上的鱼立即解剖。凶猛鱼类由于摄食的多为大型食物，在现场解剖可鉴定，其他鱼类可取出消化管，扎紧两端，固定于 4% 的甲醛溶液中，小型鱼类可整体固定，编号记录，回室内分析。

鱼类的摄食量和吃进的食物，随季节而有变化，对鱼类摄食强度的观测主要进行消化管充塞度、饱满指数、食物种类定性、食物定量等项观察。

## 一、消化管（胃、肠）充塞度

用以表示消化管内食物的多少，根据消化管内含物的充塞程度可用目测法。目测标准一般分为 6 级：

0 级：消化管内空无食物。
1 级：消化管内食物稀少，充占消化管的 1/4 左右。
2 级：内含物占消化管的 1/2 左右。
3 级：内含物占消化管的 3/4 左右。
4 级：内含物充满整个肠道，但肠管不膨胀。
5 级：肠管内食物极饱满，肠管呈膨胀状态。

## 二、饱满指数

肠道内食物重量和鱼体重之比的百分数或千分数，计算式为：

$$P（\%）或（‰）=\frac{\hat{W}}{W}\times100（或\times1\,000）\qquad(6-42)$$

式中，$P$ 为饱满指数；$W$ 为鱼体重，以 g 表示；$\hat{W}$ 为肠管内食物重量，以 g 表示。

## 三、食物种类定性

鉴定肠管内食物的种类，一般可分为下述十大类，而对凶猛性鱼类来讲，被食鱼类最好能鉴定到种（根据难消化的食物残片），被食鱼类如未消化，则需测量其长度。

（1）软体动物　根据硬壳和厣。

（2）昆虫 根据头部的构造。

（3）虾类 根据眼睛、外壳。

（4）桡足类 根据第五对胸肢。

（5）枝角类 根据两对触角，后腹、爪和刺。

（6）高等植物 根据未消化的纤维碎片。

（7）鱼类 根据咽齿、肩胛骨等。

（8）原生动物 根据外壳。

（9）浮游植物 根据外壳及细胞形状。

（10）轮虫 根据咀嚼器的形状。

## 四、食物定量

### 1. 食物出现次数

上述各类食物在所解剖的肠管中出现的次数，如解剖 100 尾鲂的肠管中，每尾的肠管中都有食物，其中有 55 尾肠管中有水草，30 尾肠管中有软体动物，26 尾肠管中有昆虫，10 尾肠管中有小鱼，这么鲂的食物出现次数可列表如下：

| 食物种类 | 高等植物 | 软体动物 | 昆虫 | 小鱼 | 总次数 |
| --- | --- | --- | --- | --- | --- |
| 出现次数 | 55 | 30 | 26 | 10 | 121 |

### 2. 食物出现率（％）

在所解剖的肠管中含有同种或同类食物的肠管数与具有充塞度的肠管（空肠除外）总数之比，用百分比表示。

$$食物出现率（％）=\frac{肠管内含有某种食物的鱼尾数}{解剖肠管内有充塞物的鱼的尾数}\times100 \qquad (6-43)$$

如解剖鲂 100 尾，其中有 90 尾肠管有食物，55 尾肠管中有水草，10 尾肠管内无食物，则鲂食物中水草出现率为：

$$水草出现率（％）=\frac{55}{90}\times100=61％$$

## 五、胃（肠）含物分析法

胃（肠）含物分析法（stomach/gut content analysis）一直是研究鱼类食性的传统方法，也是食性分析中的标准方法（Hyslop，1980），是通过对鱼类个体的胃、肠内容物中的饵料生物通过种类鉴定、计数、称重等进行定性定量的分析。胃（肠）含物分析中常用的实验方法包括出现频率法、计数法、体积法、重量法及主观观测法等（Hyslop，1980；殷名称，1995）。为了评价各饵料物种的重要性，一般采用出现频率数量百分比、质量百分比或体积百分比、相对重要性指数以及后来经过修改后的相对重要性指数百分比、重量指数等主要指标（杨瑞斌等，2000）。

### 1. 分析样品的采集

水生浮游植物的采集采用 25 号筛绢制成的浮游生物网在水中拖曳采集，采集的样本加入鲁哥氏液固定，经过 48 h 静置沉淀，浓缩至约 30 ml，保存待检；原生动物和轮虫的采集采用 25 号筛绢制成的浮游生物网在水中拖曳采集，将网头中的样品放入 50 ml 样品瓶中，加甲醛溶液 2.5 ml 进行固定；枝角类和桡足类的采集采用 13 号筛绢制成的浮游生物网在水中拖曳采集，将网头中的样品放入 50 ml 样品瓶中，加甲醛溶液 2.5 ml 进行固定；底栖动物的采集采用 Petersen 氏底泥采集器采集样品，每个采样点采泥样 2～3 个，砾石底质无法用采泥器挖取的，捞取砾石用 60 目筛绢网筛洗或直接翻起石块在水流下方用筛绢网捞取。

鱼类样品采集后，首先测量体长（mm）和体重（g）。由于凶猛鱼类摄食的多为大型食物，在现场解剖即可鉴定其食性。其他鱼类可取出消化管，扎紧两端，每种鱼取样 25 个或 50 个，标记种名、编号、采样时间和地点，−20 ℃冷冻保存或固定在 4% 的甲醛溶液中，同时做好鱼类解剖记录。由于鱼类不同的生长阶段食性也会不同，为了减少误差，对于一个种群，不同生长阶段的个体都要取样。

在实验室内，对于虾类、鱼类等较大的饵料生物，直接在解剖镜下鉴定食物种类，利用电子天平称量每种食物种类。小型鱼类取肠道内全部食物，大型鱼类主要取前肠食物，放置于离心管中加水定量至 2 ml，将食物团摇散混匀，并迅速吸取 0.1 ml 样品到计数框中，在显微镜下检查食物种类，肠含物的种类组成尽可能鉴定至最小分类单元。藻类重量通过藻类体积换算或鉴定到属后参照文献的同属种类平均质量计算；原生动物按个体平均重量 0.000 5 mg 计算；轮虫按个体平均重量 0.001 2 mg 计算；枝角类及介形虫个体平均重量按照 0.023 mg 计算；桡足类按照个体平均重量 0.014 mg 计算，桡足幼体按个体平均重量 0.003 mg 计算（张堂林，2005）。昆虫幼虫测量长度后，根据体长—体重或头宽—体重的回归方程得到干重换算成湿重（Baumgartner et al.，2003；张堂林，2005）。碎屑和未能鉴定的种类的重量，通过测量食物的长度、宽度和厚度，按照体积近似估算重量（假定比重为 1）。

**2. 摄食强度分析**

摄食强度可以采用目测法或者称重法观测摄食强度。目测法即根据胃肠内食物充满度将摄食强度划分为 0～5 级（表 6 - 7）。称重法则是称量消化道内食物重量，计算占鱼体纯重的千分数，即饱满系数（$K_f$），

$$K_f = \frac{W_e}{W_p} \times 1\,000 \qquad (6 - 44)$$

式中，$K_f$ 为饱满系数；$W_e$ 为消化道内食物重（g）；$W_p$ 为鱼体纯重（g）。消化道每次取样 50 个，并放入种名、编号、采集时间和站点等标签，以体重分数为 5%（$V/V$）的甲醛溶液固定保存。

表 6 - 7　鱼类摄食强度

| 级别 | 性状 |
| --- | --- |
| 0 级 | 胃肠内无食物 |
| 1 级 | 胃内无食物，肠内有残食，食物占肠管的 1/4 |
| 2 级 | 胃内有少量食物，食物占肠管的 1/2 |

（续）

| 级别 | 性状 |
|---|---|
| 3 级 | 胃内食物通常适量，食物占肠管的 3/4 |
| 4 级 | 胃内充满食物，但胃壁不膨大 |
| 5 级 | 胃内充满食物，胃壁膨大 |

胃含物分析是将胃含物样品用吸水纸吸取水分，用感量 0.01 g 的天平称总重量。分离并计算各种饵料的个数，并称重。

**3. 食物类群的相对重要性**

食物类群的相对重要性可以利用出现频率（$O_i\%$）、数量百分比（$N_i\%$）、重量百分比（$W_i\%$）、相对重要性指数（$IRI_i$、$IRI_i\%$）等几类指数描述。其公式分别为：

出现频率（$O_i\%$）计算公式为：

$$O_i\% = 100 \times O_i \bigg/ \sum_1^n O_i \qquad (6-45)$$

数量百分比（$N_i\%$）计算公式为：

$$N_i\% = 100 \times N_i \bigg/ \sum_1^n N_i \qquad (6-46)$$

重量百分比（$W_i\%$）计算公式为：

$$W_i\% = 100 \times W_i \bigg/ \sum_1^n W_i \qquad (6-47)$$

相对重要性指数（$IRI_i$）计算公式为：

$$IRI_i = (N_i\% + W_i\%)/O_i\% \qquad (6-48)$$

相对重要性指数百分比（$IRI_i\%$）计算公式为：

$$IRI_i\% = (100 \times IRI_i) \bigg/ \sum_1^n IRI_i \qquad (6-49)$$

式中，$n$ 为鱼类肠道中食物种类数，$O_i$ 是肠含物中出现食物种类 $i$ 的鱼类个数，$N_i$ 和 $W_i$ 分别为鱼类食物种类 $i$ 的总个体量和总重量。

鱼类营养生态位特化程度（$B_a$）计算公式为：

$$B_a = \frac{1}{n-1}\left(\frac{1}{\sum P_i^2}\right) \qquad (6-50)$$

式中，$n$ 为鱼类的食物种类数，$P_i$ 为食物种类 $i$ 在肠道所有食物中所占的比例。该指数是利用标准化的 Levin's 生态位宽度指数和食物种类的数量进行反映（Hurlbert，1978），其值处于 0~1 之间，值越小，表明食物中重要食物组分数越少。

不同鱼类间食物组分重叠程度计算公式为：

$$Q_{jk} = \frac{\sum_1^n P_{ij} \times P_{ik}}{\sqrt{\sum_1^n P_{ij}^2 \times \sum_1^n P_{ik}^2}} \qquad (6-51)$$

式中，$P_{ij}$ 和 $P_{ik}$ 分别为鱼类 $j$ 和鱼类 $k$ 肠道中食物种类 $i$ 所占的百分比。$Q_{jk}$ 的变化范围在 $0\sim1$ 之间，值越大说明营养生态位重叠度越高。一般当指数值大于 0.6 时，表明鱼类种间具有显著的重叠（Pianka，1973）。

**4. 利用鱼类食物组成计算营养级**

首先将鱼类的食性数据（比如肠含物中各种类的重量百分比、数量百分比、质量百分比和出现率）统一按照出现率的形式转化为重量百分比：

$$W_i = \frac{C_i}{\sum C_i} \qquad (6-52)$$

式中，$W_i$ 是第 $i$ 种食物所占的重量比例，$C_i$ 是第 $i$ 种食物在某种鱼类肠含物中的出现率。

其次是确定食物的营养级位置。一般可以根据鱼类的食性将肠含物划分为如下几大类：鱼、浮游动物、杂食性底栖昆虫、肉食性昆虫、甲壳动物、软体动物、底栖性初级生产者、浮游性初级生产者。对于一些凶猛性的食鱼性鱼类，如鳡、翘嘴鲌、红鳍原鲌等，根据其具体食性细分到种。

把浮游植物、水生植物、碎屑以及其他初级生产者的营养级位置都定为"1"，把浮游动物、软体动物、其他初级消费者的营养级位置定为"2"，虾的营养级设定为 2.2，杂食性无脊椎动物如端足类、十足类和杂食性昆虫的营养级都定为"2.5"，肉食性的昆虫和无法辨认种类的鱼类残体的营养级位置都定为"3"（张堂林，2005），则每种鱼类的营养级计算公式为（张波等，2004）

$$T_j = 1 + \sum_1^n P_i \times T_i \qquad (6-53)$$

式中，$n$ 为鱼类的食物种类数，$P_i$ 为食物种类 $i$ 所占的比例，$T_i$ 为食物种类 $i$ 的营养级。

同时还可以利用定性数据计算鱼类的营养级位置，比如从文献和书中很难找到要研究鱼类的详细食性数据，但是一些鱼类志的作者根据野外观察记录了关于这些鱼的描述性数据，将这些描述性数据定义为定性的食性数据，根据描述中用的表示食物丰度的词语来转化为定量的比例，划分为 5 个等级：非常多、多、常见、偶见、很少，然后给这些等级赋值打分，"非常多"赋值为 100，"多"赋值为 75，"常见"赋值为 40，"偶见"赋值为 5，"很少"赋值为 1，根据这种方法给每一类食物赋值，然后按照如下公式转化为每一类食物在肠含物中所占的比例：

$$W_i = \sum_{i=1}^n S \qquad (6-54)$$

式中，$W_i$ 第 $i$ 种食物所占的重量比例，$S$ 是第 $i$ 种食物所赋的值，$n$ 为某种鱼的食物的种类数。

浮游生物重量占肠含物总量的 70% 以上的种类划分为滤食性鱼类；鱼类和甲壳类（主要是虾和蟹）重量占肠含物总量的 70% 以上的种类划分为肉食性鱼类；昆虫和软体动物的重量占肠含物总量 70% 以上的种类划分为无脊椎动物食性鱼类；底栖性初级生产者的重量占肠含物总量 70% 以上的种类划分为植食性鱼类；如果其他几类都不是，则划分为杂食性鱼类。

## 六、稳定同位素分析法

稳定同位素分析法（stable isotope analysis，SIA）是 20 世纪 60 年代逐渐发展起来的研究方法。尤其是 20 世纪 80 年代以后，随着同位素质谱测试技术的改进，大大拓宽了稳定同位素的研究领域，目前已经广泛运用于分析鱼类的食物结构（West et al.，2006；Layman et al.，2012）。用于同位素分析的元素有多种，主要包括碳、氮、硫、氧、氢等，根据各种元素的在生物体内、组织或化合物中体现出的不同的稳定同位素特征，分别具有其各自的应用范围。

生态系统中的每种生物都具有特定的 $\delta^{13}C$ 与 $\delta^{15}N$ 水平（DeNiro et al.，1978），这种含量水平的差异能够沿着食物链有规律的富集或保持稳定（McCutchan et al.，2003；Caut et al.，2009）组成有着明显的差异，因此这些同位素可以用于识别消费者的食物来源和追踪初级生产者到高级消费者之间的碳流动（Post，2002）。利用线性混合模型原理，测定消费者组织的 N 种同位素，能确定 N+1 种食物来源及各自的贡献比例（Phillips et al.，2003；Phillips et al.，2005）。通过引入贝叶斯方法，在分析过程中考虑到多种来源的变异和不确定性，能产生贡献比例结果的概率分布，提高数据解释的可靠性（Moore et al.，2008；Parnell et al.，2010）。应用稳定同位素技术分析鱼类食性具有无污染、不受环境条件和实验时间的限制等优点。

**1. 同位素样品的采集**

鱼类样品采集后，测量记录体长（mm）和体重（g），因为鱼体肌肉组织通常占鱼体总重的 74% 左右，且肌肉组织的稳定性同位素比率与整个个体的稳定性同位素比率相近，因此取鱼体的背部肌肉用于稳定性同位素分析，以之代表其整体的同位素比率。用解剖刀取其背部肌肉放入 5 mL 离心管中。水生大型植物采集叶片，小型植物全株采集，风干后利用自封袋保存。陆源植物于沿岸消落带和上游河漫滩上全株采集，风干后利用自封袋保存。底栖藻类在沿岸的石头上刮取采集，用去离子水多次冲洗附着的碎屑和底泥，然后转入自封袋。悬浮物（或颗粒有机物，POM）样品在各采样点采集上中下层水混合，先通过浮游动物网过滤，然后抽滤到预先灼烧的纤维滤膜上获得，用去离子水冲洗后，装于密封袋中。水生无脊椎动物采用 $1/16~m^2$ 彼德生采泥器采集。浮游生物采用 25 号淡水浮游生物网采集。无脊椎动物虾、螺等通过地笼中获得。虾的样品去掉外壳，只将虾仁取下放入 5 mL 离心管中。螺类将其放置于充分曝气的蒸馏水中静养 24~48 h，使其肠含物排空，去壳取其闭合肌组织放入 5 mL 离心管中。底栖动物蜉蝣类、石蚕类用小型手抄网在上游河底石缝收集。

所有处理完的样品置于 -20 ℃ 移动冰箱中保存，带回实验室后，用去离子水冲洗后，将样品放置在 60 ℃ 烘箱中连续烘干至恒重，使用研钵研碎成均匀粉末，干燥保存待测。

**2. 稳定性同位素的测量**

稳定同位素丰度表示为样品中两种含量最多同位素比率与国际标准中响应比率之间的比值，用符号（δ）表示。一般定义稳定性同位素比值为某一元素的重同位素原子丰度与轻同位素原子丰度之比，例如 $^{13}C/^{12}C$、$^{15}N/^{14}N$、$^{34}S/^{32}S$ 等。实际测量中，就是将样品的稳定性同位素比值与标准物质的稳定性同位素比值作比较，结果称为样品的稳定性同位素比率，由于样品与标准参照物之间比率差异较小，所以稳定同位素丰度表示为样品与标准之间偏差的千分数，其定义为：

$$\delta X(\permil) = \left(\frac{A_{样品}}{A_{标准}} - 1\right) \times 1\,000 \qquad (6-55)$$

式中，$X$ 代表所测样品的稳定性同位素比率，$A$ 为重同位素与轻同位素的比值。比如碳的同位素比例计算公式为：

$$\delta^{13}C_{样品} = \left(\frac{^{13}C/^{12}C_{样品}}{^{13}C/_{12}C_{标准}} - 1\right) \times 1\,000 \qquad (6-56)$$

标准物质的稳定同位素丰度被定义为 0‰。以碳为例，国际标准物质为 PDB（Pee Dee Belemnite），是美国南卡罗莱纳州白垩纪 PeeDee 组的美洲拟箭石化石（Craig，1954），其普遍公认的同位素绝对比率（$^{13}C/^{12}C$）为 0.011 237 2。如果某种物质的$^{13}C/^{12}C$比率>0.011 237 2，则具有正值；若其$^{13}C/^{12}C$比率<0.011 237 2，则具有负值。目前国际通用的稳定性同位素标准是由国际原子能机构（International Atomic Energy Agency，简称 IAEA）和美国国家标准和技术研究所（National Institute of Standard and Technology，简称 NIST）制定和颁布的。

## 七、脂肪酸指示物分析法

脂肪酸是一类特殊的化合物，并且具有结构多样性，在捕食者的摄食活动过程中不易变化，不同于碳水化合物和蛋白质在消化时会被完全分解，脂质在消化后会释放出脂肪酸但不会被分解，基本会被组织以原来的形式吸收（Iverson，2009），因而能够在一定程度上指示饵料生物的来源（王娜，2008）。食物中的脂肪酸被相对保守地同化至消费者体内（许强等，2007），能反映一段时期内捕食者的摄食情况。脂肪酸分析法是指通过对比不同生物脂肪酸组成的差异，以及基于摄食者的代谢系数和食物脂肪酸组成数据库的统计模型来定量计算各种食物来源对摄食者的贡献（王娜，2008）。

样品经−50 ℃冷冻干燥 48 h，取约 100 mg 的样品进行脂肪酸提取。用十九脂肪酸甲酯作为内标，0.01% BHT 甲醇溶液（butylated hydroxytoluene，BHT）作为抗氧化剂。样品中加入二氯甲烷：甲醇（2∶1）后进行超声波破碎，再进行离心（2 400 r/min）后提取总脂，提脂流程重复三次。然后用高纯氮气吹干，加入 1 mL 3% 浓硫酸甲醇溶液并在氮气的保护下于 80 ℃水浴中甲酯化 4 h。冷却后用正己烷萃取脂肪酸甲酯，样品定容至 0.5 mL 后待测。脂肪酸的组成和含量可以利用气相色谱仪进行。以 37 种脂肪酸混标作为标准，通过比对保留时间对脂肪酸进行定性分析，采用内标标准曲线法对脂肪酸进行定量分析。脂肪酸含量的计算先采用内标标准曲线法计算绝对含量，以单位干重的鱼体内每种脂肪酸的含量表示（mg/g），再将脂肪酸的绝对含量换算成百分比含量；对脂肪酸组成进行主成分分析，以研究其脂肪酸组成的特征。实际中可以用多不饱和脂肪酸的总和（PUFA）/饱和脂肪酸的总和（SFA）来表示消费者的食肉程度（Stevens et al.，2004）；用 DHA/EPA（C22∶6ω3/C20∶5ω3）鉴别消费者对鞭毛藻和硅藻源食物的依赖程度

(Budge etal.，1998)；脂肪酸 C15:0＋C17:0 的比例用于鉴定细菌类的食物贡献程度（Kaneda，1991）；C18:2ω6＋C18:3ω3 和 C20:4ω6 分别用来鉴别消费者食物中的陆源物质和碎屑来源物质（Dalsgaard et al.，2003）。

脂肪酸指示物分析法的优点是可以提供较长时间尺度下，摄食者较为详细的摄食信息（崔莹 2012）。但是，前提是需确立水体中所有生物的特征脂肪酸，同时由于同一水体中有些生物之间脂肪酸的组成相似，往往需要使用复杂的统计方法，如聚类分析、主成分分析等来找到合适的脂肪酸分子作为生物标志物，才能区分出这些差别。目前已经确定的脂肪酸标志生物主要有陆源有机质、浮游生物和大型海洋植物等（许强等，2007）。脂肪酸生物标志法能提供生物间物质传递信息，对可能的食物来源进行示踪，但无法对食谱中各来源有机质比例进行定量分析（许强等，2007），因而可能会混淆食物网中的营养关系。

## 八、DNA 分析等方法

DNA 条形码技术（DNA barcoding）指的是将基因组内一段标准的、相对较短的 DNA 片段作为标记，通过碱基序列差异来鉴定物种或者其变异类型的一项新技术（Hebert et al.，2003）。随着 DNA 条形码技术的逐渐发展以及高通量测序手段的出现，基于遗传信息的分子技术能够为鱼类食性研究提供更为准确的估计。随着 DNA 条形码技术逐渐兴起，国外的不少研究学者将其引入食性分析中，其主要流程包括 DNA 提取、引物设计、序列扩增以及 DNA 鉴定。随着物种 DNA 条形码数据库的构建与开发，利用 DNA 条形码技术鉴别动物食性的快速、准确、高效和可标准化的优势也日渐凸显。

### 1. 样品的采集

采集分析鱼类，对样品进行生物学测量，主要包括种类鉴定、重量测定、摄食等级等基本测量指标。在进行胃含物分析时，采用精度为 0.001 g 的电子秤，对解剖的每种饵料生物进行称重计数，测定胃含物总重，并记录摄食等级，根据解剖观察得到的结果记录食物的消化等级，同时对形态学观察无法识别的种类进行留样编号，采用 95% 的乙醇保存于已灭过菌的 PE 管中，置于 4 ℃的冰箱保存。为防止不同样品之间的胃含物 DNA 交叉污染，采集过程中的所有实验工具都要进行严格清洗、灭菌和分开放置。

DNA 分析方法可以应用于珍稀濒危等保护鱼类中，通过洗胃的方式收集胃含物样品，进而进行分析，而实验完成之后可以将分析鱼类放回其生活水域（Barnett et al.，2010）。

### 2. PCR 扩增

采用 DNA 制备试剂盒提取目标鱼胃含物样品的基因组 DNA，并使用 NanoDrop 2000 超微量分光光度计来测定 DNA 浓度。选取线粒体基因细胞色素 C 氧化酶亚基 I（mitochondrial cytochrome oxidase subunit I，COI）作为分子标记，对组织 DNA 进行 50 $\mu$L 体系（2×Taq PCRMaster Mix 25 $\mu$L，引物 F/R 各 1 $\mu$L，DNA 1 $\mu$L，ddH$_2$O 22 $\mu$L）PCR 扩增，在 1% 的琼脂糖凝胶（含 EB）电泳之后进行胶回收。将回收得到的片段连接至 PGEM－T 载体并转化到 dh5α 大肠杆菌感受态细胞中，经蓝白斑筛选后，挑选 5～6 个菌落进行单克隆培养，随后进行 PCR 扩增 M13 检测，挑选在 700 bp 有条带显示的样品，送到相关测试公司进行 DNA 测序。

**3. DNA 序列比对并鉴定物种**

将测得的序列在 Genbank 中的 BLAST（basic local alignment search tool）（Altschul et al.，1990）中进行同源性分析，结合序列相似性和系统进化关系，对所测得的序列进行逐个比对，将数据库中相似性最高的序列或序列片段下载后进行比对分析，再构建 N-J 系统树（Evans et al.，2006），并进行 Bootstrap 1 000 次系统检验，利用系统发育树中的物种亲缘关系确定物种。

**4. 数据处理与分析**

根据所采集的样本，分别计算出饵料生物的出现频率，质量百分比，再利用出现频率、比较形态学观察与分子鉴定法所得到的食物种类。

## 九、食性的影响因素

鱼类的摄食受众多生物和非生物因素的影响。主要有鱼类个体自身的生长发育、环境饵料生物的供应、昼夜节律和季节变化等。除了鱼类自身对某些食物的喜好程度不同外，随着生长发育，鱼类摄食习性会发生转变，主要是为了满足不同发育阶段的营养需求。如某些鱼在生长发育的过程中，摄食习性从专一性逐步向广食性转变。同时鱼类在不同性腺发育阶段的食物组成往往也不同，很多鱼类在生殖期间减少或停止摄食，生殖后摄食强烈（张其永等，1983）。除此之外，很多鱼类具有昼夜垂直移动的现象，致使它们在昼夜的饵料组成上有很大的区别（孟田湘，2003）。

# 第七节　鱼类样品生物学测定

测定前先将鱼体洗净、沥干、排序和编号，然后进行各项生物学测定，并把测定结果记录在表 6-8 中。

表 6-8　鱼类生物学测定与记录表

| 种名 | | 记录人 | | 河流区段 | |
|---|---|---|---|---|---|
| 采样时间 | | 站点 | | 渔具 | |
| 渔船编号 | | 水深（m） | | 渔获量 | |

具体列表

| 序号 | 长度（cm） | | 重量（g） | | | 性别 | | 性腺成熟度（期） | 摄食强度（级） | 年龄 | 备注 |
|---|---|---|---|---|---|---|---|---|---|---|---|
| | 体长 | 全长 | 体重 | 纯体重 | 性腺重 | ♀ | ♂ | | | | |
| 1 | | | | | | | | | | | |
| 2 | | | | | | | | | | | |

（续）

| 序号 | 长度（cm） | | 重量（g） | | | 性别 | | 性腺成熟度（期） | 摄食强度（级） | 年龄 | 备注 |
|---|---|---|---|---|---|---|---|---|---|---|---|
| | 体长 | 全长 | 体重 | 纯体重 | 性腺重 | ♀ | ♂ | | | | |
| 3 | | | | | | | | | | | |
| 4 | | | | | | | | | | | |
| 5 | | | | | | | | | | | |
| 6 | | | | | | | | | | | |
| 7 | | | | | | | | | | | |
| 8 | | | | | | | | | | | |
| 9 | | | | | | | | | | | |
| 10 | | | | | | | | | | | |
| …… | | | | | | | | | | | |

# 第八节　虾类样品生物学测定

（1）取样：从收集的调查渔获物样品中取样，测定前先将虾体洗净、沥干，鉴别雌雄，并分别排序和编号，然后进行各项生物学特征鉴定，并且把测定结果记录在表 6-9 中。

（2）性别、性比：对虾类根据交接器的形态特征，真虾类依据生殖器的位置分辨雌、雄，并统计雌、雄数量，且计算其所占的百分比。

（3）测定：根据要求选测的长度、重量。头胸甲长：眼窝后缘到头胸甲后缘的长度；体长：眼窝后缘到尾节末端的长度；体重：虾体总重量。所有测定与观察的结果记录于表 6-9 中。

（4）交配率：在虾类交配季节，计算已交配雌虾所占的百分比。对虾类雌虾，交接器内充满乳白色精液的为已交配虾，抱卵的真虾类雌虾为已交配的雌虾。

（5）性腺成熟度：剪开雌虾头胸甲，按对虾类（以中国对虾为例）性腺成熟度标准分为 6 期：

1 期：尚未交配，卵巢未发育，无色透明。

2 期：已交配，卵巢开始发育，卵粒肉眼不能辨别，不能分离，卵巢呈白色或淡绿色。

3 期：肉眼已隐约可见卵粒，但仍不能分离，卵巢表面有龟裂花纹，呈绿色。

4 期：肉眼可辨卵粒，卵巢背面有棕色斑点，表面龟裂，呈淡绿色。

5 期：卵粒极为明显，卵巢膨大，背面的棕色斑点增多，背面龟裂突起，呈淡绿色或浅褐色。

6 期：已产过卵，卵巢萎缩，呈灰白色。

（6）摄食强度：现场取虾类头胸部或胃，每次取 50 个，并放入种名、编号、采集时间和站点等标签，以 5%（V/V）的甲醛溶液固定保存。按胃含物的多少分为四级分法或五级分法。

① 四级分法

0 级：空胃；

1 级：胃内仅有少量食物；

2 级：胃内充满食物，但胃壁不膨大（半胃）；

3 级：胃内食物饱满，且胃壁膨大（饱胃）。

② 五级分法。

0 级：空胃；

1 级：胃内有少量食物，其体积不超过胃腔的 1/2；

2 级：胃内食物较多，其体积超过胃腔的 1/2；

3 级：胃内充满食物，但胃壁不膨胀；

4 级：胃内食物饱满，胃壁膨胀变薄。

表 6-9　虾类生物学测定与记录表

| 种名 | | 记录人 | | 河流区段 | |
|---|---|---|---|---|---|
| 采样时间 | | 站点 | | 渔具 | |
| 渔船编号 | | 水深（m） | | 渔获量 | |

具体列表

| 序号 | 长度（mm） | | 重量（g） | | 性别 | | 性腺成熟度（期） | 摄食强度（级） | 已交配虾 | 备注 |
|---|---|---|---|---|---|---|---|---|---|---|
| | 体长 | 头胸甲长 | 体重 | 性腺重 | ♀ | ♂ | | | | |
| 1 | | | | | | | | | | |
| 2 | | | | | | | | | | |
| 3 | | | | | | | | | | |
| 4 | | | | | | | | | | |
| 5 | | | | | | | | | | |
| 6 | | | | | | | | | | |

(续)

| 序号 | 长度（mm） | | 重量（g） | | 性别 | | 性腺成熟度（期） | 摄食强度（级） | 已交配虾 | 备注 |
|---|---|---|---|---|---|---|---|---|---|---|
| | 体长 | 头胸甲长 | 体重 | 性腺重 | ♀ | ♂ | | | | |
| 7 | | | | | | | | | | |
| 8 | | | | | | | | | | |
| 9 | | | | | | | | | | |
| 10 | | | | | | | | | | |
| …… | | | | | | | | | | |

# 第九节　蟹类样品生物学测定

（1）取样：从所收集的样品中取样，测定前先将蟹体洗净、沥干，鉴别雌雄，并分别排序和编号，然后进行各项生物学特征测定，并且把测定与观察的结果记录在表6-10中。

（2）性别、性比：按腹部的形态特征区别雌雄，并做记录，且计算其性别比例以及交配率等，记录于记录表中。

（3）甲壳长与甲壳宽。头胸甲长：自头胸甲的中央刺前端至头胸甲后缘的垂直距离；头胸甲宽：头胸甲两侧刺之间最宽的距离；腹部长：尾节末端至腹部弯折处的垂直距离；腹部宽：第五、六腹节间缝的长度。

（4）体重：蟹体的总重量。

（5）摄食强度：现场取蟹类头胸部或胃，每次取50个，并放入种名、编号、采集时间和站点等标签，以5%（$V/V$）的甲醛溶液固定保存。按胃含物的多少分为四级分法或五级分法。

① 四级分法

0级：空胃；

1级：胃内仅有少量食物；

2级：胃内充满食物，但胃壁不膨大（半胃）；

3级：胃内食物饱满，且胃壁膨大（饱胃）。

② 五级分法

0级：空胃；

1级：胃内有少量食物，其体积不超过胃腔的1/2；

2级：胃内食物较多，其体积超过胃腔的1/2；

3级：胃内充满食物，但胃壁不膨胀；

4 级：胃内食物饱满，胃壁膨胀变薄。

（6）性腺成熟度：以梭子蟹为例，性腺成熟度分为 6 期。

1 期：幼蟹还未交配，腹部呈三角形，性腺未发育。

2 期：已交配，性腺开始发育，呈乳白色，细带状。

3 期：卵巢呈淡黄色或黄红色，带状。

4 期：卵巢发达，红色，扩展到头胸甲的两侧。

5 期：卵巢发达，红色，腹部抱卵。

6 期：卵巢退化，腹部抱卵。

（7）交配率：雌性幼蟹首次交配后，腹部由三角形变为椭圆形。雄性幼蟹体内的两个储精囊内各有一个精荚。计数已交配蟹和未交配蟹的数量，并记录于表 6-10 中，以备计算其交配率。

表 6-10　蟹类生物学测定与记录表

| 种名 | | 记录人 | | | | | 河流区段 | | |
|---|---|---|---|---|---|---|---|---|---|
| 采样时间 | | 站点 | | | | | 渔具 | | |
| 渔船编号 | | 水深（m） | | | | | 渔获量 | | |

具体列表

| 序号 | 头胸甲（mm） | | 腹部（mm） | | 重量（g） | | 性别 | | 性腺成熟度（期） | 摄食强度（级） | 备注 |
|---|---|---|---|---|---|---|---|---|---|---|---|
| | 长度 | 宽度 | 长度 | 宽度 | 体重 | 性腺重 | ♀ | ♂ | | | |
| 1 | | | | | | | | | | | |
| 2 | | | | | | | | | | | |
| 3 | | | | | | | | | | | |
| 4 | | | | | | | | | | | |
| 5 | | | | | | | | | | | |
| 6 | | | | | | | | | | | |
| 7 | | | | | | | | | | | |
| 8 | | | | | | | | | | | |
| 9 | | | | | | | | | | | |
| 10 | | | | | | | | | | | |
| …… | | | | | | | | | | | |

# 第七章

# 淡水鱼类群落结构调查

淡水鱼类群落结构调查包括多样性调查、资源量与资源量变动规律调查、"三场一通道"调查、种质资源特征分析、外来鱼类入侵状况调查等方面。比如通过体长体重的调查、头尾轴与上下轴的比可以分析鱼类群落中各种体形（流线形、纺锤形、棍棒形等）的占比，以及对侧线鳞数、背鳍棘数等可数性状以及体长、体高、头长和体重等可量性状进行调查，进而分析栖息地对鱼类形态的影响以及鱼类对环境变化的反应；通过调查鱼类鳍条的形态与面积以及鳍条面积占鱼鳍总面积的比进而可以分析鱼类群落的游泳能力；通过调查与摄食相关的鱼类食性与胃肠结构特性调查，比如肠长与肠截面的调查，进而分析鱼类群落各食性的占比，食肉性鱼类肠道一般较短为体长的 0.25～0.3 倍；草食性鱼类则肠道较长，体内盘曲较多，一般为体长的 2～5 倍，有的达 10 倍以上。

## 第一节　调查前的准备与调查质量控制

对鱼类的调查研究，由于每项调查，研究的目的、内容不同，侧重的方面也不一样，如采集工具、标本箱、固定剂以及船只等的需求根据调查任务的不同会有所不同，如在禁渔期、禁捕区进行采集鱼类标本时需要相关证明和准捕证等，但调查前的准备工作大致如下：

### 一、渔业资源调查前的准备

在接受渔业资源调查任务后，须开展调查前的准备工作：

① 选定调查任务总负责人和调查技术负责人；调查任务总负责人应具有较高的调查技术水平和良好的组织领导能力；调查技术负责人应具有丰富的调查经验和良好的组织领导和协调能力，全面掌握相关的标准和规范，以及与本任务有关的内容、方法和技术要求。

② 检索、收集和分析调查海区与调查任务有关的文献资料，制定渔业资源调查实施方案。

③ 根据调查任务进行技术设计，编写调查计划，其内容包括调查站位设置、调查内容、方法、时间及调查频次、调查的预期成果、专业配备、人员素质培训、船只及器材设备的准备等，尤其应特别注重野外采样、室内分析和保障措施的落实。

④ 组建调查队伍，按专业和技术水平等合理地对调查队伍成员进行明确分工，明确

每个人的岗位职责，且做到分工不分家，既明确分工又相互兼顾、相互协作，共同完成调查任务。调查人员应具有初级以上技术职务，掌握一定的调查操作技术和水生基础知识，熟悉相关标准、规范，能够胜任野外调查工作，能坚守岗位，保质保量完成调查分派的任务。

⑤ 遵循减少损耗和降低成本的原则，力求对多个项目进行综合调查，提高调查效益，降低调查成本。

野外调查开始前，技术负责人应组织全体调查人员认真学习调查计划，全面了解各项调查内容，明确各成员的责任与分工。在野外调查过程中，技术负责人全面负责与渔业资源调查有关的事宜，严格执行计划中规定的调查方案。在遵循最佳效益、确保安全的原则下，有权根据现场具体情况对原计划进行适当的修改和补充，并及时报告项目总负责人。

## 二、调查计划的编写

### 1. 调查计划编制原则

接到任务书或合同书后，首先应进行调查技术方案设计，编制可操作性强的调查计划。调查计划编制原则须遵循以下几个方面。

以任务书的要求为目标，以《中华人民共和国野生动物保护法》（2018 年 10 月 26 日修正）、《中华人民共和国渔业法》（2013 年 12 月 28 日修正）、《国家重点保护野生动物名录》（2021 年 2 月 5 日发布）、《中华人民共和国水生野生动物保护实施条例》（2017 年 1 月 1 日实施）、《渔业水质标准》（GB 11607—89）、《地表水环境质量标准》（GB 3838—2002）、《水库渔业资源调查规范》（SL 167—2014）、《水环境监测规范》（SL 219—2013）、《中国水生生物资源养护行动纲要》（国发〔2006〕9 号）、《渔业生态环境监测规范第 3 部分：淡水》（SC/T 9102.3—2007）、《淡水浮游生物调查技术规范》（SC/T 9402—2010）、《河流漂流性鱼卵、仔鱼采样技术规范》（SC/T 9407—2012）、《河流水生生物调查指南》（2014）、《内陆水域渔业自然资源调查手册》（1991）等标准、规范、手册为参考依据。

### 2. 调查计划编制内容

调查计划内容主要包括项目任务及其来源、调查技术方案设计、调查队伍组建、调查时间安排、安全措施制定及经费预算安排等几个方面。经主管部门审批的调查计划，要严格遵照执行。需要修改时，必须经主管部门重新批准。

## 三、调查质量的控制

### 1. 建立质量控制体系

良好的质量控制体系是渔业资源调查与评价的质量保障，要建立良好的质量控制体系，必须遵循以下两点：

① 对调查人员必须进行严格规范的专业技能培训与训练，为高质量地完成渔业资源调查与评价做好人员队伍训练准备；

② 制定全面质量控制体系，明确质量控制职责、质量监督和检查程序，严格执行质量控制规定。

**2. 实行全程质量监控**

① 下达调查任务必须有明确的质量要求；

② 对已有的文献、资料要进行具体的质量分析；

③ 调查计划必须包括严格的质量控制措施；

④ 使用的仪器、设备、工具和材料必须符合质量标准；

⑤ 对野外调查获得的样品和资料，必须严格地进行现场质量检查，对不符合要求的必须重取或重测；

⑥ 野外调查结束归来后，必须对原始资料和样品进行严格的全面质量验收，不符合质量要求的一律作废弃处理；

⑦ 对样品的分析和鉴定必须严格进行质量检查；

⑧ 调查结果必须通过专门人员按标准审核并验收。

# 第二节　鱼类群落结构调查

鱼类群落结构调查也指鱼类区系调查，鱼类群落是指生存在一起并与一定的生存条件相适应的所有鱼类的总体。一个群落的鱼类个体相互之间有着不同的相关关系。在鱼类群落中，各个种群占据着不同的生态位与空间，使群落具有一定的结构特征。群落的结构特征包括物种组成、垂直结构、年龄结构、性别比、空间分布特征等。鱼类群落结构调查是鱼类资源调查研究的基础，是自然区划的重要依据之一。

内陆水域中生活的鱼类，多是不同种类混杂在一起，同一种群的鱼又是由不同年龄、不同生长情况和不同性别的个体所组成，这些差异说明资源的数量和质量以及补充增长能力。鱼类群落结构调查，就是测定分析组成鱼群的个体的年龄、体长、体重、性比等的百分比。

根据鱼类生态学特性，鱼类的集群原因是多元的，淡水鱼类的集群，大致有产卵群体、越冬群体、索饵群体等，每种鱼根据其生理需要在不同季节集群洄游，因而栖息的水域也不同。这在比较开阔的江河、湖泊或大型水库中有明显的规律性，不同季节栖息于不同水域的鱼类群体，其群体结构是有一定差异的。进行鱼类群体结构调查需按一定地区或水域范围，根据鱼类的繁殖、育肥、越冬等季节，从捕捞生产中或自己捕捞采样，或选择有代表性的收购站及渔码头，进行渔获物统计的典型调查，并要依不同渔具分别进行，这是需要连续进行的调查工作，应常年进行。在资源普查中要求至少作 2 周年的统计。取材采用随机抽样法，抽样数量力求能反映当地渔获量状况。如果鱼的种类多或变异程度大，则抽取样品数量应多一些，以保证其代表性，在生产旺季，要增加抽样调查的次数和数量。

群落组成调查与研究，通常通过渔业资源调查所捕渔获物取样分析，进行门、纲、目、科、属与种等各分类阶元组成成分描述。群落结构则以种类的体长、体重与年龄组成、幼体比例及性别比例等生物学特征组成结构表达。另外，根据适温类型也可将渔业资源生物种类划分为暖水种、暖温种、冷温种等适温类型，从适温性角度描述群落的组成及结构。

## 一、鱼类物种组成调查

通过对采集到的渔获物进行种类鉴定，一般要求鉴定到种，并归纳到对应的属、科、目。采集到的样品按种类测量体长、全长和体重，并解剖鉴定性别和性腺发育等级，记录到渔获物记录表7-1中。并采取鳞片（依鱼类不同或取胸鳍条、匙骨、鳃盖骨）作测定年龄材料，将鳞片装入鳞片袋内，并将渔获物信息记录到鳞片袋表7-2中。

表7-1 渔获物分析表（一）

| 种名 | | 记录人 | | 河流区段 | |
|---|---|---|---|---|---|
| 日期 | | 站点 | | 渔具 | |
| 渔船编号 | | 体长范围（cm） | | 体重范围（g） | |

具体列表

| 序号 | 体长（cm） | 全长（cm） | 体重（g） | 性别 | 性腺发育等级备注 |
|---|---|---|---|---|---|
| 1 | | | | | |
| 2 | | | | | |
| 3 | | | | | |
| 4 | | | | | |
| 5 | | | | | |
| 6 | | | | | |
| 7 | | | | | |
| 8 | | | | | |
| 9 | | | | | |
| 10 | | | | | |
| …… | | | | | |

表7-2 鳞片袋上要求填写的格式

| 鱼类 | | | |
|---|---|---|---|
| 产地 | | | |
| 编号 | | 时间 | 年　月　日 |
| 全长 | | 体长 | cm |
| 体高 | | 体重 | g |
| 性别 | ♀ | 成熟度 | |
| | ♂ | | |
| 备注 | | | |

　　将所有渔获物按照种类测量记录完成后，计算每种鱼在渔获物中所占的数量百分比、重量百分比，并将测量计算结果按照一定的规则排序（比如按照数量或者重量排倒序）记录于渔获物分析表（二）（表7-3）中，就可得出该调查区段鱼类的物种组成。鱼类群落结构调查还应了解调查水域周围从事捕捞、养殖、增殖、保护、经营利用等渔业情况。

表7-3 渔获物分析表（二）

| 记录人 | | 河流区段 | | 日期 | |
|---|---|---|---|---|---|
| 站点 | | 渔具 | | 渔船编号 | |
| 总渔获数量（尾） | | | 总渔获重量（kg） | | |
| 体长范围（cm） | | | 体重范围（g） | | |

具体列表

| 序号 | 种名 | 尾数 | 数量百分比（%） | 重量（kg） | 重量百分比（%） |
|---|---|---|---|---|---|
| 1 | | | | | |
| 2 | | | | | |
| 3 | | | | | |
| 4 | | | | | |
| 5 | | | | | |
| 6 | | | | | |
| 7 | | | | | |
| 8 | | | | | |
| 9 | | | | | |
| 10 | | | | | |
| …… | | | | | |

同时根据出现数量，可以分别计算优势目、优势科、优势属，并对优势种（数量多、生物量大、出现频率高）、常见种（出现频率也较高的种类，但其数量不一定有优势）、偶见种（出现频率很低的物种，包括珍稀濒危物种）进行归类，计算主要经济种的数量等。根据出现数量及食性，可以分析肉食性鱼类、杂食性鱼类、草食性鱼类、滤食性鱼类各占的比率进而分析生态系统或者鱼类群落能量金字塔是否稳固等。根据鱼类的外部形态，可以分析纺锤形（头尾轴最长，背腹轴次之，左右轴最短，整个身体呈流线形或稍侧扁，如常见的青鱼、草鱼都是这种体形）、平扁形（左右轴特别长，背腹轴很短，体形上下扁平，多营底栖生活，行动迟缓，如爬岩鳅、平鳍鳅等）、棍棒形（头尾轴特别长，左右轴和腹轴很短但几乎相等，比如鳗鱼、黄鳝等）以及侧扁形（左右轴最短，头尾轴和背腹轴的比例差不多，形成扁宽的体形，如鲂、鳊鲅等）等各类鱼所占的比例，进而分析水生生境对鱼类体形的选择或者分析鱼类对环境变化的适应等。

物种的优势度（$Y$）计算公式如下：

$$Y = (N_i/N) f_i, \qquad (7-1)$$

式中，$N_i$ 为第 $i$ 种的个数；$f_i$ 为该种在各采样点出现的频率；$N$ 为所有物种出现的总个数。

一般来说，优势度 $Y > 0.1$ 的为绝对优势种，$Y > 0.02$ 的种类判定为优势种，$Y > 0.01$ 的为主要优势种。物种优势度指数反映了各物种种群数量的变化情况，物种优势度指数越大，说明群落内物种数量分布越不均匀，优势种的地位越突出。

还可采用 Pinkas（1971）的相对重要性指数 $IRI$，该指数综合个体数、体重组成和出现频率等信息，计算公式如下：

$$IRI = (N\% + W\%) \times F\% \qquad (7-2)$$

式中，$N\%$ 为某物种尾数占总尾数的百分比；$W\%$ 为该物种重量占总重量的百分比；$F\%$ 为该物种在调查中出现的百分比（即出现频率）。

当 $IRI$ 值 $> 1\,000$ 时为优势种；$IRI$ 值在 $100 \sim 1\,000$ 为常见种；$IRI$ 值在 $10 \sim 100$ 为一般种；$IRI$ 值在 $1 \sim 10$ 为少见种；$IRI$ 值 $< 1$ 为稀有种（水柏年，2017）。

群落结构分析：在进行群落结构分析之前，对原始数据进行预处理。剔除仅出现在 1 个站位的种类，以减少机会种对群落结构分析的影响。对各种类的生物量数据采用平方根转化，降低少数优势种权重对数据分析的影响。对群落进行等级聚类（CLUSTER）和非度量多维测度（NMDS）分析，然后将群落分成若干站位组；采用相似性百分比法（SIMPER）开展站位组内相似性和组间相异性的贡献率分析；采用 Pearson 相关系数对各站位多样性指数与环境因子的关系进行分析。

## 二、鱼类群落垂直结构调查

由于鱼类种群各有其生活型，其生态幅度和适应特点也各有差异，因此它们各自占据一定的空间，并排列在不同深度的水体中，群落的这种垂直分化就形成了鱼类群落的垂直结构，同一水层的鱼类具有相似的生活型。鱼类群落的垂直结构保证了鱼类群落在单位空间中更充分的利用自然资源，比如青鱼、草鱼、鲢、鳙虽都为四大家鱼，但是他们在水体生活的垂直结构是不一样的，鲢、鳙多在水体上层生活，通过滤食浮游植物为生。草鱼和青鱼则多在中下层生活，草鱼以水生植物为食，而青鱼以水生底栖动物为食；而杂食性的入侵鱼类罗非鱼无固定水层。

不同层的鱼类由于生活习性不同以及食物源不同会进化出不同的外部形态，如眼位、眼径、口位和口须与食物在水体中的垂直位置相关（Winemiller，1991）。一般根据水体垂直结构的位置不同可以将鱼类分为表层鱼类、上层鱼类、中层鱼类、下层鱼类和底层鱼类等。上层鱼类多以浮游生物为食，因此嘴是上弯型的，鳃耙数目也相对较多。底层鱼类因长期生活于底层或近底层，游泳能力较差，尾部肌肉不太发达，口多为下位且具有口须等触觉器官。如淡水中常见的鳜（*Siniperca chuatsi*）、翘嘴鲌、鳡都为肉食性鱼类，但由于其生活的水层不同，因此外部形态有很大的差异。鳜生活于水体底层，有较大的头面积、头高、背鳍靠前、眼睛较大且靠上、体形纺锤形，这些形态特征都适合其伏击其他鱼类；翘嘴鲌和鳡生活在中上层，因此身体呈梭形、背鳍和尾鳍靠后、有较深的叉尾、较长且较窄的尾柄、头部面积较小，这些形态特征都有利于在追击小型鱼虾时能够持续加速（Hjelm et al.，2001；Pouilly et al.，2003）。可以根据不同的垂直结构，将鱼类群落进行细分（表7-4）。

表7-4　鱼类群落垂直结构分析表

| 记录人 | | 河流区段 | | 日期 | |
|---|---|---|---|---|---|
| 站点 | | 渔具 | | 渔船编号 | |
| 总渔获数量（尾） | | 总渔获重量（kg） | | | |
| 体长范围（cm） | | 体重范围（g） | | | |

具体列表

| 序号 | 种名 | 尾数 | 数量百分比（%） | 重量（kg） | 重量百分比（%） |
|---|---|---|---|---|---|
| 表层鱼类 | A | | | | |
| | B | | | | |
| | C | | | | |
| | D | | | | |
| | …… | | | | |
| 上层鱼类 | A | | | | |
| | B | | | | |
| | C | | | | |
| | D | | | | |
| | …… | | | | |

（续）

| 序号 | 种名 | 尾数 | 数量百分比（%） | 重量（kg） | 重量百分比（%） |
|------|------|------|----------------|------------|----------------|
| 中层鱼类 | A | | | | |
| | B | | | | |
| | C | | | | |
| | D | | | | |
| | …… | | | | |
| 下层鱼类 | A | | | | |
| | B | | | | |
| | C | | | | |
| | D | | | | |
| | …… | | | | |
| 底层鱼类 | A | | | | |
| | B | | | | |
| | C | | | | |
| | D | | | | |
| | …… | | | | |

　　鱼类群落的垂直结构是鱼类群落与水生环境条件相互作用的一种特殊形式。水生环境条件越丰富的水体鱼类群落的层次就越多，层次结构就越复杂。水生环境条件差，鱼类群落的垂直层次就少，层次结构也相对简单。如调查底层鱼类的种类可进一步说明水底生境的多样性。根据底层鱼类的种群数量以及总生物量可以反推食物源的丰富程度，因为底层鱼类食物营养结构高，多为小型鱼类或底栖动物。

## 三、种群年龄结构调查

　　鱼类种群年龄结构是鱼类生物学特性研究的重要组成部分，是反映鱼类种群变化的基本依据之一（王军等，2008；殷名称，1995），也是评估自然鱼类资源变化的重要依据（Chugunova，1963）。通过对鱼类年龄结构的分析可以了解鱼类生长特征和种群资源动态，特别是对主要经济鱼类的年龄结构进行调查，是合理利用渔业资源的基础。通过对鱼类年龄的鉴定一般可以将鱼类种群划分为更新个体群体（regeneration）、生长发育群体（youth）、繁殖群体（reproduce）和成年群体（adults）。通过计算各龄级在整个鱼类种群中所占的数量比例进而可以分析鱼类种群的发展趋势，如增长型（更新个体占比大，数量多）、稳定型（各个群体的数量占比差不多）和衰退型（成年个体占比最大）。同时结合体长等数据，又可以将种群年龄结构划分为小个体群体（small - sized）、中等大小群体（middle - sized）和大个体群体（large - sized）等，如果结合耳石日龄等数据，又可以将种群年龄结构进一步细分为不同的年龄等级，如 1 龄以内（$0^+$）、1 龄～2 龄（1～2）、

2 龄～3 龄（2～3）、3 龄～4 龄（3～4）、4 龄～5 龄（4～5）、5 龄～6 龄（5～6）、6 龄及以上（6⁺）等。统计每次样品中各年龄组的尾数和百分比，计算各年龄组的平均长度和平均重量，记录于表 7-5 中。

表 7-5　种群年龄结构分析表

| 种名 | | 记录人 | | 河流区段 | |
|---|---|---|---|---|---|
| 日期 | | 站点 | | 渔具 | |
| 渔船编号 | | 体长范围（cm） | | 体重范围（g） | |

具体列表

| 年龄 | 尾数 | 数量百分比（%） | 重量（kg） | 重量百分比（%） | 备注 |
|---|---|---|---|---|---|
| 0⁺ | | | | | |
| 1～2 | | | | | |
| 2～3 | | | | | |
| 3～4 | | | | | |
| 4～5 | | | | | |
| 5～6 | | | | | |
| 6⁺ | | | | | |

　　测定渔获物鱼的群体年龄组成和生长，通常用的方法是彼得生法，是丹麦学者 Petersen 于 1892 年率先采用此法来鉴定鱼龄。根据一种鱼大量标本的长度分组，来分析其年龄组成，年龄组成相近的个体长度重叠，从群体长度变异曲线出现的峰值来区别相应的年龄及其生长，每一个峰是一个年龄组的典型长度，计算曲线呈现的峰的数目，分析鱼群年龄组成和各龄组的个体数，用百分比表示。此法一般适用于年龄组较少的低龄群体。以年龄组成为主的取样数量，每种鱼采 100～300 尾。

　　测定渔获物中经济幼鱼的比重：对渔获物中经济鱼类的幼鱼进行重量和尾数计量，统计在总渔获物中所占重量和数量的百分比，用以分析捕捞对经济鱼类幼鱼的损害情况，幼鱼系指在繁殖季节解剖观察性腺发育未达Ⅳ期的个体，或未达到最小性熟年龄的个体。

## 四、鱼类群落性别比调查

　　鱼类和其他生物不同，其性别决定受环境的影响，鱼类的两性代表着不同的繁殖策略，一般鱼类种群都具有雄性和雌性两种性别，但有些鱼类是雌雄同体，在不同的环境中，其性别可能会逆转，比如鳗鲡、黄鳝、花鲈、尖吻鲈和石斑鱼（*Epinephelus* spp.）等鱼类，在环境条件适宜、饵料丰富时，雌性就多，以便增加种群数量；反之当环境恶劣，饵料缺乏时，雄性数量就会多，使种群得以应对恶劣的条件。分布于西大西洋区的亚鮨（*Serranus tortugarum*）一天之内就能完成多次性别转换的。这种性别随环境逆转实际上是种群对环境变化的一种适应机制以及种群维持的一种策略，在生态学上具有重要意义。又比如在自然界中雄性银鲫（*Carassius auratus gibelio*）数量很少，但是在有雄性银鲫的种群中它们就是两性生殖，没有雄性银鲫的时候，通过鲤鱼或者其他鱼的精子刺激雌性银鲫雌核发育，产出几乎全雌的后代。又比如澳大利亚绿蓝唇鱼（*Achoerodus viridis*），它们出生时都是雌性，呈棕色，几年后体长 20 cm 或 30 cm 时性成熟，当体长达到约 50 cm 时，它们就会改变性别，获得其他雄性特征，比如身体变蓝等。这种性别转化也是鱼类生存的一种策略，雄性绿蓝唇鱼需要控制珊瑚礁上的领地，如果在很小的时候就变成雄鱼就会在很弱小时被攻击，在成长为足够强大时逆转为雄性是其领地属性的一个进化策略。

因此对鱼类群落的性别比进行调查不仅可以帮助我们弄清生存环境对鱼类性别的影响，还可以帮助我们理解整个鱼类的性别决定及分化机制乃至进化途径。更为重要的是，在生产上，对某些鱼类进行性别控制、实现单性养殖具有重要的经济意义。在实际调查时需鉴定采集到的个体的性别，对于某些在幼鱼时期无性别分化的鱼类，还需分别记录幼鱼的个体数量与未成年个体的数量。

## 五、鱼类空间分布特征调查

鱼类空间分布特征是鱼类种群在长期进化过程中形成的一种环境适应性特征，集中反映了异质性生境对鱼类种群空间资源利用的影响（王忠锁等，2006；Hanski 1999）。近年来，随着基于系统保护理念的"新保护生物学"的兴起和发展，针对不同尺度保护对象（如群落、生态系统等）的空间调查已经成为一种必不可少的研究手段（江洪等，2004；费骢慧等，2012）。目前，对于鱼类群落的时空特征分析已经成为鱼类多样性保护与渔业资源研究的重要内容之一（傅萃长，2003；李圣法等，2007）。河流鱼类群落的空间结构具有一定的空间自相关并且遵循非随机过程，调查鱼类空间分布特征对了解物种的分布情况、定义生物多样性保护的"重点""热点"地区都具有重要意义（shuai et al.，2017）。对于河流鱼类，对其空间分布有影响的环境过滤因子包括：水流速度、溶氧浓度、水温以及水体有机物质等（Grenouillet et al.，2004；Peres - Neto et al.，2006）。如河流水文的变化会影响鱼类的摄食策略进而影响鱼类在空间上的分布（Poff et al.，1995）。

鱼类空间分布特征调查主要是调查某一种群不同生长阶段在不同水体的分布数量，采用冗余分析方法（redundancy analysis，RDA）分析不同生活史对不同环境的选择与偏好，进而明确重要的空间位置，如重要经济鱼类的三场（索饵场、育肥场、繁育场）、洄游鱼类的重要洄游通道以及珍稀濒危鱼类的重要栖息地等。还可以利用非度量多维尺度分析方法（nonmetric multidimensional scaling，NMDS）分析鱼类群落在一定空间尺度上的聚集特征。空间分布可以在大尺度下进行，如全球分布，也可以在小尺度下进行，如国内分布，同时也可以在局域尺度下进行，如在某一条江某一条河流的分布等等。

### 1. 冗余分析方法（RDA）

冗余分析其实质是将回归分析与主成分分析（principal component analysis，PCA）

相结合，从统计学的角度来评价一个或一组变量与另一组多变量数据之间的复合关系。从概念上讲，RDA 是响应变量矩阵与解释变量矩阵之间多元多重线性回归的拟合值矩阵的 PCA 分析，也是多响应变量（multi-response）回归分析的拓展。由于其能将所有的数据进行挖掘，不需要对原数据进行相关检验，又被认为优于其他典范分析方法（Legendre et al.，2001，Makarenkov et al.，2002），因此被广泛应用于生态学中的群落分析。RDA 分析方法将物种多度的变化分解为与环境变量相关的变差（variation，或称方差，variance，因为 RDA 中变差=方差；由约束/典范轴承载），用以探索群落物种组成受环境变量约束的关系，能有效地对多环境指标进行统计检验，并确定对鱼类群落多样性变化具最大解释能力的最小变量组（Legendre et al.，2012）。

RDA 分析的本质是探讨群落物种多度数据 Y 矩阵与环境变量数据 X 矩阵之间的关系，在实际分析中先将矩阵 Y 中的每个响应变量分别与矩阵 X 中的所有解释变量进行多元回归，通过回归模型获得每个响应变量的拟合值（fitted values，即在回归线上对应的值）以及残差（residuals，响应变量的观测值和拟合值之间的差值），最终得到包含所有响应变量拟合值及残差的拟合值矩阵 $\hat{Y}$ 以及残差矩阵 $Y_{res}$）。当环境变量 X 只有一个因子时，则此回归为一元线性回归；当环境因子变量为多个时，即为多元线性回归。然后对拟合值矩阵 $\hat{Y}$ 运行 PCA 分析，得到典范特征向量（eigenvectors）矩阵 U。使用矩阵 U 计算两套样方排序得分（坐标）：一套使用中心化的原始数据矩阵 Y 获得在原始变量 Y 空间内的样方排序坐标（即计算 YU，所获得的坐标称为"样方得分"，即物种得分的加权和）；另一套使用拟合值矩阵 $\hat{Y}$ 获得在解释变量 X 空间内的样方排序坐标（即计算 $\hat{Y}$U，所获得的坐标称为"样方约束"，即约束变量的线性组合）。最后对残差矩阵 $Y_{res}$ 运行 PCA，获得残差非约束排序。非约束轴即代表了解释变量未能对响应变量作出解释的部分。

在进行 RDA 分析时，必须注意，在很多情况下解释变量具有不同的量纲，且有时候会包含很多零值，或者原始数据较离散，在执行多元回归或其他基于欧式距离的分析方法之前，必须对原始数据做一定的转化［例如对原始鱼类种群数据进行 Hellinger 转换，栖息地环境因子进行 $\log_e(y+1)$ 转换（Legendre et al.，2001），使得满足方差分析的正态性］，使典范系数的绝对值（即模型的回归系数）能够度量解释变量对约束轴的贡献，解释变量的标准化或者转化同样不会改变 RDA 算法的本质，也不会改变回归的拟合值和约束排序的结果。同时也需要将不同网具采集到的渔获标准化（换算成单位时间单位面积的渔获数量）后再合并作为每个采样点的鱼类种群数据。

**2. 非度量多维尺度分析方法**（NMDS）

非度量多维尺度分析方法（NMDS）是一种将多维空间的研究对象（样本或变量）简化到低维空间进行定位、分析和归类，同时又保留对象间原始关系的数据分析方法，由于该方法不依赖于研究对象间精确的相似或相异性数据，仅需要研究对象之间的等级关系即可，因此是一个极其灵活的排序方法并且广泛应用于水生生态系统（Walters et al.，2003）。非对称典范分析被认为是分析物种变量与解释变量之间复合关系的最佳选择，适用于无法获得研究对象间精确的相似性或相异性数据，仅能得到他们之间等级关系数据的情形。其基本特征是将对象间的相似性或相异性数据看成点间距离的单调函数，在保持原始数据次序关系的基础上，用新的相同次序的数据列替换原始数据进行度量型多维尺度分析。即当资料不适合直接进行变量型多维尺度分析时，对其进行变量变换，再采用变量型多维尺度分析，对原始资料而言，就称之为非度量型多维尺度分析。其特点是根据样品中包含的物种信息，以点的形式反映在多维空间上，而对不同样品间的差异程度，则是通过点与点间的距离体现的，最终获得样品的空间定位点图。

非度量多维尺度分析的最大特点是输入的数据是顺序型的，但是输出的结果却是区间以上型的，分析过程的重点在于确定空间的维数。一般来说，维数多，包含的信息量就大，维数少，则更方便数据分析。因此，需要确定既能包含大部分重要信息又方便进行数据分析的较为适当的维数。在确定了空间的维数以后，需要准确命名那些构筑空间的坐标轴，并对整个空间结构做出解释。多维尺度法的目的是以空间图的方式用最少的维数去最佳地拟合输出数据。这里，拟合度被定义为相关系数的平方。然而，空间图的拟合度随着维数的增加而提高。因此，必须找出折中的办法。一个多维尺度的拟合度通常用紧缩值衡量，紧缩值是一种拟合劣质度量。紧缩值高，说明拟合性差。通常采用以往的调研经验和结论、空间图的解释能力、紧缩值对维数的折线图等方法来确定维数。一般来说，要想解释三维以上的空间图是很困难的。紧缩值对维数的折线图时，当合适的线数出现时，往往伴随有一个转折或很急的转弯，而超过这点时，增加维数通常不会提高拟合度。如观察紧缩值图发现，在三维处出现折点，形成了凹状图案，故应选择的维数是 3。在选择维数时还应考虑易操作性，一般来说，二维平面图较之多维空间图简单得多（Makarenkov et al.，2002）。

同其他多元分析方法一样，对采用多维尺度法获得的结果也要进行可靠性和有效性评估。一般采用以下方法进行评估。可计算拟合优度（相关系数）的平方，其值越大，说明多维尺度过程对数据的拟合程度越好。一般地，当值大于或等于 0.6 时被认为是可接受的。另外，紧缩值也能反映多维尺度法的拟合优度。拟合优度的平方是拟合良好程度的度量，而紧缩值是拟合劣质程度的度量，两个度量的角度完全相反，但目的相同。紧缩值随多维拟合优度的平方过程以及被分析资料的不同而变化。

## 六、渔业状况调查

渔业状况调查是指对渔业资源调查的某一渔业水域中，从事捕捞、养殖、增殖保护，经营利用等渔业情况调查而言，渔业状况是影响自然资源的重要因素，与自然资源的盛衰变化有很大关系。渔业状况是研究水域经济鱼类资源数量变动规律，资源利用是否合理的重要资料，渔业状况调查着重收集渔业统计资料，主要内容为：

（1）渔获物的种类。

（2）历年渔产量及其主要经济鱼类的分类产量。

（3）历年从事渔业的人数、渔具、渔法种类和数量及其变革情况。

（4）选择有代表性的作业点（或捕鱼队）进行渔获物统计。

（5）渔获物统计，按不同季节（繁殖、育肥、越冬等）、捕捞旺季和生殖季节定期统计，同时按不同的渔具、渔法统计，取样 30 尾左右，或 100 尾以上（根据分析小样本或大样本需要），以能反映当地渔业状况为原则。

## 七、种间关系

### 1. 种间联结性

一般采用方差比率（VR）对物种间总体关联程度进行检验（Schluter，1984）。并运用 W 值检验关联显著性。其计算公式如下：

$$\delta_T^2 = \sum_{i=1}^{S} P_i(1-P_i) \tag{7-3}$$

$$S_T^2 = \frac{1}{n}\sum_{j=1}^{N}(T_j - t)^2 \tag{7-4}$$

$$VR = S_T^2/\delta_T^2 \tag{7-5}$$

$$W = VR \cdot N \tag{7-6}$$

式中，$S$ 为主要游泳动物全部种树；$N$ 为总样点数；$P_i$ 为物种 $i$ 出现的样点数；$T_j$ 为样点 $j$ 内主要游泳动物出现的种树；$t$ 为样点中物种种树的平均数；$\delta_T^2$ 为总样点方差；$S_T^2$ 为总种数方差.

$VR=1$ 时，物种间独立无关联；$VR>1$ 时，物种间存在正相关；$VR<1$ 时，物种间存在负相关。使用 $W$ 值来检验 $VR$ 值偏离 1 的显著程度：当种间总体上无关联性，$\chi_{0.95}^2(N) \leqslant W \leqslant \chi_{0.05}^2(N)$。

$\chi^2$ 检验：基于 $2\times2$ 列联表，用 Yates 连续校正法，进行 $\chi^2$ 检验。

$$\chi^2 = N \frac{[\,|ab-cd|-1/2N]\,\hat{}2}{(a+b)(c+d)(a+c)(b+d)} \tag{7-7}$$

式中，$N$ 为总样点数；$a$ 为两个种都出现的样点数；$b$、$c$ 为仅其中一个种出现的样点数；$d$ 为两个种都不出现的样点数.

以 $ad-bc$ 值的正负性来确定种对间关联的正负性，当 $\chi^2 < 3.841$，种对间具不显著联结性；当 $3.841 \leqslant \chi^2 \leqslant 6.635$，种对间具显著联结性；当 $\chi^2 > 6.635$，种对间具极显著联结性。

### 2. 联结系数（AC）

当 $ad \geqslant bc$ 时，则

$$AC = (ad-bc)/[(a+b)(b+d)] \tag{7-8}$$

当 $bc > ad$ 且 $d \geqslant a$ 时，则

$$AC = (ad-bc)/[(a+b)(b+c)] \tag{7-9}$$

当 $bc > ad$ 且 $a > d$ 时，则

$$AC = (ad-bc)/[(b+d)(c+d)] \tag{7-10}$$

式（7-8）至式（7-10）中，联结系数 $AC$ 的取值范围为 $[-1,1]$。种对间若 $AC$ 值越接近 1，正联结性程度越强；若 $AC$ 值越接近 -1，负联结性程度越强；若 $AC$ 值为 0 时，种对间独立。

共同出现百分率（PC），由下式计算：

$$PC = a/(a+b+c) \tag{7-11}$$

式中，$PC$ 的取值范围为 $[0,1]$，值越接近 1，说明种对间正联结越紧密。

**3. 种间相遇概率**

计算公式如下：

$$P \sum_{i=1}^{S} \left[ (N_i/N)(N-N_i)/(N-1) \right] \qquad (7-12)$$

式中，$S$ 为主要游泳动物总种数；$N$ 为 $S$ 个物种的全部尾数之和；$N_i$ 为第 $i$ 个种的尾数.

# 第三节　鱼类群落多样性调查

## 一、物种多样性调查

鱼类物种多样性是鱼类群落层次上各个种群之间以及种群与生态系统功能之间相互联系与影响的指标之一，鱼类多样性也是从群落水平上反映了鱼类群落的结构组成与功能稳定性。目前生物多样性是全球变化的主要研究内容之一，亦是当前国际渔业资源保护研究的热点问题。多样性指数这一概念最初由 Williams 于 1943 年提出，最初是指群落中物种的数目和每个物种的个体数，是群落结构和功能复杂程度的一个量度（马克平，1993）。

鱼类物种多样性调查主要指的是 α 多样性、β 多样性和 γ 多样性调查。其中 α 多样性主要关注水域环境下的鱼类物种数目，因此也被称为生境内的多样性。β 多样性指不同水域环境下群落之间物种组成的相异性，也被称为水域间的多样性，主要受水体、河岸以及其他干扰等生态因子的影响。γ 多样性指的是大尺度上的鱼类物种数量，比如河流尺度等，也被称为区域多样性，主要受水热动态、气候等生态过程的影响。在实际中，调查较多的是 α 多样性，其测度又可分为物种丰富度（辛普森多样性）、物种相对多度（香农多样性）、物种均匀度与丰富度（马克平等，1994）。其中物种丰富度是最简单的测定方法，在鱼类多样性研究中应用最多。

但在实际研究中对鱼类群落进行定量采样比较困难，不能获取每个种群的个体数量，但可采用只用科数、属数和种数进行统计的多样性指数。在研究鱼类群落多样性时，除了选择最适测度指数，同时还需要考虑群落多样性的时间和空间尺度问题。时间尺度可以为地质年代，也可以为年、月等。由于鱼类群落的长时间历史数据难获取，目前鱼类群落研究中经常利用的都是小时间尺度，如探讨群落多样性的季节变化与年度变化等。鱼类群落多样性总是以一定的空间为载体，体现某个特定水域的生物多样性，因此鱼类的多样性也要将空间尺度界定。空间尺度主要是指在进行多样性研究时的采样空间范围，同一群落在不同采样尺度上对物种多样性进行测度，其结果可能会有较大的差异，因此在进行群落物种多样性的分析研究时，一定要注意采样的空间尺度问题，设置合适的采样点数量与位置，注意取样的合理性和准确性。

## 二、物种多样性计算方法

对一个群落的多样性进行评价，可通过一系列的指数来进行表征，通过比较这些指数的高低，进而判断群落鱼类多样性水平，物种多样性指数是分析群落物种多样性特征最简单的方法。对于 α 多样性而言，常用的测度方法有 3 种：物种丰富度指数、优势度指数和香农-维纳指数。在实际运用时，可依照研究者的不同需要或者不同的研究目的采用不同的指数（马克平等，1995；陈廷贵等，2000；吴昊，2015）。

1. 以种的数目和全部种的个体总数表示的多样性，即丰富度指数，值越大表明群落中鱼类种类越丰富。丰富度指数不需要考虑研究面积的大小，而是以一个群落中的种数和个体总数的关系为基础，在计算时对所有存在的物种（无论优势物种还是稀有物种）都等权重看待，只关注物种存在与否，与它们的相对丰度无关。但是，丰富度指数对抽样深度所造成的差异非常敏感（Whittaker，1972）。例如，在群落中观测 500 个个体和 1 000 个个体时，基于 1 000 个个体所观测到的物种类型数量通常会更多，所得出的丰富度指数就比基于 500 个个体得出的丰富度指数高很多，这种差异主要是由于所观测的群落物种数较多导致。因此在实际中，应尽量加大观测样本的数量以减少误差。丰富度指数有多种计算方式，其中以 Margalef 指数和 Menhinnick 指数最为常用。

（1）Margalef 指数（1958）

$$D = \frac{S-1}{\ln N} \tag{7-13}$$

式中，$S$ 为物种数；$N$ 为全部种的个体总数，仅考虑群落的物种数量和总个体数，将一定大小的样本中的物种数量定义为多样性指数。

（2）Menhinick 指数（1946）

$$D = \frac{\ln S}{\ln N} \tag{7-14}$$

或

$$\frac{S}{\sqrt{N}} \tag{7-15}$$

式中，$S$ 为物种数；$N$ 为全部种的个体总数，该指数考虑群落的物种数量和个体总数，将一定大小的样本中的物种数量定义为多样性指数。

2. 以每个种的数目、全部种的个体总数以及每个种的个体总数表示多样性，综合反映了群落中种的丰富程度和均匀程度，是应用较普遍的一类多样性指数，有 Shannon - Wiener 指数、Simpson 指数、Pielou 均匀度指数、McIntosh 指数、Hurlbert 指数等。

（1）Shannon - Wiener 指数（1948）

亦称香农指数（Shannon index）或者香农熵指数（Shannon entropy index），计算公式为：

$$H' = -\sum_{i=1}^{S} \frac{N_i}{N} \ln \frac{N_i}{N} \tag{7-16}$$

式中，$S$ 为物种数；$N$ 为全部种的个体总数；$N_i$ 是 $i$ 的个体数。

该指数同时考虑了物种丰富度和均匀度，反映了我们能够预测在群落中随机选择的个体属于哪些物种的不确定性。如果群落仅由单一物种组成（即种群），那么就确信随机选择的个体必定为那个唯一的物种，因此此时不确定性就为零。但事实上，群落远不止一个物种，因此随机选择的个体属于什么物种，并不确定。因此不确定性会随着群落物种种类数的增加而增加。但是，如果群落中存在一种或少数几个物种占据了优势地位（即优势种，与其他种相比，它们在丰度上具有明显的优势），那么不确定性就不会那么高，因为我们随机选择的个体很有可能就是这些优势种。当群落完全均匀，即群落中所有物种丰度完全一致时，Shannon 指数的值达到最大（Hmax）。

（2）Simpson 指数（1949）

$$D = 1 - \sum_{i=1}^{S} \left( \frac{N_i}{N} \right)^2 \qquad (7-17)$$

或

$$D = 1 - \sum_{i=1}^{S} \frac{N_i(N_i-1)}{N(N-1)} \qquad (7-18)$$

式中，$S$ 为物种数，$N$ 为全部种的个体总数，$N_i$ 是 $i$ 的个体数。

Simpson 指数同样考虑了物种丰富度以及均匀度，但与 Shannon 指数相比，它更受均匀度的影响（Simpson，1949）。经典的 Simpson 指数代表了在群落中两个随机选择的个体属于同一物种的概率，当群落物种丰富度增加时，这种概率降低，即 Simpson 指数随着物种丰富度的增加而降低。由于经典的 Simpson 指数与物种丰富度相反的趋势并不直观，现常用 Gini‑Simpson 指数表示 Simpson 指数，即用 1 减去经典的 Simpson 指数数值后得到，此时 Simpson 指数随着丰富度的增加而增加（二者保持一致的趋势）。后来 Romme（1982）对的 Simpson 指数（D）进行了修正，计算公式为：

$$D = -\ln\left[ \sum_{i=1}^{S} \left( \frac{N_i}{N} \right)^2 \right] \qquad (7-19)$$

式中，$S$ 为物种数，$N$ 为全部种的个体总数，$N_i$ 是物种 $i$ 的个体数。

Simpson 指数的取值范围 0~1，单位是一个概率。当群落物种丰富度较高时，Simpson 指数的值主要受均匀度的影响。当群落完全均匀，即群落中所有物种丰度完全一致时，Simpson 指数可以直接由物种丰富度直接得到。

（3）Pielou 均匀度指数（1969）

$$J = \frac{H'}{\ln(S)} \qquad (7-20)$$

式中，$S$ 为物种数，$H'$ 为 Shannon 指数。

Pielou 均匀度指数为群落实际的 Shannon 指数与具有相同物种丰富度的群落中能够获得的最大 Shannon 指数的比值。如果所有物种具有相同的相对丰度，则 Pielou 均匀度指数为 1。

（4）McIntosh 指数（1967）

$$D = \frac{N - \sqrt{\sum_{i=1}^{S} N_i^2}}{N - \sqrt{N}} \qquad (7-21)$$

式中，$S$ 为物种数，$N$ 为全部种的个体总数，$N_i$ 是物种 $i$ 的个体数。

该指数假设群落为 $S$ 维空间中的一点，那么原点到集合的距离可认为是一种多样性的测度。

（5）Hurlbert 指数（1971）

$$D = \frac{N}{N-1}\left[ 1 - \sum_{i=1}^{S} \left( \frac{N_i}{N} \right)^2 \right] \qquad (7-22)$$

或者

$$D = \sum_{i=1}^{S} \left( \frac{N_i}{N} \right)\left( \frac{N-N_i}{N-1} \right) \qquad (7-23)$$

式中，$S$ 为物种数，$N$ 为全部种的个体总数，$N_i$ 是物种 $i$ 的个体数。

Hurlbert 用来描述某些群落组织水平专门特征和相互关系的指数，这一指数也叫种间机遇率。

（6）Hill 多样性指数

$$D_A = \sum_{i=1}^{S} \left( \frac{N_i}{N} \right)^{\frac{1}{1-A}} \qquad\qquad (7-24)$$

式中，$S$ 为物种数，$N$ 为全部种的个体总数，$N_i$ 是 $i$ 的个体数，$A$ 为希尔系数。

Hill（1973）认识到物种丰富度、Shannon 指数以及 Simpson 指数都是同一系列多样性指数成员，并据此提出希尔多样性指数量化多样性，其最大的特点是考虑了稀有物种对计算多样性时的影响。当 $A>0$，指数计算时对稀有物种打折扣；当 $A=0$，所有物种等权重对待；当 $A<0$，指数计算时对优势种打折扣，并关注稀有物种的数量，当 $A$ 为特定数值时，可通过该公式获得 Shannon 多样性、Simpson 多样性等。

## 三、功能多样性调查

在大多数的研究中，生物多样性往往被认为等同于物种多样性，而忽视了其他组成部分（Díaz et al.，2001）。但是不同的物种在生理、生态、形态特征等方面存在极大的差别，因而简单的物种多样性难以真实地体现每个物种性状对生态系统过程所起的作用。生态系统功能不仅仅依赖于物种的数目，而且依赖于物种所具有的功能性状（Hooper et al.，1998；Lepš et al 2001）。两个具有相同物种数的群落，由于物种拥有不同的性状和特征，很可能在功能多样性方面表现出较大差异（Leps et al.，2006）。因此，作为衡量生物多样性的另一种方法，功能多样性也经常作为生物多样性的一个成分进行调查（江小雷等，2010；张金屯等，2011）。功能多样性是指特定生态系统中物种功能特征的数值、范围和分布，也叫功能特征多样性（functional trait diversity，FTD），强调群落中物种功能的差异（Pla，2012），因此被认为是目前研究生物多样性最适宜的方式（Mouillot et al.，2013）。功能多样性高的生态系统，其生态位更趋分化，资源能够得到最大利用，生态系统更稳定，具有较高的生产力（Tilman，1997）、恢复力（Nyström et al.，2001）和入侵抵抗力（Prieur-Richard et al.，2001；Dukes，2001）。

虽然形态特征并不能完全反映鱼类在生态系统中的作用，如营养循环（McIntyre et al.，2008；Brandl et al.，2014）等，但是鱼类的外部形态是其与环境之间以及与其他生物之间的相互作用的综合反映（Langerhans et al.，2007），并且形态特征有效的描述了与食物获取和运动等功能相关的特征。对于鱼类来说，形态特征仍然是唯一可合理量化的功能性状（Villéger et al.，2010；Winemiller，1991；Bellwood et al.，2014）。因此鱼类功能多样性的测定实质就是功能特征多样的测定（Petchey et al.，2008）。而功能特征是指那些可影响生态系统功能过程的生物特征。对淡水鱼类而言，功能特征主要指如口裂大小、眼位、眼径、胸鳍形状、尾鳍形状、体形等在觅食、运动和栖息地利用三方面的特征（Xie et al.，2001）。鱼类性状的选择主要与游泳能力和食物获取能力等相关，且遵从易于定量化计算的原则（熊鹰，2015）。根据近年来发表的文献，常用的功能特征指标见表7-6。

## 表 7 - 6  常用的淡水鱼类功能特征

| 功能特征 | 计算方法 | 生态学意义 |
|---|---|---|
| 口裂相对大小 | $\dfrac{Mw \times Md}{Bw \times Bd}$ | 最大捕食量或者对水的过滤能力 |
| 口裂形状 | $\dfrac{Md}{Mw}$ | 食物形状 |
| 口裂位置 | $\dfrac{Mo}{Hd}$ | 在水体中的生活位置 |
| 相对鳃耙长 | $\dfrac{GRL}{Hd}$ | 过滤水能力或保护鳃 |
| 相对牙长 | $\dfrac{Tl}{Hd}$ | 食物获取能力 |
| 相对肠长 | $\dfrac{Gl}{Bl}$ | 食物消化能力 |
| 眼睛相对大小 | $\dfrac{Ed}{Hd}$ | 对食物的可视范围 |
| 眼睛相对位置 | $\dfrac{Eh}{Hd}$ | 在水体中的垂直位置 |
| 体型指标 | $\dfrac{Bd}{Bw}$ | 在水体中的栖息位置及游泳能力 |
| 肌肉分布特征 | $\dfrac{\ln\left(\left(\dfrac{\pi}{4} \times Bw \times Bd\right)+1\right)}{\ln(M+1)}$ | 身体各部位肌肉的分布 |
| 胸鳍位置 | $\dfrac{PFi}{PFb}$ | 在水体中的栖息位置及灵活性 |
| 胸鳍对游泳的贡献指标 | $\dfrac{PFl^2}{PFs}$ | 游泳能力和灵活性 |
| 尾柄对游泳的贡献 | $\dfrac{CFd}{CPd}$ | 游泳持久性 |
| 尾鳍形状 | $\dfrac{CFd^2}{CPs}$ | 游泳持久性及加速度 |
| 胸鳍尾鳍比 | $\dfrac{2 \times PFs}{CFs}$ | 游泳类型（胸鳍和尾鳍推进） |
| 相对鳍条面积比（L） | $\dfrac{(2 \times PFs)+CFs}{\dfrac{p}{4} \times Bw \times Bd}$ | 游泳持久性及加速度 |
| 相对怀卵量 | $\dfrac{Te}{M}$ | 繁殖能力 |

　　通过野外采样获得鱼类样本，用数显游标卡尺现场测量形态特征值（图 7-1），或通过获取鱼类图片或者照片，通过 Image J 软件（http://rsb. info. nih. gov/ij/index. html）测量各形态特征的相对值。将形态特征值按照表 7-6 进行组合后获得功能特征值。功能研究以群落为单元，因此对于群落中的每一个体，都应计算其功能特征值；同时获取群落中每个种的多度数据。获取每一个体的功能特征值和多度数据后就计算功能多样性指数。由于鱼类个体适应不同的环境、不同发育时期的种内形态变化也很大，因此在进行群落功能多样性研究时，最准确的方法是从个体的水平进行研究。

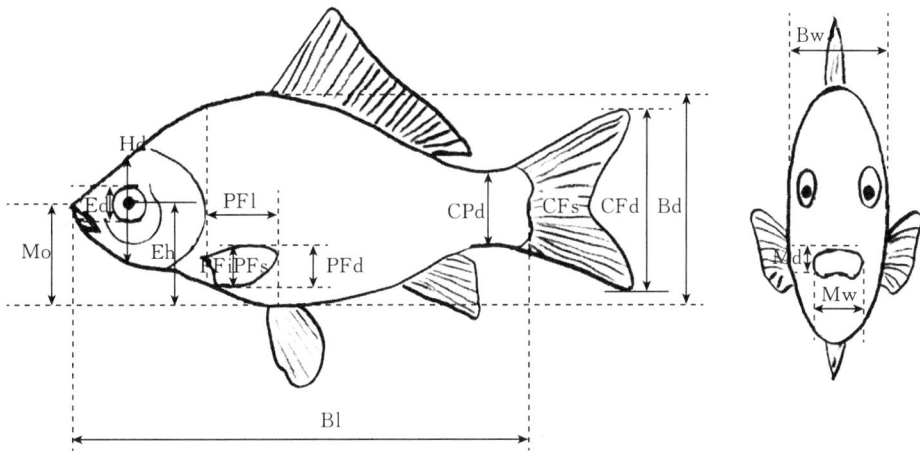

图 7-1　功能形态特征测量图

　　Bl：体长，Bd：体高，CPd：最小尾柄宽，CFd：尾鳍宽，CFs：尾鳍面积，PFi：胸鳍顶端到身体底部的距离，PFd：胸鳍宽，PFl：胸鳍长，PFs：胸鳍面积，Hd：通过眼中心的体高，Ed：眼直径，Eh：眼中心到身体底部的距离，Mo：嘴上沿到身体底部的距离，Bw：体宽，Md：嘴上下宽度，Mw：嘴左右宽度，Te：卵粒数，M：体重。

　　功能多样性的调查可以只调查某一单一的功能，如调查比较不同鱼类的相对肠长与其食性的关系，口裂的相对或绝对大小与食物大小及食性的关系，眼位、眼径、口位和口须与水体中生态位的相关性。也可以调查某几个功能的组合，比如选择与其生命活动最相关的游泳能力和食物获取能力等相关特征进行组合分析。然而由于鱼类功能相当复杂，且均为异养生物，还能通过运动迁移来适应环境变化，不是简单依靠一个或者一对性状就能直接描述一个功能，比如摄食和游泳，明显是由一组性状集合来执行的（Winemiller，1991），因此目前关于鱼类功能多样性的调查研究并不多。还有一个重要的原因就是鱼类群落调查取样的限制。淡水鱼类群落研究中经常使用的采样方法包括：蹦网、罩网、刺网、电捕、拖网、围网、定置张网等。拖网采样面积较大，是鱼类群落多样性研究中较好的采样方法，但由于该方法采样时要求水体底质平坦，水生植物稀少，在淡水鱼类群落研究应用中具有一定的局限性。其他采样方法因网具面积有限，网目大小有别等因素，单次取样获取的信息较少，因此一定程度上影响了研究的准确性，只有通过加大采样频率来解决，但这又在一定程度上增加了工作量。

## 四、功能多样性计算方法

### 1. 功能丰富度指数

功能丰富度指数（functional richness）用来衡量一个群落中鱼类占据了多少生态位空间（Mason et al.，2005；Schleuter et al.，2010），但不权衡物种的多度，可作为评价群落生产力、对环境波动的缓冲能力或者对生态入侵承受能力等的指标。功能丰富度指数对鱼类丰富度的改变非常敏感，而两个具有相同物种丰富度的鱼类群落在功能丰富度上不一定会相同，因为鱼类如果拥有不同的性状，那在性状空间中的分布会存在差异。如果两个群落功能性状间的距离较接近，则功能丰富度低，表示部分生态位未被占据，说明资源利用率低。当选择与抗胁迫能力相关的性状计算功能丰富度时，如果所得值较低，意味着该群落中缺少能够利用改变后环境条件的鱼类，群落对环境波动的缓冲能力下降，因此群落抗入侵能力也随之下降。

功能丰富度指数一般用功能体积指数表示（$FR_{ic}$）。功能体积指数是用最小凸多边形（convex hull）体积计算性状空间体积，描绘包含所有性状的最小凸多边形，即性状空间内必存在一个最小凸多边形，使所有物种的点在其范围内或边上。首先，确定具有性状极值的物种，将其作为最小凸多边形的端点；然后将其连接生成最小凸多边形；最后计算其面积或体积（Cornwell et al.，2006）。其计算公式为：

$$FR_{ic} = \frac{SF_{ic}}{R_c} \qquad (7-25)$$

式中，$SF_{ic}$ 指群落中物种所占据的生态位，$R_c$ 指特征值的绝对值.

### 2. 功能均匀度指数

功能均匀度指数（functional evenness，$FE_{ve}$）表示鱼类性状在所占据性状空间的分布规律（Mason et al.，2005）。FEve 指数计算所有物种对间的距离，并按相对多度权重，聚类并计算得到多维性状空间的最小生成树，即将性状空间中的所有点相连得到树状图，且保证总分枝长度最小，最后测量最小生成树分支长度的均匀性（Villéger et al.，2008）。其值处于（0，1）之间，高的功能均匀度指数意味着物种分布非常有规律，低的功能均匀度指数预示存在物种分布间隙。

该指数一般用于预测资源的利用，也用于生产力、恢复力、入侵脆弱性等（Mason et al.，2005；Schleuter et al.，2010）。其计算公式为：

$$FE_{ve} = \frac{\sum\limits_{I=1}^{S-1} \min\left(PEW_l, \dfrac{1}{S-1}\right) - \dfrac{1}{S-1}}{1 - \dfrac{1}{S-1}} \qquad (7-26)$$

式中，$PEW_l = \dfrac{1}{\sum\limits_{i=1}^{S-1}\sum\limits_{j=2}^{S-1} \dfrac{dist(i,j)}{W_i+W_j}} \times \dfrac{dist(i,j)}{W_i+W_j}$，$S$ 为物种数，$dist(i,j)$ 为物种和的欧式距离，$W_i$ 为物种 $i$ 的相对丰富度，$l$ 为分支长，$PEW_l$ 为分支长权重。

### 3. 功能离散度指数

功能离散度指数（functional divergence index）是测量鱼类群落功能性状的多度分布

在性状空间中的最大离散程度（Mason et al.，2005）。高的功能离散度主要是因为位于性状空间边缘的物种多度较多。功能离散度指数用于测量资源分异度，如竞争，功能离散度小，说明物种间竞争激烈，生态位空间相对紧张。

（1）Rao 的二次熵指数

Rao 的二次方程整合了物种丰富度和物种对之间的功能特征差异的信息（Rao，1982），它主要计算了鱼类间距离的变异。Rao 指数的计算分以下两个步骤：第一步，获得鱼类特征值的矩阵；第二步，不同采样地中鱼类的相对丰富度计算。Rao 指数的计算关键在于鱼类间的趋异性的测定（以鱼类的功能特征为基础）及鱼类在群落中的比例（Leps et al.，2006）。Rao 指数兼具功能多样性的两个方面——功能丰富度和功能离散度，即 Rao 的意义介于功能丰富度和功能离散度之间（Mouchet et al.，2010）。计算公式为：

$$RaoQ = \sum_{i=1}^{S-1} \sum_{j=(i-1)}^{S-1} d_{ij} p_i p_j \qquad (7-27)$$

$$d_{ij} = \sum_{\tau=1}^{T} (x_{ij} - x_{\tau i})^2 \qquad (7-28)$$

式中，$p_i$ 为物种相对多度，则 $\sum_{i=1}^{S} p_i = 1$，$S$ 为物种数，$d_{ij}$ 为物种 $i$ 和 $j$ 的相异度，变化介于（0，1）之间，为 0 时表示两物种具有完全相同的性状，为 1 时表示两物种具备完全不同的性状。

（2）功能趋异指数

功能趋异指数（FDvar）用以定量表示鱼类群落内特征值的异质性，反应群落中随机抽取的两个鱼类特征值相同的概率有多少，同时也体现出物种间的生态位互补程度（Mason et al.，2005）。功能分异指数越高，表明种间生态位互补性越强，竞争作用则较弱。因此，功能分异性较高的鱼类群落，由于其对资源充分有效的利用，使得生态系统的功能增强。某一鱼类群落的功能分异指数可用体现每一物种的个体所占据的有效生态位的多维特征值及其丰富度求得，群落的功能分异指数由群落内各物种的功能分异指数的平均数表示。

$$FD_{var} = \frac{2}{\pi} \arctan \left[ 5 \times \sum_{i=1}^{N} \left[ (\ln C_i - \overline{\ln X})^2 \times A_i \right] \right] \qquad (7-29)$$

式中，$C_i$ 为第 $i$ 项功能特征的数值；$A_i$ 为第 $i$ 项功能特征的丰度比例，$\overline{\ln X}$ 为物种特征值的自然对数，$N$ 为群落中的物种数.

（3）功能离散指数

功能离散指数（FDiv）也是利用鱼类凸多边形体积来计算。首先确定凸多边形的重心，再计算每个鱼类的性状与重心的平均距离，最后根据多度权重计算离散度。当优势种靠近重心时，FDiv 低，而位于凸多边形顶点时，FDiv 高。然而，这个方法有一定局限性，当某个性状值缺少时，该指数无法计算，当测定对象的物种数少于性状数时也无法应用（Laliberté et al.，2010）。该指数的使用限定条件是物种数大于性状数。具体计算公式如下：

$$gk = \frac{1}{S} \cdot \sum_{i=1}^{S} x_{ik} \qquad (7-30)$$

$$dG_i = \sqrt{\sum_{k=1}^{T} (x_{ik} - g_k)^2} \qquad (7-31)$$

$$\overline{dG} = \frac{1}{S} \sum_{i=1}^{S} dG_i \qquad (7-32)$$

$$\Delta d = \sum_{i=1}^{S} W_i \times (dG_i - \overline{dG}) \qquad (7-33)$$

$$\Delta |d| = \sum_{i=1}^{S} W_i \times |dG_i - \overline{dG}| \qquad (7-34)$$

$$FD_{rv} = \frac{\Delta d + \overline{dG}}{\Delta |d| + \overline{dG}} \qquad (7-35)$$

式中，$x_{ik}$ 为物种 $i$ 性状 $k$ 的值，$g_k$ 为性状 $k$ 的重心，$S$ 为物种数，$T$ 为性状数，$\Delta |d|$ 为物种 $i$ 与重心的平均距离，$d$ 为以多度为权重的离散度，$W$ 是物种 $i$ 的多度。

根据不同的研究目的，可选择不同的指数，如某一种鱼在功能空间所占的比例代表着该种鱼在生态系统里的功能大小。虽然鱼类功能多样性指数只涉及鱼类的功能特征和相对丰富度两个方面，但由于计算方法的多样化，且受多种因素的影响，其选择与测定存在较大的灵活性与难度。目前还没有一个非常完善的鱼类功能多样性的测定指标，每一种指数所反应的生态系统过程侧重点不同，各种鱼类功能多样性指数间存在一定的互补作用。

# 第四节　鱼类群落结构变动监测

一般采用丰度/生物量比较曲线法（abundance-biomass comparison curves），来监测鱼类群落的变动。丰度/生物量比较曲线法简称 ABC 曲线法，是 Warwick（1986）最早提出判断环境污染对底栖动物群落造成干扰程度的方法。该方法通过比较群落中丰度和生物量的优势度曲线，来判断群落结构的变动情况。

在不受干扰的情况下，群落中以 k-选择种类占据优势，此时丰度优势度曲线位于生物量优势度曲线的下方；随着外界干扰程度的增加，r-选择种类逐渐增加，当干扰处于中等程度时，两条优势度曲线相交；当外界干扰继续增加，呈现严重干扰时，r-选择种类则成为优势种类，在群落中占据主导，此时丰度优势度曲线则位于生物量优势度曲线的上方。

ABC 曲线方法不需要对照数据，而只根据自身的丰度和生物量的比较即可对任何时间和空间的群落结构进行评价。在生物群落结构本底调查不够完善的情况下，该方法具有一定的优势。

近年来，ABC 曲线方法也广泛应用到鱼类群落受干扰程度的评价与研究中（Bianchi et al.，2001）。例如东海渔业资源的调查资料，应用 ABC 曲线方法及生物量谱分析东海鱼类群落的状况，发现东海鱼类群落 4 个季节的 ABC 曲线特征虽有不同，但它们的 $W$ 统计值均为负，根据 Clarke 和 Warwick 的划分标准，东海的鱼类群落处于相对比较严重的干扰状态，但在某些季节东海鱼类群落的干扰状态呈现好转的现象，这主要与鱼类群落中各种类的补充、生长等内在因素以及人为因素（如捕捞）有关（李圣法，2007）。

ABC 曲线的统计量用 $W$ 统计量表示，公式为：

$$W = \sum_{i=1}^{S} \frac{(B_i - A_i)}{50(S-1)} \qquad (7-36)$$

式中，$S$ 为出现种类数；$B_i$、$A_i$ 为 ABC 曲线中种类序号对应的重量和数量累积百分比。

可见，当生物量优势度曲线在上面时，$W$ 为正；相反，当数量优势度曲线在上面时，$W$ 为负。

# 第五节　资源量变动规律调查

渔业资源量调查与资源量变动规律评估是渔业资源调查的重要内容，也是编制渔情预报、合理利用渔业资源、搞好渔业资源管理和渔业资源养护的重要工作内容之一。通过调查，弄清渔业捕捞资源量现状，准确、及时评估鱼类资源数量进而分析其年际变动规律可为渔业管理和鱼类资源保护提供科学依据，对渔业管理和养护具有重要意义。目前，世界上大多数水域的渔业资源都未开展系统的资源评估，准确地了解渔业的资源状况对于制定管理策略、实现可持续发展十分重要。

渔业资源量评估就是以鱼类的生长、死亡规律等鱼类生物学特性资料和渔业统计资料为基础，通过实地调查获取一定水域的资源量现状数据，利用数学分析法、初级生产力法、亲体补充法、生物学法及水声学调查等方法建立资源量估算模型，评估资源量现状以及捕捞等人类活动对渔业资源数量和质量的影响。同时结合历史捕捞等数据，以时间长序列种群资源量数据为基础，对资源量和渔获量作出预测和预报，从而对资源群体的过去和未来的状况进行模拟和预测。资源评估的目的之一，就是要确定最大持续产量和最佳捕捞力量，把捕捞力量控制在这个水平，以便从渔业资源中获得稳定的最大持续产量。

调查的主要对象除了鱼类群落外，更应重点关注当地经济种等特定鱼类，弄清其不同生活史阶段的种群数量与生物量、历年鱼产量、历年从事渔业的人数、渔具等，目的是为了寻求渔业资源合理利用的最佳方案，包括确定合适的或较为合适的捕捞强度和起捕规格，如限定渔获量、限定作业船数、作业次数、作业时间，或限定网目大小和鱼体长度等。调查至少要包含鱼类的繁殖期、育肥期和越冬期几个时段。

一个已经被开发利用的水域的渔业资源，在理想的条件下，它的数量变化受 4 个因素的影响：群体补充量和个体生长 2 个因素使种群的数量增加，捕捞和自然死亡这 2 个因素使种群数量减少。

## 一、资源量调查

某一水域中所栖息的鱼类的种群数量，即为鱼类的资源量。渔业资源量调查就是弄清某一时期某一水域（或某一种群）的鱼类数量或重量有多少，以及可能的渔获量有多大。

鱼类本身具有生长增殖的能力，但其种群数量受自然因素和人为因素的干扰，不断发生消长变化，人为利用如能合理，资源得以繁殖保护，其数量变化可以不断得到补偿，生产利用则可持续不衰。因此，鱼类资源量调查除掌握其数量外，还要测定鱼类群体的结构生态状况，掌握渔业利用情况，研究鱼类种群和数量变动规律，以判断资源现状和变化趋势，确定渔业合理利用和发展的途径。

渔业资源量调查的主要对象种群，根据调查对象的不同生活史阶段（产卵、索饵、洄游等）确定调查时间和调查范围，也可根据河流水量变化，进行月度性（每月 1～2 次）或季度性（每季 1～2 次）调查。根据研究目的在河流不同区段设置采样站位，也可按环境因子梯度变化进行断面布设，一般一次采样作业时间为 24 h。

调查到的所有鱼类，特别是主要经济鱼类，应逐尾测定体长、体重，同时采集鳞片等年龄材料并逐号进行鉴定，测定结果应随时记入资源量调查分析表 7-7 中，并根据测定结果求出每种鱼的体长组成、体重组成、性别比、年龄组成以及各龄鱼的体长和体重等。最后根据渔获量、渔网面积、实际调查范围等估算渔业资源量。

表 7-7　资源量调查表

| 种群名称 | | 调查河段 | | 日期 | |
|---|---|---|---|---|---|
| 记录人 | | 总渔获数量（尾） | | 总渔获重量（kg） | |
| 网具面积（m²） | | 调查水域面积（km²） | | 调查时长（h） | |
| 体长范围（cm） | | 体重范围（g） | | 性别比（♂/♀） | |

具体列表

| 序号 | 龄级 | 尾数 | 数量百分比（%） | 重量（kg） | 重量百分比（%） |
|---|---|---|---|---|---|
| 1 | 0⁺ | | | | |
| 2 | 1～2 | | | | |
| 3 | 2～3 | | | | |
| 4 | 3～4 | | | | |
| 5 | 4～5 | | | | |
| 6 | 5～6 | | | | |
| 7 | 6⁺ | | | | |
| 8 | …… | | | | |

鱼类资源是一种生物资源，不仅会因为人类的捕捞而减少，也会因为人类其他活动的影响或者自然死亡而减少，与此同时，它又可通过繁殖等活动对群体数量进行补充。因此

鱼类资源量调查还应包括原始资源量、平均资源量、平衡资源量、最适资源量、渔业资源量等内容的调查。

表示资源的数量虽然可用某一瞬间的资源量来表示，如估算某一汛期开始时的资源量，也常常表示某一时期（如某一年）的资源量大小，但是在该时期，由于鱼的生长补充、自然死亡和捕捞，资源数量每时每刻都在变化，为了表示该时期的资源量，常常用平均资源量来表示某一时期的资源量，计算公式为：

$$P = Y/F \qquad (7-37)$$

式中，$P$ 为平均资源量，$Y$ 为产量，$F$ 代表瞬时捕捞死亡率。

从上式可知，当 $F$ 大于 1 时，该时期的产量就大于该时期的平均资源量，这在实际中是不存在的。

平衡资源量：在一定捕捞强度下，当鱼类资源处于平衡状态时的资源量称为平衡资源量。最大平衡资源量（或原始资源量）是指某一水域的鱼类资源，当其未被开发利用时，处于最大的平衡状态，这时的资源量称为最大平衡资源量（或原始资源量）。

平衡渔获量（或持续产量）：鱼类资源处于平衡状态时的渔获量则称为平衡渔获量或持续产量。

最适资源量：当资源随着人们的捕捞下降到某一平衡状态，在这一平衡状态下，人们可持久地获得最大产量，这时的平衡资源量称为最适资源量。

最大平衡渔获量（或最大持续产量或可捕量）：鱼类资源处于捕捞平衡状态下的产量称为最大平衡渔获量或最大持续产量或可捕量。如果在取得最大平衡渔获量时还继续增加捕捞强度，资源量就会下降到最适资源量以下，导致资源衰退，捕捞过度。

单位捕捞努力量（CPUE）：即单位时间内单位网具的渔获资源量［kg/(net·h)］或［ind /(net·h)］。计算公式为：

$$CPUE = C/nt \qquad (7-38)$$

式中，$C$ 为某规格网具的总渔获量（kg 或 ind），$n$ 为网具个数，$t$ 为采样时间（h）。

单船日渔获量（$Y_d$，kg/d），计算公式为：

$$Y_d = \frac{\sum_{i=1}^{i=n} y_d}{n} \qquad (7-39)$$

式中，$Y_d$ 为每只渔船单日渔获量，$n$ 为抽样调查的渔船数量。

单船年渔获量（$Y_a$，kg/y）计算公式为：

$$Y_a = \sum_{m=1}^{m=12} (Y_d \times T_m) \times (m/y) \qquad (7-40)$$

式中，$T_m$ 为调查月份所有渔船的平均作业天数（d/m），$T_m = \dfrac{\sum_{j=1}^{j=n} t_m}{N}$，$t_m$ 为渔船每月作业天数（d/m），$y$ 为年数。

研究河段的年渔获量（$Y_r$，kg/y）计算公式为：

$$Y_r = Y_a \times N = \sum_{m=1}^{m=12} (Y_d \times T_m) \times N \times (m/y) \qquad (7-41)$$

式中，$Y_d$ 为调查渔船其单日渔获量（kg/d）；$N$ 为该河段的渔船总数量。

要进行准确的渔业捕捞资源量估算，必须进行大量的调查，数据不足的情况下其估算的资源量会有较大的误差。这主要是由于很多鱼类具有洄游或迁徙的特征，在特定水域不同时间段上鱼类的种类和数量会发生明显的改变，另外，不同渔船之间单船产量及种类差异较大，而同一船渔获鱼类的种类往往不多，且由于网具的选择性等原因，捕捞到的鱼体规格也差异不大。而部分种群数量较小的鱼类，由于资源量较小，在调查船次不够的情况很难被采集到，因此在实际调查中需长期或者购置大量渔获物，加大采样力度以消除误差。

## 二、渔业资源评估

### 1. 渔业资源评估方法

内陆水域类型复杂，对水中的鱼类不能清点数量，进行鱼类资源调查，只能采用估算的方式，一般是结合捕捞生产进行渔获物分析研究。捕捞生产渔获物的种群结构和数量变化客观上能反映鱼类资源情况。

（1）利用底拖网扫水面积估算资源量

通常先计算每个小渔区（经纬度各 $30'$ 围成）的每一种生物资源的密度和资源量，然后再累加计算出调查水域的资源量，估算公式为：

$$\rho = C/(aq) \tag{7-42}$$

$$B = \rho \times A \tag{7-43}$$

式中，$\rho$ 为资源密度，$kg/km^2$ 或 $ind/km^2$；$C$ 为平均每小时拖网渔获量，$kg/(网 \cdot h)$ 或 $ind/(网 \cdot h)$；$a$ 为网具每小时扫海面积，$km^2/(网 \cdot h)$；$q$ 为网具的捕获率（捕获系数），$0 < q < 1$；$B$ 为总资源量，$kg$；$A$ 为调查海区总面积，$km^2$.

（2）声学法评估渔业资源量

① 断面法：以断面观测值代表断面两侧各半个断面间距海域内的平均值。各断面所代表海域资源量之和即为调查范围内的总资源量。

某一给定断面所代表的海域内评估种类的资源尾数 $N$（尾）和生物量 $B$（g）分别按下式计算：

$$N = \frac{(\check{S}_A \times D \times S)}{\delta} \tag{7-44}$$

$$B = N \times \hat{W} \tag{7-45}$$

式中，$\check{S}_A$ 为断面内评估种类的平均积分值，$m^2/n\ mile^2$；$D$ 为断面长度，$n\ mile$，由断面起止计算经纬度算得，当纬度为 $\theta$ 时，一个经度的里程为 $60 \cdot \cos\theta\ n\ mile$；$S$ 为断面间距，$n\ mile$；$\delta$ 为断面内评估种类的平均声学截面，$m^2$；$\hat{W}$ 为断面所代表海域内评估种类的平均体重，$g$。

② 方区法：将整个调查范围划分为若干小方区，以方区为单位进行计算，各方区内资源量之和即为调查范围内的总资源量。

某一给定的方区内评估种类的资源尾数 $N$（尾）和生物量 $B$（g）分别按下式计算：

$$N = \frac{(\check{S}_A \times A)}{\delta} \qquad (7-46)$$

$$B = N \times \hat{W} \qquad (7-47)$$

式中，$\check{S}_A$ 为方区内评估种类的平均积分值，$m^2/n\ mile^2$；$A$ 为方区面积，$n\ mile^2$；$\delta$ 为方区内评估种类的平均声学截面，$m^2$；$\hat{W}$ 为方区内评估种类的平均体重，g。

采用方区法进行的资源评估，当航线恰巧落在分区边界时，应预先约定航线上的观测值所代表的方区，同一观测值不能在不同的方区内重复使用。

③ 绘制资源密度分布图

一般以相对资源量指数［渔获量/（网·h）］或相对资源密度指数［尾/（网·h）］按不同大小的圆圈或等值线表示，取值标准可根据各站总渔获量和主要种类的数值，分为几个等级，即数值为 10、25、50、100、250、500、1 000、5 000 及 10 000，单位为 kg/（网·h）或 ind（网·h）。

传统资源评估方法具有数据需求量大、要求高等特点，用于评估的基础数据还需要包括一定时间序列的渔获量数据、年龄结构数据、体长结构数据、相对或绝对资源丰度数据、捕捞努力量以及生活史参数等信息（Methot et al.，2013）。但是对于世界上大多数水域，这样的数据都不具有。据统计，全球渔业中仅有不足 1% 的种类进行了系统的渔业资源监测，而 80% 以上的资源处于数据缺乏阶段（Costello et al.，2012）。由于渔业统计数据无法在短时间内得到解决，随着计算机技术的发展，通过模型来对渔业资源进行预测是渔业资源评估的主要手段之一（Carruthers et al.，2014；史登福等，2020）。

**2. 渔业资源评估模型**

关于渔业资源评估模型有很多，主要可分为两大类：一是基于渔获量的模型，如 Catch‑MSY（catch‑maximum sustainable yield）模型、CMSY（an extension of Catch‑MSY）模型、DCAC（depletion corrected average catch）模型和 DB‑SRA（depletion based stock reduction analysis）模型等；二是基于体长数据的模型，如 LBSPR（length based spawning potential ratio）模型等。

（1）Catch‑MSY（catch‑maximum sustainable yield）模型

Catch‑MSY 模型是基于渔获量数据、起始年和终止年的相对资源大小假设和恢复力信息的渔业资源评估模型，其数据需求量小，仅需要一定时间序列的渔获量数据且模型稳定。Catch‑MSY 模型是基于 Schaefer 剩余产量模型来计算每年的资源量（Martell et al.，2013），消耗比率的下限决定了 MSY 估计值的下限，消耗比率的上限和 $K$ 的范围决定了 MSY 估计值的上限。模型输入为一定时间序列的渔获量数据、内禀增长率、环境容纳量、最后一年的资源消耗范围，计算公式如下：

$$B_t = \gamma_0^{Ke^{vt}}, \ t=1 \qquad (7-48)$$

$$B_{t+1} = \left[ B_t + \gamma B_t \left( 1 - \frac{B_t}{K} \right) - C_t \right] e^{vt}, \ t>1 \qquad (7-49)$$

式中，$B_{t+1}$ 为 $t+1$ 年生物量，$B_t$ 为当前资源量，$C_t$ 为 $t$ 年渔获量，$K$ 为环境承载力，$\gamma$ 为内禀增长率。过程误差假设为正态分布，$vt$ 独立且符合正态分布，均值为 0，方差为 $\sigma^2$。

$\gamma_0$ 为初始资源量消耗水平 $\left(\dfrac{B_1}{K}\right)$，如果资源处于未开发状态则 $\gamma_0 = 1$。

在使用 Catch – MSY 模型进行评估时，首先要确定内禀增长率（$\gamma$）和环境容纳量（$K$）的先验分布，以及评估起始年和终止年相对资源比率（$B_{FYR}/K$ 和 $B_{LYR}/K$）的大致范围，根据实际情况选择相应的接受范围。对于起始年，如果渔获量与最大渔获量之比小于 0.5，$B/K$（$\gamma_1$，$\gamma_2$）的范围为 0.5~0.9，反之，如果渔获量与最大渔获量之比大于等于 0.5，$B/K$ 的范围为 0.3~0.6。对于终止年，如果渔获量与最大渔获量之比小于 0.5，$B/K$（$\gamma_3$，$\gamma_4$）的范围为 0.01~0.4，如果渔获量之比大于等于 0.5，则 $B/K$ 范围为 0.3~0.7。$\gamma$ 的先验分布可将种群恢复力的强弱分为 4 类，分别为极低（0.015~0.1）、低（0.05~0.5）、中等（0.2~1）、高（0.6~1.5），对于一个特定的鱼种，若没有关于 $\gamma$ 的可用信息，可根据以上分类选择 $\gamma$ 的合适值。$K$ 的先验分布一般设定为下限是渔获量数据中最高的渔获量（$C_{MAX}$），上限是最高渔获量的 100 倍（$100*C_{MAX}$）的均匀分布。

为得到有效的 $\gamma$-$K$ 的组合，从 $\gamma$ 和 $K$ 的先验分布内随机选取 $\gamma$-$K$ 的组合，然后从第一年资源量的先验中选取初始资源量，利用公式 7 - 48 和公式 7 - 49 来计算未来几年的资源量。采用如下伯努利分布作为似然函数：

$$L(\theta \mid C_t) = 1，\quad \gamma_3 \leqslant B_{n+1}/K \leqslant \gamma_4 \qquad (7-50)$$
$$L(\theta \mid C_t) = 0，\quad \gamma_3 \geqslant B_{n+1}/K \parallel B_{n+1}/K \geqslant \gamma_4 \qquad (7-51)$$

每组有效的 $\gamma$-$K$ 组合可利用最后一年资源量根据此公式得出。利用重要性重抽样来获得 $\gamma$ 和 $K$ 的分布值，在实际应用中可选择平均值来代替（Martell et al.，2013）。采用 Schaefer 剩余产量模型中 $MSY = \gamma K/4$ 的公式来计算 $MSY$ 值，对数平均值的标准差（SD）被用来衡量不确定性。$F/F_{MSY}$ 大于 1，表示过度捕捞。

（2）CMSY（an extension of Catch – MSY）模型

CMSY 模型与 Catch – MSY 模型相似，所需数据同样为渔获量数据、资源消耗数据以及恢复力信息等，但是是 Catch – MSY 模型的改进，该模型使用了蒙特卡洛方法（Monte – Carol）修正了 Catch – MSY 模型的系统偏差，即在相对较低的资源规模（$B < 0.25B_0$）会高估生产力。同时可以结合过程误差来估算生物学参考点 $MSY$、$MSY$ 状态下的捕捞死亡率（$F_{MSY}$）、$MSY$ 状态下的资源量（$B_{MSY}$）、相对资源大小（$B/B_{MSY}$）以及资源开发（$F/F_{MSY}$）（Froese et al.，2017）。确定合适的 $\gamma$-$K$ 组合之前同样需要从先验分布中抽取 $\gamma$、$K$ 以及初始资源量，通过计算得到预测的资源量。$\gamma$-$K$ 预测的资源量应大于 0.01K，且预测的资源量落在中间年和最后一年资源量先验范围之内。

联合国粮农组织（FAO）主要捕鱼区的近 5 000 种鱼类的资源量数据，其中 42% 种类的数据是基于 CMSY 算法得出的（Hélias et al.，2019）。

（3）DCAC（depletion corrected average catch）模型

DCAC 模型是潜在产量公式的延伸，可为长寿命种类的数据缺乏渔业提供可持续产量的有效估算，该模型仅需要一定时间序列的渔获量数据、资源衰减率（$\Delta$）、自然死亡率（M）、种群恢复力 $B_{MSY}/B_0$ 以及 $F_{MSY}/M$ 等参数（MacCall，2009）。该模型假设在种群资源丰度没有发生较大改变的情况下，这一期间平均渔获量为可持续渔获量。在一段较长的时间内，渔获量被分为可持续的产量部分和生物量一次性减少部分。该模型的输入量为一定时间序列的渔获量数据、资源衰减比率、自然死亡率、种群恢复能力。一次性减少部分 $W$ 可用 $W = \Delta B_0$ 表示，资源衰减比率可用以下公式表示：

$$\Delta = \frac{B_{FYR} - B_{LYR}}{B_0} \tag{7-52}$$

式中，$B_{FYR}$ 为起始年资源量，$B_{LYR}$ 为终止年资源量，$B_0$ 为原始资源量。

初始的潜在产量公式为：

$$Y_{pot} = 0.5MB_0 \tag{7-53}$$

式中，$Y_{pot}$ 为潜在产量。

大多数渔业的种群补充量关系表明鱼类的 $B_{MSY}$ 倾向小于 $0.5B_0$，$0.4B_0$ 被看作为 $B_{MSY}$ 的有效替代，后续的研究将 $F_{MSY} = M$ 修改为 $F_{MSY} = cM$，其中 $c$ 值可能会小于 1。因此，初始产量公式变为：

$$Y_{pot} = 0.4cMB_0 \tag{7-54}$$

DCAC 模型中可持续产量的公式为：

$$Y_{sust} = \frac{\sum C}{n + W/Y_{pot}} \tag{7-55}$$

式中，$\sum C$ 为渔获量总量，$n$ 为渔获量时间跨度。

DCAC 模型的主要假设为：①$M$ 服从对数正态分布，$c$ 和 $\Delta$ 服从正态分布；②在种群资源丰度没有发生较大改变的情况下，在这一期间内平均渔获量是可持续的；③预测对象应为长生命周期的种类。同时，当预测对象的自然死亡率大于 $0.2/a$ 时，资源消耗修正变小，则该模型不适用，即对于资源严重衰竭的种类，该模型不适用（张魁等，2017）。DCAC 模型得出的平衡渔获量可作为渔业捕捞的限额。目前美国西海岸的几十种底栖鱼类的资源量评估，都是采用的 DCAC 模型（Newman et al.，2015）。

（4）DB-SRA（depletion based stock reduction analysis）模型

DB-SRA 模型结合了 DCAC 模型和资源衰减分析（stock reduction analysis，SRA）的建模框架，是对随机资源衰减分析模型的修改，并且同样使用蒙特卡洛方法得到资源状态以及管理参考点的概率分布（Dick et al.，2011）。模型的输入为自然死亡率 $M$、最后一年的资源消耗、$B_{MSY}/K$、$F_{MSY}/M$ 资源衰减率、渔获量数据以及性成熟年龄。给定以上参数的输入值后，DB-SRA 模型会找到与输入消耗水平和历史渔获量相匹配的重建种群，然后通过将 $F_{MSY}$、资源消耗以及重建的未捕捞生物量相乘计算 OFL（over fishing level，过度捕捞水平），该过程是随机的且为所有 4 个输入设定很多值，每个值都可以估算 1 个未捕捞生物量和 OFL 值。计算公式为：

$$B_t = B_{t-1} + P(B_{t-a}) - C_{t-1} \tag{7-56}$$

式中，$B_t$ 是 $t$ 年的资源量，$P(B_{t-a})$ 是基于 $t-a$ 年生物量函数的潜在年产量，潜在生产函数 $P$ 可以采取多种形式，$C_{t-1}$ 是 $t-1$ 年渔获量。

$$P(B_{t-a}) = gMSY\left(\frac{B_{t-a}}{K}\right) - gMSY\left(\frac{B_{t-a}}{K}\right)^n \tag{7-57}$$

式中，$K$ 相当于原始生物量，$MSY$ 是最大可持续产量，$n$ 是形状参数。$g$ 是一个数值因素，可用下式表示：

$$g = \frac{n^{n/(n-1)}}{n-1} \qquad (7-58)$$

DB - SRA 模型的特点是尽管对当前的资源丰度了解较少，但可以从历史渔获量中获得有用的信息。当只有渔获量和生活史参数时，DB - SRA 模型可以减少可持续产量估算的不确定性，同时还可减少其他重要参考点例如 MSY 和 K 估算的不确定性。当生产力曲线向右高度倾斜时，在低生物量水平上将产生过高生产力，在典型的高亲体补充关系下（$h > 0.5$），往往会出现高偏斜度（McAllister et al.，2000）。DB - SRA 模型与 DCAC 模型一样，对于自然死亡系数有较好的稳定性，但对于资源衰减比率十分敏感，并且不适合自然死亡系数大于 0.2/a 的种群，评估资源高度衰竭的种群时误差较大（Wetzel et al.，2011）。与 DCAC 模型相比，DB - SRA 模型是更加完善的资源评估模型，它可以估算完整的种群动态和重要生物学参考点。

（5）LBSPR（length based spawning potential ratio）模型

产卵潜能比（spawning potential ratio，SPR）是指在给定的捕捞死亡率下，处于平衡状态的总繁殖生产与未捕捞状态下的繁殖生产的比例。LBSPR 模型即是根据渔获量的体长结构估算产卵潜能比的模型（Hordyk et al.，2014）。LBSPR 模型的输入为：体长频率数据（$M/K$）、平均渐近体长（$L_\infty$）、渐近体长的变异系数（$CVL_\infty$）、选择性为 50% 和 95% 的体长、成熟率为 50% 和 95% 的体长以及体长频率数据。根据给定的 $M/K$ 和 $L_\infty$ 参数值以及渔获量的体长结构数据，LBSPR 模型利用最大似然法同时估算假设符合逻辑斯蒂曲线的体长选择性参数以及相对捕捞死亡率（$F/M$），用于计算 SPR，计算公式如下：

$$SPF = \frac{\sum (1-L_x)^{(M/K[(F/M)+1b])} L_x}{\sum (1-L_x)^{(M/K) \sim b} L_x} x_m \leqslant x \leqslant 1 \qquad (7-59)$$

式中，$L_x$ 表示时间 $x$ 时的标准化体长，$b$ 为生长指数，$x_m$ 为对应于成熟体长的标准年龄。

LBSPR 与其他方法不同的是不需要单独的估算自然死亡率（$M$）和 VB（von Bertalanffy）方程生长参数 $K$，而是使用 $M/K$ 的比率。通过使用 $M/K$ 比率对模型进行参数化，而无需完全了解物种的生长模式和自然死亡率（Beverton，1992）。与其他许多基于体长数据的模型一样，LBSPR 模型基于以下假设：①资源处于稳定状态且补充量保持不变；②鱼类的自然死亡率和生长率保持恒定；③雌性和雄性具有相同的生长曲线，渔获量的性别比接近 50%；④年龄体长数据是符合正态分布。因此对于波动较大的种群，特别是补充量有较大变化的种群，LBSPR 模型不适合。

（6）剩余产量模型

剩余产量模型是将补充、生长和自然死亡各因素对种群数量的综合影响视为种群数量的单函数，再经简化假设导出渔获量（生物量）B 和捕捞力量 $f$ 之间的抛物线函数关系。

$$f(B) = K(B_\infty^{m-1} - \overline{B}^{m-1}) \qquad (7-60)$$

式中，$B$ 为渔获量或者资源生物量，$f$ 为捕捞力量，$m$、$K$ 为参数。

这类模型仅需多年的渔获量和捕捞力量资料，按模型要求估算出待定参数后就能应用。一般鱼类的持续产量曲线是：随着捕捞力量的增加，持续产量相应增加；达到最大值后，持续产量随捕捞力量的增加而下降。这个最大值称最大持续产量（MSY），相应的资源量称最大持续资源量，此时的资源量约等于环境条件所允许的种群最大资源量的 1/2。为获得最大持续产量的捕捞力量称为最佳捕捞力量。

（7）模型误差

渔业资源模型预测与评估的前提是要输入基于鱼类生活史信息以及历史捕捞等数据，这些输入数据本身就存在误差，最终会影响模型的精度。另外不同的模型具有不同的适用性，例如，CMSY 模型在评估未开发的渔业资源量时可靠性较低、DCAC 模型对资源量衰减较严重的群落不适用；LBSPR 模型对体长结构数据质量要求较高，当使用非代表性的体长结构数据时，模型结果就会出现较大误差。同时模型参数的准确性也决定了评估结果的可靠性，当参数估计不准时，评估结果的准确度同样较差。此外还有鱼类的生活习性及行为也会带来较大的误差，比如鱼类的季节活动差异和集群行为等，都会导致渔业资源丰度数据估算不准、不能真实地反映资源量变化的趋势，增加模型结果的误差（Then et al.，2015）。

对于误差的消除，可以采用最大似然法、贝叶斯法和概率法来估算最佳参数值（Breen et al.，2003；Patterson et al.，2001），但当模型参数较多时，似然法使用起来相对困难。贝叶斯方法结合参数的先验分布和观测数据得出其后验分布概率，在实际中应用较广。概率法则是通过放宽了有关误差的假设以提高精度（官文江等，2014）。但这些模型仍存在尚未解决的问题，模型的使用上具有一定的局限性。2005 年，联合国粮农组织（FAO）推出了专业的渔业评估软件 FISAT Ⅱ，通过软件中的实际种群分析（VPA）模块，可以快捷地利用鱼类体长或年龄结构数据估算资源量（Toresen et al.，2000）。但是迄今为止，VPA 主要用于海洋渔业资源的估算，还未见 VPA 应用于河流鱼类资源评估。

# 第六节 "三场一通道"调查

"三场一通道"是指鱼类产卵场、索饵场、越冬场和洄游通道，是绝大多数鱼类生活周期中不可缺少的重要环节，对维持种群结构和数量有重要意义。产卵场是指在生殖季节能吸引生殖群体到来并进行繁殖的水域场所，一般盐度温度合适、饵料也丰富，其环境条件既适合于亲体的生存和发育，又有利于受精卵的孵化和仔稚鱼的生长。索饵场是指鱼类索饵育肥的场所，其饵料生物丰富、生态环境适宜，很多鱼类分散索饵，不像产卵群体和越冬群体那样集中，因此索饵场会随着时间改变而有所改变。越冬场是指某些鱼类因其水温适应性较窄，在冬季集结于适温水域进行越冬的水域场所。洄游通道是指鱼类为适应其生命周期中某一环节而进行主动的、集群的定向和周期性的长距离迁徙所经行的通道，这些迁徙包括生殖洄游、索饵洄游和越冬洄游。不同的鱼类由于资源需求不同，不同物种间的"三场一通道"在时空分布上也各有不同，即便同一种鱼，由于其生活史各个阶段的需要及适应性不同，在不同的生命周期，"三场一通道"也会有所不同。

"三场一通道"调查一般要针对目标物种进行，主要是调查目标物种的产卵场、越冬场、稚幼鱼的育肥场特点、水域分布位置、面积范围大小及其环境状况、鱼类在其中的活动及洄游规律，记述上述场所和鱼类摄食与运动密切相关的环境因子，包括水位、水深、水温、透明度、含氧量、流速及底质等情况。同时要调查上述场所的鱼类饵料生物组成及季节变化状况和历年变迁情况。对产漂流性卵鱼类的产卵场，要多注意水位、流速、涡流及气象变化情况；对产黏性卵的鱼类产卵场，还需要调查水草等产卵附着物；对产沉性卵的鱼类产卵场，还需要调查底质等情况。针对产卵场的调查要在产卵季节进行，且要进行连续多天的调查，对于产漂流性卵鱼类的产卵场调查，至少要包含 2 个涨退水时期。将调查结果记录于表 7-8 至表 7-11 中。

### 表 7-8　鱼类产卵场调查记录表

| 种群名称 | | 调查水域 | | 日期 | |
|---|---|---|---|---|---|
| 记录人 | | 产卵场位置 | | 产卵场面积（km²） | |
| 总渔获数量（尾） | | 总渔获重量（kg） | | 性别比（♂/♀） | |
| 体长范围（cm） | | 体重范围（g） | | 产卵群体所占的数量比例（%） | |
| 鱼卵采集量（粒） | | 仔稚鱼采集量（尾） | | 仔稚鱼发育阶段 | |

产卵场环境因子记录表

| 序号 | 环境因子 | 数值 | 备注 |
|---|---|---|---|
| 1 | 水温 | | |
| 2 | 水深 | | |
| 3 | 流速 | | |
| 4 | 透明度 | | |
| 5 | 含氧量 | | |
| 6 | 盐度 | | |
| 7 | 氨氮含量 | | |
| 8 | 悬浮物颗粒浓度 | | |
| 9 | pH | | |
| 10 | 电导率 | | |
| 11 | 叶绿素 a 含量 | | |
| 12 | 气压 | | |
| 13 | 水位 | | 产漂流性卵的鱼类产卵场必须调查的内容 |
| 14 | 涡流 | | 产漂流性卵的鱼类产卵场必须调查的内容 |
| 15 | 降水量 | | 产漂流性卵的鱼类产卵场必须调查的内容 |
| 16 | 底质 | | 产沉性卵的鱼类产卵场必须调查的内容 |
| 17 | 水草等产卵附着物 | | 产粘性卵的鱼类产卵场必须调查的内容 |
| 18 | 饵料生物组成 | | |
| | …… | | |

表7-9　鱼类越冬场调查记录表

| 种群名称 | | 调查水域 | | 日期 | |
|---|---|---|---|---|---|
| 记录人 | | 种群出现时间 | | 种群离开时间 | |
| 越冬场位置 | | 越冬场面积（km²） | | 总渔获数量（尾） | |
| 总渔获重量（kg） | | 体长范围（cm） | | 体重范围（g） | |

越冬场环境因子记录表

| 序号 | 环境因子 | 数值 | 备注 |
|---|---|---|---|
| 1 | 水温 | | |
| 2 | 水深 | | |
| 3 | 流速 | | |
| 4 | 透明度 | | |
| 5 | 含氧量 | | |
| 6 | 盐度 | | |
| 7 | 氨氮含量 | | |
| 8 | 悬浮物颗粒浓度 | | |
| 9 | pH | | |
| 10 | 电导率 | | |
| 11 | 叶绿素 a 含量 | | |
| 12 | 底质 | | |
| 13 | 饵料生物组成 | | |
| | …… | | |

表7-10　鱼类索饵场调查记录表

| 种群名称 | | 调查水域 | | 日期 | |
|---|---|---|---|---|---|
| 记录人 | | 索饵场位置 | | 索饵场面积（km²） | |
| 总渔获数量（尾） | | 总渔获重量（kg） | | 年龄范围 | |
| 体长范围（cm） | | 体重范围（g） | | 性别比（♂/♀） | |

（续）

索饵场环境因子记录表

| 序号 | 环境因子 | 数值 | 备注 |
|---|---|---|---|
| 1 | 水温 | | |
| 2 | 水深 | | |
| 3 | 流速 | | |
| 4 | 透明度 | | |
| 5 | 含氧量 | | |
| 6 | 盐度 | | |
| 7 | 氨氮含量 | | |
| 8 | 悬浮物颗粒浓度 | | |
| 9 | pH | | |
| 10 | 电导率 | | |
| 11 | 叶绿素 a 含量 | | |
| 12 | 底质 | | |
| 13 | 饵料生物组成 | | |
| | …… | | |

表 7 - 11　鱼类洄游通道调查记录表

| 种群名称 | | 洄游类型 | | 日期 | |
|---|---|---|---|---|---|
| 记录人 | | 调查水域 | | 洄游通道位置 | |
| 河宽（m） | | 总渔获数量（尾） | | 总渔获重量（kg） | |
| 性别比（♂/♀） | | 体长范围（cm） | | 体重范围（g） | |

（续）

洄游通道环境因子记录表

| 序号 | 环境因子 | 数值 | 备注 |
|---|---|---|---|
| 1 | 水温 | | |
| 2 | 水深 | | |
| 3 | 流速 | | |
| 4 | 透明度 | | |
| 5 | 含氧量 | | |
| 6 | 盐度 | | |
| 7 | 氨氮含量 | | |
| 8 | 悬浮物颗粒浓度 | | |
| 9 | pH | | |
| 10 | 电导率 | | |
| 11 | 叶绿素 a 含量 | | |
| 12 | 底质 | | |
| 13 | 鱼类饵料生物组成 | | |
| | …… | | |

# 第七节　种质资源特征调查

种质资源不仅是生命延续和种群繁衍的保证，更是研究鱼类的起源和进化、培育养殖新品种的基础。淡水鱼类种质资源的质量直接影响着我国淡水渔业的可持续发展。鱼类种质资源的调查不仅关系到水产养殖能否持续稳产、高产，而且也是良种培育以及鱼类资源持续利用的核心问题。保护鱼类的种质资源就意味着保护自然界丰富的鱼类基因库，为鱼类自然种群的健康发展和养殖种类的不断改良提供物质基础。

世界各国都很重视本国的鱼类种质资源，自 20 世纪 80 年代以来，人们普遍认识到鱼类种质资源研究和保护工作的重要性，进行了许多调查工作，以便更好地利用鱼类种质资源。为了引种、育种方面的需要，还向本国以外地区，特别是各鱼类养殖起源中心和次生中心进行调查。这些调查的目的，一般在于了解资源情况，调查后作出调查报告或进一步编写相关规划，为鱼类养殖、开发和利用提供参考。我国政府也十分重视该项研究，从"六五""七五"到"八五"期间，均将鱼类种质资源研究和保护列入国家重点科技攻关，投入了大量的人力、物力。十多年来，由于广大科技工作者的努力，协同攻关，使该项研究有了较大的进展，取得了很好的成绩（徐忠法，1995）。

近年来，由于现代经济的迅速发展以及全球气候的变化，我们赖以生存的生态环境遭到严重破坏，水质的污染、外来物种的引进、近亲物种的交配使得生物多样性遭到极大破坏，多种生物种群濒危，种质资源保护迫在眉睫。而种质资源特征调查是鱼类资源调查的一项基本工作。淡水鱼类种质资源调查的主要内容为调查天然水域保存的利用鱼类的基础生物学、遗传学、种群遗传结构，以及遗传形态、表型鉴定等。

传统的种质资源特征调查都是以表型鉴定为主，主要是以调查鱼的形态结构为主，包括可数性状和可量性状，还有鱼体外部和内部结构的主要特征，通过测量构建判别方程来鉴定种质。将可量性状参数和框架参数等合在一起，求其平均校正值，作聚类分析和判别分析，通过代入判别方程或通过计算机处理来将同一物种分出不同体系，判别所属。但是表型鉴定需要大量样本，过程繁琐，数据采集难度大，并且受环境影响大，所得到的种群间遗传分化量的变化信息少，不能反映种群遗传结构，不能满足种质鉴定和遗传差异的定量估算和进化关系的评定，因此表型鉴定方法随着分子鉴定方法的普及在实际鉴定中已经很少用到（郑光明等，1999）。

随着分子生物学研究的发展，利用分子生物学对鱼类种质资源特征进行鉴定分析也越来越普遍。常用的方法有染色体分析、同工酶分析和分子鉴定等。

染色体分析不仅有助于了解生物的遗传组成、遗传变异规律和发育机制，而且对预测鉴定种间杂交和多倍体育种的结果、了解性别遗传机理以及基因组数、物种起源、进化和种群关系都具有重要的参考意义。因此染色体分析常用于鱼类种质资源特征的鉴定。染色体分析又分为常规核型分析和DNA含量分析。常规核型分析以染色体带纹为标记，通过提取染色体形态，在显微镜下观察，测量其臂长和相对长度进行聚类分析，以确定鱼类的所属种群进而判断种质优劣。DNA含量分析则是通过对实验鱼的静脉血加入缓冲溶液进行离心固定，用流式细胞仪进行检测，代入特定方程来计算DNA含量，通过DNA含量确定鱼的种质优劣（邱实，2018）。

同工酶蛋白质鉴定技术是基于种群内以及种间的变异可以表现在同工酶的多态性上，蛋白质水平的鉴定可以快速检测到分散于整个基因组中非连锁座位上的等位基因变异，从生化表型变异及组织特异性鉴定鱼类遗传变异（邱实，2018）。该项技术的主要优点是所需仪器、药品较为常见，技术容易掌握，一般生化实验室都可以完成。缺点是实验步骤繁琐、且同工酶电泳分析并不能检测出种群所有的遗传变异。

分子生物学鉴定技术又分为限制性片断长度多态性技术、扩增片断长度多态性技术和微卫星DNA分子标记等。限制性片断长度多态性技术是20世纪80年代发展起来的第一代DNA分子标记技术。各种限制性酶能识别特定的碱基序列，碱基的变异可能导致切点的缺失、重排或者新切点的出现，从而引起DNA片段长度和数量的差异。可利用酶切产生的片段数目和大小来鉴别种内遗传组成和群体间细微的差异，通过片段的长度变化反映其基因型的变化。经过发展，该技术还可以与PCR（聚合酶链式反应）技术相结合称为PCR-RFLP技术，以扩增替代酶切，使得DNA多态性检测更加直接、快速。目前该技术已在鱼类群体遗传、杂交渐渗、种群鉴定和系统分化等领域广泛应用，但是限制性片断长度多态性技术因其需要大量的 DNA 样品，对品质要求比较高，并且线粒体 DNA 属于核外遗传物质，不能反映父本信息，故有一定的局限性（邱实，2018）。

扩增片断长度多态性技术主要是基于选择性扩增有不同接头的 DNA 酶切片段。基因组 DNA 大片段经限制性内切酶消化后，在 DNA 片段的两端加上人工合成的寡聚核苷酸接头以用于 PCR 扩增。通过预扩增和选择性扩增，只有与选择性核苷相匹配的限制性片段被扩增出来，将扩增产物通过比对找出共有条带和特异性条带，不同样品条带的差异反映了 DNA 的多态性。模板 DNA 由于突变等原因导致酶切位点的改变，因此在限制性内切酶的作用下将产生大小不等的片段，从而反映模板 DNA 的多态性。扩增片断长度多态性技术在对杂交种及其父母本的鉴别方面就有一定优势（赵卫红，2003；邱实，2018）。

微卫星 DNA 分子标记也称为短串联重复序列或简单重复序列，一般是以 2~6 个碱基为核心序列，首尾相连串联重复，具有数量多、在基因组中分布均匀、多态性丰富、共显性遗传、遵循孟德尔遗传定律以及具有一定的保守性等优点。微卫星多被用于遗传多样性分析，但也可用于种质鉴别。由于鱼类微卫星属共显性遗传，可以准确计算出所有等位基因的频率，因此，在种质鉴定中具有一定的优越性（赵卫红，2003；邱实，2018）。

## 第八节　外来鱼类入侵状况调查

全球化的外来生物入侵问题导致了日益严重的地区特有物种衰竭、生物多样性丧失、生态环境变化和经济损失等一系列生态问题（Levine et al.，2003；Pimentel et al.，2005）。我国地跨 5 个气候带，绵长的海岸线和发达的内陆水系为大多数外来鱼类提供了适合的栖息环境。资料显示，引进我国的有记录的外来鱼类达 89 种（李家乐等，2007），常见的外来观赏鱼类达 103 种（牟希东等，2008），中国境内异地引种鱼类达 26 种（王迪等，2009）。不断加剧的生物入侵已经造成了传统生物地理界线的崩塌。在生物群落中定居的外来种，会通过增加群落间的物种组成相似度降低群落的 β 多样性，造成严重的生物区系同质化，威胁生态系统功能。盲目的鱼类引种已导致我国部分地区，如珠江水系下游鱼类区系与水生生态系统功能受到严重威胁（Li et al.，2017；Shuai et al.，2018，2019）。

外来鱼类入侵状况调查可单独进行，也可在鱼类群落组成调查中同时进行，调查的主要内容包括外来鱼类种类、外来途径、种群规模大小以及种群扩张速度、食性、繁殖特征、生活史、入侵风险评估，以及对本土著种的影响等方面。将调查结果记录于表 7 - 12 中。

同时随着经济和交通的发展，人类在不同地区间的交流日益频繁，人类活动导致的鱼类入侵发生的频率也随之上升。出于水产养殖或者垂钓等目的，淡水鱼类是生态系统中最常引入的生物之一（García - Berthou et al.，2005）。据统计全世界已经引进了至少 624 种鱼类（Gozlan，2008），我国从境外引进的鱼类共有 105 种，国内不同区域引进有 61 种，其中 68 种已成功建立野生自然种群，52 种威胁着当地的水生生物（Kang et al.，2023）。

表 7 - 12 外来鱼类调查记录表

| 外来鱼类种名 | | 记录人 | | 河流区段 | |
|---|---|---|---|---|---|
| 日期 | | 站点 | | 渔具 | |
| 渔船编号 | | 体长范围（cm） | | 体重范围（g） | |
| 总渔获数量（尾） | | 总鱼类总数 | | 总渔获重量（kg） | |
| 外来途径 | | 外来鱼类所占数量比（%） | | 外来鱼类所占重量比（%） | |

具体列表

| 序号 | 体长（cm） | 全长（cm） | 体重（g） | 性别 | 性腺发育等级备注 |
|---|---|---|---|---|---|
| 1 | | | | | |
| 2 | | | | | |
| 3 | | | | | |
| 4 | | | | | |
| 5 | | | | | |
| 6 | | | | | |
| 7 | | | | | |
| 8 | | | | | |
| 9 | | | | | |
| 10 | | | | | |
| …… | | | | | |

# 第九节 鱼类种群动态发展趋势预测

种群动态可概括为数量、时间、空间 3 个结构，其中种群数量是种群动态的核心。鱼类种群发展趋势调查又称鱼类数量变动调查，主要针对重要经济鱼类、珍稀濒危鱼类、外来入侵鱼类等的数量变动，目的是为了了解鱼类资源的现状和预测其变动趋势，为水产捕捞、鱼类增殖及渔业资源管理提供科学依据。为了解某种渔业资源的数量变动及种群发展趋势，需进行大量的调查研究，包括调查研究对象的种群分布情况、个体生活史、年度或季节渔获量、各类渔船的数量等的统计，除此之外还要了解目标种的生物学特征，例如年龄、重量和生长函数的关系、环境因素对种群数量的影响等，然后通过模型预测研究对象的种群资源量发展趋势。分析研究种群动态最理想的方法是建立数学模型，从数学模型及增长曲线中可以清楚地了解种群动态规律。

鱼类种群的数量变动受很多因素的影响，包括自然因素如水流、水温、盐度、饵料数量波动等，人为因素如捕捞强度、水电站、挖沙、航道升级等涉水工程建设、水体污染等。其中人类活动是最主要的因素，也成为种群数量变动研究的核心问题。同时由于捕捞对某些鱼类种群数量的改变不能忽视，因此在进行种群发展趋势估算时的竞争关系或捕食-被捕食关系常常不稳定，误差很大。因此在实际估算是可以以某种鱼类的渔获物数据为基础，通过长序列的采样数据以消除误差。常用的种群预测方法有指数增长模型、时间序列 ARIMA 模型、Lotka-Voltera 模型等。

**1. 指数增长模型**

指数增长模型最开始是用来表示人口数量变化（马尔萨斯，2008），基于百余年的人口统计资料，Malthus 发现人口自然增长过程中，增长速率可用一个常数 r 来表示，并以此建立了数量模型。Malthus 建立的指数增长模型中种群数量的增长与物种的繁殖能力有关。

对于世代不连续的物种，假设种群的每代增长率为 r，用差分方程表示为

$$N_{t+1} = \lambda N_t \tag{7-61}$$

对于世代连续的种群，种群数量时刻发生着变化，在某一瞬间变化率与当前种群数量成正比，用方程表示为

$$N_t = N_0 e^{\lambda t} \tag{7-62}$$

式中，$N_t$ 表示 $t$ 时刻的种群数量，$N_0$ 表示初始时刻的种群数量，$\lambda$ 为种群内禀自然增长率。内禀增长率是物种的固有特征，也称种群的生殖潜能或生物潜能，是在进化过程中物种所形成的种群的潜在增长能力，由形态、生理特征所决定。当 $\lambda > 1$ 时，由 Malthus 模型模拟得到的种群数量呈指数型增长，图形曲线接近"J"型，因此又称为"J 型增长模型"（席唱白等，2019）。

后人对指数增长模型进行了的重要改进（Minar et al.，1933），认为由于资源限制，在一定的环境下种群增长率随种群数量的增大而减小。且不同环境条件下，都存在一个环境容纳量 $K$，它表示环境所能承载并且保持健康稳定时的最大种群数量，当种群数量达到 $K$ 时，种群不再增长。这种种群增长趋势可以用用方程表示：

$$\frac{\mathrm{d}N}{\mathrm{d}t} = rN\left(1 - \frac{N}{K}\right) \tag{7-63}$$

式中，$N$ 表示当前种群数量，$K$ 为环境容纳量，$r$ 为种群内禀自然增长率。由于该模型的曲线呈"S"型，因此又叫"S 型增长模型"（席唱白等，2019）。

指数增长模型是单种群增长模型，是一个理想种群在无限环境中的增长模型，没有考虑到群落中种群之间的竞争、捕食等相关关系以及环境因素对种群的影响。

**2. 时间序列 ARIMA 模型**

ARIMA 模型是 autoregressive integrated moving average model 的简称，差分整合移动平均自回归模型，又称整合移动平均自回归模型（移动也可称作滑动），是时间序列预

测分析方法之一。ARIMA（p，d，q）中，AR 是"自回归"，p 为自回归项数；MA 为"滑动平均"，q 为滑动平均项数，d 为使之成为平稳序列所做的差分次数（阶数）。"差分"一词虽未出现在 ARIMA 的英文名称中，却是关键步骤。

时间序列数据预测模型有自回归模型（AR 模型）、滑动平均模型（MA 模型）、ARMA 模型（自回归-滑动平均混合模型）、ARIMA 模型（差分整合移动平均自回归模型）。其中 ARIMA 模型应用最广。

ARIMA（p，d，q）模型是 ARMA（p，q）模型的扩展。当差分阶数 d 为 0 时，ARIMA 模型就等同于 ARMA 模型，即这两种模型的差别就是差分阶数 d 是否等于零，也就是序列是否平稳，ARIMA 模型对应着非平稳时间序列，ARMA 模型对应着平稳时间序列。ARIMA（p，d，q）模型可以表示为：

时间序列分析模型的基础思想是序列的某些部分与其他部分很相似。同时由于时间序列往往是非平稳的，对于非平稳时间序列，可以经过差分处理后转换为平稳时间序列，其中差分的次数就是齐次的阶。

**3. 建立 ARIMA 模型的方法步骤**

（1）数据获取

时间序列可以通过长期实验分析或者野外采样获得，或是通过相关部门的统计数据获得。对于得到的数据，首先应该检查是否有离异点的存在，分析这些点的存在是因为人为的疏忽错误还是有其他原因。保证所获得数据的准确性是建立合适模型、进行正确分析的第一步保障。

（2）时间序列的预处理

时间序列的预处理包括 2 个方面的检验，平稳性检验和白噪声检验。能够适用 ARMA 模型进行分析预测的时间序列必须满足的条件是平稳非白噪声序列。对数据的平稳性进行检验是时间序列分析的重要步骤，一般通过时序图和相关图来检验时间序列的平稳性。时序图的特点是直观简单但是误差较大，自相关图即自相关和偏自相关函数图，相对复杂但是结果更加准确。一般先用时序图进行直观判断后再利用相关图进行更进一步的检验。对于非平稳时间序列中若存在增长或下降趋势，则需要进行差分处理然后进行平稳性检验直至平稳为止。其中，差分的次数就是模型 ARIMA（p，d，q）的阶数，理论上说，差分的次数越多，对时间序列信息的非平稳确定性信息的提取越充分，但是从理论上说，差分的次数并非越多越好，每一次差分运算，都会造成信息的损失，所以应当避免过分的差分，一般在应用中，差分的阶数不超过 2。

（3）模型识别模型

识别即从已知的模型中选择一个与给出的时间序列过程相吻合的模型。模型识别的方法很多，例如 Box - Jenkins 模型识别方法等。

（4）模型定阶

在确定了模型的类型之后，还需要知道模型的阶数，可使用 BIC 准则法进行定阶。

（5）参数估计

对模型的参数进行估计的方法通常有相关矩估计、最小二乘估计以及极大似然估计等。

（6）模型的验证

模型的验证主要是验证模型的拟合效果，如果模型完全或者基本解释了系统数据的相关性，那么模型的噪声序列为白噪声序列，那么模型的验证也就是噪声序列的独立性检验。贝体的检验方法可利用 Barlett 定理构造检验统计量 Q。如果求得的模型通不过检验，那么应该重新拟合模型，直至模型能通过自噪声检验。

**4. Lotka－Voltera 模型**

Lotka－Voltera 模型是分别由美国学者 Lotka 和意大利学者 Voltera 在 1925 和 1926 年提出。它的优势主要是考虑了种群之间的竞争关系，包含两种群之间对资源、空间等的竞争，但两者之间不存在捕食或者寄生等关系。模型假设在同一生境下，生活着两个对某种资源相互竞争的种群 1 和种群 2，若两种群间不存在相互作用，种群增长率与当前种群数量、环境容纳量和种群内禀增长率三个变量有关，可用 Logistic 方程表示如下（席唱白等，2019）：

$$\frac{\mathrm{d}N_1}{\mathrm{d}t} = r_1 N_1 \left(1 - \frac{N_1}{K_1}\right) \qquad (7-64)$$

$$\frac{\mathrm{d}N_2}{\mathrm{d}t} = r_2 N_2 \left(1 - \frac{N_2}{K_2}\right) \qquad (7-65)$$

当两种群存在竞争时，会导致彼此的生态空间减少，并且增长率速度会受到对方的限制。对种群 1 来说，种群 2 的存在会占用 1 的尚未利用空间，相当于挤占了 1 的生态空间。因此，计算种群 1 的种群增长率时需要计算种群 2 相对于种群 1 的种群数量的当量。同理，计算种群 2 的增长率，也需要计算种群 1 相对于种群 2 的种群数量的当量。种群 1 和种群 2 相对彼此的当量如下：

$$N_1 = \alpha N_2 \qquad (7-66)$$

$$N_2 = \beta N_1 \qquad (7-67)$$

式中，$N_1$、$N_2$ 分别为种群 1 和种群 2 相对彼此的当量，$\alpha$、$\beta$ 为折算比例。因此，添加了两种群竞争关系的种群增长模型又可以用下列公式表示：

$$\frac{\mathrm{d}N_1}{\mathrm{d}t} = r_1 N_1 \left(1 - \frac{N_1}{K_1} - \alpha \frac{N_2}{K_1}\right) \qquad (7-68)$$

$$\frac{\mathrm{d}N_2}{\mathrm{d}t} = r_2 N_2 \left(1 - \frac{N_2}{K_2} - \beta \frac{N_1}{K_2}\right) \qquad (7-69)$$

# 第八章

# 调查成果报告的编写及资料归档

## 第一节　成果报告的编写内容

（1）前言：调查任务及其来源。

（2）调查水域的自然环境及相关历史资料：调查水域自然环境、前人对目的调查区的调查研究程度等。

（3）调查工作主要内容：调查站位的布设、调查时间、调查方法、调查任务完成情况、样品的分析和鉴定、计算的方法和质量评价。

（4）调查结果：主要阐述渔业资源各生物种类的组成、群落结构、密度及时空分布等。

（5）主要图件：图件的种类、内容及其解释。

（6）调查结论、存在问题和今后工作的建议。

## 第二节　调查资料和成果的归档

调查完成后，及时将相关调查资料归档，归档的主要内容包括以下几方面：

（1）任务书或合同书、调查计划及上级有关文件。

（2）样品分析、鉴定和资料整理、计算的原始记录。

（3）调查资料的报表。

（4）成果底图及印刷图。

（5）成果报告的最终原稿及印刷稿。

（6）成果鉴定证书或验收结论

归档要求：

（1）按照国家档案法和单位档案管理规定，将归档材料系统整理，经项目负责人审查签字后保存。

（2）要求档案材料必须内容齐全，编排合理，装订整齐。

（3）按调查资料保密有关规定，划分保密等级，予以合理妥善保管。

# 参考文献

波鲁茨基 E B，王乾麟，陈受忠，等，1959. 长江三峡水库库区水生生物调查和渔业利用的规划意见 [J]. 水生生物学报，1：1-32.

蔡仁逵，1991. 中国淡水养殖技术发展史 [M]. 北京：中国科学技术出版社.

长江水系渔业资源调查协作组，1990. 长江水系渔业资源 [M]. 北京：海洋出版社.

成庆泰，郑葆珊，1987. 中国鱼类系统检索 [M]. 北京：科学出版社.

陈康贵，王德寿，王瑞兰，2002. 对胸鳍棘鉴定鱼类年龄方法的技术改进——简易脱钙切片法 [J]. 动物学杂志，37（5）：46-48.

陈廷贵，张金屯，2000. 山西关帝山神尾沟植物群落物种多样性与环境关系的研究 I. 丰富度、均匀度和物种多样性指数 [J]. 应用与环境生物学报（5）：406-411.

陈雪冬，崔雪森，2006. 卫星遥感在中东太平洋大眼金枪鱼渔场与环境关系的应用研究 [J]. 遥感信息，1：25-28.

陈新军，2004. 渔业资源与渔场学 [M]. 北京：海洋出版社.

陈兴群，林荣澄，2007. 东北太平洋中国合同区的叶绿素 a 和初级生产力 [J]. 海洋学报，29（5）：146-153.

陈子英，1935. 福建省渔业调查报告 [M]. 厦门：厦门大学理学院生物学系刊物.

程方圆，程庆庆，程乐华，等 .2014. 黄山九龙峰尖头鳡的年龄鉴定 [J]. 生态学杂志，33（8）：2108-2114.

崔莹，2012. 基于稳定同位素和脂肪酸组成的中国近海生态系统物质流动研究 [D]. 上海：华东师范大学.

邓景耀，赵传绸，1991. 海洋渔业生物学 [M]. 北京：农业出版社.

方炳文，1923. 国内科学——中国鱼类概说 [J]. 科学，18（7）：970-981.

樊伟，2004. 星遥感渔场渔情分析应用研究——以西北太平洋柔鱼渔业为例 [D]. 上海：华东师范大学.

费骥慧，汪兴中，邵晓阳，2012. 洱海鱼类群落的空间分布格局 [J]. 水产学报，36（8）：1225-1233.

福尔，1980. 核时钟—放射性同位素地质年龄测定 [M]. 秋平，译. 北京：原子能出版社，16-17.

傅萃长，2003. 长江流域鱼类多样性空间格局与资源分析——兼论银鱼的生物多样性与系统发育 [D]. 上海：复旦大学.

戈贤平，2009. 池塘养鱼 [M]. 北京：高等教育出版社.

官文江，陈新军，潘德炉，2007. 遥感在海洋渔业中的应用与研究进展 [J]. 大连水产学院学报 .22（1）：62-66.

官文江，田思泉，王学昉，等，2014.CPUE 标准化方法与模型选择的回顾与展望 [J]. 中国水产科学，21（4）：852-862.

广西水产研究所资源捕捞组，1977. 全区淡水鱼类资源调查基本完成并发现二新种 [J]. 广西水产科技，

1：31-31.

广西壮族自治区水产研究所，中国科学院动物研究所，1981. 广西淡水鱼类志 [M]. 广西：广西人民出版社.

耕耘，2004. 鱼类的营养及药用价值 [J]. 渔业致富指南（23）：20.

国巧真，顾卫，孙从容，等，2008. 基于遥感数据的渤海海冰面积提取订正模型研究 [J]. 海洋科学，32（8）：70-75.

郭弘艺，唐文乔，2006. 长江刀鲚矢耳石重量与年龄的关系及其在年龄签定中的作用 [J]. 水产学报，30（3）：347-352.

何志辉，1986. 黄河水系渔业资源 [M]. 辽宁：辽宁科学技术出版社.

黄海水产研究所，1961. 海洋水产资源调查手册 [M]. 上海：上海科学技术出版社.

姜成晟，王劲峰，曹志冬，2009. 地理空间抽样理论研究综述 [J]. 地理学报，64（3）：368-380.

蒋高中，2009.20 世纪中国淡水养殖技术发展变迁研究 [D]. 南京：南京农业大学.

江洪，马克平，张艳丽，等，2004. 基于空间分析的保护生物学研究 [J]. 植物生态学报，28（4）：562-578.

江小雷，张卫国，2010. 功能多样性及其研究方法 [J]. 生态学报，30（10）：2766-2773.

金勇进，杜子芳，蒋妍，2015. 抽样技术 [M]. 北京：中国人民大学出版社.

李恒德，柯薰陶，李尚志，1959. 亭子口和武都两个未成水库库区的渔业调查 [J]. 水生生物学报，1：72-78.

李家乐，董志国，李应森，等，2007. 中国外来水生动植物 [M]. 上海：上海科学技术出版社.

李露锋，刘湘南，李致博，等，2012. 珠江口海域叶绿素 a 质量浓度 SAR 反演模型 [J]. 海洋学研究，30（2）：66-73.

李圣法，程家骅，严利平，2007. 东海大陆架鱼类群落的空间结构 [J]. 生态学报，27（11）：4377-4386.

李思发，1998. 中国淡水主要养殖鱼类种质研究 [M]. 上海：上海科学技术出版社.

林书颜，1931. 南中国之鲤鱼及似鲤鱼类之研究 [M]. 广东：广东建设厅水产试验场.

林书颜，1932a. 白云山鲤科鱼类研究 [J]. 岭南科学杂志，11（3）：379-383.

林书颜，1932b. 越秀淡水鱼 [J]. 岭南科学杂志，11（1）：63-68.

林书颜，1932c. 贵州鱼类一新种 [J]. 岭南科学杂志，11（4）：515-519.

林书颜，1933. 广东及邻省鱼类研究 [J]. 岭南科学杂志，12（3）：337-348.

林书颜，1934. 广东省三新淡水鱼 [J]. 岭南科学杂志，13（2）：225-230.

林书颜，1935. 广东及广西一个新属、三个新种鱼类 [J]. 岭南科学杂志，14（2）：303-313.

六省一市长江水产资源调查小组，1975. 长江主要经济鱼类资源调查报告 [M]. 湖北六省一市长江水产资源调查小组.

刘良明，周军元，2006.MODIS 数据的海洋表面温度反演 [J]. 地理空间信息，4（2）：7-9.

刘明玉，解玉浩，季达明，2000. 中国脊椎动物大全 [M]. 辽宁：辽宁大学出版社.

陆奎贤，1990. 珠江水系渔业资源 [M]. 广东：广东科技出版社.

马克平，1993. 试论生物多样性的概念 [J]. 生物多样性，1（1）：20-22.

马克平，刘玉明，1994. 生物群落多样性的测定方法Ⅰ：α 多样性的测度方法（下）[J]. 生物多样性，2（4）：231-239.

马克平，黄建辉，于顺利，等，1995. 北京东灵山地区植物群落多样性的研究Ⅱ：丰富度、均匀度和物种多样性指数 [J]. 生态学报，15（3）：268-277.

马尔萨斯，2008. 人口原理 [M]. 王惠惠，译. 西安：陕西师范大学出版社.

孟田湘，2003. 黄海中南部鳀鱼各发育阶段对浮游动物的摄食 [J]. 海洋水产研究，24（3）：1-9.

牟希东，胡隐昌，2008. 中国外来观赏鱼的常见种类与影响探析 [J]. 热带农业科学，28（1）：34-40.

农牧渔业部水产局，1987. 东海区渔业资源调查和区划 [M]. 上海：华东师范大学出版社.

农牧渔业部水产局，农牧渔业部南海区渔业指挥部，1989. 南海区渔业资源调查和区划 [M]. 广东：广东科技出版社.

农牧渔业部水产局，农业农村部黄海区渔业指挥部，1990. 黄渤海区渔业资源调查与区划 [M]. 北京：海洋出版社.

农业农村部渔业渔政管理局，2022.2022 中国渔业统计年鉴 [M]. 北京：中国农业出版社.

钱莉，刘文岭，郑小慎，2011. 基于 MODIS 数据反演的渤海叶绿素浓度时空变化 [J]. 海洋通报，30（6）：683-687.

琴翔，宏大，1999. 观赏鱼宠你没商量 [J]. 北京水产，6：25.

青岛海洋生物研究室，1953. 海洋生物学工作者进行鲐鱼渔场的调查研究 [J]. 科学通报，9：108.

邱实，2018. 鱼类种质资源鉴定技术 [J]. 黑龙江水产，4：35-37.

全球濒危物种红色名录更新，白鱀豚未被宣布野外灭绝，澎湃新闻，[2018-11-14]，https://www.thepaper.cn/newsDetail_forward_2637999.

沙慧敏，李小恕，杨文波，等，2009. 用 MODIS 遥感数据反演东海海表温度、叶绿素 a 浓度年际变化的研究 [J]. 大连水产学院学报，24（2）：151-156.

商少凌，洪华生，商少平，等，2002. 台湾海峡 1997—1998 年夏汛中上层鱼类中心渔场的变动与表层水温的关系浅析 [J]. 海洋科学，26（11）：27-30.

沈建忠，曹文宣，崔奕波，等，2002. 鲫耳石重量与年龄的关系及其在年龄鉴定中的作用 [J]. 水生生物学学报，26（6）：662-668.

沈建忠，曹义官，崔奕波，2001. 用鳞片和耳石鉴定鲫年龄的比较研究 [J]. 水生生物学学报，25（5）：462-466.

石永闯，陈新军，2019. 小型中上层海洋鱼类资源评估研究进展 [J]. 海洋渔业，41（1）：118-128.

舒璐，林佳艳，徐源，等，2020. 基于环境 DNA 宏条形码的洱海鱼类多样性研究 [J]. 水生生物学报，44（5）：1080-1086.

帅方敏，李新辉，陈方灿，等，2017. 淡水鱼类功能多样性及其研究方法 [J]. 生态学报，15：4208-4213.

水产辞典编辑委员会，2007. 水产辞典 [M]. 上海：上海辞书出版社.

水柏年，2017. 渔业资源调查与评价 [M]. 北京：海洋出版社.

史登福，张魁，陈作志，2020. 基于生活史特征的数据有限条件下渔业资源评估方法比较 [J]. 中国水产科学，27（1）：12-23.

苏金祥，1993. 鱼类学 [M]. 北京：中国农业出版社.

孙红卫，2003. 鱼类的药用价值 [J]. 价格月刊（1）：46.

孙满昌，2004. 渔具渔法选择性 [M]. 北京：中国农业出版社.

孙满昌，2012. 海洋渔业技术学 [M]. 北京：中国农业出版社.

孙普选，1989. 介绍几种药用鱼类 [J]. 湖南水产（1）：38.

寿振黄，樊宁臣，钱燕文，1950. 水产实验所胶东沿岸调查采集简报 [J]. 科学通报，1（6）：408-409.

唐启升，王为祥，陈毓桢，等，1995. 北太平洋狭鳕资源声学评估调查研究 [J]. 水产学报，19（1）：8-20.

唐政，单秀娟，金显仕，2019. 渔业资源调查采样设计优化研究进展 [J]. 海洋科学，43（4）：88-89.

王崇瑞，张辉，杜浩，等，2011. 采用 BioSonics DT-X 超声波回声仪评估青海湖裸鲤资源量及其空间

分布 [J]. 淡水渔业，41（3）：15－21.

王迪，吴军，窦寅，等，2009. 中国境内异地引种鱼类环境风险研究 [J]. 安徽农业科学，37（18）：8544－8546.

王红旗，孙晓琴，2011. 五藏山经 [M]. 武汉：武汉大学出版社.

王家启，2017. 渔业资源调查站点和样本数量优化设计 [D]. 上海：上海海洋大学.

王军，陈明茹，谢仰杰，2008. 鱼类学 [M]. 厦门：厦门大学出版社.

王娜，2008. 脂肪酸等生物标志物在海洋食物网研究中的应用 [D]. 上海：华东师范大学.

王晓峰，2011. 成像声呐波束形成新技术研究 [D]. 哈尔滨：哈尔滨工程大学.

王永梅，唐文乔，2014. 中国鲤形目鱼类的脊椎骨数及其生态适应性 [J]. 动物学杂志，49（1）：1－12.

王忠锁，陈明华，吕偲，等，2006. 鄱阳湖银鱼多样性及其时空格局 [J]. 生态学报，26（5）：1337－1344.

汪松，1998. 中国濒危动物红皮书·鱼类 [M]. 北京：科学出版社.

吴昊，2015. 不同类型群落物种多样性指数的比较研究 [J]. 中南林业科技大学学报，35（5）：84－89.

伍献文，1948. 三十年来之中国鱼类学 [J]. 科学（9）：261－266.

伍献文，1964. 中国鲤科鱼类志（上卷）[M]. 上海：上海科学技术出版社.

伍献文，1977. 中国鲤科鱼类志（下卷）[M]. 上海：上海科学技术出版社.

吴越，黄洪亮，刘健，等，2014. 卫星遥感数据在海洋渔业中的应用 [J]. 江苏农业科学，42（6）：223－226.

席唱白，迟瑶，钱天陆，等，2019. 动物种群动态模型研究的进展与展望 [J]. 生态科学（2）：225－232.

解玉浩，1995. 鱼类耳石年轮 [J]. 生物学通报，30（11）：22－23.

新疆博斯腾湖水产研究所，1977. 博斯腾湖渔业资源调查简讯 [J]. 淡水渔业（11）：16.

邢迎春，赵亚辉，张春光，等，2013. 中国近、现代内陆水域鱼类系统分类学研究历史回顾 [J]. 动物学研究，34（4）：251－266.

熊邦喜，陈志奋，高云，等，1996. 不同体形鱼类的年龄与生长相关表达式的拟合研究 [J]. 水利渔业（5）：22－26.

熊鹰，2015. 中国淡水鱼类功能多样性方法与格局的研究 [D]. 武汉：华中农业大学.

熊鹰，张敏，张欢，等，2015. 鱼类形态特征与营养级位置之间关系初探 [J]. 湖泊科学，27（3）：466－474.

徐渡，2010. 1958—1960 年：全国海洋综合调查 [J]. 海洋科学，4：109－110.

徐忠法，1995. 鱼类种质资源研究与标准化 [J]. 中国水产科学（5）：172－176.

许强，杨红生，王红，等，2007. 桑沟湾养殖栉孔扇贝食物来源研究——脂肪酸标志法 [J]. 海洋科学，31（9）：78－84.

薛莹，金显仕，2003. 鱼类食性和食物网研究评述 [J]. 海洋水产研究（2）：76－87.

颜云榕，杨厚超，卢伙胜，等，2011. 北部湾宝刀鱼的摄食生态 [J]. 生态学报，31（3）：654－665.

严志德，1982. 鱼类年龄与生长的测定 [J]. 农业科学实验（1）：34－36.

杨瑞斌，谢从新，2000. 鱼类摄食生态研究内容与方法综述 [J]. 水利渔业（3）：1－3.

杨晓明，陈新军，周应祺，等，2006. 基于海洋遥感的西北印度洋鸢乌贼渔场形成机制的初步分析 [J]. 水产学报（5）：669－675.

叶富良，1993. 鱼类学 [M]. 北京：高等教育出版社.

易伯鲁，章宗涉，张觉民，1959. 黑龙江流域水产资源的现状和黑龙江中上游泾流调节后的渔业利用 [J]. 水生生物学报，2：97－118.

殷名称，1995. 鱼类生态学 [M]. 北京：中国农业出版社.

张爱良，2003. 斗鱼及其养殖 [J]. 特种经济动植物，6（8）：15-15.

张波，唐启升，2004. 渤、黄、东海高营养层次重要生物资源种类的营养级研究 [J]. 海洋科学进展（4）：393-404.

张春光，赵亚辉，2016. 中国内陆鱼类物种与分布 [M]. 北京：科学出版社.

张春霖，1928. 南京鱼类之调查（A review of the fishes of Nanking）[J]. 中国科学社生物研究所汇报，4（4）：1-42（英文）.

张春霖，1930. 长江上游之鲤科鱼类（Notes de cyprinides du bassin Tangtze）[J]. 中央自然博物馆丛刊·I（7）：87-94（法文）.

张春霖，1932. 中国鱼类三新种（Notes on three new Chinese fishes）[J]. 静生生物调查所汇报，3（9）：121-125（英文）.

张春霖，1933. 中国鲤类志（一）（The study of Chinese cyprinid fishes, part 1）[J]. 北平静生生物调查所·中国动物志，2（1）：1-247（英文）.

张春霖，1935. 云南（鲃）属二新种（Two new species of Barbus from Yunnan）[J]. 静生生物调查所汇报，6（2）：60-65（英文）.

张春霖，1936. 云南一新大鳞鲃（Notes on a new Barbus from Yunnan）[J]. 静生生物调查所汇报，7（2）：63-65（英文）.

张春霖，1954. 中国淡水鱼类的分布 [J]. 地理学报，20（3）：279-285.

张春霖，1955. 黄渤海鱼类调查报告 [M]. 北京：科学出版社.

张春霖，1957. 中国鲱形类的分布 [J]. 动物学报（4）：389-344.

张春霖，1959. 中国系统鲤类志 [M]. 北京：高等教育出版社.

张春霖，1960. 中国鲶类志 [M]. 北京：高等教育出版社.

张春霖，1962. 云南西双版纳鱼类名录及一新种 [J]. 动物学报，14（1）：95-98.

张春霖，张有为，1964. 中国棘茄鱼属的研究 [J]. 动物学报，16（1）：155-160.

张福绥，2003. 近现代中国水产养殖业发展回顾与展望 [J]. 世界科技研究与发展（3）：5-13.

张进，2012. 基于双频识别声呐 DIDSON 的鱼群定量评估技术 [D]. 上海：上海海洋大学.

张金屯，范丽宏，2011. 物种功能多样性及其研究方法 [J]. 山地学报，29（5）：513-519.

张觉民，1991. 内陆水域渔业自然资源调查手册 [M]. 北京：农业出版社.

张觉民，1986. 黑龙江水系渔业资源调查报告 [M]. 哈尔滨：黑龙江人民出版社.

张魁，廖宝超，许友伟，等，2017. 基于渔业统计数据的南海区渔业资源可捕量评估 [J]. 海洋学报，39（8）：25-33.

张其永，林秋眠，林尤通，等，1983. 闽南—台湾浅滩渔场鱼类食物网研究 [J]. 海洋学报中文版（2）：275-290.

张松，于非，刁新源，等，2009. 渤、黄、东海海表面温度年际变化特征分析 [J]. 海洋科学，33（8）：76-81.

张堂林，2005. 扁担塘鱼类生活史策略、营养特征及群落结构研究 [D]. 武汉：中国科学院大学（中国科学院水生生物研究所）.

张堂林，李钟杰，曹文宣，2008. 鱼类生态形态学研究进展 [J]. 水产学报，32（1）：15-160.

张治国，毛卫民，2001. 鱼类耳石研究综述 [J]. 湛江海洋大学学报，21（4）：77-83.

张忠，李继龙，王琳，等，2012. 基于实测数据与雷达图像数据的渔船特征对比研究 [J]. 江苏农业科学，40（10）：363-365.

赵冬至，张丰收，赵玲，等，2003. 近岸海域叶绿素和赤潮的 AVHRR 波段比值探测方法研究 [J]. 海洋环境科学，22（4）：9-12.

赵卫红，2003. DNA 分子技术与鱼类种质资源研究 [J]. 盐城工学院学报（自然科学版），3：74-78.

赵永锋，胡海彦，蒋高中，等，2012. 我国大宗淡水鱼的发展现状及趋势研究 [J]. 中国渔业经济，30（5）：91-99.

郑光明，朱新平，张跃，1999. 鱼类种质鉴定技术与渔业管理 [J]. 中国水产科学（2）：108-112.

郑小慎，林培根，2010. 基于 TM 数据渤海湾叶绿素浓度反演算法研究 [J]. 天津科技大学学报，25（6）：51-53.

中国自然资源丛书编撰委员会，1995. 中国自然资源丛书·渔业卷 [M]. 北京：中国环境科学出版社.

中华人民共和国农业农村部，2021. 国家重点保护野生动物名录 [J]. 野生动物学报，42（2）：605-640.

朱海天，冯倩，曾韬，等，2012. 基于星载 SAR 的渤海海冰遥感监测系统设计与研究 [J]. 遥感信息（2）：81-84.

朱树屏，杨光圻，1949. 舟山群岛附近渔场中浮游植物所需营养硫质之垂直分布与各属海水之其他理化性 [J]. 科学，6：181-182.

朱元鼎，张春霖，成庆泰，等，1962. 南海鱼类志 [M]. 北京：科学出版社.

朱元鼎，张春霖，成庆泰，等，1963. 东海鱼类志 [M]. 北京：科学出版社.

AITSCHUL S F，GISH W，MILLER W，et al.，1990. Basic local alignment search tool [J]. Journal of Molecular Biology，215（3）：403-410.

AULT J S，DIAZ G A，SMITH S G，et al.，1999. An efficient sampling survey design to estimate pink shrimp population abundance in Biscayne Bay，Florida [J]. North American Journal of Fisheries Management，19（3）：696-712.

BARNETT A，REDD K S，FRUSHER S D，et al.，2010. Non-lethal method to obtain stomach samples from a large marine predator and the use of DNA analysis to improve dietary information [J]. Journal of Experimental Marine Biology and Ecology，393：188-192.

BASILEWSKY S，1855. Ichthyographia Chinae Borealis [M]. Mosco：Nouvelle Memoris Society Naturelle.

BAUMGARTNER D，KARL-OTTO ROTHHAUPT，2003. Predictive length-dry mass regressions for freshwater invertebrates in a pre-alpine lake littoral [J]. International Review of Hydrobiology，88（5）：453-463.

BELLWOOD D R，GOATLEY C H R，BRANDL S J，et al.，2014. Fifty million years of herbivory on coral reefs：fossils，fish and functional innovations [J]. Proceedings of the Royal Society B：Biological Sciences，281（1781）：20133046.

BENNETY J T，BOEHLERT G W，TUREKIAN K K，1982. Confirmation of Longevity in Sebastes diploproa (Pisces：Scorpaenidae) from $^{210}$pb/$^{226}$Ra Measurements in Otoliths [J]. Marine Biology（71）：209-215.

BERG L S，1909. Ichthyologia Amurensis [J]. Memoirs of the American Academy of Arts and Sciences，8：138.

BEVERTON R J H，1992. Patterns of reproductive strategy parameters in some marine teleost fishes [J]. Journal of Fish Biology，41：137-160.

BIANCHI G，HAMUKUAYA H，ALVHEIM O，2001. On the dynamics of demersal fish assemblages off Namibia in the 1990s [J]. South African Journal of Marine Science，23：419-428.

BLEEKER P，1870. Description et figure d'une espèce inédite de Hemibagrus de Chine [J]. Verslagen en Mededeelingen der Koninklijke Akademie van Wetenschappen，Letterkunde，en Schoone Kunsten te Amsterdam，4（Series 2）：253-258.

BLEEKER P, 1871. Mémoire sur les Cyprinoïdes de Chine [J]. Verslagen en Mededeelingen der Koninklijke Akademie van Wetenschappen, Letterkunde, en Schoone Kunsten te Amsterdam, 12: 1 - 91.

BOULENGER G A, 1899. On the Reptiles, Batrachia and fishes collected by the late Mr. John whitehead in the interior of Hainan [J]. Journal of the Proceedings of the Linnean Society of London: 956 - 962.

BOULENGER G A, 1901. Description of new fresh - water fishes discovered by Mr. F. W. Styan at Ningpo, China [J]. Journal of the Proceedings of the Linnean Society of London: 268 - 271.

BRANDL S J, BELLWOOD D R, 2014. Individual - based analyses reveal limited functional overlap in a coral reef fish community [J]. Journal of Animal Ecology, 83 (3): 661 - 670.

BREEN P A, KIM S W, ANDREW N L, 2003. A length - based Bayesian stock assessment model for the New Zealand abalone Haliotis iris [J]. Marine and Freshwater Research, 54: 619 - 634.

BREHMER P, GERLOTTO F, LAURENT C, et al., 2007. Schooling behaviour of small pelagic fish: phenotypic expression of independent stimuli [J]. Marine Ecology Progress Series, 334 (12): 263 - 272.

BRINKHOFF T, MUYZER G, 1997. Increased species diversity and extended habitat range of sulfur - oxidizing Thiomicrospira spp [J]. Applied and Environmental Microbiology, 63 (10): 3789 - 3796.

BUDGE S M, PARRISH C, 1998. Lipid biogeochemistry of plankton, settling matter and sediments in Trinity Bay, Newfoundland. II Fatty acids [J]. Organic Geochemistry, 29 (5 - 7): 1547 - 1559.

BYLEMANS J, FURLAN E M, HARDY C M, et al., 2017. An environmental DNA - based method for monitoring spawning activity: a case study, using the endangered Macquarie perch (Macquaria australasica) [J]. Methods in Ecology and Evolution, 8: 646.

CABRAL H N, MURTA A G, 2004. Effect of sampling design on abundance estimates of benthic invertebrates in environmental monitoring studies [J]. Marine Ecology Progress, 276 (1): 19 - 24.

CANTOR T E, 1842. General features of Chusan, with remarks on the flora and fauna of that island [J]. The Annals and Magazine of Natural History, 9: 265 - 278.

CARDINALE M, ARRHENIUS F, JOHNSSON B, 2000. Potential uBe ofotolith weisht forthe determination ofage - structure of Balfic cod (Gad. s morhua) and plaice (Pleuronectes platessa) [J]. Fisheries Research (45): 239 - 252.

CARPENTER S R, FISHER S G, GRIMM N B, et al., 1992. Global change and freshwater ecosystems [J]. Annual Review of Ecology and Systematics, 23: 119 - 139.

CARRUTHERS T R, PUNT A E, WALTERS C J, et al., 2014. Evaluating methods for setting catch limits in data - limited fisheries [J]. Fisheries Research, 153: 48 - 68.

CAUSEY D, JANZEN D H, TOWNSEND P A, et al., 2004. Museum Collections and Taxonomy [J]. Science, 305: 1106 - 1107.

CAUT S, ANGULO E, COURCHAMP F, 2009. Variation in discrimination factors ($\Delta^{15}$ N and $\Delta^{13}$ C): the effect of diet isotopic values and applications for diet reconstruction [J]. Joumal of Applied Ecology, 46 (2): 443 - 453.

CHU Y T. Index piscium Sinensium [M]. Shanghai: Biological Bulletion of St. John's University. 1931.

CHUGUNOVA N I, 1963. Age and growth studies in fish [M]. Jerusalem: Israel Program.

COCHRAN W G, 1977. Sampling techniques (3rd ed) [M]. NewYork: John Wiley & Sons.

CONAN G Y, 1985. Assessment of shellfish stocks by geostatistical techniques [J]. ICES CM, 30: 24.

CORNWELL W K, SCHWILK D W, ACKERLY D D, 2006. A trait - based test for habitat filtering: convex hull volume [J]. Ecology, 87 (6): 1465 - 1471.

COSTELLO C, OVANDO D, HILBORN R, et al., 2012. Status and solutions for the world's unassessed fisheries [J]. Science, 338 (6106): 517 - 520.

CRAIG H, 1954. Carbon 13 in plants and the relationships between carbon 13 and carbon14 variations in nature [J]. Journal of Geology, 62: 115 - 149.

DALSGAARD J, JOHN M S, KATTNER G, et al. , 2003. Fatty acid trophic markers in the pelagic marine environment [J]. Advances in Marine Biology, 46: 225 - 340.

DEINER K, BIK H M, MÄCHLER E, et al. , 2017. Environmental DNA metabarcoding: Transforming how we survey animal and plant communities [J]. Molecular Ecology, 26: 5872.

DENIRO M J, EPSTEIN S, 1978. Influence of diet on the distribution of carbon isotopes in animals [J]. Geochimica et Cosmochimica Acta, 42 (5): 495 - 506.

DÍAZ S, CABIDO M, 2001. Vive la différence: plant functional diversity matters to ecosystem processes [J]. Trends in Ecology & Evolution, 16 (11): 646 - 655.

DICK E J, MACCALL A D, 2011. Depletion - based stock reduction analysis: A catch - based method for determining sustainable yields for data - poor fish stocks [J]. Fisheries Research, 110 (2): 331 - 341.

DUDGEON D, ARTHINGTON A H, GESSNER M O, et al. , 2005. Freshwater biodiversity: importance, threats, status and conservation challenges [J]. Biological Reviews, 81: 163 - 182.

DUKES J S, 2001. Biodiversity and invasibility in grassland microcosms [J]. Oecologia. 126 (4): 563 - 568.

DYBOWSKI B, 1872. Zur Kenntniss der Fischfauna des Amurgebietes [J]. Biodiversity Heritage Library OAI Repository, 22: 209 - 222.

ECKMANN R, 1999. Does water calcium content in - uence the distinctness of daily growth increments in the otoliths of larval whitefish (*Coregonus lavaretus* L) [J]. Journal of Applied Ichthyology (15): 59 - 62.

EVANS J, SHENEMAN L, FOSTER J A, 2006. Relaxed Neighbor - Joining: A Fast Distance - Based Phylogenetic Tree Construction Method [J]. Journal of Molecular Evolution, 62: 785 - 792.

EVERMANN B W, SHAW T H, 1927. Fishes from eastern China, with descriptions of new species [J]. California Academy of Sciences Research, 16 (4): 97 - 122.

FANG P W, 1930. New species of Gobiobotia from upper Yangtze River [J]. Sinensia, 1 (5): 57 - 63.

FANG P W, 1931. New and rare species of homaloptrid fishes of China [J]. Sinensia, 2 (1): 41 - 64.

FANG P W, 1933. Notes on a new cyprinoid genus Pseudogyrinocheilus et P. prochilus (Sauvage et Dabry) from Western China [J]. Sinensia, 3 (10): 255 - 264.

FANG P W, 1934. Study on the fishes referring to Salangidae of China [J]. Sinensia, 4 (9): 231 - 268.

FANG P W, 1934. Supplementary notes on the fishes referring to Salangidae of China [J]. Sinensia, 5 (5 - 6): 505 - 511.

FANG P W. 1935. On some Nemacheilus fishes of North - Western China and adjacent territory in the Berlina Zoological Museum's collections, with descriptions of two new species [J]. Sinensia, 6: 749 - 767.

FANG P W, 1936. Study on the Botoid fishes of China [J]. Sinensia, 7 (1): 1 - 48.

FARRÉ M, TUSET V M, MAYNOU F, et al. , 2013. Geometric morphology as an alternative for measuring the diversity of fish assemblages [J]. Ecological Indicators, 29 (6): 159 - 166.

FEY D P, 2005. Is the margin at otolith increment width a reliable recent growth index for larval and juvenile herring [J]. Journal of Fish Biology (66): 1692 - 1703.

FOWLER A J, 1990. Validation of annual growth increments in the otoliths of a small, tropical coral reef fish [J]. Marine Ecology Progress Series (64): 25 - 38.

FOWLER H W, 1910. Description of four new cyprinoids (Rhodeinae) [J]. Proceedings of the Academy of Natural Sciences of Philadelphia, 62: 476 - 486.

FRANCIS C, HARLEY S J, CAMPANA S E, et al., 2005. Use of otolith weight in length - mediated estimation ofproportions at age [J]. Marine and Freshwater Research (56): 735 - 743.

FRIDRIKSON A, 1934. On the calculation of age distribution within a stock of cod by means of relatively few age determinations as a key to easurements on a large scale, Rapports et Proces - Verbaux des Reunions [J]. Conseil Permanent Intemational pour 1Exploration de la Mer, 86 (6): 1 - 14.

FROESE R, DEMIREL N, CORO G, et al., 2017. Estimating fisheries reference points from catch and resilience [J]. Fish and Fisheries, 18 (3): 506 - 526.

FROLKINA Z A, 1977. A method for age determination in Patagonian toothfish [J]. Trudy AtlantNIRO, 73: 86 - 93.

FRYER G, ILES T D, 1972. The Cichlid Fishes of the Great Lakes of Africa: Their Biology and Evolution [M]. Neptune City: TFH Publications.

GARCÍA - BERTHOU E, ALCARAZ C, POU - ROVIRA Q, et al., 2005. Introduction pathways and establishment rates of invasive aquatic species in europe [J]. Canadian Journal of Fisheries & Aquatic Sciences, 62 (2): 453 - 463.

GATZ A J, 1979. Ecological morphology of freshwater stream fishes [J]. Tulane Studies in Zoology and Botany, 21 (2): 91 - 124.

GOZLAN R E, 2008. Introduction of non - native freshwater fish: is it all bad [J]. Fish and Fisheries, 9 (1): 106 - 115.

GRAYNOTH E, 1999. Imprnved otolith preparation, aging and back—calculation techniques for New Zealand eels [J]. Fisheries Reseamh (42): 137 - 146.

GREEN B S, MAPSTONE B D, CARLOS G, et al., 2009. Tropical Fish Otoliths: Information for Assessment, Management and Ecology [M]. Netherlands: Springer - Verlag, 81: 133 - 173.

GRENOUILLET G, PONT D, HÉRISSÉ C, 2004. Within - basin fish assemblage structure: the relative influence of habitat versus stream spatial position on local species richness [J]. Canadian Journal of Fisheries and Aquatic Sciences, 61 (1): 93 - 102.

GUNN J S, CLEAR N P, CARERT T I, et al., 2008. Age and growth in southern bluefin tuna, Thunnus maccoyii (Castelnau): Direct estimation from otoliths, seales and vertebrae [J]. Fisheries Research (92): 207 - 220.

GÜNTHER A, 1873. Report on a collection of fishes from China [J]. Annals and Magazine of Natural History, 12 (4): 377 - 380.

GÜNTHER A, 1889. Third Contribution to our knowledge of reptiles and fishes from the upper Yangtze - Kiang [J]. The Annals and Magazine of Natural History, 6 (4): 218 - 229.

GÜNTHER A, 1893. Descriptions of the Reptiles and Fishes collected by Mr. E. Coode - Hore on Lake Tanganyika [J]. Proceedings of the Zoological Society of London: 628 - 632.

GÜNTHER A, 1896. Report on the collection of reptiles, batrachians and fishes made by Messrs. Potanin and Berezowski in the Chinese province Kansu and Szechuen [J]. Annuaire du Musée Zoologique de 1. Académie Impériale des Sciences de St. - Pétersbourg, 1: 199 - 219.

GÜNTHER A, 1898. Report on a collection of fishes from Newchwang, North China [J]. Annals and Magazine of Natural History, 7 (1): 257 - 263.

HAINING R, 2003. Spatial data analysis: Theory and practice [M]. Cambridge: Cambridge University

Press.

HANSKI I，1999. Metapopulation Ecology ［M］. New York：Oxford University Press.

HEBERT P D，CYWINSKA A，BALL S L，et al.，2003. Biological identificationsthrough DNA barcodes ［J］. Proceedings of the Royal Society of London. Series B：Biological Sciences，270 (1512)：313 - 321.

HÉLIAS A，HEIJUNGS R，2019. Resource depletion potentials from bottom - up models：population dynamics and the hubbert peak theory ［J］. Science of The Total Environment，650 (PT. 1 (835 - 16)：1303 - 1308.

HEWITT R P，WATKINS J，NAGANOBU M，et al.，2004. Biomass of Antarctic krill in the Scotia Sea in January/February 2000 and its use in revising an estimate of precautionary yield ［J］. Deep Sea Research Part II：Topical Studies in Oceanography，51 (12/13)：1215 - 1236.

HILL M O，1973. Diversity and evenness：a unifying notation and its consequences ［J］. Ecology，54：427 - 432.

HJELM J，SVANBÄCK R，BYSTRÖM P，et al.，2001. Diet - dependent body morphology and ontogenetic reaction norms in Eurasian perch ［J］. Oikos，95 (2)：311 - 323.

HOOPER D U，VITOUSEK P M，1998. Effects of plant composition and diversity on nutrient cycling ［J］. Ecological Monographs，68 (1)：121 - 149.

HORDYK A，ONO K，SAINSBURY K，et al.，2015. Some explorations of the life history ratios to describe length composition，spawning - per - recruit，and the spawning potential ratio ［J］. ICES Journal of Marine Science. 72 (1)：204 - 216.

HURLBERT S H，1978. The measurement of niche overlap and some relatives ［J］. Ecology，59 (1)：67 - 77.

HWANG S D，SONG M H，LEE T W，et al.，2006. Growth of larval Pacific anchovy Engraulis japonicus in the Yellow Sea as indicated by otolith microstructure analysis ［J］. Journal of Fish Biology (69)：1756 - 1769.

HYSLOP E J，1980. Stomach contents analysis - a review of methods and their application ［J］. Journal of Fish Biolology，17：411 - 429.

ISERMANN D A，KNIGHT C T，2005. A computer program for age - length keys incorporating age assignment to individual fish ［J］. North American Journal of Fisheries Management，25 (3)：1153 - 1160.

ITOH T，SHIINA Y，TSUJI S，et al.，2000. Otolith daily increment formation in laboratory reared larval and juvenile bluefin tuna Thunnus thynnus ［J］. Fisheries Science (66)：834 - 839.

IVARJORD T，PEDERSEN T，MOKSNESS E，2008. Effects of growth rates on the otolith increments deposition rate in eapelin larvae (Mallotus villosus) ［J］. Journal of Experimental Marine Biology and Ecology (358)：170 - 177.

IVERSON S J，2009. Tracing aquatic food webs using fatty acids：From qualitative indicators to quantitative determination Arts MT，Brett MT，Kainz M，eds. Lipids in Aquatic Ecology systems ［M］. New York：Springer - Verlag：281 - 308.

JARDIM E，RIBEIRO JRPJ，2007. Geostatistical assessment of sampling designs for Portuguese bottom trawl surveys ［J］. Fisheries Research，85 (3)：239 - 247.

JONES C M，1992. Development and application ofthe otolith increment technique ［J］. Canadian Journal of Fisheries and Aquatic Science (117)：1 - 11.

KANEDA T，1991. Iso - and anteiso - fatty acids in bacteria：biosynthesis，function，and taxonomic significance ［J］. Microbiological Reviews，55 (2)：288 - 302.

KANG B, VITULE J R S, LI S, et al. , 2023. Introduction of non - native fish for aquaculture in China: A systematic review [J]. Review in Aquaculture, 15 (2): 676 - 703.

KASTELLE C R, KIMURA D K, JAY S R, 2000. Using $^{210}$Pb/$^{226}$Ra disequilibrium to validate conventional ages in Scorpaenids (genera Sebastes and Sebastolobus) [J]. Fisheries Research (46): 299 - 312.

KESSLER K T, 1876. Beschreibung der von Oberst Przewalski in der Mongolei gesammelten Fische [J]. Mongolia. Strana Tanguto v St. Petersb, 2: 1 - 36.

LALIBERTÉ E, LEGENDRE P, 2010. A distance - based framework for measuring functional diversity from multiple traits [J]. Ecology, 91 (1): 299 - 305.

LANGERHANS R B, CHAPMAN L J, DEWITT T J, 2007. Complex phenotype - environment associations revealed in an East African cyprinid [J]. Journal of Evolutionary Biology, 20 (3): 1171 - 1181.

LAYMAN C A, ARAUJO M S, BOUCEK R, et al. , 2012. Applying stable isotopes to examine food - web structure: an overview of analytical tools [J]. Biological Reviews, 87 (3): 545 - 562.

LEVINE J M, DANTONIO C M, 2003. Forecasting biological invasions with increasing international trade [J]. Conservation Biology, 17 (1): 322 - 326.

LI C L, HE D K, 2017. Species invasions threaten the antiquity of China's freshwater fish fauna [J]. Diversity and Distributions, 23 (5): 556 - 566.

LINNAEUS C, 1758. Systema Naturae [M]. Salviu: Holmiae.

LEGENDRE P, Gallagher E D, 2001. Ecologically meaningful transformations for ordination of species data [J]. Oecologia, 129 (2): 271 - 280.

LEPŠ J, BROWN V K, DIAZ LEN T A, et al. , 2001. Separating the chance effect from other diversity effects in the functioning of plant communities [J]. Oikos, 92 (1): 123 - 134.

LEPS J, DE BELLO F, LAVOREL S, et al. , 2006. Quantifying and interpreting functional diversity of natural communities: practical considerations matter [J]. Preslia, 78 (4): 481 - 501.

LESSA R, SANTANA F M, DUARTE P, 2006. A critical appraisal of marginal increment analysis for assessing temporal periodicity in band formation among tropical sharks [J]. Environment Biology Fisheries (77): 309 - 315.

LOU D C, MAPSTONE B D, RUSS C R, et al. , 2005. Using otolith weight—age relationships to predicate age—based metrics of coral reef fish population [J]. Fisheries Research (71): 279 - 294.

LUNDBERG J G, KOTTELAT M, SMITH G R, et al. , 2000. So Many fishes, so little time: an overview of recent ichthyological discovery in continental waters [J]. Annals of the Missouri Botanical Garden, 87 (1): 26 - 62.

MACCALL A D, 2009. Depletion - corrected average catch: a simple formula for estimating sustainable yields in data - poor situations [J], ICES Journal of Marine Science, 66 (10): 2267 - 2271.

MACFARILANE R B, RALSTON S, ROYER C, et al. , 2005. Juvenile chinook salmon (*Oncorhynchus tshawytscha*) growth on the central California coast during the 1998 El Nino and 1999 La Nina [J]. Fisheries Oceanography, 14 (5): 321 - 332.

MACHIAS A, MARAVEYIA E, PAVLIDIS M, et al. , 2002. Validation of annuli on scales and otoliths of common dentex (Dentex dentex) [J]. Fisheries Research (54): 287 - 294.

MAKARENKOV V, LEGENDRE P, 2002. Nonlinear redundancy analysis and canonical correspondence analysis based on polynomial regression [J]. Ecology, 83 (4): 1146 - 1161.

MARQUES V, Castagné P, Polanco A, et al. , 2021. Use of environmental DNA in assessment of fish functional and phylogenetic diversity [J]. Conservation Biology, 35 (6): 1944 - 1956.

MARTELL S, FROESE R, 2013. A simple method for estimating MSY from catch and resilience [J]. Fish and Fisheries, 14 (4): 504 - 514.

MASON N W H, MOUILLOT D, LEE W G, et al., 2005. Functional richness, functional evenness and functional divergence: the primary components of functional diversity [J]. Oikos, 111 (1): 112 - 118.

MCALLISTER M K, BABCOCK E A, PIKITCH E K, et al., 2000. Application of a non - equilibrium generalized production model to South and North Atlantic swordfish: Combining Bayesian and demographic methods for parameter estimation [R]. Colllective Volume of Scientifics Papers. ICCAT, 51: 1523 - 1550.

MCCLELLAND M A, SASS G G, 2012. Assessing fish collections from random and fixed site sampling methods on the Illinois River [J]. Journal of Freshwater Ecology, 27 (3): 325 - 333.

MCCUTCHAN H M, LEWIS W M, KENDALL C, et al., 2003. Variation in trophic shift for stable isotope ratios of carbon, nitrogen, and sulfur [J]. Oilkos, 102 (2): 378 - 390.

MCINTYRE P B, FLECKER A S, VANNI M J, et al., 2008. Fish distributions and nutrient cycling in streams: Can fish create biogeochemical hotspots [J]. Ecology, 89 (8): 2335 - 2346.

METHOT R J, WETZEL C R, 2013. Stock Synthesis: a biological and statistical framework for fish stock assessment and fishery management [J]. Fisheries Research, 142: 86 - 99.

MIER K L, PICQUELLE S J, 2008. Estimating abundance of spatially aggregated populations: comparing adaptive sampling with other survey designs [J]. Canadian Journal of Fisheries and Aquatic Sciences, 65 (2): 176 - 197.

MINAR J, VERHULST P, 1933. The discoverer of the logistic curve [J]. Human Biology, 5 (4): 673 - 689.

MOFFITT C M, CAJASCANO L, 2014. Blue Growth: The 2014 FAO State of World Fisheries and Aquaculture [J]. Fisheries, 39 (11): 552 - 553

MOLTSCHANIWSKYJ N, CAPPO M, 2009. Alternatives to sectioned otoliths: The use of other structures and chemical techniques to estimate age and growth for marine vertebrates and invertebrates [M]. Tropical Fish Otoliths: Information for Assessment, Management and Ecology: 133 - 173.

MOORE J W, SEMMENS B X, 2008. Incorporating uncertainty and prior information into stable isotope mixing models [J]. Ecology Letters, 11 (5): 470 - 480.

MOUCHET M A, VILLÉGER S, MASON N W H, et al., 2010. Functional diversity measures: an overview of their redundancy and their ability to discriminate community assembly rules [J]. Functional Ecology, 24 (4): 867 - 876.

MOUILLOT D, GRAHAM N A J, VILLÉGER S, et al., 2013. A functional approach reveals community responses to disturbances [J]. Trends in Ecology & Evolution, 28 (3): 167 - 177.

MURPHY B R, WILLIS D W, 1996. Fisheries techniques [M]. Bethesda: American Fisheries Society.

NELSON J S, GRANDE T C, WILSON M V H, 2016. Fishes of the World [M]. Wiley (5rd edition).

NEWMAN S J, CAPPO M, WILLIAMS D M, 2000. Age, growth, mortality rates and corresponding yield estimates using otoliths of the tropical red snappers, Lutjanus erythropterus, L malabaricus and L sebae, from the central Great Barrier Reef [J]. Fisheries Research (48): 1 - 14.

NEWMAN D, BERKSON J, SUATONI L, 2015. Current methods for setting catch limits for data - limited fish stocks in the United States [J]. Fisheries Research, 164: 86 - 93.

NICHOLS J T, 1925a. A new homalopterin loach from Fukien (*Pseudogastromyzon*) [J]. American Museum Novitates, 167: 1 - 2.

NICHOLS J T, 1925b. An analysis of Chinese loaches of the genus Misgurnus [J]. American Museum Novitates, 169: 3 - 6.

NICHOLS J T, 1925c. Homaloptera caldwelli, a new Chinese loach [J]. American Museum Novitates, 172: 1.

NICHOLS J T, 1925d. Nemacheilus and related loaches in China [J]. American Museum Novitates, 171: 1 - 7.

NICHOLS J T, 1925e. Some Chinese fresh - water fishes. 4. Gudgeons of the genus Coriparieus. 5. Gudgeons of related to the Eurpean Gobio gobio. 6. New gudgeons of the genera Gnathopogon and Leucogobio [J]. American Museum Novitates, 181: 1 - 8.

NICHOLS J T, 1925f. Some Chinese fresh - water fishes. 7. new carps of the genera Varicohinus and Xenocypris. 8. Carps referred to the genus Pseudorasbora [J]. American Museum Novitates, 182: 1 - 8.

NICHOLS J T, 1925g. Some Chinese fresh - water fishes. 11. Certain apparently undescribed carps from Fukien. 13. A new minnow referred to Leucogobio. 14. Two apparently undescribed fishes from Yunnan [J]. American Museum Novitates, 185: 1 - 7.

NICHOLS J T, 1926a. Some Chinese fresh - water fishes. 16. Concerning gudgeons related to Pseudogobio and two new species of it. 17. Two new rhodeins [J]. American Museum Novitates, 214: 1 - 7.

NICHOLS J T, 1926b. Some Chinese fresh - water fishes. 18. New species in recent and earlier Fukien collections [J]. American Museum Novitates, 224: 1 - 7.

NICHOLS J T, POPE C H, 1927. The fishes of Hainan [J]. Bulletin of the American Museum of Natural History, 54 (2).

NISHIMURA A, YAMADA J, 1988. Geographical differences in early growth of walleye Pollock *Theragra chalcogramma*, estimated by backcalculation of otolith daily growth increments [J]. Marine Biology (97): 459 - 465.

NYSTRÖM M, FOLKE C, 2001. Spatial resilience of coral reefs [J]. Ecosystems, 4 (5): 406 - 417.

OSBECK P, 1757. Dagbok of wer en ostindisk resa aren 1750, 1751, 1752 [M]. Stockholm. A Voyage to China and the East Indies.

OSHIMA M, 1919. Contributions to the Study of Fresh - Water Fishes of the Island of Formosa [J]. Annals of Carnegie Museum, 12 (2 - 4): 169 - 328.

OSHIMA M, 1920. Notes on fresh - water fishes of Formosa, with description of new genera and species [J]. Proceedings of the Academy of Natural Sciences of Philadelphia, 72: 120 - 135.

OSHIMA M, 1926. Notes on a collection of fishes from Hainan, obtained by Prof. S. F. Light [J]. Annotnes Zoology of Japanese, 11 (1): 1 - 26.

PANNELLA G, 1971. Fish otoliths: daily growth layers and periodical patterns [J]. Science, (173): 1124 - 1126.

PARAGAMIAN V L, BOWLES E C, HOELSCHER B, 1992. Use of daily growth increments on otoliths to assess stockings of hatchery—reared kokanees [J]. Transactions of the American Fisheries Society (121): 785 - 791.

PARNELL A C, INGER R, BEARHOP S, et al., 2010. Source partitioning using stable isotopes: coping with too much variation [J]. Plos One, 5 (3): e9672.

PATTERSON K, COOK R, DARBY C, et al., 2001. Estimating uncertainty in fish stock assessment and forecasting [J]. Fish and Fisheries (2): 125 - 157.

PERES - NETO P, LEGENDRE P, DRAY S,, et al., 2006. Variation partitioning of species data matrices: estimation and comparison of fractions [J]. Ecology, 87 (10): 2614 - 2625.

PETCHEY O L, GASTON K J, 2008. Functional diversity: back to basics and looking forward [J]. Ecology Letters, 9 (6): 741 - 758.

PETERSEN C G J, 1892. Fiskens biologiske forhold I Holbaek Fjord [J]. Report of the Danish Biological Station, 1: 1 - 63.

PETITGAS P, 2001. Geostatistics in fisheries survey design and stock assessment: models, variances and applications [J]. Fish & Fisheries, 2 (3): 231 - 249.

PHILLIPS D L, NEWSOME S D, GREGG J W, 2005. Combining sources in stable isotope mixing models: alternative methods [J]. Oecologia, 144 (4): 520 - 527.

PHILLIPS D L, GREGG J W, 2003. Source partitioning using stable isotopes: coping with too many sources [J]. Oecologia, 136 (2): 261 - 269.

PIANKA E R, 1973. The structure of lizard communities [J]. Annual Review of Ecology and Systematics, 4: 53 - 74.

PIET J G, 1998. Ecomorphology of a size - structured tropical freshwater fish community [J]. Environmental Biology of Fishes, 51 (1): 67 - 86.

PILLING G M, GRANDCOURT E M, 2003. The utility of otolith weight as a predictor of age in the emperor Lethrinus mahsena [J]. Fisheries Research (60): 493 - 506.

PIMENTEL D, ZUNIGA R, MORRISON D, 2005. Update on the environmental and economic costs associated with alien - invasive species in the United States [J]. Ecological Economics, 52 (3): 273 - 288.

PLA L, CASANOVES F, DI RIENZO J, 2012. Quantifying Functional Biodiversity [M]. Dordrecht, New York: Springer.

POFF N L, ALLAN J D, 1995. Functional organization of stream fish assemblages in relation to hydrological variability [J]. Ecology, 76 (2): 606 - 627.

POST D M, 2002. Using stable isotopes to estimate trophic position: models, methods, and assumptions [J]. Ecoloy, 83 (3): 703 - 718.

POUILLY M, LINO F, BRETENOUX J G, et al., 2003. Dietary - morphological relationships in a fish assemblage of the Bolivian Amazonian floodplain [J]. Journal of Fish Biology, 62 (5): 1137 - 1158.

PREYEL A, 1655. Artificia hominum miranda naturae, in Sina et Europa, etc [M]. Francofurt.

PRIEUR - RICHARD A H, LAVOREL S, 2000. Invasions: The perspective of diverse plant communities [J]. Austral Ecology, 25 (1): 1 - 7.

RAO C R, 1982. Diversity and dissimilarity coefficients: a unified approach [J]. Theoretical Population Biology, 21 (1): 24 - 43.

REGAN C T, 1904. Descriptions of two new cyprinid fishes from Yunnan Fu [J]. Annals and Magazine of Natural History, 14 (7): 416 - 417.

REGAN C T, 1905a. Descriptions of two new cyprinid fishes from Tibet [J]. Annals and Magazine of Natural History, 15 (7): 300 - 301.

REGAN C T, 1905b. Descriptions of five new cyprinid fishes from Lhasa, Tibet, collected by Captain H. J. Walton [J]. Annals and Magazine of Natural History, 15 (7): 185 - 188.

REGAN C T, 1906. Descriptions of two new cyprinid fishes from Yunnan Fu, collected by Mr. John [J]. Annals and Magazine of Natural History, 17 (7): 330 - 332.

REGAN C T, 1907. Descriptions of three new fishes from Yunnan, collected by Mr. J. Graham [J]. Annals and Magazine of Natural History, 19 (7): 63 - 64.

REGAN C T, 1908a. Descriptions of new freshwater fishes from China and Japan [J]. Annals and Magazine of Natural History, 8 (1): 149 – 153.

REGAN C T, 1908b. Description of three new freshwater fishes from China [J]. Annals and Magazine of Natural History (Series 8), 1 (1): 109 – 111.

SAITO T, KAGA T, SEKI J, et al., 2007. Otolith microstructure of chum salmon Oncorhynchus keta: formation of sea entry check and daily deposition of otolith increments in seawater conditions [J]. Fisheries Science (73): 27 – 37.

SALTHAUG A, 2003. Dynamic age—length keys [J]. Fishery Bulletin, 101 (2): 451 – 456.

SANDERCOCK B K, 2003. Estimation of survival rates for wader population: a review of mark—recapture methods [J]. Wader Study Group Bulletin (100): 163 – 174.

SCHLEUTER D, DAUFRESNE M, MASSOL F, et al., 2010. A user's guide to functional diversity indices [J]. Ecological Monographs, 80 (3): 469 – 484.

SCHLUTER D, 1948. A variance test for detecting species associations, with some example applications [J]. Ecology, 65 (3): 998 – 1005.

SHANNON C E, 1948. A mathematical theory of communication [J]. The Bell System Technical Journal, 27: 379 – 423.

SHAW T H, 1929. A new fresh – water goby from Tientsin [J]. Bulletin Of The Fan Memorial Institute Of Biology, 1 (1): 1 – 6.

SHAW T H, TCHANG T L, 1931. Preliminary notes on the cyprinoid fishes of Hopei Province [J]. Bulletin Of The Fan Memorial Institute Of Biology, 2 (15): 289 – 296.

SHAW T H, LEE J S, 1939. Age and growth in some food fishes [J]. Bulletin Of The Fan Memorial Institute Of Biology, 9 (3): 251 – 262.

SHINODA A, TANAKA H, KAGAWA H, et al., 2004. Otolith microstructural analysis of reared larvae of the Japanese eel Anguilla japonica [J]. Fisheries Science (70): 339 – 341.

SHU L, LUDWIG A, PENG Z, 2020. Standards for methods utilizing environmental DNA for detection of fish species [J]. Genes, 11 (3): 296.

SHUAI F M, LI X H, LI Y F, et al., 2016. Temporal patterns of larval fish occurrence in a large subtropical river [J]. PLoS ONE, 11 (1): e0146441.

SHUAI F M, LI X H, CHEN F C, et al., 2017. Spatial patterns of fish assemblages in the Pearl River, China: environmental correlates [J]. Fundamental & applied limnology, 189 (4): 329 – 340.

SHUAI F M, LEK S, LI X H, et al., 2018. Biological invasions undermine the functional diversity of fish communities in a large subtropical river [J]. Biological Invasions, 4: 1 – 16.

SHUAI F M, LI X H, LIU Q F, et al., 2019. Nile tilapia (*Oreochromis niloticus*) invasions disrupt the functional patterns of fish community in a large subtropical river in China [J]. Fisheries Management and Ecology, 26 (6): 578 – 589.

SIMPSON E H, 1949. Measurement of Diversity [J]. Nature, 163: 688.

STENSETH N C, ROUYER T, 2008. Destabilized fish stocks [J]. Nature, 452 (7189): 825 – 826.

STEVENS C J, DEIBEL D, Parrish C, 2004. Incorporation of bacterial fatty acids and changes in a wax ester – based omnivory index during a long – term incubation experiment with Calanus glacialis Jaschnov [J]. Journal of Experimental Marine Biology and Ecology, 303 (2): 135 – 156.

SU G, LOGEZ M, XU J, et al., 2021. Human impacts on global freshwater fish biodiversity [J]. Science, 371 (6531): 835 – 838.

SULLIVAN W P, MORRISON B J, BEAMISH F W H, 2008. Adaptive cluster sampling: estimating density of spatially autocorrelated larvae of the sea lamprey with improved precision [J]. Journal of Great Lakes Research, 34 (1): 86 - 97.

TABERLET P, COISSAC E, HAJIBABAEI M, et al., 2012. Environmental DNA [J]. Molecular Ecology, 21 (8): 1789 - 1793.

TCHANG T L, 1928. A review of the fishes of Nanking [J]. Control Biology Science Society of China (Zoology), 4 (4): 1 - 42.

TCHANG T L, 1930. Notes de cyprinides du bassin Tangtze [J]. Sinensia, 1 (7): 87 - 93.

TCHANG T L, 1933. The study of Chinese cyprinid fishes, part 1 [J]. Zoological Sinica (B), 2 (1): 1 - 247.

TCHANG T L, 1954. Distribution of Chinese freshwater fishes [J]. Acta Geographica Sinica. 20 (3): 279 - 284.

THEN A Y, Hoenig J M, Hall N G, et al., 2015. Evaluating the predictive performance of empirical estimators of natural mortality rate using information on over 200 fish species [J]. ICES Journal of Marine Science, 72: 82 - 92.

THOMPSON S K, 1990. Adaptive cluster sampling [J]. Journal of the American Statistical Association, 85 (412): 1050 - 1059.

THOMSEN P F, WILLERSLEV E, 2015. Environmental DNA - anemerging tool in conservation for monitoring past andpresent biodiversity [J]. Biological Conservation (183): 4 - 18.

TILMAN D, KNOPS J, WEDIN D, et al., 1997. The influence of functional diversity and composition on ecosystem processes [J]. Science, 277 (5330): 1300 - 1302.

TORESEN R, OSTVEDT O J, 2000. Variation in abundance of Norwegian spring - spawning herring (Clupea harengus, Clupeidae) throughout the 20th century and the influence of climatic fluctuations, 1 (3): 231 - 256

URPANEN O, MARJOMÄKI T J, VILJANEN M, et al., 2009. Population size estimation of larval coregonids in large lakes: stratified sampling design with a simple prediction model for vertical distribution [J]. Fisheries Research, 96 (1): 109 - 117.

VILLÉGER S, MASON N W H, MOUILLOT D, 2008. New multidimensional functional diversity indices for a multifaceted framework in functional ecology [J]. Ecology, 89 (8): 2290 - 2301.

VILLÉGER S, MIRANDA J R, HERNÁNDEZ D F, et al., 2010. Contrasting changes in taxonomic vs. functional diversity of tropical fish communities after habitat degradation [J]. Ecological Applications, 20 (6): 1512 - 1522.

WALDRON M E, KERSTAN M, 2001. Age validation in horse mackerel (*Trozhurus trachurus*) otoliths [J]. ICES Journal of Marine Science (58): 806 - 813.

WALTERS D M, LEIGH D S, FREEMAN M C, et al., 2003. Geomorphology and fish assemblages in a Piedmont river basin, U. S. A [J]. Freshwater Biology, 48 (11): 1950 - 1970.

WARWICK R M, 1986. A new method for detecting pollution effects on marine macrobenthic communities [J]. Marine Biology, 92 (4): 557 - 562.

WEST J B, BOWEN G J, CERLING T E, et al., 2006. Stable isotopes as one of nature's ecological recorders [J]. Trends in Ecology & Evolution, 21 (7): 408 - 414.

WETZEL C R, PUNT A E, 2011. Model performance for the determination of appropriate harvest levels in the case of data - poor stocks [J]. Fisheries Research., 110 (2): 342 - 355.

WHITTAKER R H，1972. Evolution and Measurement of Species Diversity [J]. Taxon，21 (2 – 3)：213 – 251.

WINEMILLER K O，1991. Ecomorphological diversification in lowland freshwater fish assemblages from five biotic regions [J]. Ecological Monographs，61 (4)：343 – 365.

WINEMILLER K O，KELSO – WINEMILLER L C，BRENKERT A L，1995. Ecomorphological diversification and convergence in fluvial cichlid fishes. Environmental Biology of Fishes，44 (1/2/3)：235 – 261.

WORLD WILDLIFE FUND. 2021. The World's Forgotten Fishes [M/OL]. [2023 – 12 – 26]. https：// wwf. panda. org/discover/our＿focus/freshwater＿practice/the＿world＿s＿forgotten＿fishes/.

WU H W，1930a. Notes on some fishes collected by the Biological Laboratory Science Society of China [J]. Contributions from the Biological Laboratory Science Society of China，6 (5)：45 – 57.

WU H W，1930b. On some fishes collected from the upper Yangtze valley [J]. Sinensia，1 (6)：65 – 85.

WU H W，1931. Notes on the fishes from the coast of Foochow region and Ming River [J]. Contributions from the Biological Laboratory Science Society of China，7 (1)：6 – 29.

WU H W，1934. Notes on the fresh – water fishes of Fukien in the museum of Amoy University [J]. Annual Report of Marine Biology Assemble of China，3：91 – 100.

WWF，2018. In Grooten M. ，and Almond R. E. A. ，（Eds.），Living planet report – 2018：Aiming higher [R]. Gland，Switzerland：WWF.

XIE S，Cui Y，Li Z. 2001. Dietary – morphological relationships of fishes in Liangzi Lake，China [J]. Journal of Fish Biology，58 (6)：1714 – 1729.

YE W C，1910. Chinese Fisheries [J]. Proceedings International Fishery Congress，Washington，28：367 – 373.

YU H，Jiao Y，Su Z，et al. ，2012. Performance comparison of traditional sampling designs and adaptive sampling designs for fishery – independent surveys：A simulation study [J]. Fisheries Research，113 (1)：173 – 181.

主　审　骆永华

# 创新创业教育
# 基础与实战技巧

主　编　彭贞蓉　彭　翔

副主编　戴佩吟　谢秋菊　罗丽娇

参　编　周美琼　李　卉　武　莉　童　玲

重庆大学出版社

**图书在版编目（CIP）数据**

创新创业教育基础与实战技巧 / 彭贞蓉，彭翔主编 . --
重庆：重庆大学出版社 . 2022.8
ISBN 978-7-5689-3354-4

Ⅰ . ①创 ... Ⅱ . ①彭 ... ②彭 ... Ⅲ . ①创造教育—研究—
中国 Ⅳ . ① G40-012

中国版本图书馆 CIP 数据核字（2022）第 102922 号

## 创新创业教育基础与实战技巧

CHUANGXIN CHUANGYE JIAOYU JICHU YU SHIZHAN JIQIAO

主　编　彭贞蓉　彭　翔
主　审　骆永华
策划编辑：章　可
责任编辑：鲁　静　　版式设计：章　可
责任校对：关德强　　责任印制：赵　晟

＊

重庆大学出版社出版发行
出版人：饶帮华
社址：重庆市沙坪坝区大学城西路21号
邮编：401331
电话：（023）88617190　88617185（中小学）
传真：（023）88617186　88617166
网址：http://www.cqup.com.cn
邮箱：fxk@cqup.com.cn（营销中心）
全国新华书店经销
POD:重庆新生代彩印技术有限公司

＊

开本：787mm×1092mm　1/16　印张：10　字数：227千
2022年8月第1版　　2022年8月第1次印刷
ISBN 978-7-5689-3354-4　　定价：28.00元

随着我国教育改革的不断深入，双创教育理念、教育要素、教育案例正逐步融入大中小学教育体系。从世界经验来看，许多科学家的重要发现和发明，都是产生于其风华正茂、思维敏捷的青少年时期。中等职业学校学生正处于创新人才成长的最佳时期，中等职业教育应当在培养技术技能人才的教学目标上，探索创新人才的培养模式，提高学生的创新创业能力，让创新精神和创新能力成为学生的"第二天性"，为国家输送优秀的创新创业人才，为我国产业结构的转型升级和社会的可持续发展奠定基础。

本书的编写顺应了当前创新创业教育改革的发展趋势，遵循创新创业教育规律，借鉴国内外成功经验，体现了创新创业实践的要求。本书以"能力本位、问题导向、精准指导"为原则，基于工作过程，采取行动导向，采用理论与实践紧密嵌套的编写模式，将创新创业基础理论知识设计为"实战式"的学习情景。

本书适合作为各类中等职业学校的创新创业教育课程教材，也可作为创新创业实训的辅导图书，或作为学生自主创业的参考书。本书共分3个单元，分别介绍创新创业意识训练、创新创业项目计划书撰写和创新创业项目路演技巧；在内容上以模块的形式来组织，共包含11个知识模块，每个模块都提供了相应的案例。

由于编者水平有限，书中或有不足之处，恳请读者指正。

编者

2022 年 1 月

# 目 录

## 第一单元　创新创业意识训练

## 第二单元　创新创业项目计划书撰写

# 第三单元　创新创业项目路演技巧

# 第一单元

## 创新创业意识训练

CHUANGXIN CHUANGYE
YISHI XUNLIAN

# | 模块一　创新、创业概述 |

创新创业是指基于技术创新、产品创新、品牌创新、服务创新、商业模式创新、管理创新、组织创新、市场创新、渠道创新等方面的某一点或几点创新而进行的创业活动，是创意实现的过程。创新强调的是开拓性与原创性，而创业强调的是通过实际行动获取利益的行为。

## 1. 什么是创意

**案例故事**

### "纸杯装面"

有这样一位家庭主妇，她的丈夫常上夜班，丈夫深夜回来后她总要煮点速食面给他吃，但是饭后要洗碗显得十分麻烦。后来，这位主妇琢磨出一个"懒办法"：她把煮好的速食面分装在几个盛果汁的纸杯里给丈夫吃，吃完后把纸杯一丢，好不省事。没想到，妻子有"懒办法"，丈夫也很善于发现，"好啊，这可以赚钱呀！"丈夫在深夜里对着妻子的"杰作"大叫起来，丈夫由"纸杯装面"联想到：如在纸杯的杯口蒙上一层塑料纸，它不就成为吃面可以不洗碗的新商品了吗？于是，他申请了这项专利，转眼之间，商家就买走了这项专利，只是把纸杯改成纸碗。就这样，吃了不用洗碗的方便面问世了，其投入市场后竟大受顾客的欢迎。

### 1.1　创意的内涵

创意是创造意识与创新意识的简称。它是一种创新思维意识，通过对现实事物的理解与认识，衍生出的一种新的抽象思维与行为潜能。

创意的内容包括两个方面：第一，创意是能够产生创造性社会后果或成果的思维过程；第二，创意思维就是思维本身和思维结果均具有创造性特点的思维。

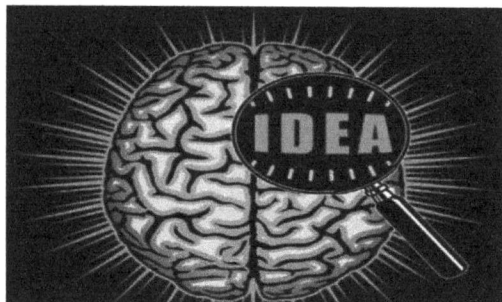

在《现代汉语词典》（商务印书馆，第 7 版）中创意是指"有创造性的想法、构思等"

📖 **知识探究**

怎样才能产生有价值的"创意"？

## 1.2 创意的产生

### 1.2.1 激发创意的过程

詹姆斯·韦伯·扬在公开出版的《产生创意的方法》一书中，提出一个简单而实用的创意方法——五步创意法。

詹姆斯·韦伯·扬（1886—1973）是美国著名的广告人，曾任广告公司的创意总监。他是广告创意魔岛理论的集大成者，也是通才杂学的广告大师，他的著作《产生创意的方法》被广告界奉为经典之作，是美国广告系学生的必读书之一。他在书中描述了五步创意法，把完成创意的方法概括为五个步骤。

①搜集原始资料。原始资料分一般资料和特定资料。一般资料是指人们日常生活中所见所闻的令人感兴趣的事实；特定资料是与产品或服务有关的各种资料。要获得有效的、理想的创意，原始资料必须丰富。

②内心消化的过程。观察和思考刚刚为什么想到了那么多素材，是哪些内在的联系促使你把看似毫无关联的素材组织在一起的。这些关联就是创意的内在逻辑，把它们联系起来，找出内在联系，就可能得到一个创意方案的雏形。

③放弃拼图，放松自己。在酝酿这一阶段，创作者不要做任何努力，尽量不要思考有关问题，一切顺其自然，在某一时刻某一灵感的刺激下，也许一些创意就会迸发。就像福尔摩斯常常在案件侦查的关键时刻，忽然拉着华生去听音乐会一样。当我们的大脑沉浸在音乐、电影等中时，想象力和创造力可能会被激发。

④创意出现。詹姆斯·韦伯·扬认为，如果上述三个步骤创意人都认真踏实、尽心尽力去完成了，那么，第四步会自然而然地出现。创意会在没有任何先兆的情况下闪现，换言之，许多创意是在人竭尽心力、停止有意识的思考后，经过一段时间的休息与放松后出现的。

⑤修正创意。这一步分为"原型制作"和"测试"。"原型制作"是把这个创意做成看得见、摸得着的实体，这一步考查的是动手能力。"测试"是查看作品的实际应用效果。为了使创意更贴近现实，我们必须把作品放在批评与审视中，对作品进行测试和修改，这样才能将创意真落地。欧美许多学校非常注重让孩子自己检测方案是否具有真实的可操作性。教师会把各种实用的工具放在一起，供孩子们实践和优化他们的创作，而非纸上谈兵。

这五个步骤，实际上是完成创意所必须遵循的程序。对任何一个创意人员来说，其不仅要理解每一步的内涵，而且要穷尽自己的才思将每一步做完整、做彻底，随后再进入下一步，不可以半途而废或者浅尝辄止。

### 1.2.2 创意产生的方法

好的创意在于发现身边的问题，而不是凭空想象，大多数好的点子最初都是针对很小的特定用户群体的。正如乔布斯所说，"最重要的是，勇敢地去追随自己的心灵和直觉，只有自己的心灵和直觉才知道你自己的真实想法，其他一切都是次要的。"创意在通常情况下可通过以下方法产生：

①演绎。演绎是最常见的创造新的思路的方式。新的想法来自以往的经验、知识的积累，以前的每一步看上去或许很小，但是非常重要，因此创新在很大程度上是一个循序渐进的过程。例如，目前常用的网站设计模板平台 WordPress，技术人员会定期对平台功能进行更新，而每次都是在原有基础上进行重建。

②重用。重用就是重复使用，是将一些旧的东西用一种新的方式再次表达出来。例如，给所有人一把叉子，并且告诉他们在两分钟内讲出这把叉子更多的新用途。很多人在刚开始进行这种尝试性思维的时候显得不知所措，他们想到的只是叉子的传统用法。此时若打破传统，往往可能产生一些有趣的新发现。

③综合。综合是将两个或两个以上现有观点结合，从而产生第三个新观点。也许正是因为某天某个人突发奇想——将剧院和餐厅综合在一起会是什么样，才产生了剧院餐厅这样的发明。

④革命。革命就是产生一个完全崭新的观点，和以前的观点完全不同。例如，一个经常使用电子邮件列表的人，当他发现自己的邮件列表上的用户越来越少，便决定从电子邮件列表转移到博客，将他的经营方式重塑。他的目标没有改变，但是他的方法彻底改变了。

⑤改向。改向就是改变事情或物品的发展方向，这是一个彻底转变主要关注内容的方法，对一个企业或个人来说是一个相当激进的过程，通常涉及清除全部内容并重建站点，白手起家。

—— 测试：测一下你的创意性——

选择一件日常生活中的常见物品，如椅子、杯子、笔等，在两分钟内尽可能多地说出这一物品的用途。

## 2. 什么是创新

**案例故事**

### 篮网的诞生

据说篮球运动刚诞生的时候，篮板上钉的是真正的篮子。每当球投进的时候，就有一个专门的人踩在梯子上把球拿出来。为此，比赛不得不断断续续地进行，缺少激烈紧张的气氛。为了让比赛更顺畅地进行，人们想了很多取球方法，都不太理想。有位发明家甚至制造了一种机器，在下面一拉就能把球弹出来，不过这种方法仍没能让篮球比赛激烈、连续起来。

有一天，一位父亲带着他的儿子来看球赛。小男孩看到大人们一次次不辞劳苦地取球，不由得大惑不解："为什么不把篮子的底去掉呢？"一语惊醒梦中人，大人们如梦初醒，于是，才有了今天我们看到的篮网样式。

### 2.1 创新的内涵

创新的原意有三层含义，一是更新；二是创造新的东西；三是改变。

从其本质看，创新是指在经济和社会领域生产或采用、同化和开发一种增值新产品；更新和扩大产品、服务和市场；发展新的生产方法；建立新的管理制度。因此创新既是一个过程，又是一个结果。

创新可以分为两个阶段，第一阶段是思考，想出新主意，即创意产生的过程；第二阶段是行动，根据新主意做出新事物，也就是创意实现的过程。

**知识探究**

21世纪最显著的特征和灵魂就是创新，创新的实质是什么？

### 2.2 创新的基本类型

创新可以发生在任何领域，因此创新既可以是一般理解中的产品创新、技术创新，又可以包括管理创新、服务创新、思维创新、制度创新、营销创新、文化创新等。从商业生产的角度来看，创新活动可以涉及商业行为的所有方面，被广泛认知的创新活动有产品创新、工艺创新、服务创新、模式创新等。

#### 2.2.1 产品创新

产品创新就是指提出一种能够更好地满足顾客需要和解决顾客问题的新产品。因此如果企业推出的新产品不能为企业带来利润与商业价值，那就算不上真正的创新。产品的创新通常包括技术上的创新，但是产品创新不限于技术创新，因为新材料、新工艺、现有技术的组合和新应用都可以实现产品创新。如在国内摩托车制造行业，有摩托车生产企业基于国外摩托车的整体式产品设计架构，进行了模块化结构设计的产品创新。这种模块化结构的产品设计，使建立专业化的零部件供应商网络成为现实，非常有利于零部件成本的降低和质量的改进。借助这种创新，中国的摩托车出口量迅速增加。

## 案例故事

### 创新的"防盗盖"

某公司研发的玻璃钢井盖，与我们在马路上经常见到的铸铁古力井盖大不相同。它使用的材料轻于铸铁但硬于铸铁、寿命高于铸铁，而成本和售价普遍低于铸铁，它还完美地实现了"防盗"功能。

据该公司总工程师介绍，因为废铁的回收价格相对较高，目前市政建设上普遍使用的铸铁古力井盖经常被偷盗，仅山东省青岛市一年被盗和损坏的古力井盖就有4 000多套，而单是修补古力井盖一项，青岛每年就要耗资200多万元。

"能不能用玻璃钢造古力井盖，让小偷对古力井盖失去兴趣？"从2004年初，他就开始探寻用玻璃钢替代铸铁制造古力井盖的技术，并与武汉理工大学的专家联手进行研制实验。2005年春，"玻璃纤维增强热固性树脂井盖"出炉了。

"新古力井盖采用复合材料，偷去了也没有任何用处！"新古力井盖采用的新型复合材料与铸铁材料相比没有任何回收再利用的价值，从作案动机上断绝了偷盗分子的欲望。新古力井盖的承重能力比普通古力井盖增加了一倍，产品经过了抗压、抗撞击等性能实验，50余吨重的压路机在两个新安装的新古力井盖上来回碾轧，古力井盖并无异常。同时，与现行铸铁古力井盖的"黑脸"相比，新古力井盖可任意调配色彩，并且造价降低了30%以上，在施工上也更加便利。

2005年9月，这种新型古力井盖首次在山东省青岛市浮山新区的劲松四路试用，当年12月，杭州路改造也用上了这种防盗古力井盖。新古力井盖重量只有50多千克，比铸铁盖轻近一半，这给施工安装带来了很大的方便，同时由于采用复合材料，新古力井盖还具有抗磨、抗腐蚀、低噪音等优点。

### 2.2.2 工艺创新

工艺创新也称流程创新，是指改善或变革产品生产技术及流程，属于生产和传输某种新产品或服务的新方式，常用于制造企业对产品的加工过程、工艺路线及设备进行的创新，通常通过降低生产成本以提升企业的盈利水平。

对制造型企业来说，工艺创新包括采用新工艺、新方式，整合新的制造方法和技术以获得成本、质量、周期、开发时间、配送速度方面的优势，或者提高大规模定制产品和服务的能力。例如在生产洗衣机时采用了新钢板材料，或者把生产洗衣机的生产线设备从传统机床更换为数控机床，从而降低 50% 成本或提高生产效率 3 倍以上。

**案例故事**

### 中集集团的"梦工厂"

2010 年底，中集集团在广东省深圳市东部建设了一家全新的集装箱生产线，他们将其命名为"梦工厂"。"梦工厂"几乎集成了集装箱生产领域所有最先进的工艺和技术，重新搭建了一整套自动化制造执行系统，最大限度地实现了整个生产系统的闭路循环，那种旱烟弥漫、油漆味刺鼻的集装箱车间在这里终于成为历史。"梦工厂"投产之后，产能提高了 50%，电耗降低超过 36%，95% 以上的"天那水"被回收并循环利用。中集集团的"梦工厂"成为中国重体力、高污染、高能耗产业从粗放型制造向精益型制造转型的典范。

#### 2.2.3 服务创新

服务创新是企业为了提高服务质量和创新的市场价值而发生的服务要素变化，对服务系统进行有目的的、有组织的改变的动态过程。服务创新理论来源于技术创新，两者之间有着紧密的联系。相对于制造业的创新，服务创新有着更多的特殊性，服务与产品相比具有无形性、异质性、不可分离性和非持久性的特征，导致服务创新的内容和形式更为丰富和多样，服务创新过程的内部和外部交互作用更为频繁，创新过程更为复杂也更困难，因此服务创新往往以渐进性创新为主。

服务创新的特点主要体现在：服务创新在内容和形式上比制造业创新更为丰富和多样；服务创新的过程包含了相当丰富的内部和外部交互作用，比技术创新过程更为复杂；在服务业中区分产品创新和过程创新要比在制造业中区分困难得多；服务创新以渐进性创新为主，根本性创新较少；服务创新遵循的轨道形式多种多样；信任是服务创新中的一个重要维度；服务创新的生产方式具有多样性；服务创新的开发周期短，通常没有专门的部门。

**案例故事**

### 火锅店的"变态"服务

去某火锅店吃火锅的人很多，这与这家店本身的服务质量有着直接关系。这家店改变了标准化、单一化的传统服务，提倡个性化的特色服务，将用心服务作为基本经营理念，致力于为客人提供"贴心、温心、舒心"的服务。

等位的时候，服务员会给客人端上免费的水果、饮料、零食；如果是一群朋友在等待，服务员还会主动送上扑克牌、跳棋之类的桌面游戏工具供大家打发时间；如果嫌等候过程比较无聊，客人甚至可以选择来个免费的美甲、擦皮鞋服务。在客人进餐的过程中，店家也想出了很多特色服务。服务员会细心地为长发的女士递上皮筋和发夹，以免其头发垂落到食物里；戴眼镜的客人则会得到擦镜布，以免热气模糊镜片；服务员如果看到客人把手机放在台面上，会不声不响地拿来小塑料袋将手机装好，以防手机沾上油污；每隔15分钟，就会有服务员主动更换客人面前的热毛巾；如果客人带了小孩子，服务员会陪小孩子在儿童天地做游戏；他们会给抽烟的客人一个烟嘴，并告知吸烟有害健康；为了消除用餐时沾染的味道，服务员在卫生间准备了牙膏、牙刷甚至护肤品；过生日的客人还会意外得到一些小礼物；如果客人点的菜太多，服务员会善意地提醒客人已经够吃，如果随行的人数较少，他们则会建议客人点半份。"变态"服务带来的效果就是，这家店的客人回头率超过了50%。

### 2.2.4 商业模式创新

商业模式是一种包含一系列概念及其关系的概念性工具，用以阐明某个实体的商业逻辑。它描述了企业所能为客户提供的价值以及公司的内部结构、合作伙伴网络及关系资本等用以实现这一价值并产生可持续、可盈利性收入的要素，可以分为价值主张、消费者目标群体、分销渠道、客户关系、价值配置、核心能力、合作伙伴网络、成本结构、收入模型共九个核心要素。商业模式的创新就是要成功地对现有商业模式的要素加以改变，最终让公司在为客户提供价值方面有更好的业绩表现。商业模式创新有以下几个明显的特点。

①商业模式创新的出发点是从根本上为客户创造增加的价值。商业模式创新更注重从客户的角度，从根本上思考如何设计企业的行为，视角更为外向和开放，更多地注重和涉及企业经济方面的因素。因此，它进行逻辑思考的起点是客户的需求，根据客户需求考虑如何有效满足它，这点明显不同于许多技术创新。

②商业模式创新表现得更为系统和根本。它不是单一因素的变化，常常涉及商业模式的多个要素同时变化，需要企业组织较大战略调整，是一种集成创新。商业模式创新往往伴随产品、工艺或者组织的创新，反之，则未必足以构成商业模式创新。

③从绩效表现看，商业模式创新能给企业带来持续性竞争优势和绩效收益。商业模式创新如果提供全新的产品或服务，那么它可能开创了一个全新的可盈利产业领域，即便提供的是已有的产品或服务，也更能给企业带来更持久的赢利能力与更大的竞争优势。传统的创新形态能给企业带来局部和内部效率的提高、成本降低，但是它容易被其他企业在较短期内模仿。商业模式创新虽然也表现为企业效率提高、成本降低，但由于它更为系统和根本，涉及多个要素同时变化，因此它更难被竞争者模仿，常给企业带来战略性的竞争优势，而且这种优势常可以持续数年。

**案例故事**

## 欧咖："海外精品移动社交云体验"的集大成者

欧咖是一家跨境电商平台，品类涵盖母婴、化妆品、保健品、生鲜食品、红酒、平行进口汽车六大类。对生意人而言，买进卖出赚差价是最简单、原始的办法，然而欧咖不靠差价赚钱，实现了零差价；它不在朋友圈刷屏打广告，所有产品可追溯源头保证正品；它所有的门店都是体验馆，却奇怪地实行"无导购式"管理。

欧咖采用线上App+线下体验馆结合的模式。它通过上游供应链将拿货价格降下来，再通过O2O模式削减渠道，在下游则通过各色解决方案为国内二三线城市的商业地产和传统零售行业找到新的突破口，解决其存量问题，这样反映到终端的价格自然就降了下来。

欧咖的产业链环环紧扣，为生产商提供便利的跨境电商平台，并使其拥有一个相对独立的自主销售渠道，自主运营、定价。欧咖团队依托线下传统商业渠道的导流能力来运营，线下体验馆为线上多功能购物社交App"欧咖"引流。通过线上线下联动，欧咖实现了无人式全自助购物休闲体验。

对欧咖而言，这是基于"互联网+"的思维来设计的一种独特的O2O运营模式，以畅通外贸进口的互联网渠道，其运营模式的本质就是提供零差价跨境电商进口解决方案。欧咖团队负责人说："线上下单、线下体验，欧咖的移动社交云体验馆带来的是消费场景的改变。在将来，商业地产内所有配套内容的体验都将是免费的，所有消费都将通过线上下单完成。"

"互联网+"的时代，一切都在经历翻天覆地的变化。商业面临着动态环境，在这种环境中客户需求在不断变化。这种变化要求企业不断创新商业模式，为客户提供更多价值。

### 2.3 创新意识的养成

创新意识是指人们根据社会和个体生活发展的需要，引发创造前所未有的事物或观念的动机，并在创造活动中表现出的意向、愿望和设想。它是人类意识活动中一种积极的、富有成果性的表现形式，是人们进行创造活动的出发点和内在动力，是创造性思维和创造力的前提。创新意识的培养可从以下三方面着手。

①打破传统，提倡与众不同。与众不同就是要打破常规，有强烈的进取精神和勇于开拓的思维意识，要有敢为天下先、敢为人所未为的创新精神。打破传统就是要做别人没有做过、没有想过的事情。人有了这种创新精神，才有创新的动力，才能发现创新点，也就有了培养创新习惯的基础。

②对事物保持好奇心，激发探索欲望。"好奇是研究之父，成功之母。"好奇心可使人对事、对人充满兴趣，而有了兴趣便想去质疑、去探究、去刨根问底。人一旦对某个问题产生好奇心，他在这方面的知识储备便可能日益丰富，同时注意力更集中，对这方面的事情更加关注、投入，思维也会特别活跃，潜能往往就在这时释放出来，使人发挥出不可估量的能力。这时，人的创造力便可能空前高涨。

③增强毅力，提高耐挫能力。人不可能一帆风顺，都会遇到困难、碰到挫折。如果没有一定的耐挫能力，没有百折不挠的顽强毅力，而是怕苦畏难、遇到风险便止步，这样永远也不可能获得成功，更不要说取得创新成果。其实，困难、挫折也是一笔财富。危急时刻，人只有不畏艰难，意志坚定地集中精力去解决矛盾、战胜困难，才更容易激发出创造性思维。

## ？思 考

在日常生活中我们如何训练创新意识？

## 3.什么是创业

### 案例故事

#### 美团创始人——王兴

1979 年，王兴出生于福建龙岩。从小他便对新生事物有强烈好奇心，善于思考。

1995 年，王兴接触到一个新鲜的事物：互联网。奇妙的互联网世界让他产生了强烈的兴趣。

2002 年，美国第一个大型社交网站诞生，在短时间内大获成功，而这种模式在国内尚为空白。看到了这个机会的王兴兴奋不已。2003 年圣诞节，在美国留学的王兴做出决定——中断学业，回国创业。

当时的王兴除了想法和勇气，一无所有。他联合两名大学同学在清华大学附近租了一套民居，便开始了创业之路。他们连续做了几个项目：社交软件"多多友"、专门服务海外留学生的"游子图"等，但最终都夭折了。这些失败不仅没有将王兴的创业热情冲淡，反而让他愈战愈勇。

2005 年，看到"脸书"崛起的王兴，再次将目光投向学校，创立校内网。短短三个月，校内网用户突破三万人，第二年，用户量暴增到几百万人。但是，好事多磨，2006 年由于融资问题，王兴忍痛割爱，将校内网转卖。虽然没能留住校内网，但是王兴创业的动力依然不减。几次创业几次失败的王兴，被业界戏称为"最倒霉的连续创业者"。

创业还要继续。2010 年 3 月 4 日，王兴推出美团网，由此从社交网站跳转到电子商务平台。王兴用在以往失败中学到的从融资、推广、运营到管理的一整套商业智慧，短短几个月，带领"美团"成为中国团购行业第一名。

2010 年 9 月，"美团"获得 2 000 万美元的 A 轮投资；2011 年 7 月 13 日，"美团"网完成了 B 轮融资，总计 5 000 万美元；2019 年"美团"实现盈利 22 亿元。截至 2021 年 9 月，"美团"在外卖交易平台的市场份额占到 67.3%。

## 3.1 创业的内涵

创业是创业者对自己拥有的资源或通过努力对能够拥有的资源进行优化整合，从而创造出更大的经济或社会价值的过程，是创业者组织经营管理、运用技术服务、器物作业的思考、推理和判断的行为。

创业行为存在于各种组织和经营活动中，运用创业精神开展工作是取得成绩和进步的前提。从涵盖范围来看，广义的创业概念是指社会生活各个领域里的人们为开创新的事业所从事的社会实践活动。其本质在于把握机遇，展开创造性的资源整合和快速行动。广义的创业突出强调的是主体在能动性的社会实践中所体现的一种特定的精神、能力和行为方式。

狭义的创业是指主体以创造价值和就业机会为目的，通过组建一定的企业组织形式，为社会提供产品服务的经济活动，即"开公司"。狭义的创业有两个主要特征：一是以创造财富或追求经济效益作为目的指向，二是以创办企业为标志。

创业的精神实质是创新，创业者是敢为人先的开拓者、创造者。创业是创新的载体，创新是对人的发展的总体把握，创业侧重的是对人的价值的具体体现。仅仅具备创新精神是不够的，它只是为创业成功提供了可能性和必要的准备，如果脱离创业实践，创新精神也就成了无源之水、无本之木。创新精神所具有的意义，只有作用于创业实践活动才能有所体现，创业才有可能最终成功。因此，创业与创新要有机融合，相辅相成。

### 📖 知识探究

> 创新是创业的灵魂，从某种意义上讲，创业和创新是一对孪生兄弟。它们之间的关系是怎样的？

## 3.2 创业的阶段

企业在整个生命周期中有着不同的发展阶段，创业者今天所关注的重点可能不是明天的重点，面临的风险、挑战会不断变化，所以需要在创业周期的每个阶段运用不同的方法，这样才能确保企业正常运营。

### 第一阶段：初创期

企业刚刚成立，规模小、没有盈利，还在准备产品研发的阶段称之为初创期。企业在初创期有以下特点：企业是小规模的、非官僚制的和个人的，高层管理者提供结构和控制系统，组织的精力侧重于生存和单一产品的生产和服务。

初创期企业组织和流程不完善，但大家高度团结，创业的核心人物能够对每个人施加影响，因此企业的效率很高。企业在这一时期力求在市场中生存，将所有的精力投入研发生产和市场的技术活动中，组织的控制由企业内部人员来监督。创始人是这一阶段的核心和重点，创新是企业得以生存和发展的前提。

### 第二阶段：成长期

企业经过一段时间的磨炼，取得了一定的收获与进步，这时企业进入初步发展期，企业着力于环境设计，主要进行股权资源优化和企业利益分享安排，股权资源的配置决定了企业的类型。

在形成股权结构之前，企业需要对财富进行合理的分配，促使企业发展，合理安排组织结构框架和制定企业运作机制奠定了企业未来的发展模式。同时，企业业务快速发展，由单一产品转向多个产品线，人员大量增加，跨部门的协调越来越多并越来越复杂和困难。企业面临的主要问题是如何实现组织均衡成长和跨部门协同。

### 第三阶段：成熟稳定期

企业经历了成长期的快速发展以后，逐步步入成熟期。这时，企业已经有了管理经验的积累，企业制度较为健全，增长放慢，进入稳步增长的时期。在这一时期，企业进行系统技能设计，在生产作业、营销、人力资源等方面全面成熟，形成核心能力和竞争优势。

在发展阶段，企业消耗了大量的资源，投入了大量的资金，成长期的企业一般其短期目标并不是获利，而是怎样不断地壮大，在此过程中逐步形成自己的核心能力。而在企业的成熟期，企业的经营管理有了一定的成效，企业投入的资金也开始回笼。在这一阶段，企业关注的是利润的增长，稳固其在市场中的地位以及掌握独特资源，创建自身的竞争优势。

### 第四阶段：调整发展期

随着企业业务、人员、组织、盈利开始进入稳定期，企业进入蓬勃发展的阶段。企业在规模、业绩上都有很大的发展和提升，拥有了一定的资源和组织能力，开始对其内外部环境进行深入探索，提出问题、作出评价。这一时期，企业进入思想设计阶段，在战略、决策、信息方面为实现企业的长远目标寻求发展空间。

**第五阶段：生态发展期**

进入第五个阶段之后，由于企业的创新和创业精神渐渐淡薄，企业组织和流程的僵化日趋严重，流程运作困难，效率低下，大部分企业由此走向衰落，业绩下滑、效率低下、凝聚力降低以及适应性差等情况开始出现。

这是问题，也是机会，是企业重新崛起、获得新生的机会。企业需要进行全面再造以获得新的发展机会，进行全面革新。在这一时期，企业从根本上重新审视已形成的基本信念，即对长期以来企业在经营过程中所遵循的分工思想、组织架构、经营体系等进行检查，看是否与新的环境相适应，对不适应的部分进行脱胎换骨式的彻底改造。积极进取、不断革新的企业通过寻找新的生态圈，经过剧烈的业务变革，可表现出更强的生命力和竞争优势。

## 3.3 创业机会的识别

创业机会识别是创业者综合分析个体因素（创业警觉性、先验知识、社会资本和创造力等）与机会因素以及各因素的相互作用，最后对创业方向进行评价与展望，提出未来创业领域与创业方向的过程，即创业者识别创业机会的过程。

### 3.3.1 创业机会的来源

狄更斯曾经说过，机会不会上门来找人，只有人去找机会；但同时机会也无处不在、无时不在。创业机会既可能是自然生成的，又可能是需要创业者自己去创造的，而多数是后一种情况。创业机会的五个基本来源如下：

①问题。

创业的根本目的是满足客户需求，而客户需求在没有满足前就是问题。寻找创业机会的一个重要途径是善于发现和体会自己与他人在需求方面的问题或生活中的难处。比如，一位大学毕业生发现远在郊区的本校师生往返市区的交通十分不便，于是创办了一家客运公司，这就是把问题转化为创业机会的成功案例。

②变化。

创业的机会大都产生于不断变化的市场环境，环境变化了，市场需求、市场结构必然发生变化。著名管理大师彼得·德鲁克将创业者定义为那些能"寻找变化并积极反应，把它当作机会充分利用起来的人"。这种变化主要来自产业结构变动、消费结构升级、城市化加速、人口思想观念变化、政府政策变化、人口结构变化、居民收入水平提高、全球化趋势等方面。比如随着居民收入水平提高，私人轿车的拥有量将不断增加，这就会派生出汽车销售、修理、配件、清洁、装潢、二手车交易、陪驾等诸多创业机会。

③创造发明。

创造发明提供了新产品、新服务，能更好地满足客户需求，同时也带来了创业机会。比如，随着电脑的诞生，电脑维修、软件开发、电脑操作培训、图文制作、信息服务、网上开店等创业机会随之而来，创业者即使不会发明新的东西，也可成为销售和推广新产品的人，从而获得商机。

④竞争。

竞争是指一个企业能弥补竞争对手的缺陷和不足，能比其他企业更快、更可靠、更便宜地提供产品或服务。

⑤新知识、新技术的产生。

例如，随着健康知识的普及和技术的进步，围绕"水"就出现了许多创业机会，有不少创业者加盟相关项目走上了创业之路。

### 3.3.2 创业机会的识别

**案例故事**

#### 发现身边的创业机会

据说，牛仔裤的发明人曾跟着一大批人去美国西部淘金，途中一条大河拦住了去路，许多人感到愤怒，但他说："棒极了！"他设法租了一条船给想过河的人摆渡，结果赚了不少钱。不久摆渡的生意被人抢走了，他又说："棒极了！"因为工人采矿出汗多，饮用水很紧张，于是别人采矿他卖水，他又赚了不少钱。后来卖水的生意又被抢走了，他又说："棒极了。"因为采矿时工人跪在地上，裤子的膝盖部分特别容易磨破，而矿区里有许多被人弃掉的帆布帐篷，于是他把这些旧帐篷收集起来洗干净做成裤子，裤子的销量很好，"牛仔裤"就这样诞生了。他最终实现致富梦想，得益于他有一种乐观、开朗的积极心态，善于把问题当作机会。

发现创业机会不是一件容易的事情，但也不是遥不可及的。识别正确的创业机会是创业者应当具备的重要技能。好的创业机会必然具有特定的市场定位，专注于满足客户需求，同时能为客户带来增值的效果，创业需要机会，机会要靠发现，在茫茫的市场经济大潮中要寻找到合适的创业机会，需要创业者有意识地实践，提高识别创业机会的能力。

①现有市场机会和潜在市场机会。现有市场机会是市场机会中那些明显未被满足的市场需求，往往发现者多，进入者也多，竞争势必激烈。潜在市场机会是那些隐藏在现有需求背后、未被满足的市场需求，其不易被发现、识别难度大，但往往蕴藏着极大的商机。

②行业市场机会与边缘市场机会。行业市场机会是指在某一个行业内的市场机会，发现和识别的难度系数较小，但竞争激烈，成功率低。边缘市场机会是在不同行业之间的交叉结合部分出现的市场机会，处于行业与行业之间出现"夹缝"的真空地带，一般难以被发现，需要创业者有丰富的想象力和大胆的开拓精神，其一旦被开发，成功的概率往往较高。

③目前市场机会与未来市场机会。目前市场机会是那些在目前环境变化中出现的机会，未来市场机会是指通过市场研究和预测分析得出的将在未来某一时期内实现的市场机

会。若创业者提前预测到某种机会出现，就可以在这种市场机会到来前早做准备，从而获得领先优势。

④全面市场机会与局部市场机会。全面市场机会是指在大范围市场内出现的、未满足的需求。在大市场中寻找和发掘局部或细分市场机会，见缝插针、拾遗补缺，创业者就可以集中优势资源投入目标市场，有利于增强创业的主动性，减少盲目性，增加成功的可能性。局部市场机会则是在一个局部范围或细分市场出现的未被满足的需求。

投资创业要善于抓住好的机会，把握住了每个稍纵即逝的投资创业机会，就等于成功了一半。发现创业机会的方法，具体表现在以下几个方面。

a. 变化就是机会。环境的变化会给各行各业带来良机，人们透过这些变化就会发现新的前景。变化可以包括产业结构变化科技进步，通信革新，经济信息化、服务化，价值观与生活形态变化，人口结构变化等。

b. 从"低科技"中把握机会。随着科技的发展，开发高科技领域成为时下的热门课题。但企业机会并不限于高科技领域，在运输、金融、保健、饮食这些"低科技"领域也有机会，关键在于开发。

c. 从人员需求中寻找机会。每个人的需求有差异性，如果创业者时常关注某些人的日常生活和工作，就可能从中发现某些机会。因此，创业者在寻找机会时，要习惯把客户分类，认真研究各类人员的需求特点，机会自见。

d. 追求"负面"找到机会。追求"负面"，就是着眼于那些大家"苦恼的事"和"困扰的事"。因为是苦恼、困扰，人们总是迫切希望将其解决，创业者如果能提供解决的办法，实际上就是找到了机会。

## ✎ 练 习

> 创业项目哪里找？它们其实就在你身边，就在你脚下，只要你处处留心，就一定能够发现适合自己的创业项目。请你试着寻找学校里面的信息行业的商机。

# 模块二 创新创业者素质

## 1. 创新思维与创业者素质

创新创业本质是创业者整合资源、追逐机会的艰辛过程，也是创新创业团队学习和成长的过程。创新创业能否成功，与创业者素质的关系很大。创业活动是由创业者主导和组织的商业冒险活动，要成功创业，创业者不仅需要富有开创新事业的激情和冒险精神、面对挫折和失败的勇气与坚忍，以及各种优良的品质素养，还需要具备解决和处理创业活动中各种挑战和问题的知识和能力。

📖 **知识探究**

创新思维的本质在于用新的角度、新的思考方法来解决现有的问题。我们如何打破思维惯性和传统性思维？

### 1.1 创新思维的内涵

创新，是推动民族进步和社会发展的不竭动力。然而创新的前提是有创新思维。人的思维一旦沿着一定的方向、按照一定次序思考，久而久之，就形成一种惯性思维，就会阻碍新观念、新想法的构想，成为创造性解决问题的障碍，所以我们要具备创新能力，必须首先冲破"思维枷锁"，培养创新思维。

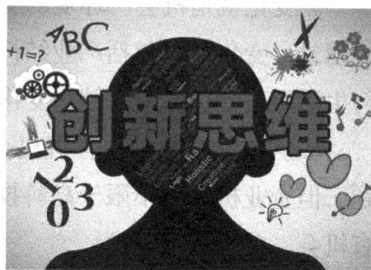

创新思维就是要打破固有的思维模式，在陈旧的思维方式基础上，运用跨领域或可行的思维方式进行新的思考，并得出富有创造性、指导性的意见或具体实施方案。

**案例故事**

#### 一孔值万金

有一家制糖公司，每次向外地运糖时都因糖受潮而遭受巨大的损失。有人提出，既然糖用蜡密封还会受潮，不如用小针戳一个小孔使之通风。经实验，这一方法果然取得意想不到的效果，发明者申请了专利。据媒体报道，该专利的转让费高达数百万元人民币。

有一位先生听说戳小孔也算发明，于是也用针东戳西戳并展开研究，希望也能戳出个发明来。结果，他发现在打火机的火芯盖上钻个小孔，可以使打火机灌一次油由使用10天变成50天。发明终于被他"戳"出来了。

### 1.2 创新思维的特点

创新思维是以新颖独特的方法解决问题，能突破常规思维的界限，以超常规甚至反常规的方法、视角去思考问题，提出与众不同的解决方案，从而产生创新思维成果。它有理性的也有非理性的，有相同的也有相异的，体现出了较强的个体差异性。

#### 1.2.1 联想性

联想是将表面看来互不相干的事物联系起来，从而达到创新的界域。联想性思维可以利用已有的经验创新，如我们常说的由此及彼、举一反三、触类旁通；也可以利用别人的发明或创造进行创新。联想是创新者在进行创新思考时经常使用的方法，能否主动、有效地运用联想，与一个人的联想能力有关，而在创新思考中能有意识地运用这种方式则是有效利用联想的重要前提。任何事物之间都存在着一定的联系，这是人们能够采用联想的客观基础，因此引起联想的最主要方法是积极寻找事物之间的一一对应关系。

---

### 案例故事

#### 旱冰鞋的产生

英国有个叫吉姆的小职员，整天坐在办公室里抄写东西，常常累得腰酸背痛。他消除疲劳的最好办法就是工作之余去滑冰。冬季很容易就能在室外找到滑冰的地方，而在其他季节，吉姆就没有机会滑冰了。怎样在其他季节也能像冬季那样滑冰呢？对滑冰情有独钟的吉姆一直在思考这个问题。想来想去，他想到了脚上穿的鞋和能滑行的轮子。吉姆在脑海里把这两样东西形象地组合在一起，想象出了一种"能滑行的鞋"。经过反复设计和试验，他终于制成了四季都能用的"旱冰鞋"。组合想象思考法就是指从头脑中某些客观存在的事物形象中分别抽出它们的一些组成部分或因素，根据需要做出一定改变后，再将这些抽取出的部分或因素组合成具有自己的结构、性质、功能与特征的，能独立存在的特定事物形象。

---

### 1.2.2 求异性

创新思维在创新活动过程中，尤其在其初期阶段，求异性特别明显。它要求关注客观事物的相异性与特殊性，关注现象与本质、形式与内容的不一致性。英国科学家何非认为，"科学研究工作就是设法走到某事物的极端，观察它有无特别现象的工作"。创新也是如此。一般来说，许多人对司空见惯的现象和已有的权威结论怀有盲从心理，这种心理使人很难有所发现、有所创新。而求异性思维则让人不拘泥于常规、不轻信权威，以怀疑和批判的态度对待一切事物和现象。

---

### 案例故事

#### 小高斯巧解算术题

高斯是德国伟大的数学家。小时候他就是一个爱动脑筋的聪明孩子，表现出较强的个体特征。

在高斯上小学时，有一次，一位老师想治一治班上的淘气学生，就出了一道数学题，让学生从 1 加 2、加 3，一直加到 100。他想这道题足够学生算半天的。谁知，刚刚过了一会儿，高斯就举起手来，说他算完了。老师一看答案，5050，完全正确。老师惊诧不已，问高斯是怎么算出来的。高斯说，他不是从开始加到末尾，而是先把 1 和 100 相加，得到 101；再把 2 和 99 相加，也得 101；最后 50 和 51 相加，也得 101。这样一共有 50 个 101，结果当然就是 5050 了。聪明的高斯受到了老师的表扬。

### 1.2.3 发散性

发散性思维是一种开放性思维，其从某一点出发，任意发散，既无一定方向，也无一定范围。它主张张开思维之网，冲破一切禁锢，尽力接受更多的信息。人的行动自由可能会受到各种条件的限制，而人的思维活动却有无限广阔的天地，是任何别的外界因素难以限制的。发散性思维是创新思维的核心。发散性思维能够产生众多的可供选择的方案、办法及建议，能提出一些独出心裁、出乎意料的见解，使一些似乎无法解决的问题迎刃而解。

**案例故事**

#### 免费的花生

美国宣传奇才哈利年少时在一家马戏团打工，负责在马戏场内叫卖小食品。但每次看马戏的人不多，买东西吃的人更少，尤其是饮料。有一天，哈利的脑瓜里诞生了一个想法：向每一个买票的人赠送一包花生，借以吸引观众。老板不同意这个"荒唐的想法"。哈利用自己微薄的工资做担保，恳求老板让他试一试。于是，马戏团演出场地外就多了一个声音："来看马戏，买一张票送一包好吃的花生！"在哈利不停的叫喊声中，观众比往常多了几倍。

观众们进场后，小哈利就开始叫卖饮料，而绝大多数观众在吃完花生后觉得口干时都会买上一杯饮料。一场马戏下来，马戏团的营业额比以往增加了十几倍。

### 1.2.4 逆向性

逆向性思维就是有意识地从常规思维的反方向去思考问题的思维方法。如果把传统观念、常规经验、权威言论当作金科玉律，常常会阻碍创新思维活动的展开。因此，面对新的问题或长期解决不了的问题，不要习惯性地沿着前辈或自己长久以来的固有思路去思考问题，而应从相反的方向寻找解决问题的办法。

**案例故事**

#### 不可证明

欧几里得几何学建立之后，从公元 5 世纪开始，就有人试图证明作为欧氏几何学基石之一的第五公理，但始终没有成功，人们对它似乎绝望了。1826 年，罗巴切夫斯基运用与过去完全相反的思维方法，公开声明第五公理不可证明，并且采用了与第五公理完全相反的公理。从这个公理和其他公理出发，他终于建立了非欧几里得几何。非欧几里得几何的建立解放了人们的思想，扩大了人们的空间观念，使人们对空间的认识有了一次革命性的飞跃。

### 1.2.5　综合性

综合性思维是把对事物各个侧面、部分和属性的认识统一为一个整体，从而把握事物的本质和规律的一种思维方法。综合性思维不是把对事物各个侧面、部分和属性的认识随意、主观地拼凑在一起，也不是机械相加，而是按它们内在的、必然的、本质的联系，把整个事物在思维中再现出来的思维方法。

## 案例故事

### 谁刻的老鼠最像

某国有两位非常杰出的木匠，技艺难分高下，国王突发奇想，要他们三天内雕刻出一只老鼠，谁的更逼真，就重奖谁，并宣布他是技术最好的木匠。

三天后，两位木匠都交活儿了，国王请大臣们一起评判。

第一位木匠刻的老鼠栩栩如生，连老鼠的胡须都会动；第二位木匠刻的老鼠只有老鼠的神态，粗糙得很，远没有第一位木匠雕刻得精细。大家一致认为第一位木匠的作品获胜。

但第二位木匠表示异议，他说："猫对老鼠最有感觉，我们雕刻的是否像老鼠，应该由猫来决定。"国王想想也有道理，就叫人带几只猫上来。没想到的是，猫见了雕刻的老鼠，不约而同地向那只看起来并不像老鼠的"老鼠"扑过去，又是啃又是咬，对旁边那只栩栩如生的"老鼠"却视而不见。

事实胜于雄辩，国王只好宣布第二位木匠获胜。但国王很纳闷，就问第二位木匠："你是如何让猫以为你刻的是真老鼠的呢？"

"其实很简单，我只不过是用混有鱼骨头的材料雕刻老鼠，猫在乎的不是像不像老鼠，而是有没有腥味。"木匠回答。

## 1.3　创新思维的基本形式

创新思维的形式有许多种，较常用的有联想思维、逆向思维、发散思维、纵向思维、灵感思维。

### （1）联想思维

联想思维是在原先并不相关的事物之间搭建一座认识的"桥梁"，将表面看来互不相关的事物联系起来，从而达到创新思维的境地。这种联想思维，可以使我们拓展思路，升华认识，把握规律。它包括以下几种。

①接近联想。即由某一事物容易联想到在时间或空间上接近的另一事物。我们由阳春三月容易想到桃花，由天安门容易想到人民大会堂。一些重大发明可以说也是联想思维的结果。如：鲁班从山上可以割破人皮肤的野草受到启发，创造了锯子；人们从鸟和蜻蜓的飞行中受到启发，发明了飞机，又从鱼儿可以在水中有升有浮中受到启发，发明了潜艇；等等。

②对比联想。即由某一事物联想到和它具有相反特点的另一事物。如：由朋友想到敌人，由水想到火，由战争想到和平等。

③相似联想。即由某一事物想到另一个与它在性质上接近或相似的事物。如：由大海想到海浪，想到鱼群，想到轮船，想到海底电缆，想到资源的开发和利用等。

④关系联想。即基于事物所具有的各种关系而形成的联想思维。

**（2）逆向思维**

逆向思维是指与现有事物或理论方向相反的一种创新思维方式，它是创新思维中最主要、最基本的方式。

运用逆向思维，可以从三点把握：

一是面对新的问题，我们可以将通常思考问题的思路反过来，用常识看来是对立的、似乎根本不可能的办法去思考问题。"油水不合"，即便在今天仍被人们当作常识。然而油水真的不相合吗？在印刷业，人们从相反的方向进行思考。经过试验发现，常规搅拌，油水确实不合；而采用超声波技术进行油水混合，再适量加点活性剂，二者就"合"了。

二是面对长期解决不了的问题，我们不要用自己长久形成的固有思路去思考问题，这将使我们的思路越来越窄，而应该从与之相反的方向寻找解决问题的办法。有一个人，他想发明一种圆珠笔，并试图解决圆珠笔使用中最令人头痛的漏油问题。他冥思苦想了好久，就是找不到解决的办法。后来，他反过来想，圆珠笔漏油，一般发生在写了两万字之后。那么，造一种写了两万字就用完的圆珠笔，问题不就解决了吗？新式圆珠笔问世之后，果然很受人们的欢迎。

三是面对那些长期解决不了的特殊问题，我们可以采取"以毒攻毒"的办法，即不是从彼问题中来寻找解决此问题的办法，而是与之相反，从此问题本身来寻找解决它的办法。免疫理论的创立和付诸实践，就是采用这种思考方法的结果。当时，面对给千百万人的生命造成严重威胁的瘟疫，许多科学家都在寻找能防治瘟疫的药物，而巴斯德却沿着和大家相反的方向去思考，通过给人或动物注射少量的菌苗、增强其免疫力而达到防疫的效果。巴斯德获得了成功。

**（3）发散思维**

发散思维是指在对事物或对问题的研究中，保持思想活跃和开放状态的思维。通俗地讲，就是多向辐射地思考，从中心向各方向沿着直线伸展出去，由一点思及一片、一面。发散思维最早是由美国科学家、哲学家托巴斯·康恩提出并创立的。它作为一种创新思维方法，不仅是在科学研究和科技发明中运用的一种重要的思维方式，也是经济社会发展和企业经营中运用的一种重要的思维方式，同时又是我们每个人应当掌握和运用的一种重要的思维方式。

如果说，创新是一个民族的灵魂，那么发散思维便是创新的基石。它是典型、艺术化的思维，它能使我们对工作、生活和学习产生激情（浪漫），它是智慧（幽默）的发源地，是兴趣（幽默）的乐园。

这里有一个故事。某日，乾隆皇帝下江南，见一农夫荷锄而过，即问左右："这是何人？"和坤抢前一步答道："是个农夫。"乾隆又问："这农夫的'夫'字怎写？"和坤微微一怔，不知皇帝此问何意，便答曰："农夫之'夫'，即两横一撇一捺。与轿夫的'夫'、孔夫子的'夫'、夫妻的'夫'和匹夫的'夫'是同一写法。"乾隆听罢大摇其头、大摆其手，说："你身为宰相，纵无经天纬地之才，却如何连一个'夫'字都不能解！"转脸道，"刘墉，你来说说看，'农夫'的'夫'字当作何解？"刘墉见皇帝点名让他解答，便不慌不忙地上前朗然答道："农夫是刨土之人，故而上为土字，下加人字；轿夫为肩扛竹竿之人，应先写人字，再加两根竿子；孔夫子上通天文，下知地理，当作天字出头之夫；夫妻是两个人，该是心心相印，二字加人可也；匹夫乃天下百姓之谓也，可载舟亦可覆舟，是为巍巍然大丈夫，理应大字之上加一才对。用法不同，写法自当有别，岂可混为一谈！"乾隆闻言，拊掌大笑，赞道："真不愧为大学士也。"

**（4）纵向思维**

任何事物的发展以及与其他事物的联系，都是呈现纵向态势和横向态势的。纵向态势即纵向思维，同横向思维一样，都是认识事物发展及其与其他事物的联系的重要创新思维方式。

纵向思维，通俗地讲，就是按照既定目标、方向，在现有基础上向纵深领域深入挖掘的一种创新思维方式。

纵深思考的创新思维方法不仅对我们搞好重大发明有帮助、有意义，对我们加强品德修养、塑好人格形象的影响和作用也是不可低估的。如眼、耳、鼻、舌、心这五个字，按照词典的解释，似乎没有什么感情色彩，没有什么新鲜"味道"。如果我们结合品德修养实践进行深入思考，结果则大不一样。

眼：人有两只眼睛，并且是平行的，所以应当平等看人。

耳：人有两只耳朵，并且左右并列，所以不能偏听一面之词。

鼻：人的鼻端共有两个孔，所以不应当随着别人"一个鼻孔出气"。

舌：人只有一条舌头，所以不能说两面话，当面一套、背后一套。

心：人只有一颗心，但有左右两个心房，所以做事不但要为自己着想，还要为别人着想。

**（5）灵感思维**

灵感思维，是指在事物的接触及思考中，因受到某种启发而产生的灵发性创新思维方式。

它是在科学研究和文学艺术创作中经常出现和运用的一种创新思维方式，也是在经济社会发展和人生事业中经常出现和运用的一种创新思维方式。

由于这种创新思维方式具有转瞬即逝的偶发性，所以要善于抓住这种稍纵即逝的灵感，深入思考和研究，以促使新生事物应运而生或疑难问题解决。

## 思 考

一个正方形有四只角，一刀下去，会出现几个角？

### 1.4 创业者素质

创业者应锻炼以下几个方面的基本素质。

**（1）身体素质**

良好的身体素质是成功创业的一大前提。在创业之初，受资金、环境等各方面条件的限制，许多事都需创业者亲力亲为，他们要通过不断思考来改进经营，加上工作时间长、风险与压力巨大，若无充沛的体力、旺盛的精力、敏捷的思路，必然力不从心，难以承受创业重任。

**（2）创业意识和激情**

要想取得创业的成功，创业者必须具备自我实现、追求成功的强烈的创业意识和激情。它们能帮助创业者克服创业道路上的各种艰难险阻，将创业目标作为自己人生的奋斗目标。只有具备了它们，才能不断挖掘和寻找创业资源（包括资金、技术、市场团队等），不断解决经营过程中遇到的各种问题。

**（3）心理素质**

创业的成功在很大程度上取决于创业者的心理素质。在创业过程中难免会遇到挫折、压力甚至失败，这就需要创业者具有非常强的心理调控能力，能够持续保持一种积极、沉稳、自信、自主、刚强、坚忍及果断的心态，即有健康的创业心理素质。宋代大文豪苏轼说，"古之立大事者，不唯有超世之才，亦必有坚忍不拔之志。"创业者只有具有处变不惊的心理素质，才能到达胜利的彼岸。

**（4）知识素质**

创业者的知识素质对创业起着举足轻重的作用。创业者要运用创造性思维作出正确决策，就必须掌握广博的知识，具有一专多能的知识结构。具体来说，创业者应该具有以下几方面知识：用足、用活政策，依法行事，用法律维护自己的合法权益；了解科学的经营管理知识和方法，提高管理水平；掌握与本行业、本企业相关的科学技术知识，依靠科技进步增强竞争能力；具备市场经济方面的知识，如财务会计、市场营销、国际贸易、国际金融等。

**（5）竞争意识**

市场竞争愈来愈激烈，创业者若缺乏竞争意识，实际上就等于放弃了企业生存的权利。创业者只有敢于竞争、善于竞争，才能取得成功。

创业者在创业之初面临的是一个充满压力的市场，如果创业者缺乏对竞争的心理准备，甚至害怕竞争，就只能一事无成。

**（6）诚信**

诚信乃创业者之本。创业者在创业过程中，要言出必行、讲质量、诚信待人。创业者如不讲信誉，就无法开创出自己的事业，失去信誉，就会寸步难行。

## 2. 提升创新创业能力的方法

**案例故事**

### 无人驾驶飞机王者，大疆创始人——汪滔

一个不甘平凡的普通人，白手起家，创造出一个不平凡的公司——深圳大疆创新科技。这个人就是大疆创始人汪滔。

创业之初，汪滔就认定了一条路：注重研发，无论公司盈利与否，都要持续研发新品，实现技术上的创新与引领。他极力反对牺牲品质去迎合市场，认为唯有在产品上不断攀登制高点，才能防止一个本可能对人类社会有深刻影响的技术不被篡改成商业玩物或忽悠资本的工具。与此同时，大疆公司没有在营销宣传上耗费精力，而是专注于产品技术本身，不断创新和突破，这让大疆公司拥有了其他无人驾驶飞机（简称无人机）品牌在短时间内难以被复制和替代的核心技术。

从大疆公司的发展历程可以看到，除了头三年的埋头研发外，自2009年起，大疆公司每年都有新产品问世。在销售飞控系统的过程中，汪滔了解到，很多无人机爱好者喜欢将飞控系统搭载到多旋翼飞行器上，然而他们很难买到理想的飞行器。于是，汪滔将"到手即飞"作为公司发展的新方向，此后，大疆公司正式开始了在无人机领域的野蛮生长之路。

此后，大疆公司无人机产品不断创新迭代，着眼于降低产品使用难度，提升用户体验。能够巧妙折叠的Mavic系列、如手掌大小的Spark系列、可变型机身的"悟"系列、具有工业防护及飞行平台经纬M200、可以放进口袋的云台相机OSMO POCKET……大疆公司通过不断革新技术和产品，开启了全球"天地一体"影像新时代，在影视、农业、地产、新闻、消防、救援、能源、遥感测绘、野生动物保护等多个领域，重塑了人们的生产和生活方式。

在2015年年初的公司年会上，汪滔创造了一个非常"拗口"的"大疆精神"——"激极尽志，求真品诚"，意为大疆人应该继续充满激情地去追求极致和实现志向，不被外部虚像干扰、诱惑，真诚而踏实地做好事业。

汪滔认为大疆公司需要有真知灼见、创新精神和做事靠谱的核心人才，这是企业发展的需要，更是国家经济社会发展的需要。为此，从2015年起，大疆公司创办了机甲大师赛，连续四年投入超三亿元，虽然比赛对大疆公司的产品销售没有帮助，但大疆公司可以借此招贤纳士，带领行业创新发展。

### 📖 知识探究

对于企业家或成功的商人来说，在创新创业过程中到底什么因素是最重要的？

### 2.1 创新创业能力的构成

创业者能否成功创业受到创业资源、市场商机、合作团队、市场环境、家庭和个人综合能力等多种因素和复杂机制的制约，需要创业者将有利因素整合，将不利因素摒弃。

**（1）预测、判断及把握商机的能力**

这是一种最重要也是最难获得的能力。创业者获得这种能力不是学习某个专业或某种知识就能实现的，它需要创业者在创业的长期实践中综合运用各种能力、经过长期摸索历练甚至多次失败后才能获得。对创业者来说，最重要的是对一个项目或一个商品进行严格的市场调查和预测，是不是好的创业项目要看该项目、产品、服务能不能解决客户的实际困难，能不能满足客户的实际需求，能不能适应未来信息化社会或网络社会的发展。创业者要想成功创业，首先就要有敏锐的市场判断能力、解决问题的意识或能力、满足别人需求的意识、创新意识等。

**（2）资源整合能力**

市场资源丰富多样，如何把各种资源整合在一起，考验着创业者的运作能力、资金使用能力、管理能力、个人素养和品德。因此，创业者的综合能力在创业过程中起着重要的作用。

**（3）团队管理能力**

无论创业者的个人能力有多大，没有一个坚决执行企业理念、企业思想、创业者意识的团队，企业是无法发展壮大的。创业团队良好的管理能力是保证企业稳定发展、保证企业人才不外流、保护企业机密（商业机密）、稳定企业市场份额的根本。

### （4）其他能力

创业能力是不固定的，也因人而异。不同创业者拥有的能力（结构）是不一样的。创业者除了具备上述几点能力外，还需要具备其他方面的能力，比如专业知识、社会交际能力、工作方法能力、抵抗挫折和外部压力等的能力。在整体综合能力中，心理素质的差异往往是决定创业成败的关键。

对于创业者来说，他可能无法拥有所有能力，创业的各种能力需要较长的时间来学习积累，他可以从一些成功人士身上探寻成功秘诀。成功创业所需具备的能力、素养、精神在每个人身上并不是一样的。但是在那些成功者的身上，我们可以看到实现成功的几个关键因素。

第一是人品。人品是品德，是信誉。一个没有人品的创业者注定是失败者。无德之人可能一时会"小人得志"，但是从长远来看，其注定不会真的成功。真正的创业者是人品塑造者，既塑造自我又塑造他人，无品即无得。

第二是创新。创新，通俗地说，就是跟别人不一样。无论是产品创新、服务创新、理念创新还是其他创新，只要是突破传统或与众不同就能够带来意外的价值。创新是创业成功的根本因素。一个没有创新的产品、思维、销售模式或服务模式的企业最终不会走太远。

第三是忍耐。这是创业成功的精神因素。许多青年创业者，有时候是在激情或冲动状态下去创业的，这种创业多数是"无法长大"的。创业是艰辛的，需要创业者具有顽强的毅力和吃苦的精神。创业不仅要体力，更需要耐力。

第四是勤奋。古人云，"勤能补拙"。勤奋，对创业者来说是基本的要求。没有哪一个成功创业者是整天偷懒而不干事的。即便一个项目没有什么创新之处，但是创业者能够做到勤勤恳恳，生意也不会太差。如果是一个就业型创业项目，创业者只要勤奋，养活自己通常是没问题的。

第五是特质。所谓特质就是完全属于自己的看家本领。你可以不懂技术，不懂英语，甚至不懂如何使用电脑或智能手机，但是至少要确保拥有一项属于自己的本领，比如，口才好、人品好、记忆力好、组织能力强、执行力强、对未来的预测能力强等。如果你没有其他的能力，就必须要有属于自己的、哪怕是唯一的特殊能力，才有可能寻求外部资源帮助你。

## 2.2  创业成功需要综合运用各种能力

创新创业行为是一项极其复杂的涉及各种能力的实践行为。一个成功的创业者在创业过程中需要运用自身的各种能力，或者激发别人的各种能力。随着时间的积累，创业者接触的资源增多、人际关系的复杂性增强、综合创业能力不断增长，运用各种能力的技巧、经验逐步丰富。一般来说，随着创业时间的推移，创业者在不断失败的过程中不断总结经验、汲取教训，在下一次工作周期内会避开曾经的错误做法，逐渐有能力预测或避让失败经历，这就逐步形成了分析、解决问题的综合能力，以及有效运用综合能力的技巧。

**思 考**

　　创新能力是人类突破旧认识、旧事物，探索和创造有价值的新知识、新事物的能力，是一个人综合能力的具体体现。在生活中我们应如何积累并提升自己的创新能力？

### 3. 自我评价练习

#### 3.1　创新创业者素质自我评价

| 人格特征 | | 程度 | | |
|---|---|---|---|---|
| 对成就有高度欲望 | 有明确而具体的事业目标 | 强 | 中 | 弱 |
| | 有强烈追求目标的进取心 | 强 | 中 | 弱 |
| | 对事业目标有长久的承诺 | 强 | 中 | 弱 |
| 对命运有强烈自信 | 对事业目标的价值深信不移 | 强 | 中 | 弱 |
| | 深信自己有能力实现这一目标 | 强 | 中 | 弱 |
| | 能够说服别人相信这一目标 | 强 | 中 | 弱 |
| 对风险能适度调节 | 不惧怕风险，但绝不是冒险家 | 强 | 中 | 弱 |
| | 对风险有着特殊的直觉 | 强 | 中 | 弱 |
| | 适度冒险以获得较大收益的心理 | 强 | 中 | 弱 |
| 可变条件 | | 程度 | | |
| 创业技能 | 对商机的敏感与警觉 | 强 | 中 | 弱 |
| | 对商业模式的设计能力 | 强 | 中 | 弱 |
| | 经营企业获利的能力 | 强 | 中 | 弱 |
| 创业资源 | 开发自身创业资源的能力 | 多 | 中 | 少 |
| | 获得他人创业资源支持的能力 | 强 | 中 | 弱 |

自我甄别：
　　（1）在秉性方面，我（　　　　）创业者的人格特征。
　　A.具备　　　　B.基本具备　　　　　　C.基本不具备　　　　D.不具备
　　（2）在可变条件方面，我（　　　　）通过学习获得成功创业的能力。
　　A.能够　　　　B.不能够
自我判断：
　　综合考虑，我（　　　　）创业者素质条件。
　　A.具备　　　　B.不具备

## 3.2 创新创业能力自我评价

在创新创业之前，我们需要进行充分的准备，对自己的创新创业能力进行正确的评估是非常重要的一个环节。

### 自我评价样表　　　　　　　　　　　　　　　　　　　A⁺

#### 创新创业能力测评

**1）情境描述**

（1）是否曾经为了某个理想而设下 2 年以上的长期计划，并且按计划进行完毕？　　　是☐　否☐

（2）在学校和家庭生活中，你是否能在没有父母及老师督促的情况下主动地完成被分派的工作？　　　是☐　否☐

（3）是否喜欢独自完成自己的工作，并且做得很好？　　　是☐　否☐

（4）当你与朋友在一起时，你的朋友是否常寻求你的指导或建议？你是否曾被推举为领导者？　　　是☐　否☐

（5）求学时期，你有没有赚钱的经历？　　　是☐　否☐

（6）你是否能够专注地投入个人兴趣连续 10 个小时以上？　　　是☐　否☐

（7）你是否习惯保存重要资料并且井井有条地加以整理，以备需要时可以随时提取查阅？　　　是☐　否☐

（8）在平时生活中，你是否热衷于社会服务工作？你关心别人的需要吗？　　　是☐　否☐

（9）你是否喜欢艺术、体育及各种活动课程？　　　是☐　否☐

（10）在求学期间，你是否曾经带动同学完成一项由你统筹的大型活动，比如运动会、歌唱比赛等？　　　是☐　否☐

（11）你喜欢在竞争中生存吗？　　　是☐　否☐

（12）当你为别人工作时，发现其管理方式不当，你是否会想出适当的管理方式并建议改进？　　　是☐　否☐

（13）当你需要别人帮助时，是否能充满自信地要求并且说服别人来帮助你？
是☐　否☐

（14）你在募捐或义卖时，是不是充满自信而不害羞？　　　是☐　否☐

（15）当你要完成一项重要工作时，是否总是给自己足够的时间仔细完成而绝不会让时间虚度，不会在匆忙中草率完成？　　　是☐　否☐

（16）参加重要聚会时，你是否会准时赴约？　　　是☐　否☐

（17）你是否有能力安排一个恰当的环境，使你在工作时不受干扰、有效地专心工作？　　　是☐　否☐

（18）你交往的朋友中，是否有许多有成就、有智慧、有眼光、有远见的人？

是□　否□

（19）你在工作或学习团体中被认为是受欢迎的人吗？　是□　否□

（20）你自认是一个理财高手吗？　是□　否□

（21）你是否可以为了赚钱而牺牲个人娱乐？　是□　否□

（22）你是否总是独自挑起责任的担子，彻底了解工作目标并认真完成工作？

是□　否□

（23）在工作时，你是否有足够的耐心与耐力？　是□　否□

（24）你是否能在很短时间内结交许多朋友？　是□　否□

**2）评估标准和结果分析**

答"是"得1分，答"否"不记分。

0~5分：目前不适合自己创业，应当提高自己的工作能力，学习技术和专业知识。

6~10分：需要在旁人指导下创业，才有创业成功的机会。

11~15分：非常适合自己创业，但是必须分析出自己的问题加以纠正。

16~20分：个性中的特质足以使你从小事业慢慢开始创业，并从妥善处理中获得经验，成为成功的创业者。

21~24分：有无限的潜能，只要懂得掌握时机和运气，将是未来的商业巨子。

# 模块三　创新方法

创新方法，又称为创新技法，是创造学家根据创新思维的发展规律和大量成功的创造与创新实例总结出来的一些原理、技巧和方法。创新方法可启发人的创新思维，同时也可以提高人们的创造力、创新能力。它的应用可直接产生创造、创新成果或提高创造、创新成果的实现率。

## 1. 和田十二法

和田十二法，又称"和田创新法则"（和田创新十二法）。和田十二法是我国学者许立言、张福奎在奥斯本稽核问题表法的基础上，借用其基本原理加以创造而提出的一种思维技法。它既是对奥斯本稽核问题表法的一种继承，又是对其的一种大胆创新。该技法通俗易懂、简便易行，便于推广。它共提出"加一加""减一减""扩一扩""变一变""改一改""缩一缩""联一联""学一学""代一代""搬一搬""反一反""定一定"共十二个创新技法，故称为和田十二法。

## 1.1 加一加

**案例故事**

　　铅笔和橡皮原来是分开的两件东西。后来，美国人威廉发明了橡皮头铅笔，人们很爱这种铅笔。他是怎么想到要发明橡皮头铅笔的呢？一次，他去朋友家，看到他的朋友正在用铅笔画画，铅笔的一端绑着一块橡皮。他得到启发：要是有一种带橡皮的铅笔，人们使用起来不是更方便了吗？经过努力，他终于发明了橡皮头铅笔。

　　"加一加"是从加高、加长、加宽、附加、组合等角度来思考，得到新的东西、新的方法和新的功能的一种创新方法。

### 1.1.1 案例 1

　　大家知道瑞士军刀吗？它就是用"加一加"的方法进行创新的。它是由大刀、小刀、木塞拔、螺丝刀、开瓶器、电线剥皮器、钻孔锥、剪刀、钩子、木锯、凿子、放大镜、圆珠笔等多种工具组合而成的，携带一把瑞士军刀等于带了一个工具箱。

瑞士军刀

### 1.1.2 案例 2

　　最初手机的基本功能仅是通话和收发短信，而现在手机附加了很多功能，大家可观察并试着填写下表。

| 主体 | 附加物 | 变成的新东西 | 有的新功能 |
|------|--------|-------------|-----------|
| 手机 | MP3 播放器 | 带播放 MP3 功能的手机 | 播放 MP3 的功能 |
| 手机 | 照相机 | | 照相的功能 |
| 手机 | | | GPS 的功能 |
| 手机 | | | ＿＿＿的功能 |
| 手机 | | | ＿＿＿的功能 |

**做一做**

　　评选：选出最优创意。（限时：5分钟）

　　·每个同学都拿一件自己随身携带的物品。

　　·和邻座同学的物品放在一起，加一加。

　　·也可以拿自己以前见过的物品来加一加。

### 1.1.3 案例 3

2017 年 8 月，我国重庆市九龙坡区一名中学生利用"加一加"发明技法发明的"二维码学生卡"在第十三届"宋庆龄少年儿童发明奖"活动中获铜奖。

二维码学生卡

## 1.2 减一减

"减一减"是对原来的事物从删除、减少、减小、拆散、去掉等角度考虑，使之出现新事物、新方法、新功能的一种创新方法。

事物总有大小之分，最初发明的收音机、电脑、电视机等都称得上庞然大物，但是随着科学技术的发展，它们变得越来越小巧。如何把庞然大物变得越来越小巧、方便适用，这就要用到"减一减"的创新方法。

### 案例故事

以前有位穷秀才，饥肠辘辘地来到咸阳，路过一家面馆时要了一碗"biangbiang 面"，结账时却身无分文，伙计不让他走。"biangbiang 面怎么写？"秀才问。伙计干瞪眼，秀才问："我要是能写出来，可否免单？"伙计心想，根本没这个字，就答应了。

秀才边写边唱道："一点飞上天，黄河两边弯；八字大张口，言字往里走，左一扭，右一扭；西一长，东一长，中间加个马大王；心字底，月字旁，留个勾搭挂麻糖；推了车车走咸阳。"

你知道这个字怎么写吗？

biang 57 画（出自关中方言）　　　　29画　　　8画

简化字就是用笔画较少的字替代原来通行但笔画较多的字。简化汉字由来已久，汉字一直在不断变化，简繁互补是中国文字的演变规律。

无叶风扇也叫空气增倍机。它的发明灵感源于空气叶片干手器，即自动烘手机。烘手机的原理是从一个小裂缝吹出气流，把手烘干。于是设计者想到制造一个不用扇叶的空气推动装置。简单地说，空气增倍机就是让空气从一个 1 毫米宽、绕着圆环转动的风口里吹出来。这款风扇利用"减一减"摆脱了扇叶这个部件，创新了风扇类型，引领了风扇行业的新潮。

无叶风扇

**想一想**

我们平时见到的桌子都是 4 只脚，能不能在保持桌子稳定性的情况下用"减一减"的方法，减去桌子的脚？可以无脚吗？（限时：2 分钟）

## 1.3 扩一扩

"扩一扩"是指主体扩大，从面积扩大、高度扩大、体积扩大、速度增大等角度来思考、解决问题的一种创新方法。

### 1.3.1 案例 1

普通伞增加面积就成了双人伞，再增大面积就成了商用遮阳伞。这就是用"扩一扩"的方法进行的创新。

双人伞

遮阳伞

### 1.3.2 案例2

自行车是一种绿色环保的交通工具，运用"扩一扩"的创新方法也能使自行车玩出新花样。

四人自行车

双人自行车

七人自行车

可乘坐 14 人的啤酒自行车

**想一想**

一位同学去理发店理发，不小心水溅进了皮鞋里，弄湿了皮鞋，他可以用哪些方法弄干皮鞋？用"扩一扩"的创新方法可以把鞋子弄干吗？（限时：2分钟）

### 1.4 缩一缩

平板电脑现在是一个销售热点，从笔记本电脑到平板电脑，电脑的体积缩小了，更便于携带，这就是用"缩一缩"的方法来进行的创新。"缩一缩"是从减少、缩短、缩小、折叠等角度来思考问题，创新案例有压缩饼干、浓缩果汁、袖珍词典、迷你订书机等。

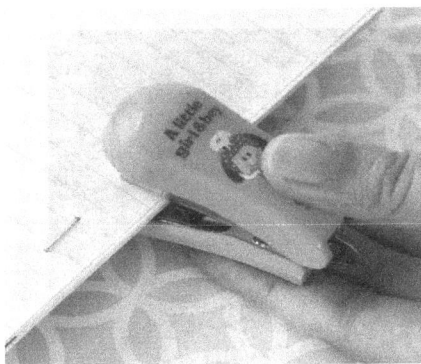

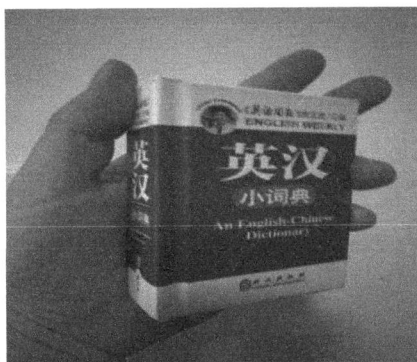

迷你订书机

袖珍词典

荷兰科学家研制出世界上最小的摄影飞机——翼展长 4 英寸 ( 约 10 厘米 )，重量仅 3 克，像是一只蜻蜓。其被称为代夫尔微型摄影飞机，可以携载微型摄像仪，将实时观测到的景象以视频形式传输出去。

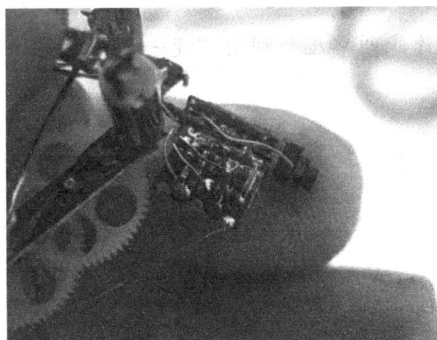

世界上最小的摄影飞机

**想一想**

丁爷爷家里的房子太小，如何利用"缩一缩"的创新方法，帮他设计出适用、好用的家具如餐桌、茶几、沙发、床、椅子等呢？（限时：2 分钟）

## 1.5 变一变

"变一变"是从变化形状、颜色、声音、包装、结构、层次、味道、顺序等角度来考虑，引发人们的新感觉，使物品更有使用价值、更受人们欢迎的一种创新方法。

椅子改变了颜色、形状，变得吸引人眼球，这就是利用了"变一变"的创新方法。

造型、颜色各异的椅子

## 思 考

铅笔芯一般是黑色的，把它变成红、黄、蓝等多种颜色后，铅笔就有了新的用途，现在还有白色的铅笔，可以用它在黑板上写字。人们对服装的喜好各不相同，服装设计师因此设计了种类繁多、样式千变万化的服装。

你能列举几个利用"变一变"的方法创新的例子吗？

### 1.6 改一改

"改一改"是指对原有事物的缺点或不足进行改进，消除其缺点或不足，使它更加方便、合理、新颖的一种创新方法。

人们经常使用的铅笔最开始都是圆柱形的，稍不注意，铅笔就可能从桌子上滚落到地上而摔断铅芯。为了克服圆柱形铅笔容易滚动这一缺点，人们通过"改一改"的方法，把铅笔的外观从圆柱形改成了多棱形，发明了不易滚动的多棱形铅笔，这样做既减少了铅笔的损毁，又节省了削铅笔的时间，这就是"改一改"的创新方法的运用。

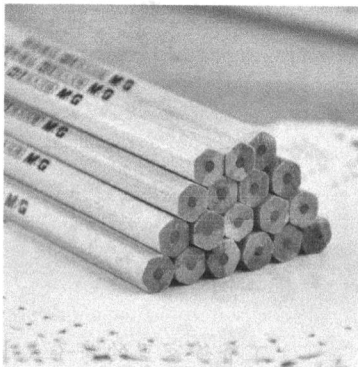

六角杆铅笔

### 1.7 联一联

"联一联"是把不同的问题、不同的现象、不同的科学原理或不同的技术联系起来进行思考的一种创新方法。

中国人喜欢品茶，但总会遇到一个问题，就是在喝茶的时候总会将茶叶随着水一起喝进嘴里，怎样才能将茶水和茶叶分开呢？有人于是联想到了淘米用的淘米箩。淘米的时候，淘米水会从淘米箩中流出，而米却留在淘米箩中。把这个原理运用到茶杯上，人们只需要在茶杯上加一个过滤网作为隔层，在喝茶的时候就不容易把茶叶喝进嘴里了。

带茶滤的杯子

## 1.8 仿一仿

"仿一仿"是模仿别人或动植物的做法，模仿现有事物的形状、结构、原理等，从而发明新事物、产生新功能的一种创新方法。

鸟类巢穴大家都见过，在建筑设计中，人类模仿鸟类巢穴的结构，创造了北京奥运村的著名建筑——鸟巢；在服装设计行业，人们模仿吹奏乐器喇叭（即唢呐）的外形，创造了"喇叭裤"等新的服装款式；理发师傅修剪头发的工具之一是理发剪，在农业生产上人们模仿理发剪，发明了剪草机。

## 1.9 代一代

燃料电池汽车

"代一代"是指用别的材料、方法代替原有材料、方法，用一种事物代替另一种事物来达到目的或效果的一种创新方法。

近年来，汽车消费猛增，人们不得不大面积开采石油，使石油资源越来越少，汽油价格越来越高，而且汽油燃料燃烧会产生大量"尾气"，给环境造成致命的污染。于是，科学家通过多年的研究，利用特定装置，将化学能转变为电能，发明了"燃料电池"。它用电驱动电动机旋转，使汽车获得动力。燃料电池在工作过程中不会产生有害气体，生成物只是水，水的排放不会对环境造成污染。

## 1.10 搬一搬

"搬一搬"是把这件东西搬到别的地方或将某一个想法、道理以及某一项技术搬到别的场合或地方来达到目的的一种创新方法。

国外某大学教授威廉·德尔曼发现用传统的、带有一排排凹凸的小方块的铁板压出来的饼不但好吃，而且有弹性。他便仿照这种做法，将凹凸的小方块压制在橡胶鞋底上，穿上带这种鞋底的鞋走起路来非常舒服。

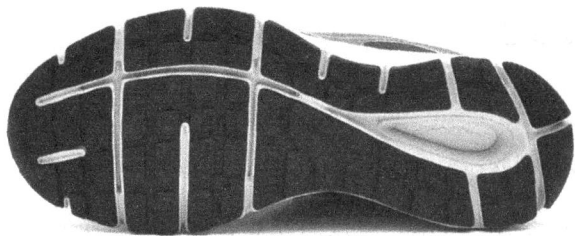
像饼干的鞋底

## 1.11 反一反

"反一反"是从事物的正反、上下、左右、前后、横竖或相反的运动方向来分析、解决问题的一种创新方法。例如落地扇是一根杆在中间、扇在上，如果将它"反一反"，就变成了支杆在上、扇在下，一种新产品"吊扇"破壳而出。

## 1.12 定一定

"定一定"是指对新产品或事物定出新的标准、型号、顺序，或者将其改为某种东西，以及为提高工作效率和防止不良后果而做出的一些新规定，从而产生创意的一种创新方法。例如，为了使交通有序，防止事故发生，发明了信号灯。再如，医生测定病人的体温要用温度计，对温度计刻度的规定是瑞典科学家摄尔休斯的一大创举。

## 2. 列举法

列举法是一种借助对某一具体事务的特定对象（如特点、优缺点等）从逻辑上进行分析并将其本质内容逐一罗列出来的手段，再针对所列出的项目逐一提出改进方法。

### 2.1 缺点列举法

日常生活中使用的东西都是十全十美吗？从发展的眼光来看，世界上的一切事物都不可能尽善尽美，如能找到这些事物的"缺点"并加以改进，事物就会在原有基础上得到新的提高。工厂里正在生产的或市场上正在销售的各种商品都不是完美无缺的，都或多或少地存在这样或那样的缺点。

1）案例

灯的对话：

白炽灯：我最古老，你们都是我的后代，哈哈！

卤钨灯：老白，你的发光效率低，寿命也短，我来改进你。

荧光灯：我是诞生最早的气体放电型电光源。

节能灯：我是您的直系后代，改进了您的很多缺点。

高压汞灯：我透雾性强，适合在机场、广场等地使用，唯独显色指数太低了。

高压钠灯：我和您差不多啦，缺点是要求冷启动。

2）应用缺点列举法的两个阶段

（1）列举缺点阶段

①列举的缺点越多越好；

②挑出主要缺点；

③主体宜小不宜大。

（2）探讨改进方案阶段

要根据原因找到解决的方法，应按照缺点、原因、解决方法和新方案等项列成简明的表格，从中选择最佳或最合适的方案。列举缺点时可以征求用户意见，可以开会列举缺点，也可以运用对比分析法找到缺点。然后根据所列出的缺点初步形成创新方案，再根据创新方案进行多次改进、设计、评价，根据评价再改进、调整，进行技术设计，最后形成创新成果。

## 2.2 希望点列举法

希望点列举法是对现有物品提出一些希望点，然后根据希望点去发明创新的方法。这些希望点反映了人们对新产品的向往与追求，又反映了人们当前或者今后的需要。希望点的背后往往是新问题和新矛盾的解决与突破。

1）案例

一天，英国发明家维利·约翰逊同一位鞋厂老板聊天。老板正在为产品滞销而发愁，希望约翰逊能发明更畅销的鞋。

当晚，约翰逊躺在床上，一直在琢磨出奇制胜的高招。在不经意间，他回忆起幼年的一件往事：上小学时，为了计算从家里到学校的路有多长，他常常边走边数，看一共要走多少步，然后量出一步的距离，便可算出大概的路程。这时，约翰逊的大脑里突然冒出一个想法，若发明一双能够测量距离的"计步鞋"，肯定能畅销。

经过深思熟虑之后，约翰逊便动手干了起来，第二天就跑去图书馆查资料。拿出草图后，他又到鞋店开展调查研究，征求厂家和顾客的意见。他在一双特别加工的鞋垫上装好微电脑，在鞋面装上显示器。人每走一步，有关数据便会在鞋面显示出来。在专利局申请专利时，约翰逊穿着样鞋，在屋里当众走了一圈，显示的数据与办公室的实际周长完全吻合。后来，他又对"计步鞋"做了进一步改进，开发出"测速鞋"。这种鞋可以计算时间、测量距离，鞋上会显示一个人跑步的速度。

"测速鞋"投放市场后，深受中小学生和运动员的喜爱，被誉为"魔鞋"。其在欧美上市的第一年就销售了10万多双。

2）应用场合

希望点列举法和缺点列举法在形式上很相似，但是在实际应用中是不同的。缺点列举法是围绕已有事物的缺点提出各种改进方案，不会脱离原来的事物，它是一种被动型的创新方法。希望点列举法则是从人们的愿望出发提出新设想、新创意和新希望，它可以不受已有事物的束缚，是一种主动型的创新方法。

## 3. 头脑风暴法

头脑风暴法原来是精神病理学的一个术语，是指精神病人在失控状态下的胡思乱想。头脑风暴法是美国企业家、创新学家奥斯本提出的，因此，头脑风暴法又称为奥斯本智力激励法。在我国，头脑风暴法也被译为"智力激励法""脑力激荡法""BS法"等。

## 3.1　案例

有一年，某国北方地区格外严寒，大雪纷飞，电线上积满冰雪，大跨度的电线常被积雪压断，严重影响通信。过去，许多人试图解决这一问题，但都未能如愿以偿。后来，某电信公司经理尝试着运用头脑风暴法解决这一难题。他召开了一个座谈会，参加会议的是不同专业的技术人员，大家七嘴八舌地议论开来。有人提出设计一种专用的电线清雪机，有人想到用电热来融化冰雪，也有人建议用电磁振荡技术来清除积雪，还有人提出带上几把大扫帚、乘坐直升机去扫电线上的积雪。对于这种"坐飞机扫雪"的设想，大家尽管觉得滑稽可笑，但在会上也未提出批评。但有一位工程师在百思不得其解时，听到用飞机扫雪的想法后，大脑突然像受到冲击，一种简单可行且高效率的清雪方法从他大脑中冒了出来。他想到，每当大雪过后，可令直升机沿积雪严重的电线飞行，依靠机顶高速旋转的螺旋桨即可将电线上的积雪迅速扇落。他马上提出"用直升机扇雪"的新设想，顿时引起其他与会者的联想，关于用飞机除雪的主意一下子又多了七八条。不到一小时，与会的10名技术人员共提出90多条新设想。

会后，电信公司组织专家对设想进行分类论证。专家们认为设计专用清雪机、采用电热或电磁振荡等方法清除电线上的积雪，在技术上虽然可行，但研制费用高、周期长，一时难以见效。那些因"坐飞机扫雪"激发出来的几种设想，倒是很大胆的新方案，如果可行，将是一种既简单又高效的好办法。经过现场试验，专家们发现用直升机扇雪果然奏效，一个久悬未决的难题在头脑风暴会上得到了巧妙解决。

## 3.2　四项原则

（1）自由奔放去思考

要求与会者尽可能解放思想，无拘无束地思考问题并畅所欲言，不必顾虑自己的想法或说法是否"离经叛道"或"荒唐可笑"。欢迎自由奔放、异想天开的意见，必须毫无拘束、广泛地想，观念愈奇愈好。

（2）会后评判

禁止与会者在会上对他人的设想评头论足，排除评论性的判断，至于对设想的评判，留在会后进行；也不允许自谦。

（3）以量求质

鼓励与会者尽可能多地提出设想，以大量的设想来保证质量较高的设想的存在，设想多多益善，不必顾虑所构思内容的好坏。

（4）"搭便车"，见解无专利

鼓励借鉴别人的构思，根据别人的创意联想另一个构思，即利用一个灵感引发另外一个灵感，或者把别人的构思加以创新。

### 3.3 实施步骤

①确定中心议题；

②确定参与的人（与议题相关的、对议题感兴趣的人）和人数（一般6~8人）；

③展开头脑风暴；

④整理观点；

⑤对观点进行分类，将相近的观点合并；

⑥制定评价指标，评价所有的观点，从中选取合理的观点并付之行动。

**做一做**

5~8人为一个小组，每组采用头脑风暴法，选择下列1个物品进行创新设想。（限时：10分钟）

书包 铅笔 课桌 汽车

完成了本模块的学习后，可利用所学的创新方法，尝试完成《学生科技发明采集表》（附下），形成一个完整的创意设计或发明作品。

### 学生科技发明采集表

发明人：　　　　　班级：　　　　　指导老师：

| 发明名称 | |
|---|---|
| 发明背景 | |
| 发明的主要内容 | |
| 创新点 | |
| 简易图纸 | |

# 模块四 创新创业项目的筛选与确定

对毕业生来说，谋求到一份满意的工作，实现成功就业十分重要；但是如果有了一定的原始积累，也可以考虑自己创业。在创业实践中，创业项目的选择特别重要，不管是高额资本投资还是小本经营项目，只有把握好经营方法，才可能成就一份大事业。

## 1. 项目对创新创业者的资源要求分析

大多数创业者在初次创业的时候，大多欠缺资源，资源不足会使创业成功的概率较低。在资源条件上，一般来说，要符合两种条件：一是要有进入一个行业的必要资源，二是要具备差异性资源。

创业资源条件主要包括以下方面：

①业务资源：赚钱的模式是什么；

②客户资源：谁来购买；

③技术资源：凭什么赢取客户的信赖；

④经营管理资源：经营能力如何；

⑤财务资源：是否有足够的启动资金；

⑥行业经验资源：对该行业资讯与常识的积累；

⑦行业准入条件：某些行业受到一些政策保护与限制，需要获得进入资格条件；

⑧人力资源条件：是否有合适的专业人才与管理人才。

以上资源，创业者不需要 100% 具备，但应具备其中一些重要条件，其他条件可以通过市场化方式来获取。创业者如果有足够的财务资源，其他资源上的欠缺较容易弥补；如果有足够的客户资源，其他资源的欠缺也容易改变。

## 2. 创新创业者的技能、知识与经验分析

除去创业者具备的若干创业条件外，影响创业成功与否的另一个核心因素就是创业者自身的能力，具体如下：

①组织指挥能力。能够能够建立有效快速的指挥机制，使各要素与环节准确无误地高效运转。

②谋略决策能力。能够通过各种渠道认真听取与分析各方面意见，并不失时机地做出科学合理的决策。

③创新创造能力。要有强烈的时代感和责任感，敢于开拓进取、不断创新并保持思维活跃；不断汲取新的知识和信息，开发新产品，创造新方法，使自己的事业充满活力和魅力。

④选人用人能力。能够知人善任，善于发现、使用、培养人才，充分调动他们的主观

能动性。

⑤沟通协调能力。善于妥善安置、处理与协调各种人际关系，建立和谐的内外部环境。

⑥社会活动能力。创业者在从事经济活动的过程中，可通过各种社会交往活动扩大企业影响、提高企业的经济效益。

⑦语言文字能力。语言能力主要是指口头表达能力，表现为一个新创企业的创业者对演讲、对话、讨论、答辩、谈判、介绍等各方面的技巧与艺术的运用。文字能力主要是指书面表达能力，对创业者来讲主要是指关于企业发展规划、战略报告、总结执行等的写作能力。

⑧足够的知识积累，知识不局限于书本所学，也包括社会实践中得来以及社交中得来的。足够的知识可以激发创业者的思维创新，可以让创业者做事有条理且效率高。

⑨充分了解国家有关政策和法规。这是对每一个创业者的必不可少的要求。

⑩善于从他人的问题中发现机会，主动把握机会。

⑪有一个完整的创业计划。小企业的抗风险能力很低，创业时不考虑成熟或一厢情愿，则危机重重。

⑫对自己有清醒的认识，对市场需求有充分的了解，能将自己的优势有效地与外部条件结合起来。

## 3. 创新创业项目的可行性分析

SWOT 分析法（也称 TOWS 分析法、道斯矩阵），即态势分析法，最初由美国旧金山大学管理学教授韦里克于 20 世纪 80 年代提出，经常被用于企业战略制定、竞争对手分析等场合。

SWOT 分析是现在的战略规划报告里常用的一个分析工具，通过分析企业的优势（Strengths）、劣势（Weaknesses）、机会（Opportunities）和威胁（Threats），形成对项目内外部条件的综合研判，帮助创业者把资源和行动聚集在自己的强项和最有利机会上，让创业者的战略变得明朗。

SWOT 分析模型中优劣势分析主要是着眼于创业者自身的实力及与其竞争对手的比较，而机会和威胁分析将注意力放在外部环境的变化及对项目的可能影响上。在分析时，应把所有的内部因素（即优劣势）集中在一起，然后用外部的力量（即机会和威胁）对这些因素进行评估。

### 3.1 机会与威胁分析

随着经济、科技等诸多方面的迅速发展，特别是世界经济全球化、一体化过程的加快，全球信息网络的建立和消费需求的多样化，企业所处的环境更为开放。这种变化几乎对所有企业都产生了深刻的影响。正因如此，环境分析日益成为影响企业战略分析与战略制定的重要因素。

环境要素分析分为两大类：一类表示环境威胁（Environmental Threats），另一类表示环境机会（Environmental Opportunities）。环境威胁指的是环境中的不利因素对企业形成的挑战，如果不采取果断的战略行为，这种不利因素将导致企业的竞争地位被削弱。环境机会就是外部环境中对企业有利的因素，基于该有利因素，企业可以形成自身的竞争优势。

## 3.2 优势与劣势分析

优势和劣势均属于企业内部因素，其中，优势是区别于外界的独特的自有资源，体现在资金丰足、技术完备、成员专业、产品优质、管理先进等方面；劣势则与优势是相对的，指资金短缺、关键技术匮缺、成员涣散、产品劣质、管理落后等。

由于企业是一个整体，而且竞争性优势来源十分广泛，所以，在作优劣势分析时必须从整个价值链的每个环节将企业与竞争对手进行详细的对比，例如，产品是否新颖、制造工艺是否复杂、销售渠道是否畅通，以及价格是否具有竞争性等。如果一个企业在某一方面或几个方面的优势正是该行业企业应具备的关键成功要素，且该优势能够有效规避企业在某些方面的劣势，那么，该企业的综合竞争优势也许就强一些。

企业在维持竞争优势的过程中，必须深刻认识自身的资源和能力，采取适当的措施。因为一个企业一旦在某一方面具有了竞争优势，势必会吸引竞争对手的注意。一般地说，企业经过一段时期的努力，建立起某种竞争优势，然后就处于维持这种竞争优势的态势，竞争对手逐渐做出反应。而后，如果竞争对手直接进攻企业的优势所在或采取其他更为有力的策略，这种优势就会被削弱。

而影响企业竞争优势的持续时间的主要是三个关键方面：建立这种优势要多长时间？能够获得的优势有多大？竞争对手做出有力反应需要多长时间？企业分析清楚了这三个方面，就能明确自己在建立和维持竞争优势中的实力了。

## 3.3 SWOT 分析模型

在可行性分析过程中，企业管理人员应在确定内、外部各种变量的基础上，基于杠杆效应、抑制性、脆弱性和问题性四个基本概念进行分析。

①杠杆效应（优势＋机会）。杠杆效应产生于内部优势与外部机会相互一致和适应时。在这种情形下，企业可以用自身内部优势撬起外部机会，使机会与优势充分结合并发挥出效用。然而，机会往往是转瞬即逝的，因此企业必须敏锐地捕捉机会、把握时机，以寻求更大的发展。

②抑制性（劣势＋机会）。抑制性意味着妨碍、阻止、影响与控制。当环境提供的机会与企业内部资源优势不合适或者不能相互重叠时，企业的优势再大也得不到发挥。在这种情形下，企业就需要提供和追加某种资源，以促进内部资源由劣势向优势方面转化，从

而迎合或适应外部机会。

③脆弱性（优势＋威胁）。脆弱性意味着优势的程度或强度降低。当环境状况对公司优势构成威胁时，优势得不到充分发挥，会出现优势不优的脆弱局面。在这种情形下，企业必须克服威胁，发挥出优势。

④问题性（劣势＋威胁）。当企业内部劣势与企业外部威胁相遇时，企业就面临着严峻挑战，如何处理，可能直接关系企业的生死存亡。

## 3.4 SWOT 分析步骤

SWOT 分析步骤如下：

①确认当前的战略是什么。

②确认企业外部环境的变化情况。

③根据企业资源组合情况，确认企业的关键能力和关键限制。

④按照通用矩阵或类似方式打分评价。

把识别出的所有优势分成两组，分组以一点为基础：它们是与行业中潜在的机会有关，还是与潜在的威胁有关。用同样的办法把所有的劣势分成两组，一组与机会有关，另一组与威胁有关。

⑤将结果定位在 SWOT 分析图上。

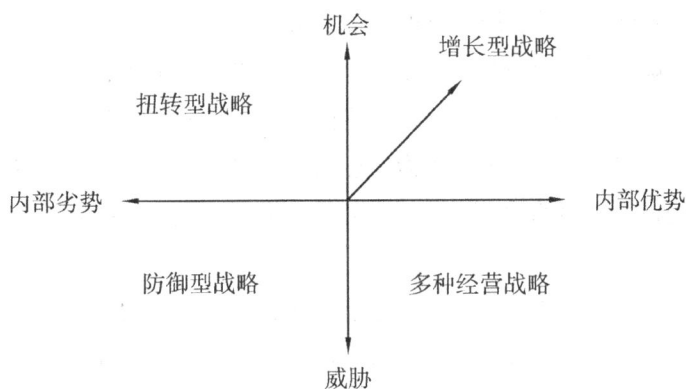

SWOT 分析图

或者用 SWOT 分析表，将优势和劣势按"机会"和"威胁"分别填入表 1–1。

### 表 1–1 SWOT 分析表

⑥战略分析要点。

进行 SWOT 分析的时候必须对公司的优势与劣势有客观的认识，必须区分公司的现状与前景，必须考虑全面，必须与竞争对手进行比较。比如优于或是劣于你的竞争对手，保持 SWOT 分析法的简洁性，避免复杂化与过度分析。

## 3.5 经典案例

1）案例

某炼油厂是我国最大的炼油厂之一，至今已有 50 多年的历史，是一家燃料 – 润滑油 – 化工原料型的综合性炼油厂。该厂有 6 种产品获国家金质奖，6 种产品获国家银质奖，48 种产品获 114 项优质产品证书，1989 年获国家质量管理奖，1995 年 8 月通过国际 GB/T 19002—ISO9002 质量体系认证，成为我国炼油行业首家获此殊荣的企业。

该厂研究开发能力比较强，能以自己的基础油研制生产各种类型的润滑油。当年德国大众公司的桑塔纳落户上海，它的发动机油需要用昂贵的外汇进口。1985 年该厂研究所接到任务后，立即进行调研，建立实验室。在短短的一年时间内，成功研究出符合德国大众公司标准的油品，拿到了桑塔纳配套用油的认可证，1988 年开始投放市场。以后，随着大众公司产品标准的提高，该厂研究所又及时研制出符合标准的新产品，满足了桑塔纳、奥迪的生产需求和全国特约维修点及市场用油。

但是当时该炼油厂作为一个生产型国有老厂，在传统体制下，产品的生产、销售都由国家统一配置，负责销售的人员主要是做些记账、统账之类的工作，没有真正做到面向市场。在向市场经济转轨的过程中，作为支柱型产业的大中型企业，其在产品营销方面难以适应竞争激烈的市场。该炼油厂负责市场销售工作的只有 30 多人，专门负责润滑油销售的就更少了。

当时，上海市的小包装润滑油市场每年约有 2.5 万吨油，其中进口油占 65% 以上，国产油处于劣势。之所以造成这种局面，原因是多方面的。一方面在产品宣传上，进口油全方位、大规模的广告攻势可谓细致入微。到处可见有关进口油的灯箱、广告牌、出租车后窗玻璃、代销点柜台和加油站墙壁上的宣传招贴画，还有电台、电视台和报纸广告以及新闻发布会、有奖促销、赠送等各种宣传形式。而当时国产油在这方面的表现则是苍白无力的。另外，该炼油厂油品过去大都是大桶散装，大批量从厂里直接销售、供应大企业大机构，而很少以小包装上市，加上销售点又少，一般用户难以买到经济实惠的国产油，只好使用昂贵的进口油。

2）SWOT 分析

根据上述该炼油厂的情况，我们可以利用 SWOT 分析法进行分析。

该炼油厂的 SWOT 分析：

优势（Strengths）：生产能力强，产品品质好，研究开发能力比较强。

劣势（Weaknesses）：在产品营销方面难以适应竞争激烈的市场，很少以小包装上市，销售点又少。

机会（Opportunities）：制订营销战略；增加营销人员和销售点；增加产品小包装；实施品牌战略；开展送货上门和售后服务；开发研制新产品。

威胁（Threats）：进口油的冲击。

根据分析结果，为了扭转该炼油厂在市场营销方面的被动局面，应该考虑采取如下措施：制订营销战略，增加营销人员和销售点；增加产品小包装，开展送货上门和售后服务；开发研制新产品，实施品牌战略；继续提高产品质量和降低产品成本，发挥产品质量和价格优势；宣传 ISO9002 认证效果，通过技术研究开发提高竞争能力。

# 第二单元

## 创新创业项目计划书撰写

CHUANGXIN CHUANGYE
XIANGMU JIHUASHU ZHUANXIE

# 模块一　项目的市场分析

项目市场分析是基于拟建项目规划决策的需要，对特定市场的过去和现状以及未来发展趋势进行的分析。在投资项目的规划决策阶段，首先必须分析项目的必要性，即分析项目是否为国民经济发展所需要。对生产性投资项目，要分析其项目的产品是否为社会或市场所需要。项目的市场分析包括市场调查和市场预测两个方面，即根据项目的性质，运用市场调查手段分析其特定市场的过去和现状，运用市场预测技术分析其特定市场的未来发展趋势。分析的基本内容，一是生产者的商品供给，二是生产或非生产消费者对商品的需求，三是与供求状况息息相关的价格。项目的市场分析为特定项目的规划决策服务，具有特定市场分析和长期市场分析的特点，选择的市场调查手段和市场预测技术必须与这些特点相适应。

---

**案例故事**

### 海岛卖鞋

一家鞋业公司派推销员甲和乙到东南亚某海岛进行调研。过了一个星期，两人几乎同时通过越洋电话向老板汇报，但汇报的内容大相径庭。销售人员甲汇报说，他走遍了海岛，发现这里的人几乎都不穿鞋子，没有穿鞋这种需求，自然也就没有市场。与甲的沮丧相反，销售人员乙十分兴奋地汇报说，他走遍了海岛，发现这里的人几乎都没有鞋，海岛鞋业市场潜力很大，机会难得，公司应马上寄出一批鞋子让他和甲留在这里销售。

---

**? 思 考**

你赞成以上哪一位营销人员的观点？为什么？

---

## 1. 你认为"什么是市场"

### 1.1　市场的含义

提到市场，我们首先会联想到跟我们生活息息相关的服装市场、农贸市场、家具市场、百货市场等。因此可以简单地说，买卖东西的地方就是市场。即市场就是商品买卖交换的场所，这是传统、狭义的市场的概念。

对创业者而言，则需要从市场营销学的角度来认识市场。从市场营销学的角度理解，市场是指具有特定需求和欲望，愿意并具有一定购买力的全部现实和潜在客户。所谓潜在客户，就是指有潜在兴趣、潜在需求，有可能购买这种产品的任何个人或组织。现代市场营销学认为，不能只看到现实的购买者是市场；通过有效的促销活动可以使潜在购买者转化成现实购买者，因而他们也是市场。

因此，站在企业的立场上，特定的人（即客户）就是市场。这些人有两个特定的属性，一是有某种需要（欲望），如果没有需要，就不会产生购买动机，更不会产生购买行为；二是有满足这种需要（欲望）的购买能力，产品的销售是一种有偿交换行为，不是无偿赠予行为，这种购买能力最直接、最普遍的表现为买者拥有的货币（即金钱）数量。

综上分析，有某种需要的人、为满足这种需要的购买能力、购买欲望是构成市场的三个要素。这三个要素是相互制约、缺一不可的，只有将三者结合起来才能构成现实的市场。市场的规模和容量是由对某产品有需求的人数多少、购买力大小和购买欲望的强弱这三个要素来确定，而不是由地域的大小来决定。

即：市场 = 人口 + 购买力 + 购买欲望。

## 案例故事

### 海尔大地瓜洗衣机

一位海尔的客户突发奇想："洗衣机既然能洗衣服，为什么不能洗地瓜呢？"于是他就用洗衣机洗地瓜。没想到地瓜还真的洗干净了，但是洗衣机不转了，因为洗衣机的下水管道太细，泥土把下水管道堵死了。海尔的一位维修人员把洗衣机修好后，回到办事处把此事讲给同事听，办事处主任因此受到启发："为什么不能开发既能洗衣服，又能洗地瓜的洗衣机呢？"他把这一想法及时向总部汇报。总部经过研究，及时开发出"海尔大地瓜洗衣机"，其上市后马上产生抢购热潮。"海尔大地瓜洗衣机"的故事就此传开，成为"自己做个蛋糕自己吃""创造需求、引导消费"等理念的好注解。

## 思 考

企业如何去发现需求、创造需求？

### 1.2 市场的类型

对市场以一定的标准进行分类是市场分析的主要方法之一。市场分析有利于帮助企业认识和了解某一特定市场。市场分类的方法较多，根据不同的标准，市场可以划分为不同的种类，可从市场营销的角度对市场进行分类，见表2-1。

表2-1　市场类型

| 划分标准 | 市场类型 |
|---|---|
| 商品流通区域 | 某地区市场、国内市场、国际市场 |
| 商品流通环节 | 批发市场、零售市场 |
| 市场经营对象 | 商品市场、金融市场、房地产市场、劳动力市场、技术市场、信息市场 |
| 市场竞争程度 | 完全竞争市场、完全垄断市场、寡头垄断市场、竞争垄断市场 |
| 市场客体 | 消费者市场、生产者市场、中间商市场、政府市场 |

## 2. 确定目标市场

**案例故事**

### 某日化品公司的多种洗发水产品

某日化品公司针对消费者的需求销售6种品牌洗发水。

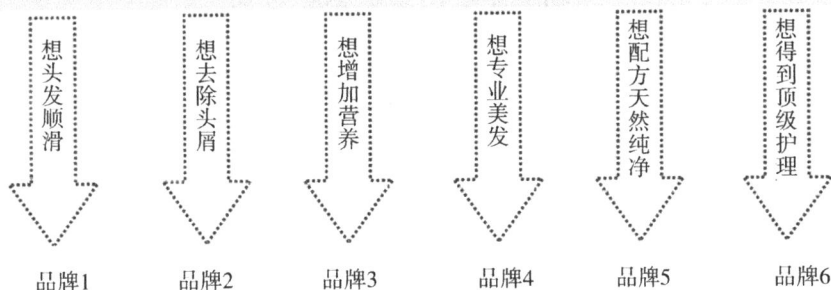

想头发顺滑 → 品牌1　想去除头屑 → 品牌2　想增加营养 → 品牌3　想专业美发 → 品牌4　想配方天然纯净 → 品牌5　想得到顶级护理 → 品牌6

**思　考**

①为什么日化品公司不生产一种能够满足所有消费者需求的洗发水？

②日化品公司对洗发水市场进行细分的依据是什么？

③日化品公司在行业里处于怎样的竞争地位？它是如何选择竞争战略的？

### 2.1　目标市场的定义

现代市场是一个十分庞大而复杂的市场，客户人数太多、分布太广，各种不同的需求和偏好共同存在。无论企业实力有多强，想要满足客户所有的需求与偏好，几乎是不可能的。因此，企业应将市场进行细分，根据自己的优势，有选择地将一个或几个子市场作为自己的目标市场。

目标市场就是市场细分后，企业准备以相应的产品和服务满足其需要的一个或几个子市场。

## 2.2 市场细分

### 2.2.1 市场细分的含义

市场细分就是通过市场调研，根据消费者对商品的不同需求、不同的购买行为与购买习惯，把消费者整体市场划分为具有类似性质的若干不同的购买群体——子市场（消费者群），使企业可以从中选择和确定其目标市场的过程和策略。

每一个消费者群就是一个细分市场，每一个细分市场都是由需求倾向类似的消费者构成的群体，所有细分市场的总和便是整体市场。下面列举了洗发水的细分市场。

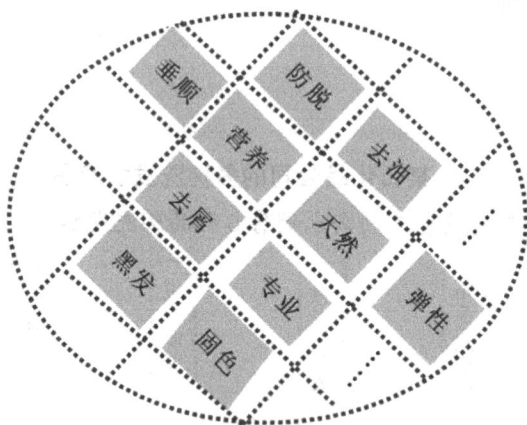

### 2.2.2 市场细分的作用

①有利于企业选择目标市场和制定市场营销策略。市场细分后的子市场比较具体，比较容易了解消费者的需求。企业可以根据自己的经营思想、方针及生产技术和营销力量选定自己的服务对象（即目标市场）。针对较小的目标市场，企业可以制订特殊的营销策略。

②有利于发掘新的市场机会，开拓新市场。通过市场细分，企业可以对每一个细分市场的购买潜力、满足程度、竞争情况等进行分析对比，探索出有利于本企业的市场机会，及时制订新产品开拓计划，进行必要的产品技术储备，掌握产品更新换代的主动权，开拓新市场，更好地适应市场的需要。

③有利于集中人力、物力、财力投入目标市场。任何一个企业的资源、人力、物力、资金都是有限的。通过细分市场，选定了适合自己的目标市场，企业便可以集中人、财、物力及其他资源，争取局部市场上的优势，然后占领自己的目标市场。

④有利于企业提高经济效益。上述三个方面的作用都能使企业提高经济效益。除此之外，企业还可以根据细分市场的特征制定不同的产品策略，生产出适销对路的产品，加速商品流转，加大生产批量，降低企业的生产销售成本，提高生产工人的劳动熟练程度，提高产品质量，全面提高企业的经济效益。

**案例故事** ▣

### 婴幼儿护肤——从强生、青蛙王子到红色小象

护肤品市场无疑是市场细分化程度最高的，从性别到收入、从地区到年龄、从功能到成分、从肤质到部位，且一直是"各路诸侯征战，烽烟四起"。

强生公司在高度竞争的护肤品市场中以年龄细分，成功抢占中国巨大和空白的婴幼儿市场，以纯净温和的形象推出 pH 值为中性，不伤害婴儿皮肤的强生婴儿护肤品。先入为主的强生一举抢占了中国婴儿、儿童乃至渴望拥有婴儿肌肤的成人这一细分市场。

后进入市场的中国本土品牌青蛙王子如何面对强生这一婴儿护肤品领域的霸主？青蛙王子再次从年龄因素发现了市场机会。以"长大了就不该再用婴儿产品"的广告词直指强生，推出了针对 3~12 岁儿童的具有更强保护皮肤功效的儿童倍润霜，打造中国儿童护肤第一品牌。

其他企业已经没有市场机会了吗？红色小象作为新进入者的代表，再次用细分市场找到了生存之道。随着消费理念的升级与消费结构、消费方式的变化，中国的消费行为正在发生巨变。上美集团适时推出高端母婴护肤品牌——红色小象，进军母婴护理品牌。区别于强生和青蛙王子，红色小象主打的润肤霜售价为前两者的两倍。

**？ 思考**

> 强生、青蛙王子和红色小象是如何通过细分发现市场机会的？

### 2.2.3 市场细分的标准

如前所述，一种产品的整体市场之所以可以细分，是由于消费者或用户的需求存在差异，而引起消费者需求差异的变量很多。实际中，企业一般是组合运用有关变量来细分市场的，而不是单一采用某个变量。概括起来，细分消费者市场的变量主要有四类：地理变量、人口变量、心理变量、行为变量（表 2-2）。

**表 2-2 消费者市场的细分标准及其细分变量**

| 细分标准 | 细分变量 | 变量内容 |
|---|---|---|
| 地理变量 | 地域 | 东北、华北、西北、西南、华东、华南 |
| | 城镇规模 | 大城市、中等城市、小城市、乡镇 |
| | 自然环境 | 平原、丘陵、山区 |

续表

| 细分标准 | 细分变量 | 变量内容 |
|---|---|---|
| 人口变量 | 年龄 | 0~5岁、6~9岁、10~18岁、19~34岁、35~49岁、50~64岁、65岁及以上 |
| | 性别 | 男、女 |
| | 收入 | 1 000元以下、1 001~3 000元、3 001~6000元、6 001~10 000元、10 000元以上（以月为基本单位） |
| | 家庭生命周期 | 年轻单身、年轻已婚无子女、年轻已婚最小子女不到6岁、年轻已婚最小子女6岁以上、较年长已婚与子女同住、较年长已婚不与子女同住、较年长单身、其他 |
| | 职业 | 政府和社会行政人员、管理人员、私营企业主、专业技术人员、职员、工人、农民、失业人员等 |
| | 首教育情况 | 小学及以下、初中、高中、专科、本科、硕士及以上 |
| | 社会阶层 | 下下层、下上层、中下层、中上层、次上层、上上层 |
| 心理变量 | 生活方式 | 节俭型、奢侈性、传统型、新潮型 |
| | 动机 | 求美、求廉、求实、求新、求名、求便、炫耀、好胜 |
| | 个性 | 被动型、交际型、权力型、野心型 |
| 行为变量 | 场合 | 普通场合、特殊场合 |
| | 利益 | 质量、服务、经济、速度 |
| | 使用者状况 | 从未使用、以前用过、有可能使用、第一次使用、经常使用 |
| | 使用率 | 偶尔使用、适度使用、频繁使用 |
| | 忠诚度 | 没有、适度、强烈、绝对 |
| | 准备阶段 | 未知晓、知晓、已了解、有兴趣、想得到、企图购买 |
| | 对产品的态度 | 热衷、积极、不关心、否定、敌视 |

## 案例故事

### 区域市场中的方便面

方便面市场发展到现在，细分化程度已经相当高，已从农村到普通城市、一线城市等以收入特色为主的细分，发展到以西南、华北地区等以口味为特色的细分。比如，针对各区域市场推出符合当地口味的方便面：江南美食系列、广东老火靓汤系列、西北油泼辣子系列、东北炖系列、沿海的海陆鲜汇系列等。但最令企业意想不到的是碗装方便面和袋装方便面的市场销售居然也有南北之分。

无论商家怎么努力促销，北方碗装面销售量都不及南方。究其原因，是北方人以面食为主，在食用方便面的时候更看重面的口感，多采用煮面的方式，所以袋装方便面是他们的首选。而南方人以吃大米为主，吃方便面纯属为了方便，所以更注重"方便"二字，碗装方便面当然是他们的首选。

**思　考**

除了方便面，你还能找到哪些商品是以地理细分为主的？企业是怎么做的？

## 案例故事

### 天美时手表的市场细分

美国钟表公司发现大约 23% 的购买者购买价格低廉的手表，46% 的人购买经久耐用、质量较好的手表，还有 31% 的人购买可以在某些重要场合显示身份的手表。当时，美国市场上一些著名的手表公司都全力以赴地争夺第三个市场，他们生产价格昂贵的、强调声望的手表，并通过大百货商店、珠宝店出售。美国钟表公司分析比较这三个市场层面后，决定把精力集中到前两个竞争较弱的细分市场，适应这两个消费者群的需求特点，设计开发了一种名为"天美时"的价廉物美的手表，选择更贴近目标消费者的超级市场、廉价商店等零售商和批发商为分销渠道出售。正是这一成功的市场细分战略使该公司迅速获得了很高的市场占有率，成为当时世界上最大的手表公司之一。

**思　考**

天美时手表使用哪种细分标准？这种细分标准有何好处？

## 2.3　确定目标市场

确定目标市场是指企业在对整体市场进行细分之后，要对各细分市场进行评估，然后根据细分市场的市场潜力、竞争状况、本企业资源条件等多种因素，决定把哪一个或哪几个细分市场作为目标市场。

### 2.3.1 评估细分市场

评估细分市场是进行目标市场选择的基础，企业可以从以下三个方面对细分市场进行评估。

**（1）细分市场的规模和发展潜力**

企业进入某一市场是期望在此有利可图。如果市场规模狭小或者趋于萎缩状态，企业进入后将难以获得发展，这种情况下，企业应审慎考虑，不宜轻易进入。当然，企业也不宜以是否具有市场吸引力作为唯一的取舍标准，特别是应避免"多数谬误"，即与竞争企业遵循同一思维逻辑，将规模最大、吸引力最大的市场作为目标市场。大家共同争夺同一客户群的结果是过度竞争和社会资源的浪费，同时使客户的一些本应得到满足的需求遭受冷落和忽视。

**（2）细分市场结构的吸引力**

细分市场能否给企业带来适当的利润是极为重要的，企业经营的目的最终体现在利润的获取上。只有获得利润，企业才能生存和发展。细分市场可能具备理想的规模和发展特征，然而从能否赢利的角度来看，它未必有吸引力。

**（3）企业目标和资源**

某些细分市场虽然有较大吸引力，但不能推动企业实现发展目标，甚至分散了企业的精力，使之无法完成主要目标。对于这样的市场，企业应考虑放弃。另外，还应考虑企业的资源条件是否适合在某一细分市场经营。只有选择企业有条件进入、能充分发挥资源优势的那些市场作为目标市场，企业才能立于不败之地。

### 2.3.2 选择目标市场模式

企业在对不同细分市场进行评估后，就必须对进入哪些市场和为多少个细分市场服务做出决策。企业可采用的可能的目标市场模式分为五种。

**（1）密集单一市场**

这种模式是企业选择一个细分市场进行集中营销。企业可能具备了在该细分市场取得成功的必要条件；可能因资金有限，只够在一个细分市场上经营；可能在这个细分市场上还没有竞争对手……这些原因使企业采用该模式。企业通过密集营销，更加了解本细分市场的需要，并树立良好的声誉，因此可在该细分市场建立巩固的市场地位。反之，密集单一市场覆盖模式也有较大的风险。因为企业的目标市场范围较小，一旦目标市场发生变化，如出现强大的竞争对手、价格下跌、消费者的偏好发生转移等，企业就可能陷入困境。

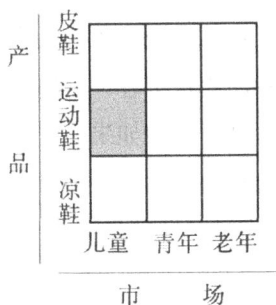

模式1：密集单一市场　　　　模式2：产品专业化　　　　模式3：市场专业化

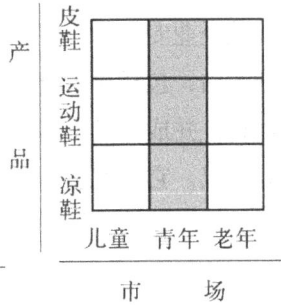

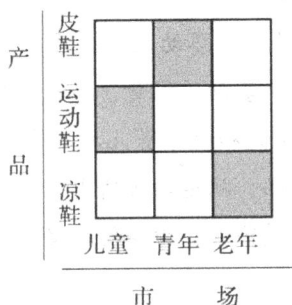

模式4：有选择的专业化　　　　模式5：完全市场覆盖

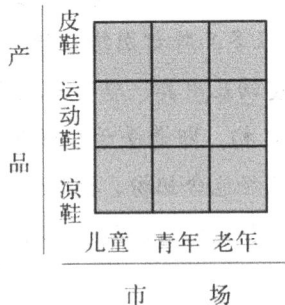

## 案例故事

### 汽车市场的集中营销

劳斯莱斯汽车公司是以"贵族化"享誉全球的汽车公司。该公司的汽车年产量只有几千辆，连世界大汽车公司产量的零头都不够。但从另一角度看，物以稀为贵。劳斯莱斯轿车之所以被许多人视为地位和身份的象征，是因为该公司在销售中要审查汽车购买者的身份、背景等条件。

## 思 考

密集单一市场模式有何优缺点？适合哪些类型的企业？

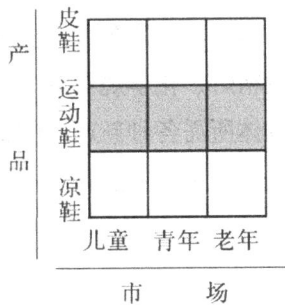

### （2）产品专业化

此模式是企业集中生产一种产品，向各类客户销售这种产品。例如，显微镜生产商向大学实验室、政府实验室和工商企业实验室销售显微镜。企业向不同的客户群体销售不同种类的显微镜，而不去生产实验室需要的其他仪器。企业采取这种战略，有助于在某个产品领域树立起很高的声誉。

### （3）市场专业化

这种模式是企业专门为满足某个客户群体的各种需要服务。例如，企业可为大学实验室提供一系列产品，包括显微镜、酒精灯、化学烧瓶等。企业专门为这个客户群体服务而获得良好的声誉，并成为这个客户群体所需各种新产品的销售代理商。但如果大学实验室突然经费预算削减，它们就会减少从这个市场专业化企业购买仪器的数量，可能致使企业产生危机。

**案例故事**

#### 母婴品牌的市场专业化

母婴行业中很多品牌都围绕目标人群——婴幼儿做一系列的产品扩展，包括婴幼儿配方奶粉、婴幼儿用具、婴幼儿服装、婴幼儿辅食、婴幼儿护肤品等。例如，某百年品牌在创立之初，即着手于婴幼儿保健和科学育儿指导方面的工作。目前其全系列婴幼儿产品已经包含奶粉、辅食及用品，从婴幼儿饼干、辅食粉到婴幼儿牙刷、爽身粉甚至婴幼儿驱蚊贴。该品牌坚持品质第一，为婴幼儿提供最专业的照护，深受广大消费者的喜爱。

**思 考**

母婴品牌市场专业化这类模式有何优缺点？

### （4）有选择的专业化

此模式是企业选择若干个细分市场，其中每个细分市场在客观上都有吸引力，并且符合企业的目标和资源条件。虽然各细分市场之间很少有或者根本没有任何联系，但是每个细分市场都有可能赢利。这种多细分市场目标是优于单细分市场目标的，因为这样可以分散企业的风险，即使某个细分市场失去吸引力，企业仍可从其他细分市场获取利润补偿。

### （5）完全市场覆盖

这种模式是指企业想用各种产品满足各种客户群体的需求。显然，只有实力雄厚的大企业才能采用完全市场覆盖模式，如国际商业机器公司（计算机市场）、通用汽车公司（汽车市场）和欧莱雅集团（化妆品市场）。

**案例故事**

#### 欧莱雅集团独步化妆品市场

2016 年，欧莱雅在某国的年销售量达 149 亿元，拿到了八个第一。分别是：护肤第一，彩妆第一，高端第一，面膜第一，药妆第一，男士护肤第一，专业美发第一，加在一起就是总体第一。人们不禁会问，这家来自法国巴黎、成立于1907年的世界第一化妆品集团是怎么做到的？让我们来看一下它的部分产品线吧，这还不包括在中国收购的美即等品牌。见表2-3。

表2-3　欧莱雅部分产品线

| 护肤品品牌 | 赫莲娜、乔治阿玛尼、兰蔻、碧欧泉、科颜氏、羽西、巴黎欧莱雅、美爵士、卡尼尔、小护士、美体小铺 |
|---|---|
| 彩妆品牌 | 巴黎创意美家、植村秀、美宝莲、圣罗兰 |
| 药妆品牌 | 薇姿、理肤泉、修丽可 |
| 口服美容品牌 | 一诺美 |
| 香水品牌 | 阿玛尼、拉尔夫劳伦、卡夏尔、歌雪儿、维果罗夫 |
| 美发品牌 | 欧莱雅专业美发、卡诗、美奇丝 |

### 思　考

大型化妆品集团"大而全"地进入市场的方式属于哪种模式？这种模式的适用条件有哪些，有哪些优缺点？讨论并总结五种目标市场模式的优缺点和适用情况，并用表格加以说明。

## 3. 竞争对手分析

### 3.1　识别竞争对手

只要存在商品生产和商品交换，就必然存在竞争。每个企业都处在不同的竞争环境中，企业的经营活动必然会受到不同竞争对手的影响。在现实的市场上，企业的竞争对手范围非常广泛，企业必须要发现和识别谁是自己的竞争对手、谁是自己的主要竞争对手，这样才能有效地针对竞争对手采取相应的对策。见表2-4。

表2-4　从市场的角度识别竞争者

| 竞争者 | 说明 | 举例 |
|---|---|---|
| 品牌竞争者 | 同一行业中以相似的价格向相同的顾客提供类似产品或服务的其他企业 | 如家用空调市场中，几个空调品牌厂家之间的关系 |
| 行业竞争者 | 提供同种或同类产品，但规格、型号、款式不同的企业 | 如生产高档汽车的厂家与生产中档汽车的厂家之间的关系 |

续表

| 竞争者 | 说明 | 举例 |
|---|---|---|
| 需要竞争者 | 提供不同种类的产品，但满足和实现消费者同种需要的企业 | 如航空公司、铁路集团、长途客运汽车公司都可以满足消费者外出旅游的需要 |
| 消费竞争者 | 提供不同产品，满足消费者的不同愿望，但目标消费者相同的企业 | 如消费者收入水平提高后，可以把钱用于旅游、购买汽车或购置房产 |

## 3.2　竞争对手分析

分析竞争对手的目的是了解对手，洞悉对手各方面的情况。正所谓"知己知彼，百战不殆"。在确定了自己的竞争对手后，需要搜集足够的数据并对其进行深度分析。常用的比较全面的分析竞争对手的步骤如下。

### 3.3 竞争对手综合竞争力分析方法

#### 3.3.1 波特竞争力分析模型

波特竞争力分析模型（Porter 5 Force Analysis），也称波特五力分析模型，是传统零售领域常用的分析工具。该模型是迈克尔·波特于 20 世纪 80 年代初提出的一套关于行业竞争影响因素的理论，用于竞争战略分析，可以有效地分析行业竞争环境。他认为行业中存在着决定竞争规模和程度的五种力量，这五种力量综合起来影响着行业的吸引力、市场前景，以及现有企业的竞争战略决策。这五种力量分别为同行业内现有竞争者的竞争能力、潜在竞争者进入的能力、替代品的替代能力、供应商的讨价还价能力、购买者的讨价还价能力。从一定意义上来说，其隶属于外部环境分析方法中的微观分析，可用来分析一个企业在行业中的现状和前景。

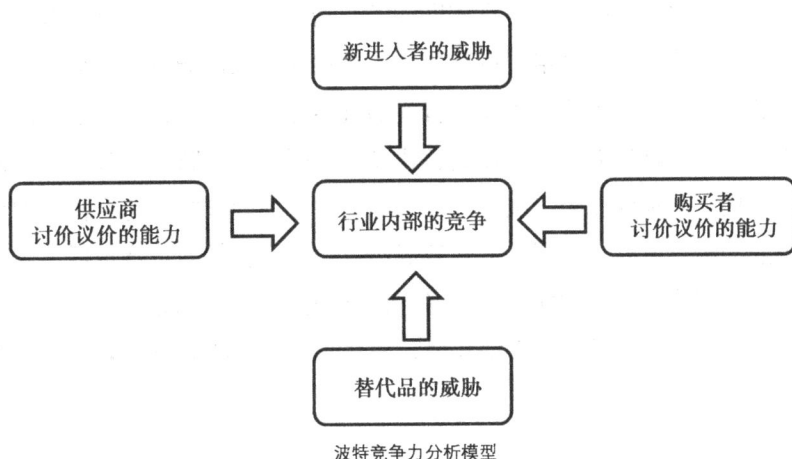

波特竞争力分析模型

#### （1）行业内部的竞争

大部分行业中的企业，其相互之间的利益是紧密联系在一起的。作为企业整体战略一部分的各企业竞争战略，其目标都在于使自己获得比竞争对手更多的优势。所以，在战略实施中就必然会出现冲突与对抗现象，这些冲突与对抗就构成了现有企业之间的竞争。现有企业之间的竞争常常表现在新产品开发、价格调整、广告战、分销渠道争夺、增加客户服务等方面。竞争各方的情况包括企业自身的成本和库存成本、产品的差异程度、产业的市场容量和市场增长率、竞争对手的复杂程度、退出壁垒的高低等。这些因素通常相互作用，共同决定着竞争的激烈程度。

#### （2）新进入者的威胁

新进入者也叫潜在竞争者，他们在给行业带来新生产能力、新资源的同时，也希望在已被现有企业瓜分完毕的市场中赢得一席之地。这样，他们就有可能与现有企业发生原材料与市场份额的竞争，最终导致行业中现有企业赢利水平降低，严重的话还有可能危及这些企业的生存。

竞争性进入威胁的严重程度取决于两方面的因素：新领域的进入障碍与退出障碍的大小。进入障碍主要包括规模经济、产品差异、资本需要、转换成本、销售渠道开拓、政府行为与政策、不受规模支配的成本劣势、自然资源、地理环境等方面的障碍，其中有些障碍是很难借助复制或仿造的方式来突破的。一个行业进入障碍高、退出障碍低，新竞争者不易进入，经营不善的企业又可以方便退出，留在行业内的企业能有较高且稳定的收益。一个行业退出障碍高、进入障碍也高，潜在收益虽高但风险大，因为虽然新企业不易进入，但经营不善的企业也难以退出，会留在行业内继续拼搏。一个行业进入障碍和退出障碍都低，企业可以获得较低但稳定的收益。一个行业进入障碍低而退出障碍高，新竞争者容易进入，在形势看好时容易招来大量的竞争者，但一旦环境恶化，他们难以撤离，所以企业的风险较大且收益较低。

**（3）替代品的威胁**

替代品是指与本企业的产品具有相同或类似功能的产品。在质量相等的情况下，替代品的价格会比被替代产品的价格更有竞争力。替代品投入市场以后，会使企业原有产品的价格降到较低水平，减少企业的收益。替代品价格越有吸引力，价格限制的作用就越大，对企业构成的威胁也就越大。为了抵制替代品对全行业的威胁，一些企业往往集体行动，如改进质量、提高营销效能等。决定替代品压力大小的因素主要有替代品的赢利能力，替代品生产企业的经营策略，购买者的转换成本。总之，替代品价格越低、质量越好、用户转换成本越低，其所能产生的竞争压力就大。而这种来自替代品生产者的竞争压力的强度，具体可以通过考查替代品销售增长率、替代品厂家生产能力与赢利扩张情况来描述。

---

**案例故事**

### 医疗器械领域的国内龙头——迈瑞医疗

迈瑞医疗是全球领先的医疗器械及解决方案供应商，自1991年成立以来，以多参数监护仪为切入口，实现了多种类医疗器械产品的国产自主研发，逐步发展为中国医疗器械的龙头企业，2004年更是通过FDA产品证书认证，反向进军医疗器械行业极为发达的美国市场，实现了生命信息与支持、体外诊断、医学影像三大业务领域的全球领先。如今，迈瑞医疗的产品及解决方案已经实现了国内从基层诊所到99%大型综合三甲医院、横跨多科室、全流程的国产替代。其同时进入了超过2/3的美国医院，许多排名靠前的美国医院均在使用迈瑞的产品。

从替代经济学的每一个视角都能找到迈瑞医疗国产替代成功的秘密。迈瑞最初并非自己生产医疗设备，而是作为国外公司的本土代理，但当时国内市场上只有一线城市的大型三甲医院才能够负担起昂贵的进口设备，迈瑞看到了国内医疗器械市场广阔的国产替代需求。于1993年研制出中国第一台多参数监护仪。尽管迈瑞的设备价格低、品质也不错，但当时还是很难对大城市的三甲医院中的原有市场造成替代威胁。

首先，从替代品价值比较的角度来看，迈瑞的产品价值尚未经过证明，具有极大的不确定性，而医疗行业的不确定性与患者的切身利益息息相关。

其次，当时的大型医院都已经习惯于GE、飞利浦或西门子的设备，进行替代会带来一系列转换成本：①国产医疗设备需要经过临床测试以证明其可靠性；②转换成迈瑞产品需要使用者重新学习使用方法或改变使用模式；③如果迈瑞产品不能实现特定功能，会为使用者带来一定的风险；④若最终替代失败，将会带来转换为原设备的额外成本。

最后，当时的国内医疗行业整体发展并不饱和，竞争强度较低，大型医院也没有替代的先例，因此买方的替代倾向也处于较低水平。

迈瑞在切入市场初期采取的是技术适配市场的战略。彼时，进口器械拥有巨大的技术优势、指标精度高、功能齐全，其核心技术壁垒短期难以撼动，但同样也带来了产品性能过度、应用门槛高的问题。因此，迈瑞选择避开与在位企业竞争，聚焦资源于研发难度低、指标单一但能满足大众基本监测需求的、高性价比、高应用性的"低端"产品，通过不断提高的国产市场占有率反哺研发，以市场需求驱动自身技术改进，坚持"需要即研发"的原则，维持产品相对成本优势，以市场需求的上移逐步引领自身打通关键节点的技术壁垒。在自身技术基本盘构建完成后，迈瑞转向以技术引领市场需求升级的战略。通过集成优化现有技术打造一体化解决方案，成立海外研究中心吸纳高精尖医疗人才等方式进攻高端市场，研发自身核心技术，同时保留国内市场降维打击的能力，可以随时通过削减非必要功能降低成本，逼退新的竞争对手。

## 思 考

迈瑞医疗是如何取得医疗市场的？

### （4）购买者讨价议价的能力

购买者位于行业下游，他们总是希望压低价格，对产品的质量、服务提出更高的要求，设法使供应商之间相互竞争。作为一种重要的竞争力量，购买者的讨价议价能力不仅影响到一个企业的效益，也影响到整个行业的赢利水平。

购买者的讨价议价能力能形成影响，主要有以下原因：购买者的总数较少，而每个购买者的购买量较大，占了卖方销售量的很大比例；卖方行业由大量相对来说规模较小的企业组成；购买者所购买的基本上是一种标准化产品，同时向多个卖方购买产品，在经济上也完全可行；购买者有能力实现后向一体化，而卖方不可能前向一体化。这些因素都能对卖方的企业竞争力形成较大影响。

企业要设法找出讨价议价能力更弱或转换成本最高的购买者，借以增强竞争优势，最好的办法是提供购买者无法拒绝的优秀产品——品牌，以占领市场。

### （5）供应商讨价议价的能力

供应商位于行业的上游，他们为下游的厂商提供经营所需的人、财、物和其他资源。供应商提高价格或降低质量或减少供应，都会对作为购买者的企业产生一定的影响。

一般来说，满足如下条件的供应商会具有比较强大的讨价议价力量：供方行业被一些具有比较稳固的市场地位又不受市场激烈竞争困扰的企业控制，其产品的买主很多，以至于每一单个买主都不可能成为供方的重要客户；供方各企业的产品各具特色，以至于买主难以转换或转换成本太高，或者很难找到可与供方企业产品竞争的替代品；供方能够方便地实行前向联合或一体化，而买主难以进行后向联合或一体化。

与企业面对购买者时的情况一样，供应商的讨价议价能力也会变化。企业可审时度势，通过战略选择改善自己的处境。

### 3.3.2　SWOT 分析模型

用 SWOT 分析竞争对手就是将搜集到的竞争对手情报进行综合分析，并最终形成分析结论和策略。SW 为内部关键因素，OT 是外部关键因素。对于零售企业或零售品牌来说，建立 SWOT 分析模型前，我们需要分析竞争对手，也就是对搜集到的竞争对手情报进行综合分析，并最终形成分析结论和策略。例如，对于零售企业或零售品牌来说，建立 SWOT 竞争对手分析模型前，我们可以通过以下问题搜集自己与竞争对手的关键信息并进行分析。

**优势**

S1. 我们最擅长什么，是产品设计开发、渠道布局、营销手段，还是价格？

S2. 我们在成本、技术、定位和营运上有什么优势吗？

S3. 我们是否有其他零售商不具有或做不到的东西？

S4. 客户为什么到我们这儿来购物？我们的供应商为什么支持我们？

S5. 我们成功的原因何在？

**劣势**

W1. 我们最不擅长做什么？产品、渠道、营销还是成本控制？

W2. 其他零售商或品牌商在哪些方面做得比我们好？

W3. 为什么有些老客户离开了我们？员工为什么离开我们？

W4. 我们最近的失败案例是什么？为什么失败？

W5. 在企业组织结构中，我们的短板在哪儿？

**机会**

O1. 在外部，在产品开发、渠道布局、营销规划和成本控制方面，我们还有什么机会？

O2. 如何吸引到新的客户？如何做到与众不同？

O3. 在外部因素中，和公司短期、中期规划目标相关的机会点有哪些？

O4. 竞争对手的短板是否是我们的机会？

O5. 行业未来的发展如何，是否可以进行异业联盟？

**威胁**

T1. 经济走势、行业发展、政策规则是否会不利于企业的发展？

T2. 竞争对手最近的计划是什么？是否有潜在竞争对手出现？行业内最近有无倒闭的企业，其倒闭原因是什么？

T3. 企业最近的威胁来自哪儿？有办法规避吗？

T4. 上下游的客户中是否有不和谐的地方？其资源状况如何？

T5. 舆情是否不利于企业发展？

行业不一样、企业不一样，这 20 个问题也会不一样，企业可以根据自己的特性进行调整。我们需要通过这些问题来对 SWOT 分析模型进行量化处理。如表 2-5 所示，结合搜集到的竞争对手情报，对 20 个问题分别进行打分，然后设定不同问题的权重，最后就得到 SWOT 以及 SW、OT 的综合得分。

**表 2-5　SWOT 影响因素量化处理表（10 分制）**

|  | 内容 | 权重 | 得分 / 分 | 加权重得分 / 分 | 内-外部合计得分 / 分 |
|---|---|---|---|---|---|
| S | S1 | 0.15 | 5.00 | 0.75 | 5.71 |
|  | S2 | 0.20 | 7.10 | 1.42 |  |
|  | S3 | 0.05 | 7.90 | 0.40 |  |
|  | S4 | 0.10 | 7.80 | 0.78 |  |
|  | S5 | 0.05 | 6.10 | 0.31 |  |
|  | 合计 | 0.55 | 34.90 | 3.65 |  |
| W | W1 | 0.15 | 5.10 | 0.77 |  |
|  | W2 | 0.10 | 5.20 | 0.52 |  |
|  | W3 | 0.10 | 3.90 | 0.39 |  |
|  | W4 | 0.05 | 2.70 | 0.14 |  |
|  | W5 | 0.05 | 4.90 | 0.25 |  |
|  | 合计 | 0.45 | 38.80 | 2.06 |  |
| O | O1 | 0.10 | 8.50 | 0.85 | 5.63 |
|  | O2 | 0.10 | 6.10 | 0.61 |  |
|  | O3 | 0.15 | 5.20 | 0.78 |  |
|  | O4 | 0.10 | 8.10 | 0.81 |  |
|  | O5 | 0.10 | 8.00 | 0.80 |  |
|  | 合计 | 0.55 | 35.90 | 3.85 |  |
| T | T1 | 0.15 | 4.00 | 0.60 |  |
|  | T2 | 0.05 | 6.50 | 0.33 |  |
|  | T3 | 0.05 | 3.90 | 0.20 |  |
|  | T4 | 0.10 | 4.10 | 0.41 |  |
|  | T5 | 0.10 | 2.50 | 0.25 |  |
|  | 合计 | 0.45 | 34.00 | 1.78 |  |

可以对本企业和不同竞争对手分别打分，就能较容易地发现彼此的 SWOT 现状。SWOT 分析除了用在战略制定或调整、竞争对手分析、职业生涯规划等方面外，一些战术的制订也可以用 SWOT 分析进行梳理，例如谈判策略制订、新产品上市策略等。

---

**案例故事**

### 海尔集团 SWOT 分析——以空调产业为例

（1）优势（Strengths）

①根据行业发展实施有效的管理模式。

从 1984 年海尔公司建立至今，海尔总共拥有六个战略阶段，在不同的战略阶段实施了契合当时环境的管理模式。1984—1991 年运用名牌战略确保产品质量并最终运用这一优势远超其他竞争品牌；1991—1998 年运用多元化战略，实施 OEC 模式，不断提高自身品牌能力，进行全方位的优化管理；1998—2005 年，运用国际化战略，实施市场链管理模式，对产品的制造、营销、零售等进行一体化建设；2005—2012 年的全球化品牌战略、2012—2019 年的网络化战略，还有 2019 年至今的生态品牌战略都实施了人单合一模式，以员工、用户为中心，不断激发员工的创造力，不论是对用户还是企业内部事项，员工都可以提出自己的想法，从而在海尔内部形成扁平化组织结构，不断输入新鲜血液。

②品牌知名度高，市场份额占比多。

2020 年，尽管国内空调行业乃至整个家电业都受到新冠肺炎疫情的影响，但是海尔空调的市场份额在普遍低迷的市场中还是有所上涨。海尔是在受疫情重创的情况下空调行业是唯一一个实现销售量和市场份额双增长的品牌。截至 2021 年 6 月，海尔智家股票总市值为 2 380 亿元，行业排名第三，占市场份额 10.0%，海尔独特的物联网体系又使互联智能空调成为全世界第一，在中国国内所有空调企业中，其出口到国际的产品销量也是第一。

③产品功能技术的创新。

海尔空调主要拥有六大专利技术：冷膨胀技术、凝水技术、宝石蓝涂层技术、银离子抗菌涂层技术、逆平衡技术、速凝快洗技术。这六大专利都能够有效抑制细菌滋生，还使空调内外机自清洁的功能，保障家中空气卫生。新冠肺炎疫情期间，海尔推出具有除菌、净化空气、自清洁等多种功能的空调，充分考虑到了消费者的需求，深受消费者喜爱。

（2）劣势（Weaknesses）

①空调核心技术的缺失。

如今海尔还没有研发出具有竞争优势的核心技术，如在压缩机方面，其他空调企业如格力有凌达压缩机技术，美的有自家和东芝的压缩机技术，海信有自家和日立的压缩机技术，TCL有瑞智压缩机技术，长虹有东元压缩机技术。而海尔没有自主研发的压缩机核心技术，一般使用的是三菱电机和海立压缩机。海尔应当不断创新，构建自己的核心技术研发团队，提升在规模如此宏的大市场中的竞争优势。

②营销方式没有拥抱新媒体。

在互联网飞速发展中，直播带货这一营销方式异军突起，而海尔很少尝试这种新营销模式。2020年8月，国美携手海尔进行了一场"欢乐家庭聚会"式的直播活动，直播三小时就产生了4.1亿的销售额。但此后，海尔就没有再进行高层参与的直播活动。张瑞敏先生认为直播带货是另一种形式的价格战，而海尔一直主张的是价值战。如今，在互联网催生出新媒体的情况下，直播购买产品的方式变得越来越普遍。格力的董明珠女士、携程的梁建章先生还有百度的李彦宏先生纷纷下场直播为自家品牌站台。好的直播平台能给企业带来影响力与知名度的提高，海尔可以尝试这种新的营销方式。

（3）机会（Opportunities）

①国家政策支持。

依照"中国制造2025"的设定发展，第一步要更加注重创新能力，发挥出企业的最大优势，同时促使制造业朝着智能化迈进，减少因制造业产生的污染，更加注重可持续的环境发展，在全世界形成具有影响力的企业。第二步要在国际方面具有领先优势，具有引导世界趋势的能力，创造出世界品牌。第三步要求建立全球领先的技术体系，不断加强综合实力。

在国家政策的支持下，我国家电行业有广阔的发展空间，家电企业需要不断创新，为我国实现世界制造强国目标出力。现如今，环境可持续发展理念逐渐融入人们的生活，"碳达峰""碳中和"两个词语越来越多地出现在生活中，这就要求所有企业低碳减排、优化能源结构、减少污染。为响应国家的方针政策，海尔不断研发创新，推出了有关应用清洁能源的成果，之后又创建了第一个智能物联云平台。其目的就是依靠自身现有的物联网技术体系，加上技术创新，使产品更加绿色低碳。海尔中德工业园区是全球首个实现碳中和的"灯塔基地"。

②消费结构升级，追求更好的产品。

随着消费人群年龄结构的改变以及教育水平的增长，我国的国民消费结构逐渐升级，人们追求质量更高、科技含量更高、附加功能更多的产品。新时代消费主力军慢慢由"80后""90后"变为"95后""00后"，消费人群年龄结构发生了改变。随着时代的发展，消费结构以及消费观念相比从前也有了巨大变化，"00后"对产品质量、产品服务的追求比"80后"更甚，而且"00后"对于产品更加追求个性化、创意度、潮流感等。

（4）威胁（Threats）

①市场竞争激烈。

中国人口众多，而家电又属于生活必需品，市场广阔，所以中国家电企业生产的产品数量是非常庞大的，竞争非常激烈。众多的家电品牌都在不断提升产品质量，力争做出更好的成绩。在国内众多家电企业中，格力、美的、海尔三家占据了家电业的半壁江山。中国市场对于外国企业是一块诱惑很大的蛋糕，很多了解中国市场且拥有核心技术的外国企业也盯着这块大蛋糕。日本东芝公司就于2013年在杭州建立了独资工厂。国内外的优秀空调生产企业对于海尔来说，也算是一种威胁。

②原材料成本达十年来最高。

铜是生产空调必不可少的原材料，不管是在生产过程中还是在安装过程中，铜都起到了独一无二的作用，因为空调中的原材料有30%是铜件，而在安装所需材料中铜件占到7成。2020年年底，铜价一路飙升至6万元/吨，成本激增，所以空调、冰箱、洗衣机的价格或多或少出现增长。在铜供应量紧张的情况下，由于铜具有优于其他材料的导电性能，一时未能找到其他材料，导致铜价居高不下。2021年春节前后，铜、合金、铝、铁矿、不锈钢、玻璃、包装纸箱、泡沫塑料的价格均有不同程度的涨幅。原材料价格的一系列增长会增加空调生产企业的成本压力，进一步影响企业利润。

# 模块二 制定项目营销策略

## 1. 产品策略

产品策略是企业为了在激烈的市场竞争中获得优势，在生产、销售产品时所运用的一系列措施和手段，包括产品定位、产品组合策略、产品差异化策略、新产品开发策略、品牌策略以及产品的生命周期运用策略。

### 1.1 市场营销的五个步骤

所有的企业，无论是大企业还是小企业，国内企业还是跨国企业，都注重以客户为中心。市场营销策略是企业实现以客户为中心的落实手段，是企业为客户创造价值并建立牢固的客户关系，从中获取价值回报的过程。简单地说，市场营销就是管理可获利的客户关系，其过程可分解为五个步骤，前四个步骤都是围绕着了解、建立牢固的客户关系来进行，第五个步骤才开始获取由目标客户创造的价值回报。市场营销流程如下：

```
┌─────────┐    ┌─────────┐    ┌─────────┐    ┌─────────┐    ┌─────────┐
│ 了解客  │ →  │ 设计营  │ →  │ 整合营  │ →  │ 建立客  │ →  │ 获得    │
│ 户需求  │    │ 销战略  │    │ 销方案  │    │ 户关系  │    │ 回报    │
└─────────┘    └─────────┘    └─────────┘    └─────────┘    └─────────┘
```

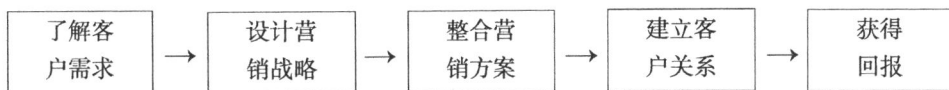

1960 年美国人杰罗姆·麦卡锡整理前人观念，在《基础营销》一书中将营销的要素概括为四类，包括产品（Product）、价格（Price）、渠道（Place）、促销（Promotion），逐步形成了 4P 营销理论。

### 1.2  产品概念

产品是指任何能提供给客户以关注、获得、使用或消费价值满足客户需要或欲望的东西。传统的产品仅限于有形物品，比如汽车、家电、家具、化妆品等。现代的产品观念已经扩大到更为广泛的内容，包括无形的创意、服务、组织、观念等。简单地说，产品就是"为了满足市场需要而创建的，用于运营的功能和服务"。

---

**案例故事**

#### 老干妈的产品

20 世纪 80 年代，老干妈的创始人陶华碧因生活所迫，在贵州省贵阳市南明区龙洞堡的一条街道上搭起一个路边摊，专卖凉粉和凉面。陶华碧用自制的豆豉麻辣酱拌凉粉，受到客户的追捧。后来她发现客户最喜欢的是她的麻辣酱，甚至有人不吃凉粉，专门来买她的麻辣酱。后来，她的凉粉生意越来越差，麻辣酱却越卖越火。一天中午，陶华碧店里的麻辣酱卖完后，店里竟然一个吃凉粉的客户都没有了。她走到别人店里才发现，沿街十多家类似的餐馆和小吃摊都因为使用了她做的麻辣酱而生意红火。

由此，陶华碧才明白，自己的特色产品是自制的麻辣酱，而不是凉粉和凉面。经过一段时间的筹备，陶华碧租了两间房子，招聘了 40 余名工人，专门生产"老干妈辣椒酱"。明确的产品定位，让"老干妈"在神州大地一举成名，进而风靡海外。

---

美国心理学家马斯洛根据先后强弱顺序，将人的需求由低到高分为五个层次：生理需求、安全需求、爱和归属感、尊重\自我实现共五类。

应用到企业的经营策略中，不同产品满足客户不同层次的需求。生理需求层次，只能满足客户最基本的需求；安全需求层次，要求产品对于客户自身健康来说是安全的；社交层次需求，要求产品能满足客户的形象需要或交际需要；尊重需求层次，客户关心产品背后的品牌故事；自我实现层次，客户能从产品中获取尊重和满足。不同的客户有不同的需求，只有从客户的角度来考虑产品和服务的定位，这样的定位才能真正有意义。

由此可知，产品是一个整体概念，叫作"产品的整体概念"，包含核心产品、有形产品、附加产品、期望产品四个层次。

## 案例故事

### 夫妻买餐具

一对夫妻刚装修了新房子，他们买了家电家具之后，还需要添置一些日常用品。他俩去逛商场时，妻子看中了一套制作精美、品质上乘的餐具。她爱不释手，坚持要买回家。可是丈夫觉得花这么大的价钱买一套餐具不值得，所以一直反对。二人正僵持不下时，导购员走过来。了解情况之后，导购员悄悄在丈夫耳边说了一句话，丈夫听后，马上改变了自己的主意，积极支持妻子的意见，当机立断掏钱将餐具买了下来。这是因为导购员抓住了男人不爱做家务的心理，熟知这位丈夫的需求，他说的是，"这么贵的餐具，您太太是舍不得让您洗碗的"。

我们可以通过这个案例故事来理解产品的四个层次。餐具，不管是否精美，都能满足消费者日常的盛放饭菜的需要，所以餐具就是核心产品。餐具精美、质量上乘，它们的质量、形式和特色满足了妻子所追求的利益，属于有形产品。导购员的提醒使得丈夫注意到这套餐具属于他的期望产品，即"不用他洗碗"，这满足了丈夫的期望，所以他赞成购买。如果这对夫妇还购买了抽油烟机、电冰箱、洗衣机等家电，那么超市提供的送货、安装等服务就属于附加产品。

为了把自己的产品卖出去，企业必须思考这样一些问题：企业要生产或者销售什么样的产品，怎样开发和推广该产品，怎样根据市场生命周期延长该产品的市场占有率等。产品策略是指企业为了让自己的产品在激烈的竞争中销售出去而制定的一系列措施和手段，包括产品组合策略、产品品牌策略、产品生命周期策略、新产品开发策略等。

为了在竞争中获胜，企业既要生产大批量的产品，以节省成本、获得较大的经济效益，又要发展各种各样的产品来满足消费者的需要，由此产生"产品组合"的概念，即企业生产或销售的全部产品和项目的组合方式，产品组合是所有产品大类和产品项目的集合。

产品组合的四个维度是宽度、长度、深度和相关性。产品组合的宽度是指企业有多少种产品大类，即拥有多少种产品线。产品组合的长度是指企业的产品线中产品项目的综合，即企业中不同规格或不同品牌的产品总数。产品组合的深度指产品线中每种产品所提供的花色、品种、规格等。产品组合的相关性指各种产品线在最终用途、技术、分配渠道和其他方面相互关联的程度。

企业在进行产品组合时，涉及三个层次的问题需调整。一是通过增加或删除的形式调整产品项目，二是通过扩展、填充或缩减的形式调整产品线，三是通过加强、简化或淘汰的方式来确定最佳产品组合。

### 1.3 产品品牌策略

品牌是某种产品或服务用以区别其竞争对手的商业名称及其标志，通常由文字、符号、标记、图案和颜色等要素组合而成。在产品越来越同质化的今天，越来越多的消费者在选择产品时只认准某品牌。品牌的建立有助于维护企业权益、保证产品质量，在使消费者区别、认识产品的过程中，建立品牌忠诚度。具有代表性的品牌策略如单一品牌策略、副品牌策略、多品牌策略、背书品牌策略等。

**（1）单一品牌策略**

单一品牌又称统一品牌，它是指企业生产的所有产品都同时使用一个品牌的情况。这样在企业的不同产品之间形成了一种很强的品牌结构协同，使品牌资产在完整意义上得到充分的共享。单一品牌战略的优势不言而喻，商家可以集中力量塑造一个品牌形象，让一个成功的品牌附带若干种产品，使每一种产品都能够共享品牌的优势。比如大家熟知的"海尔"就是单一品牌战略的代表。海尔集团从1984年起开始推进自己的品牌战略，从产品名牌到企业名牌，再发展到社会名牌，已经成功树立了"海尔"的知名形象。海尔产品从1984年的单一冰箱发展到拥有白色家电、黑色家电、米色家电在内的多个规格产品群，并出口到世界100多个国家和地区，使用的全部是单一的"海尔"品牌。不仅如此，"海尔"也作为企业名称和域名来使用，做到了"三位一体"。而作为消费者，我们可将海尔的"真诚到永远"的理念拓展到它名下的任何商品。一个成功的海尔品牌，使得海尔的上万种商品成为名牌商品，单一品牌战略的优势尽显其中。

单一品牌战略的另一个优势就是品牌宣传的成本低，这里面的成本不仅仅指市场宣传、广告费用的成本，还包括品牌管理的成本，以及消费者认知的清晰程度。单一品牌更能集中体现企业的意志，容易形成市场竞争的核心要素，避免消费者在认识上发生混淆。

当然，单一的品牌战略也存在着一定的风险，它有"一荣共荣"的优势，同样也具有"一损俱损"的危险。如果某一品牌名下的某种商品出现了问题，那么在该品牌下附带的其他商品也难免受到牵连，整个产品体系可能会面临重大的灾难。单一品牌大多缺少区分度、差异性小，不能区分不同产品的独特特征，这样不利于商家开发不同类型的产品，也不便于消费者们有针对性地选择。因而在单一品牌中往往会出现"副品牌"。

**（2）副品牌策略**

副品牌策略的具体做法是以一个成功品牌作为主品牌，涵盖企业的系列产品，同时给不同产品起富有魅力的名字作为副品牌，以突出产品的个性化形象。我们依然以海尔为例。海尔虽然在它所有的产品之上都使用同一个商标，但是为了区分彼此的特点，仅就冰箱来说就分为变频对开门的"领航系列"、变频冰箱"白马王子系列""彩晶系列"、电脑冰箱"数码王子系列""太空王子系列"、机械冰箱"超节能系列""金统帅系列"等。所以仅冰箱这种产品，在海尔名下就有15种副品牌。在家电行业使用副品牌已经成为行业的通行做法，这样有效地划分了不同类型产品的功能和特点，使得每组商品的特点彰显，同时也弥补了单一品牌过于简单、不生动的缺点。

**（3）多品牌策略**

一个企业同时经营两个以上相互独立、彼此没有联系的品牌的情形，就是多品牌战略。众所周知，商标的作用是就同一种的商品或服务，区分不同的商品生产者或者服务的提供者的。一个企业使用多种品牌，商标发挥的功能就不仅仅是区分其他的商品生产者，也包括区分自己的不同商品。多品牌战略为每个品牌分别营造了一个独立的成长空间。

多品牌的优点很明显，它可以根据功能或者价格的差异进行产品划分，这样有利于企业占领更多的市场份额，面对有更多需求的消费者；各品牌彼此之间看似为竞争关系，实际上很有可能壮大整体的竞争实力，有效增加市场的总体占有率；可避免产品性能之间的影响，比如把卫生用品的品牌扩展到食品上，消费者从心理上来说很难接受。而且，多品牌可以分散风险，如某种商品出现了问题，可以避免殃及其他的商品。

其缺点则在于：宣传费用高昂，企业打造一个知名品牌需要财力、人力等多方面的配合，如果想成功打造多个品牌，自然要以高昂的投入为代价；多个品牌之间存在自我竞争；品牌管理成本过高，多个品牌也容易在消费者心中产生混淆。

日化品公司常采用多品牌战略。某日化品公司的原则是：如果某一类产品的市场还有空间，最好那些"其他品牌"也是本公司的产品。举例来说，在市场上，该日化品公司有8种洗衣粉品牌、6种肥皂品牌、4种洗发水品牌和3种牙膏品牌，每种品牌的特征描述都不一样。以洗发水为例，有以柔顺为特长的品牌、以全面营养吸引公众的品牌、去屑功效良好的品牌、强调头发亮泽度的品牌。不同消费者在洗发水货架上可以自由选择商品，然而都没有脱离该日化品公司的产品。

在多品牌战略中，有些企业使用的并非功能划分，而是等级划分，也就是说，将不同的品牌用于相同的产品，但是对产品的品质、级别进行差异化划分。比如某化妆品公司就选择了以档次为标准来区分产品。有些产品是它的高端产品，而有些产品则是它的大众化产品。即使是热衷化妆的女士，也不一定清楚这些品牌竟然都归属于同一家公司。它们各自占领着自己的市场份额，拥有不同消费层次的客户。

**（4）背书品牌策略**

背书品牌依附于产品，贯穿整个公司品牌和项目品牌，背书品牌的管理在价值链的各环节实施，确保开发项目能够成为公司区别于其他品牌的鲜明特征体现。例如，日化品公司在使用它的品牌时，常会明确点出品牌名称，如"某洗发水——某公司优质产品"。

## 1.4 产品生命周期策略

产品生命周期指产品从进入市场开始，到最终退出市场所经历的市场生命循环过程。产品投放到市场以后，企业将根据产品的生命周期，制定出从消费者如何迅速接受新产品到尽可能延长产品的市场寿命的策略，从而获得更多的利润。

产品生命周期一般分为四个阶段。

**（1）投入期**

新产品设计投产并投放市场以后，便进入测试阶段。这时消费者对该产品不是很了解，销售增长缓慢，因而产品不能大批量生产，同时需要大量的宣传，导致企业成本和投入都很高。

策略：在促销方式与价格方面优化配置，用多种方式推出新产品，在尽可能短的时间内尽可能快地占领市场。

**（2）成长期**

通过一段时间的推广和销售，消费者对该产品已经了解和熟悉，市场逐步扩大。随着销售额的快速上升，产品开始大批量生产，产品成本逐渐下降，利润也迅速增长，竞争者也纷纷加入，市场竞争日趋激烈。

策略：提高产品质量，增加产品品种；不断细分市场，提高市场占有率；通过促销和宣传，树立品牌形象。

**（3）成熟期**

随着竞争者的加入，同类产品越来越多，而市场需求量处于相对饱和状态，能挖掘的潜在客户越来越少，企业销售额逐渐下滑。为了增加竞争力，产品售价降低，促销费用增加，企业的利润逐步下降。

策略：提高产品性能，改进产品工艺；挖掘潜在客户，提高客户消费水平；通过调整先后次序等方式，优化组合营销策略。

**（4）衰退期**

随着科技的发展，企业技术工艺呈落后状态，设备维修费增加，生产成本日渐增多。由于新工艺的产生，市场上出现了性价比更高的新产品，足以满足客户的需求，使得企业产品的销售量和利润逐步降低，最后导致企业零利润甚至负债，最终停止生产该产品。

策略：一旦发现企业处于衰退期，可以立即放弃衰退产品，转而投产可替代的新产品；也可以一边逐步有序地压缩旧的产品生产线，一边加速投入新的生产线；还可以主动放弃衰退产品，自然退出市场。

## 1.5 新产品开发策略

人类社会发展的车轮已把我们推向了一个高速创新的时代，科学技术的飞速发展、经济全球化步伐的加快、市场竞争的日益激烈、世界市场机会的不断转移，导致产品生命周期越来越短。在 20 世纪中期，一代产品通常意味着 20 年左右的时间，而到了 20 世纪 90 年代，一代产品的概念不超过 7 年。20 世纪 80—90 年代在美国，产品生命周期平均为 3 年，1995 年已经缩短为不到 2 年。这迫使企业即便不为了利润，至少为了生存，也必须不断开发新产品以迎合市场需求的快速变化。

新产品开发策略的类型是根据新产品策略的维度组合而成的，产品的竞争领域、新产品开发的目标、实现目标的措施三维构成了新产品开发策略。对各维度及维度的诸要素加以组合便形成了各种新产品开发策略,典型的新产品开发策略有冒险或创业策略、进取策略、紧跟策略、保持地位或防御策略。

## 2. 渠道策略

企业生产了产品,要让产品顺利到达个体或者集体消费者(用户)手中,就需要通过中间机构对产品进行转移,即营销渠道。因此,营销渠道就是指某种促使产品或服务从生产者向消费者转移的组织机构。构成营销渠道的组织包括生产企业、批发商、零售商、消费者。

企业营销渠道的选择将直接影响其他的营销决策,如产品的定价。好的营销渠道不仅能为消费者提供价廉物美且数量合适的产品来满足市场需求,还能帮助企业成功开拓市场、实现销售及经营目标。

### 2.1 营销渠道的结构

#### 2.1.1 长度结构

营销渠道的长度结构,是指产品到达消费者手中前所包含的中间商的数量。通常情况下,根据渠道层级的多少,可以分为零级、一级、二级和三级渠道等。

**(1)零级渠道**

零级渠道也叫作直接渠道,指没有中间商参与的一种渠道结构。在零级渠道中,企业生产者有专门的销售部门,直接提供产品给消费者。零级渠道适用于产品用途单一、技术复杂、用户集中的产品。目前,这种渠道对于生鲜产品、手工业制品等也比较实用。

其优点在于贴近消费者,企业能更灵敏地了解市场,对于企业的长远规划与发展具有深远意义;但投入非常大,资源也较为分散,对经营和管理的要求比较高。

**(2)间接渠道**

这是按照渠道所包含的中间商来定义的一种渠道模式,目前其采用范围最为广泛。在企业规模不够大,自身没有强大的销售渠道时,必须借助中间商的力量来销售自身产品。有些企业即使拥有自己的渠道网络,也往往会借助中间商来扩大市场覆盖率。这种渠道的优点在于管理模式简单,有利于企业集中精力创造核心竞争优势,能够迅速占领市场,在降低成本和风险的同时,提高销售量;缺点在于过于依赖中间商,对市场需求的掌控力较弱,很难形成企业自身的服务优势。

#### 2.1.2 宽度结构

宽度结构是指在销售渠道的每个环节中使用中间商的数量。同一个环节,中间商数量越多,渠道越宽;反之,则渠道越窄。渠道的宽度结构受产品性质、市场特征、用户分布等因素的影响。根据渠道的宽度结构可以选择以下三种不同的营销渠道。

**（1）密集式营销渠道**

密集式营销渠道也称广泛型营销渠道，指企业在同一市场层面上，尽可能拓宽营销渠道，运用尽可能多的中间商进行销售。日常消费用品的销售就采用这种渠道，比如牙膏、牙刷、饮料、纸品等的销售。

**（2）选择性营销渠道**

选择性营销渠道指在同一目标市场上，有针对性地选择少量中间商进行销售的营销渠道类型。比如，某品牌的运动鞋产品就在几种不同类型的店铺中销售：设置体育用品专卖店提供给职业运动员；设置大众体育用品专卖店提供给普通大众；在百货商店里集中销售最新样式的产品；而在工厂店，则大部分是过季产品。

**（3）独家营销渠道**

独家营销渠道指在一个地区或者一定范围内只选择一家渠道中间商进行销售。实行独家代理的营销渠道，是最窄的营销渠道类型。采用独家营销渠道时，通常企业和销售方必须达成一致，企业不得在同一地区另外设立销售方，销售方也不得同时销售其他同类型的产品。一般来说，针对一些新产品，最先选择的是独家营销渠道模式，当产品被市场广泛接受后，企业就会将独家营销渠道模式转变为选择性营销渠道模式。三种营销渠道的比较如表 2-6 所示。

**表 2-6　三种营销渠道的比较**

| 类型 | 含义 | 优点 | 缺点 |
|---|---|---|---|
| 密集式营销渠道 | 尽可能多地运用经销商 | 市场覆盖率非常高，适用于日常消费品 | 经销商竞争激烈，容易使市场陷入混乱，渠道管理成本高 |
| 选择性营销渠道 | 每一个区域或层次只有一家经销商 | 竞争小，能密切了解市场动向，适用于专业类产品 | 因缺乏竞争，客户满意度会受影响，经销商权力大 |
| 独家营销渠道 | 在一定范围内选择一部分经销商 | 优缺点介于前二者之间 | |

### 2.1.3　系统结构

传统渠道系统是指生产商、批发商、零售商和消费者共同组成的相对独立、非常松散的营销渠道。渠道成员自成体系，都力争获得最大化利益，但都不能完全控制其他成员，所以面临严峻的挑战。现代渠道成员都在不同程度上采取了一体化经营策略，从而构成不同的渠道系统，其主要包括三类。

**（1）垂直式渠道系统**

这类系统已经成为消费品市场的主要力量，是由生产商、批发商和零售商纵向组合而成的统一系统。成员间有的是隶属关系，有的是特许加盟的关系，有的是合作关系，因而能够步调一致，尽量减少相互之间的冲突，赢得应有的利润。

### （2）水平式渠道系统

这类系统是由两家或两家以上的独立企业横向联合，统一资源和计划，共同开发新的市场机会的营销渠道系统。通过这种方式，各个企业可以扬长避短，克服自身资本、技术、资源的不足，减少市场运营风险，获得更稳定的利润。这种联合可以是暂时性的，也可以是永久性的，还可以由几家独立企业组成一家新的企业。

### （3）多渠道系统

这是企业针对同一市场或者不同的细分市场，建立两条或更多条营销渠道，采用多条营销渠道进行销售的体系。这种系统能更好地实现市场渗透，在市场商品供过于求、竞争较为激烈时，企业采用此种策略往往能收到较好的效果。

## 2.2 营销渠道的影响因素

企业只有通过营销渠道才能将产品销售出去，因此必须根据实际情况进行综合分析，再选择和设计合适的营销渠道。影响营销渠道的因素有以下几个。

### 2.2.1 产品因素

①产品单价。产品价格越低，营销渠道越多，线路越长；产品价格越高，营销渠道越少，线路越短。

②产品性质。体积小、不易腐烂、损耗较小的产品适用于短而窄的专用渠道；反之，适用于长而宽的渠道。

③产品数量。数量大的产品往往需要中间商进行销售，以扩大销售面。

④产品的技术含量和售后服务。产品技术越复杂，越需要较高的售后服务，适用于直接渠道；反之，则可以选择间接渠道。

⑤产品生命周期。在产品生命周期的各个阶段，应选择不同的营销渠道，比如在产品成长期就应扩张营销渠道，在产品衰退期则需压缩营销渠道。

### 2.2.2 市场因素

①目标市场的大小。目标市场越多，分布越广，就要利用长渠道；反之，则用短渠道。

②消费者分布情况。如果消费者数量多且较为分散，适合选择长而宽的渠道；反之，则适用短而窄的渠道。

③市场的地域性。根据消费地域性的不同，设置不同的营销渠道。潜在消费者少的地区，营销渠道可以短些；潜在消费者较多的地区，可采用批发和零售兼有的营销渠道。

④消费者的购买习惯。根据消费者能接受的价格、购买的场所、购买的方式以及对服务的要求等，选择合适的营销渠道。

### 2.2.3 企业本身的因素

企业应根据自己的实力、管理能力、控制渠道的能力等因素来选择合适的营销渠道。

### 2.2.4 环境因素

①经济环境。当一个国家、一个地区经济发展较迅速、经济水平较高时，营销渠道的选择余地较大；当处于经济萧条时期，市场需求下降，就需要降低成本，减少不必要的中间环节，选择较短的渠道。

②相关法律法规。国家和地区的政策、法律法规，如反垄断法规、进出口贸易规定、专卖制度等，会在很大程度上影响企业对营销渠道的选择。

③竞争环境。当竞争者过于强大以致给企业造成压力时，会影响企业对营销渠道的选择。此时，企业只能改变策略，或在销售同一产品时比竞争对手做得更好，或做出与竞争对手不同的业务行为，以求得生存和发展。

## 2.3 营销渠道的设计步骤

为实现营销目标，在对各种备选渠道进行调研和评估之后，企业可以根据畅通、高效、覆盖适度、稳定可控、可发挥自身优势等原则，设计营销渠道。

根据斯特恩等学者总结的"用户导向分销系统"设计模型，可以将营销渠道的设计过程整理为七个步骤，流程图如下。

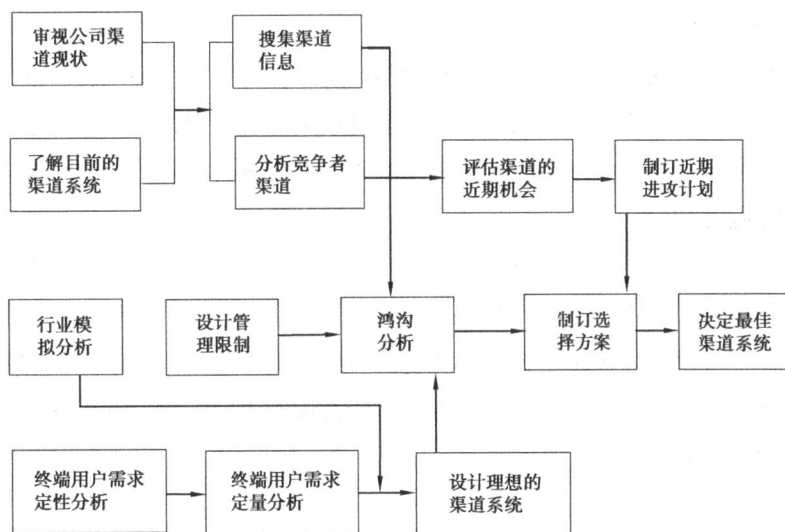

第1步：审视公司渠道现状、了解目前的渠道系统。了解公司营销渠道各个环节的职能、分工，对现有销售渠道进行评估、分析。

第2步：搜集渠道信息、分析竞争者渠道。获取现有渠道及竞争者渠道的相关信息，搜集自身渠道运营状况、存在的问题等方面的资料，并了解竞争对手的优、劣势。

第3步：评估渠道的近期机会、制订近期进攻计划。综合先前搜集的资料，进一步分析销售渠道变化带来的机会，制定相应的对策。

第4步：终端用户需求定性分析。在考查消费者购买数量、是否需要技术支持及服务等方面后，分析消费者需要什么样的产品、愿意选择什么样的渠道进行购买。

第5步：行业模拟分析、设计理想的渠道系统、设计管理限制。对行业内外的类似渠道进行分析，吸收优秀的营销案例精华为自己的企业所用；并通过分析本行业的管理目标、组织结构、渠道人员等，了解方案在未来能否被认可或执行。

第6步：鸿沟分析。对以用户为导向的营销渠道、现有的营销渠道和被限制的营销渠道进行比较分析，找出其差异即鸿沟。

第7步：制订选择方案、决定最佳渠道系统。综合各种信息和意见，在理想的渠道系统和被限制的营销渠道之间寻求平衡，对原系统进行重新构建和改进，在此基础上确定最佳营销渠道。

### 2.4　营销成员的冲突管理

建立渠道之后，就要对营销渠道各成员进行管理，让渠道系统不断优化和组合，从而持续发挥渠道应有的作用。

渠道成员并不认为自己是生产企业中的一员，常常需要生产企业以直接或间接的方式进行激励，其才能提高服务水平、提高销售效率、被激发出销售积极性。尽管如此，渠道成员还是会因为角色、目标、观点、沟通等方面存在的种种差异而出现冲突。

**（1）预防冲突**

在冲突出现之前，企业可以制定相关的制度，打通成员沟通渠道，从而达到预防冲突的目的。比如，通过建立会员制度、共享信息成果、邀请渠道成员参加活动等方式，加强成员之间的沟通和联系，保证信息畅通，避免产生冲突。

**（2）解决冲突**

在冲突产生之后，应该采取某种方式解决冲突。可以避其锋芒，以理智的方式退出争端；可以将他人利益置于自己的利益之上，迁就、忍让，本着合作、互利的原则，建立长期的信任；也可以双方各让一步，选择妥协、折中的方式，使得双方都有所赢、有所输，这是较为合适的策略。而最恰当的一种策略是合作、协同，双方进行开诚布公的讨论，选择最佳方案，达到互利共赢的目的。

## 3. 价格策略

价格策略是指企业通过对客户需求的估量和成本分析，选择一种能吸引客户、实现市场营销组合的策略。价格策略的确定一定要以对科学规律的研究为依据，以实践经验判断为手段，在维护生产者和客户双方利益的前提下，以客户可以接受的水平为基准，根据市场变化情况灵活反应，由买卖双方共同做出价格决策。

### 3.1　影响价格的因素

在营销组合中，价格是唯一能产生收入的因素。价格的定位直接影响产品能否为客户所接受、产品市场占有率的高低，以及产品需求量的变化和利润的大小。合理的定价和价格调整具有极为重要的意义。从长远来看，产品定价应和企业的整体战略目标一致，企业对每一个产品定价的目的是在总体上实现利润的最大化。企业产品的定价，受到产品成本、供求关系、竞争对手定价、客户情况等多方面因素的影响。

### 3.1.1　产品成本

产品成本是指企业为了生产产品或提供服务而产生的各项生产费用，可以指一定时期内为生产一定数量产品而产生的成本总额，也可以指一定时期内生产产品的单位成本。产品成本是构成产品价格的基本、主要的因素。产品价格只有高于成本，才能获得利润，但为了促销或挽回某些损失，企业的个别产品也可能在一段时间内以低于成本的价格销售。

成本可分为固定成本和可变成本。固定成本是指在一定时期内不随着产量或销售量变化而变化的成本，比如房屋装修费用，电脑、打印机、桌椅板凳等办公设备费用；可变成本是指随着产量或销售量的变化而变化的成本，比如原材料费、燃料费、水电费等。

总成本 = 可变成本 + 固定成本。

### 3.1.2　供求关系

供求关系是指在商品经济条件下，商品供给和需求之间的相互联系、相互制约的关系。在市场经济中，价格是影响资源配置的一个关键因素，价格的变化是需求与供给相互作用的结果。企业需要根据供求关系进行判断和分析，在定价时充分考虑供求关系对定价的影响。当市场上的产品供大于求时，可以适当考虑降低一点价格；当供不应求时，则可以适当提高价格。

价格、收入等因素引起的相应变动率，叫作需求弹性，它反映了需求变动对价格变动的敏感程度。下面的公式可以反映需求弹性系数（用 $E$ 来表示）与需求量、价格的关系。

$E$ = 需求量变动的百分比 / 价格变动的百分比

当 $E=1$ 时，说明价格与需求量等比例变化，价格的变化对赢利影响不大，可以不用调整价格。

当 $E>1$ 时，说明需求弹性强，价格对需求量的影响程度大，因此，降低价格可以引起需求量的增加。

当 $E<1$ 时，说明需求弹性弱，价格对需求量的影响程度较小，因此，提高价格能达到赢利目的。

### 3.1.3　竞争对手定价

竞争对手同类型产品的定价也是影响企业产品定价的因素之一。当市场上没有同类型的产品或者竞争对手较少时，企业可以制订较高的价格；当市场竞争激烈时，企业可以参照竞争对手产品的价格适当降低自己产品的价格。

有人说，"人无我有，人有我优，人优我廉，人廉我转。"在竞争对手面前，企业得有自己的相对优势，才能生存下去。但是当竞争对手以非常低廉甚至低于成本的价格来销售某件产品时，企业应该适当调整策略。例如，可以提高价格，给消费者造成疑惑——"对面价格这么低，莫非卖的是假货？"可以在其他产品上调整定价，以吸引消费者购买；还可以干脆停止本产品的销售，转而引进其他更有竞争力的产品。

### 3.1.4 消费者情况

消费者的购买水平和心理动向也是影响产品定价的因素。购买力与消费者的收入水平有关，地区经济发达、消费者收入水平高，消费者的购买力就强，反之则购买力弱。有细心的消费者发现，有些品牌在不同地域、不同门店，同一款产品的定价不同；在一些经济欠发达地区，品牌会向当地市场推广一些价格相对低廉的产品。

对于某件商品或某类商品，消费者一般在内心都会有一个估价，这个估价是一个价格范围。如果产品价格高出消费者的估价太多，就很难被消费者接受；反之，如果产品价格过低，又会让消费者产生猜测或误解，还可能对产品产生抵触心理，也就是说，价格常常被消费者看作衡量产品质量的指示器，消费者往往认为价格较高的产品拥有较好的质量。所以在同等条件下，受消费者心理因素的影响，价格高的产品可能销量很好。

除此以外，通货膨胀或紧缩、市场因素、产品生命周期、营销方式等也会对产品定价产生影响。

## 3.2 定价方法

企业对产品进行定价时要综合考虑多方面的因素，采取一系列的措施如测定需求价格弹性、估算成本、分析竞争对手等，才能确定最终的价格。但在实际定价中，企业往往不能兼顾，只能侧重某个方面。总体来说，比较常见的有以下几种定价方法。

### 3.2.1 成本导向定价法

成本导向定价法是以单位成本加上预期利润来确定价格的定价方法，该方法非常简便，是目前各企业最基本、最常用的定价方法。具体方法如下。

**（1）成本加成定价法**

加成是指一定比率的利润，成本加成定价法是以单位成本加上一定百分比的加成来制订产品的销售价格的方法。这种方法可以简化企业定价程序，可以降低同类企业之间的低价竞争程度，而且对买方和卖方都比较公平，所以企业采用较多。公式为：

$$P=C（1+R）$$

其中，$P$ 为单位产品价格；$C$ 为单位产品成本；$R$ 为成本加成率。

**（2）目标定价法**

目标定价法是根据预估的销售额和销售量来制订价格的一种方法。这种方法的漏洞很大，因为企业是以预估销售量来估算价格，但其实预估销售量是不准确的。

**（3）边际成本定价法**

边际成本是指每增加或减少单位产品所引起的总成本变化量。因为边际成本和变动成本较为接近，而变动成本更容易计算，所以在实际的企业定价中，多用变动成本代替边际成本。边际成本定价法是以边际成本作为基础，不计算固定成本，按变动成本加预期的边际贡献来确定价格的定价方法。计算公式为：

$$P=D+X$$

$P$ 是单位产品价格；$D$ 是单位变动成本；$X$ 是单位边际贡献，指每增加一个单位产品的销售，给企业带来的总利润的增加额。

## 案例

### 定价演练

【例1】成本加成定价法

某企业购买零件 1 100 件，进货总成本为 3 万元，行业加成率为 20%。该零件没有全部销售出去，最后只销售了 1 000 件，求该零件的价格。

解：$P=C(1+R)=(3\,0000/1000)\times(1+20\%)=36$（元/件）

答：该零件的单价为每件 36 元。

【例2】边际成本定价法

某企业的年固定成本是 16 万元，每件产品的单位变动成本是 50 元，计划边际贡献是 12 万元，当销售量预计为 5 000 件时，产品定价应该是多少？

解：$P=D+X=50+12/0.5=74$（元/件）

答：该产品的定价应为每件 74 元。

### 3.2.2 需求导向定价法

需求导向定价法是指企业依据市场需求量的大小和消费者对各种类型商品的反应，来确定价格的方法。这是一种以市场需求强度及消费者感受为主要依据的定价方法，主要包括认知价值定价法、反向定价法、需求差异定价法三种。

（1）认知价值定价法

认知价值定价法是指企业以消费者对商品价值的评价作为定价依据，运用各种营销策略和手段来影响消费者对商品价格的感受，使消费者形成对企业有利的价格观念，再以此来定价。

（2）反向定价法

该定价方法不考虑产品成本，而重点考虑消费者能接受的最终销售价格，反向推导出中间商的批发价和生产企业的出厂价格。反向定价法比较灵活，能很好地反映市场供求状况，保证中间商的正常利润，并能根据市场状况对产品价格及时进行调整。

（3）需求差异定价法

需求差异定价法是指企业根据市场需求来确定不同产品价格的方法。比如，同样的产品和服务，针对不同消费者，可制订不同的价格。同样型号的电脑，卖给经常采购的企业用户可以比卖给一般的个人消费者便宜一些。

### 3.2.3 竞争导向定价法

竞争导向定价法是指企业对竞争对手的生产条件、资金状况、价格水平等方面的情况进行研究，以此为基础，再参考自身条件来确定同类产品价格的方法。按该定价方法，价格不会随着市场价格的变动而变动，而是随着竞争者价格的调整而调整。其主要有以下两种形式。

**（1）随行就市定价法**

随行就市定价法是指根据市场价格来定价，企业只需保持某产品的价格在市场平均价格之上，利用这个价格来获得平均报酬。由于产品的行业平均成本不容易测算，这种定价方法充分考虑了行业和市场的供求状况，又能保证企业获得适当的收益，很多中小企业都采用这种方法来定价。

**（2）投标定价法**

这种方法在国内外运用得非常普遍。例如，对于大宗商品、原材料、设备和建筑工程项目等，往往是买方引导卖方采用招投标的方式来确定价格。在买方招标的所有投标者中，报价最低的常常中标，其报价就是承包价格。

## 3.3 定价的基本策略

企业不仅要依据成本、市场需求、竞争对手等因素来确定产品价格，在市场营销实践中，还要考虑折扣、运费等，因此需要采取灵活多变的策略来修正或者调整产品的基础价格。

### 3.3.1 新产品定价策略

**（1）撇脂定价策略**

"撇脂"就是把牛奶表面那层奶油过滤出来，以获得更多的精华。企业的新产品在刚上市时，为尽快收回投资，企业可在短期内将价格定得较高，由此迅速获得较丰厚的利润。其优点在于，前期价格较高，有助于企业开拓市场，后期价格可逐步下降，使产品在价格上具有优势。但后期要根据实际情况实施调整，比如通过推出新品、丰富产品结构、提升服务等方式，降低客户的购买成本，保持企业竞争力。

**（2）渗透定价策略**

在产品上市之初，为迅速占领市场，企业可采取薄利多销的政策，将产品价格定得低于消费者预期的价格，利用物美价廉的策略让产品迅速获得较高的市场占有率。其优点在于，有利于产品迅速进入市场、增加销售量，促使产品的成本随着销售量的增加而下降。但如果定价太低，销售量不能提高，则不利于企业回收成本，企业甚至可能亏本。撇脂定价策略和渗透定价策略的比较如表 2-7 所示。

表 2-7　撇脂定价策略和渗透定价策略比较

| 策略 | 撇脂定价 | 渗透定价 |
|---|---|---|
| 价格 | 高 | 低 |
| 需求弹性 | 小 | 大 |
| 单位成本 | 受销售量影响小 | 受销售量影响大 |
| 技术秘密 | 拥有专利 | 没有专利 |

**（3）满意定价策略**

采取撇脂定价策略，产品可能会因为价格过高而引起消费者的不满，不利于参与市场竞争；采取渗透定价策略，则产品定价过低，虽然对消费者有利，但因成本收回周期过长，不利于企业发展。满意定价策略是居于这二者之间的定价策略，适用于销售价格比较稳定的产品，既有利于消费者，也符合企业自身利益。不足之处在于因为价格在市场上处于不高不低的水平，对消费者没有足够的吸引力，短期内不能有效刺激销售。

3.3.2　折扣定价策略

为调动经销商和消费者的积极性，企业通常对某些产品做出降价、加送礼品或给予返利等系列促销活动，这种价格调整叫作折扣。常用的折扣定价策略主要有以下几种形式。

**（1）现金折扣**

现金折扣是对及时或按约定期限付清账款的消费者进行让利的一种折扣。比如某新楼盘在销售时宣传"10 月 31 日前签约 97 折，11 月 30 日前签约 98 折，12 月 31 日前签约 99 折"，以此鼓励消费者尽早签约、付款，以便加速资金周转，在年底迅速回款。

**（2）数量折扣**

数量折扣是企业根据消费者购买商品数量或者达到的消费金额，给予消费者不同程度的折扣。比如，某品牌服装为鼓励消费者购买，推出"一件 9 折，两件 8 折，三件 6 折"的优惠活动。企业可以规定数量折扣累积或不累积，非累积数量折扣可以鼓励消费者一次性大量购买，累积数量折扣可以鼓励消费者经常购买该企业的产品，从而成为老顾客。

**（3）季节折扣**

有的企业的产品有季节性，其市场常常有淡季、旺季之分。季节折扣是指企业为调节淡季、旺季的不平衡，在淡季时对前来购买的消费者给予优惠的一种定价策略。比如，东南亚旅游淡季是 5—10 月，因为这段时间是当地的雨季，尤其是 7 月，雨量非常大，许多旅游公司、航空公司都会在淡季推出相应的季节性折扣。

**（4）推广让价**

为扩大销售量，鼓励经销商开展各种促销活动，企业经常给予经销商某种程度的津贴或者让利。比如，经销商刊登广告或设立橱窗推广产品，企业将给予补贴或者优惠。有的企业会在产品更新换代之后开展"以旧换新"活动，以刺激人们的消费需求，扩大新产品的销售。

### 3.3.3 心理定价策略

心理定价策略是指企业根据消费者购买产品时的心理动机采取的相应的定价策略。其主要有以下几种。

①尾数或整数定价。消费者常常认为10元比9.9元贵,实际上二者相差不多,但"0.9"这样的尾数会让消费者产生"价格低"的错觉。此外,许多中国人喜欢6、8等数字,所以定价时可多用如8.88元、1.66元等带"6""8"的数值,迎合消费者求顺利、求发财的心理。

②声望定价。在产品质量不容易鉴别的情况下,消费者常常以价格的高低来判断产品质量的好坏。人们常说,"便宜没好货""一分钱一分货",许多人认为,在同类产品中价格标得高的产品自然质量较好。

③分级定价。即企业把相同品牌的产品分为不同等级,由此制订相应的价格。比如,某品牌球拍有一星级、二星级、三星级、四星级等,价格也因此不同。

④招徕定价。对于消费者日常必需、购买频率较高的产品,可每天或者某个时段推出一到两款产品降价出售,以吸引消费者采购,增加人流量,同时带动其他产品的销售。比如,某大型超市经常举办"节日大酬宾""季末大减价"等活动,促进销售。

### 3.3.4 差别定价策略

企业往往针对不同的消费者群体、不同时间和场所来调整产品价格。差别定价策略是指企业按照两种或两种以上不反映成本的比例差异的价格销售某种产品或服务。在市场可以细分且细分市场的需求不一样,没有类似的以降价来竞争的对手的情况下,可以实行差别定价策略。

## 4. 促销策略

促销策略是一种促进商品销售的谋略和方法,是指企业通过人员推销、广告宣传、公共关系和营销推广等各种促销手段,向消费者传递产品信息,引起他们的注意和兴趣,激发他们的购买欲望和购买行为,以达到扩大销售目的的活动。企业将特定产品在适当的地点、以适当的价格出售的信息传递到目标市场,一般是通过两种方法。一是人员推销,即推销员和消费者面对面进行推销;另一种是非人员推销,即通过大众传播媒介在同一时间向大量消费者传递信息,主要包括广告宣传、公共关系和营业推广等多种方式。这两种促销方法各有利弊,起着相互补充的作用。此外,目录、通告、赠品、店标、陈列、示范、展销也属于促销策略范围。一个好的促销策略往往能起到多方面作用,如提供信息,及时引导采购;激发购买欲望,扩大产品需求;突出产品特点,建立产品形象;维持市场份额,巩固市场地位等。

## 4.1 促销的概念及方式

促销是指企业通过信息传播的方式向消费者传递信息，促使消费者认识并购买产品的活动。所有与信息沟通有关的营销方法及其应用都可认为是促销。

促销的方式主要有四种：广告宣传促销、人员推销、营业推广、公共关系。

①广告宣传促销是靠电视、广播、报刊、广告牌、网络媒体等多种媒介进行产品信息传播的方式，集声音、图像、文字、色彩等于一体，具有极强的传播性和极大的影响力。

②人员推销以面对面、双向沟通为基础，能够与消费者建立良好的关系，具有针对性强、灵活性大、见效快等特点。

③营业推广经常采取直接促销的手段，能够快速给消费者带来方便和实惠，在短时间内增加销量。

④公共关系促销是指为了获得人们的信赖，树立企业或产品形象或者帮助实施销售，用非付款的方式，通过各种公共宣传工具进行的活动，包括一切对企业或产品形象有利的公共宣传活动。如召开各种会议、提供各种优惠服务、开展公益性社会（赞助）活动、展销活动、举办展览会等。

---

**案例故事**

### 疫情期间的电商促销热潮

新冠肺炎疫情期间，2020年5月，国内一些电商平台纷纷宣布召开"618"预热发布会，以带动市场的"报复性消费"。比如京东推出"时尚优惠力度大、购物体验佳、新品发布多、品牌增长强"的促销活动，以推动经济增长，回馈消费者。苏宁易购发起"零售风暴2020"的促销口号，"618"启动"J-10%"省钱计划，欢迎消费者比价之后再下单，买贵就赔。还有平台联合多个地方政府和商家，派发了高达1 000亿元的现金消费券，且消费券可以当现金，付款时直接在优惠的基础上减免相应额度。这些措施让消费者享受到了实实在在的促销福利。

---

## 4.2 人员推销策略

我们可以看到，日常生活中尤其是在节假日的超市里，经常有人端着奶茶或者新口味的糖果邀请消费者品尝，或者有推销人员拿着新产品在消费者面前演示，以此促使消费者购买产品。人员推销就是销售人员深入经销商处，向消费者传递产品和服务信息，提供技术和咨询服务，进行直接的宣传介绍活动。

### 4.2.1 人员推销的基本形式

**（1）上门推销**

上门推销是由销售人员带上样品、说明书等到消费者家里推销产品。上门推销可以针对消费者的需要提供有效的服务，是最常见的人员推销形式。

**（2）柜台推销**

柜台推销是企业在适当地点或者固定门店设立专柜，消费者过来之后，由销售人员进行产品介绍。柜台推销适合推销小件产品、贵重产品和容易损坏的产品。

**（3）会议推销**

会议推销是指销售人员在订货会、展销会、博览会、交易会等会议场合向与会人员宣传和介绍产品。这种形式的推销接触人群广、推销集中，成交效果较好。

### 4.2.2　人员推销流程

销售人员明确自己的工作目标后，即可按照如下流程开始推销：发掘客户—事前准备—接近客户—介绍产品—解除异议—达成交易—售后追踪。

**（1）发掘客户**

销售人员可以通过在网上查阅名录，参加客户所在组织，向经销商、现有消费者、非竞争性销售人员打听等多种方式寻找客户。

**（2）事前准备**

销售人员在接触客户前要做好准备，了解相关信息，比如本产品的销售量、市场容量、产品特征、价格范围，销售对象主要分布在哪些地方，本产品与竞争产品相比在定位、价格、风格等方面的差异等。

**（3）接近客户**

接近客户即销售人员与客户开始面对面交谈，要在衣着、言谈举止等方面表现出落落大方、自信友好的态度。

**（4）介绍产品**

销售人员在介绍产品时，需要采用宣传画册、报价单、PPT等工具加以辅助说明，要强调产品给客户带来的益处，注意倾听对方的反馈以做出相应的反应。

**（5）解除异议**

当客户针对产品或服务等的推销内容提出不同的意见或看法时，销售人员需对此提出解决方案或者消除疑虑，说服客户同意或接受己方观点。

**（6）达成交易**

在洽谈、协商的过程中，销售人员如果发现客户有购买意愿，应抓住时机达成交易，若能提出优惠条件，则应能更快促成交易达成。

**（7）售后追踪**

一般的产品销售都不是一次性买卖，因此，如果销售人员希望客户再次购买或向人推荐产品，就必须进行售后追踪。达成此次交易不是推销的结束，而是下一轮推销的起点。

## 4.3 广告策划

有市场营销协会将广告定义为"广告是由特定的广告主以付费的方式，通过各种媒介对产品、服务或观念等信息进行非人员介绍与推广"。广告就是在适当的时机，把包装过的信息，通过适当的媒介对目标受众进行介绍与推广。要让广告创造附加价值，就必须进行周密、科学的广告策划。

### 4.3.1 广告策划的要素

一个完整的广告策划包含五大核心要素，且要素之间相互影响、相互制约，构成一个完整、系统的有机体。

#### （1）策划者

策划者是指广告创作者，是整个广告活动的主导者，起着统领全局的核心作用，他必须洞察市场信息，知识渊博、思维活跃、想象力丰富且具有创新精神。

#### （2）策划对象

策划对象就是广告所要宣传的对象，以企业为对象的广告属于企业形象宣传广告，而以某款产品为对象的广告则多数是为了促销。

#### （3）策划依据

策划依据是指策划者必须掌握的相关信息，主要包括策划者的知识结构和策划对象的专业信息两大类，比如必须了解广告产品特征、企业现状、市场需求状况等。

#### （4）策划方案

策划方案是策划者为实现策划目标，针对策划对象设计的一套策略、方法和步骤等。策划方案要有针对性、指导性、计划性和操作性等。

#### （5）策划效果评估

策划效果评估是指策划方案实施以后，通过预估广告活动的效果和反馈，检验广告活动是否取得了应有的效果，以便在下一步的广告活动中改进策划方案，取得更大的成功。

### 4.3.2 广告策划的基本程序

广告策划是按照一定程序，有计划、有步骤地进行的一系列营销活动。一般由组织准备、市场调研、战略规划、制订计划、实施与总结共五个阶段组成。

#### （1）组织准备

在进行广告策划之前，要先成立广告策划小组，确立策划创意、文案撰写、设计制作、摄影录音、市场调查、媒体公关等方面的人员，明确分工，合理安排好进度。

#### （2）市场调研

尽可能全面地调查、搜集市场信息和其他相关信息，包括企业和产品现状、消费者调查、竞争对手的信息等，并对相关信息和资料进行整理和分析，为制订战略规划提供参考依据。

**（3）战略规划**

对前期资料信息分析研究的结果进行甄别，明确销售策略；根据广告目标和广告指标，确定广告战略；根据目标市场确定广告的定位和诉求。

**（4）制订计划**

计划就是将战略规划用具体、系统的形式加以规范。例如，根据广告内容和广告预算来确定媒体；经认真修改与审定，确定广告策划文本；最后与客户进一步沟通，确定广告方案。

**（5）实施与总结**

按照广告策划文本的要求，对广告进行创作、设计，在媒体上发布，并进行监控、评估与总结。

### 4.3.3　广告策划书的撰写

由广告策划者撰写而成，提供给广告客户审核、以获得广告客户认可，体现广告策略和广告计划的报告书，称为广告策划书。其主要包括以下几部分。

**（1）前言**

前言是策划书的摘要，撰写时应简要说明广告活动的时限、任务和目标，篇幅不宜过长，几百字即可，以便让决策者或执行人员快速阅读和了解。

**（2）市场分析**

一般包括四个部分的内容：市场分析、企业分析、产品分析、消费者分析。撰写时应对产品、消费者和竞争者进行评估，突出广告产品的优点和特色，将其与市场同类型产品相比较，并指出消费者的爱好和偏向。

**（3）广告战略**

撰写时应强调用什么方法能使消费者对产品留下深刻印象，产生购买兴趣或者改变使用习惯。可以在这部分内容中增加促销计划。

**（4）广告对象**

根据产品定位和市场调研来测算广告对象的数量，概括潜在消费者的需求特征、生活方式和消费方式等。

**（5）诉求地区**

确定广告的目标市场，并说明选择此地区的理由。

**（6）广告策略**

撰写时应详细阐明广告实施的具体细节，比如所使用的媒体、使用该媒体的目的、发布内容、发布时机等。

**（7）广告预算及分配**

根据广告策略的内容，将调研、设计、制作、刊播的费用列出来，并算出总费用。

**（8）广告效果预测**

按照广告计划，预计广告实施之后可达到的目标。撰写时应注意广告效果要和前言部分规定的目标一致。

## 4.4 营业推广策略

营业推广是指企业在一定时期内，为刺激中间商或消费者迅速大量购买某一特定产品所采取的促销手段。在促销活动中，营业推广往往配合广告宣传、公共关系等促销方式一起使用。

### 4.4.1 营业推广的具体方法

这里列出几种针对消费者所采用的营业推广方法。

**（1）赠送小样**

向消费者赠送样品或者试用装，这是推广新产品最有效的方法。比如化妆品品牌向购买正装产品的消费者赠送洗脸香皂。

**（2）折扣券**

给消费者发放优惠券。消费者使用优惠券至少能够获得 15%~20% 的折扣。早期某国外快餐连锁品牌在进入中国市场时，就发放了很多纸质优惠券。

**（3）印花**

当消费者购买产品达到一定数量或者金额时，就积累了一枚印花。凭借一定数量的印花，消费者可以兑换产品或者优惠购物券等。

**（4）抽奖**

消费者购买产品达到一定金额，即可得到奖券或者拥有抽奖机会，这在一定程度上也能刺激消费者的购买欲望。

**（5）会员制**

针对注册或办卡的会员推出价格优惠或者积分政策，并开展相应的宣传、促销和销售活动。会员制有助于培养消费者的品牌忠诚度。

### 4.4.2 营业推广策划的主要内容

任何一项促销策划方案都包括以下三个方面的内容。

**（1）促销范围**

促销范围包括销售范围（对在哪些地方销售的产品进行促销）和产品范围（对哪些规格、型号的产品进行促销）。

**（2）促销形式**

为实现促销目标，要采用合适的促销形式。要考虑采用哪种促销形式，比如，采取满减还是满赠的方式，具体怎样减、怎样赠。

**（3）促销策略**

促销策略包括促销开始时间、持续时间、结束时间，打几折或者优惠多少，什么情况下进行促销等。

### 4.4.3 营业推广的程序

**（1）确定目标**

营业推广目标是指实施了营业推广方案后，企业在限定的时间内具体能够达到的可测量的目标。营业推广目标主要围绕消费者、中间商、销售员展开。

**（2）选择方式**

针对不同的推广对象，采取不同的推广方式，比如订货会与展销会，打折，竞赛，演示促销，发放赠品、优惠券等。

**（3）制订方案**

制订方案时要考虑以下四个方面的内容。

第一，确定推广对象。即针对哪一类消费群体。

第二，确定刺激强度。刺激强度越大，消费者的购买反应越大，但其会随着时间的增多而减小。

第三，营业推广途径。比如针对新上市的产品，可用赠送样品或者现场演示的方式，或综合运用多种方式。

第四，把握推广时间。推广的时机、持续时间的长短等都是营业推广能否取得预期效果的重要因素。

**（4）注意事项**

各个环节均应引起重视，比如注意市场消费状况、区域市场状况、整体战略与战术策略、营销推广策略等。

**（5）评估效果**

有两种方法可以进行效果评估，即销售量比较评估法和推广对象调查法。

一是销售量比较评估法。通过对推广活动开展前、中、后的销售量进行比较分析，评估营业推广效果。

二是推广对象调查法。通过对推广对象进行调查来评估营业推广效果。比如消费者对推广产品的印象、看法，购买量，新客户量增加与否，对消费者今后的品牌选择的影响等。

# | 模块三　构建项目团队 |

1994 年，组织行为学权威、美国圣地亚哥大学管理学教授斯蒂芬·罗宾斯首次提出了"团队"的概念，他认为团队是为了实现某一目标而由相互协作的个体组成的正式群体。国际著名组织行为和人力资源管理专家、美国华盛顿大学商学院终身教授陈晓萍博士认为，"团队"是由两个或两个以上的人组成的集体，成员之间在某种程度上有动态的相互关系。

从初创企业的角度来看，团队是由员工和管理层组成的一个共同体，为了共同的发展目标和业绩目标组合在一起。该共同体合理利用每一个成员的知识和技能，成员们协同工作、相互信任并承担责任、解决问题，以期实现共同的目标。

## 1. 团队成员及分工

创业团队是为创业而形成的集体。它使各成员联合起来，在行为上形成彼此影响的交互作用，在心理上意识到其他成员的存在及彼此归属的感受和工作精神。这种集体不同于一般意义上的社会团体，它存在于企业之中，成员因为创业的关系而联结起来。

### 1.1　创业团队的特征

①团队至少有两个成员。
②团队的规模必须有所限制。
③一个成员的决策和行为会受团队其他成员重视。
④在团队中，集体的业绩要高于成员付出的总和。

### 1.2　创业团队的组成要素

#### 1.2.1　目标 (Purpose)

团队通过一个共同目标，把工作中相互联系、相互依存的人们组成一个群体，使之能以更加有效的合作方式达成个人的、部门的或者组织的目标。目标是个人与组织进行某种活动所追求对象的具体标准。没有目标，这个团队就没有存在的价值，有目标，团队才有方向，才能体现创业团队的发展远景与战略。

#### 1.2.2　人员 (People)

人是团队最核心的力量。在创业团队中，人力资源是所有资源中最活跃、最重要的资源，所以要充分调动创业者的各种资源和能力，将人力资源转化为人力资本。不同的人通过分工来共同完成创业团队的目标。

#### 1.2.3　定位 (Place)

团队的定位即团队通过何种方式同现有的组织结构结合，从而创造出新的组织形式。

团队要改变一些习惯性的思维，让来自不同领域的成员真正成为更具合作性的团队伙伴。团队定位首先要确定由谁选择和确定团队的组成人员，其次是确定团队要对谁负责，再次是确定如何采取有效的措施激励团队及其成员，最后还应制订一套规范，规定团队任务，确定团队组织结构。

### 1.2.4　权限 (Power)

权限是指团队担负的职责和拥有的相应权限，即团队的工作范围及决策程度实际上是团队目标和定位的延伸。权限的确定主要取决于团队的类型、目标、定位和组织的规模、结构及业务类型等。团队当中领导人的权力大小跟团队的发展阶段相关，一般来说，团队越成熟，领导者所拥有的权力越小，在团队发展的初期阶段领导权是相对比较集中的。团队权限关系即整个团队在组织中拥有什么样的决定权，比如财务决定权、人事决定权、信息决定权。

### 1.2.5　计划 (Plan)

计划就是把职责和权限具体分配给团队成员，指导团队成员分别做哪些工作。它是团队实现最终目标的一系列具体行动方案和工作程序，也是保证团队顺利实现创业目标的过程方案。

## 1.3　团队角色及分工

团队组建时，需根据团队类型及结构物色成员，实行分工协作。在团队中每个成员都扮演着不同的角色，承担不同的分工：有的人是团队的领导，有的人是工人，有的人擅长与团队以外的有关方面进行有效协调和沟通。一个协作团队只有在具备了范围适当、作用平衡的团队角色时，才能充分发挥高效的协作优势。团队成员分工法如表2-8所示。

**表2-8　团队成员分工法**

| 角色 | 行动 | 特征 |
| --- | --- | --- |
| 协调者 | 阐明目标和目的，帮助分配角色、责任和义务，为团队作总结 | 稳重、智力水平中等，信任别人，公正，自律，积极思考，自信 |
| 凝聚者 | 寻求团队讨论的模式，促使团队达成一致，并做出决策 | 有较高的成就，易激动，敏感，不耐心，好交际，喜欢辩论，精力旺盛 |
| 策划者 | 提出建议和新观点，为行动过程提出新的视角 | 较为个人主义，慎重，知识渊博，非正统，聪明 |
| 监督评估者 | 分析问题和复杂事件，评估其他人的贡献 | 冷静，聪明，言行谨慎，公平客观，理智，不易激动 |
| 推进者 | 为别人提供支持和帮助 | 喜欢社交，敏感，以团队为导向，对团队不具决定作用 |
| 创新者 | 介绍外部信息，与外部谈判 | 有求知欲，多才多艺，喜爱交际，直言不讳，具有创新精神 |
| 完美主义者 | 强调完成既定程序和目标的必要性，并且完成任务 | 力求完美，坚持不懈，勤劳，注意细节，充满希望 |
| 执行者 | 把谈话和观念变成实际行动 | 吃苦耐劳，实际，宽容，勤劳 |

团队成员分工实例，如下图所示。

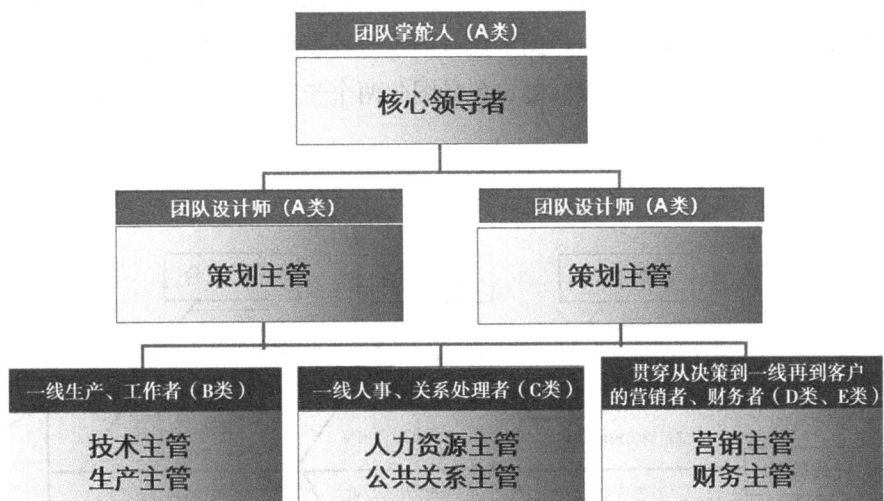

## 2. 确定岗位职责

岗位职责是指根据法人或者其他组织的规定所划分的职工所在岗位的工作任务和责任范围。确定合理的岗位职责，既有助于最高限度地实现劳动用工的科学配置，提高工作效率和工作质量，提高内部竞争力，更好地发现和使用人才；又能有效地防止因职务重叠而产生工作纠纷，减少违章行为和违章事故的发生。

### 2.1 确定岗位职责的原则

各部门都有自己的岗位职责，只有确定各岗位的职责，明确各部门各岗位的责任、权力与利益，才能够使企业正常运行与发展，避免出现组织冲突、利益冲突与责任推诿。

①必须结合本企业的工作性质和特点制定岗位职责。这样才能真正落实专业技术人员的工作范围、任务、权限、责任和义务。

②必须按不同专业、不同档次、不同工作岗位制定岗位职责。这样才能将职与责结合起来。

③岗位职责必须全面、准确、明了。这样便于专业技术人员履行职责和企业对专业技术人员进行考核。

### 2.2 确定岗位职责的方法

岗位职责的界定并非简单的对任职者现有工作活动的归纳和概括，而是对基于组织战略的职位目的的界定，是根据工作职责梳理的实践经验。确定岗位职责前，应设置权重和激励方式，每个指标配置对应的绩效工资并按工作的重要程度分配。可以使用鱼骨法、上行法、下行法来确定岗位职责。

### 2.2.1 鱼骨法

鱼骨法是用画鱼骨图的方式确定岗位职责。鱼骨图又名特性因素图，是由日本管理大师石川馨先生发明的，故又名石川图。鱼骨图是一种发现问题的"根本原因"的方法，也可以称之为因果图，如下图所示。制作鱼骨图分两个步骤：步骤一，分析问题原因或梳理组织结构；步骤二，绘制鱼骨图。

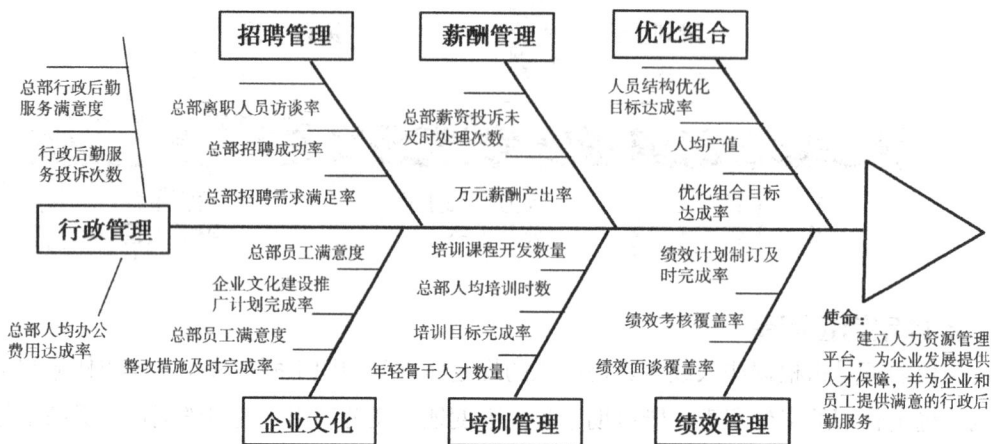

### 2.2.2 上行法

上行法与下行法在分析思路上正好相反，它是一种自下而上的"归纳法"。具体说，上行法就是从工作要素出发，通过对基础性工作活动进行逻辑上的归类，形成工作任务，并进一步根据工作任务的归类得到职责描述。虽然上行法较下行法来说不是一种特别系统的分解方法，但在实际工作中更为实用、更具操作性。利用上行法撰写职责的步骤如下。

第一步，罗列和归并基础性工作活动（工作要素），据此明确列举必须执行的任务；

第二步，指出每项工作任务的目的或目标；

第三步，分析工作任务，归并相关任务；

第四步，简要描述各部分的主要职责；

第五步，对照职位的工作目的，完善各项职责描述。

以公司董事会执行秘书的某项职责的撰写为例，表中罗列的部分工作要素构成了一项工作任务"打印董事会会议记录"，而把表中所列各项工作任务归并，就形成了该项职责。

### 2.2.3 下行法

下行法是一种基于组织战略，并以流程为依托进行工作职责分解的系统方法。具体来说，下行法就是通过战略分解得到职责的具体内容，然后通过流程分析来界定在这些职责中该职位应该扮演什么样的角色、应该拥有什么样的权限。利用下行法构建工作职责的具体步骤如下。

**第一步，确定职位目的。** 根据组织的战略目标和部门的职能定位，确定职位目的。描述职位（设置）目的时要说明设立该职位的总体目标，即要精练地陈述该职位为什么存在，它对组织的特殊（或者独一无二的）贡献是什么，职工应当能够通过阅读职位目的而辨析此工作与其他工作的目标的不同。

职位目的一般的编写格式为：工作依据＋工作内容（职位的核心职责）＋工作成果。例如，某公司计划财务部经理的总体职位目的可表述为：在国家相关政策和公司工作计划的指导下，组织制订公司财务政策、计划和方案，带领部门员工，向各部门提供包括成本、销售、预算、税收等的全面财务服务，发挥财务职能对公司业务的有效支持作用。

**第二步，分解关键成果领域。** 通过对职位目的的分解得到该职位的关键成果领域。所谓关键成果领域，是指一个职位需要在哪几个方面取得成果来实现职位的目的。我们可利用鱼骨图作为工具，对上例进行职位目的的分解，得到计划财务部经理的关键成果领域。

**第三步，确定职责目标。** 确定职责目标，即确定该职位在该关键成果领域中必须取得的成果。因为职责的描述要说明工作持有人所负有的职责以及工作所要求的最终结果，因此从成果导向出发，应该明确关键成果领域要达成的目标，并确保每项目标不能偏离职位的整体目标。

**第四步，确定工作职责。** 因为每一项职责都是业务流程落实到职位的一项或几项活动（任务），所以该职位在每项职责中承担的责任应根据流程来确定，也就是说，确定应负的职责就是确定该职位在流程中所扮演的角色。在确定责任时，职位责任点应根据信息的流入流出确定。信息传至该职位，表示流程责任转移至该职位；经此职位加工后，信息传出，表示责任传至流程中的下一个职位。该原理体现了"基于流程""明确责任"的特点。

**第五步，进行职责描述。** 职责描述是要说明工作持有人所负有的职责以及工作所要求的最终结果。因此，通过以上两个步骤明确了职责目标和主要职责后，我们就可以将两部分结合起来，对职责进行描述了，即：职责描述＝做什么＋工作结果。

### 3. 设计组织结构

企业组织结构的概念有广义和狭义之分。狭义的组织结构是指为了实现组织的目标，在组织理论的指导下，经过组织设计形成的组织内部各个部门、各个层次之间固定的排列方式，即组织内部的构成方式。广义的组织结构，除了包含狭义的组织结构的内容外，还包括组织之间的相互关系类型如专业化协作、经济联合体、企业集团等。所以，一般意义上所说的组织结构都是指狭义的组织结构，即组织内部对工作的正式安排。

在设计组织结构时，应考虑公司战略所决定的运作目标以及环境、技术、规模等因素。组织结构常见的形态有八种，如下图所示，本书详细介绍其中四种。

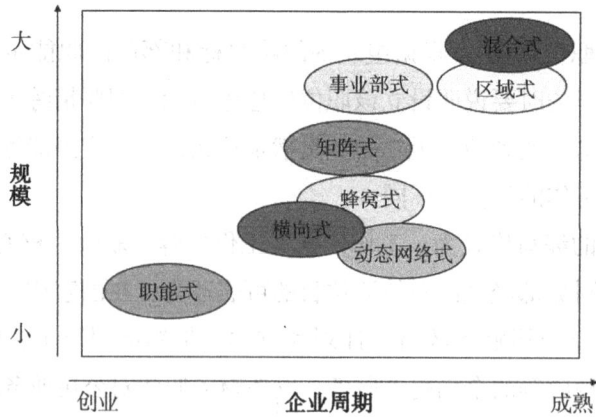

## 3.1 职能式组织结构

职能式组织结构亦称 U 型组织，因起源于 20 世纪初法约尔在其经营的煤矿公司担任总经理时所建立的组织结构形式，故又称"法约尔模型"。它是按职能来组织部门分工，即从企业高层到基层均把承担相同职能的管理业务及相关人员组合在一起，设置相应的管理部门和管理职务。随着生产品种的增多，市场的多样化发展，企业应根据不同的产品种类和市场形态，分别建立集生产、销售为一体的自负盈亏的事业部制。其组织结构示意图如下图所示。

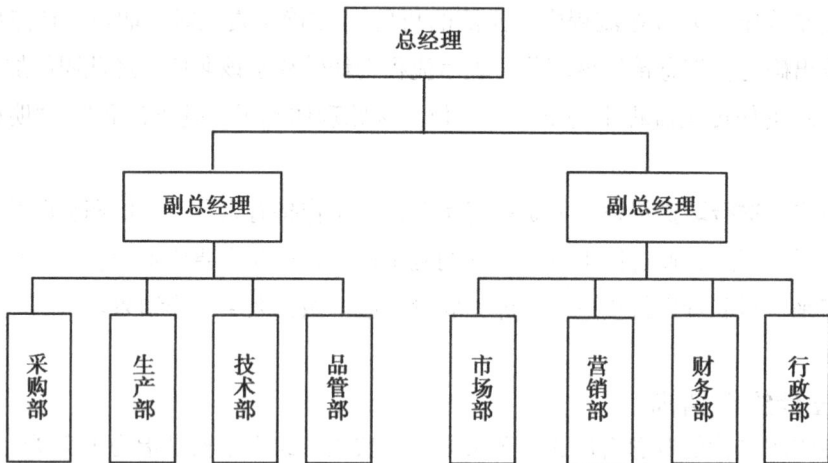

职能式组织结构的主要优点是管理层次少、分工明确、便于协调组织。但是，随着企业经营范围和市场的日益扩大，这一组织模式的弊病便越来越多地暴露出来。首先，由于没有一个对一种产品或市场完全负责的人，有些产品或地区就有可能被忽视，得不到发展。其次，各部门相互争夺费用预算，各自强调本部门的职能作用，使市场营销相关管理人员面临一些难以协调的工作。

### 3.2 蜂窝式组织结构

蜂窝式组织结构是由单独的战略经营单位通过自主协作来完成战略目标的内部网络化组织结构，也称为多晶硅式组织结构，组织的发展靠经营单位的发展及相互外接来完成。蜂窝式组织结构的优点在于组织运作灵活，能实现高效率的团队工作，领导层决策的执行力极高。该结构要求企业内部能形成明确的企业文化，提倡团队精神，员工素质高度统一，能保证实现运作流程标准化。其组织结构示意图如下图所示。

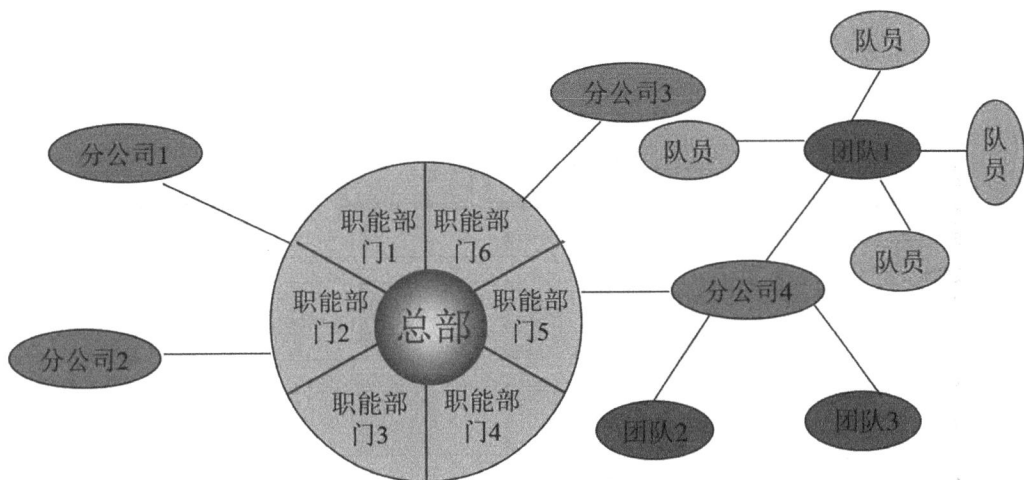

### 3.3 横向式组织结构

横向式组织结构即扁平化组织结构，围绕工作流程或过程而不是部门职能来建立结构，纵向层级组织扁平化、管理委托到更低的层次。其优点在于：有利于缩短上下级距离，使上下级关系密切，信息纵向流通快，管理费用低。而且由于管理幅度较大，被管理者有较大的自主性、积极性和满足感。但由于管理幅度较宽，权力分散，不易实施严密控制，加重了领导对下属组织及人员进行协调的负担。其组织结构示意图如下图所示。

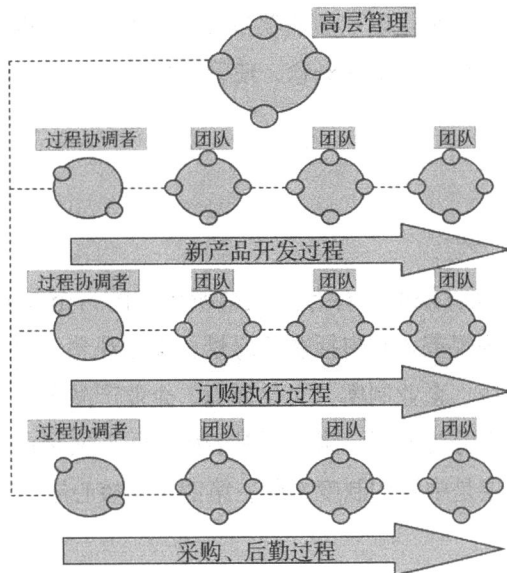

### 3.4 矩阵式组织结构

矩阵式组织结构是把按职能划分的部门和按产品（或项目、服务等）划分的部门结合起来组成一个矩阵，使同一个员工既同原职能部门保持组织与业务上的联系，又参加产品或项目小组的工作，即在直线职能的基础上，再增加一种横向的领导关系。为了保证完成一定的管理目标，每个项目小组都设负责人，在组织最高主管的直接领导下进行工作。其结构示意图如下图所示。

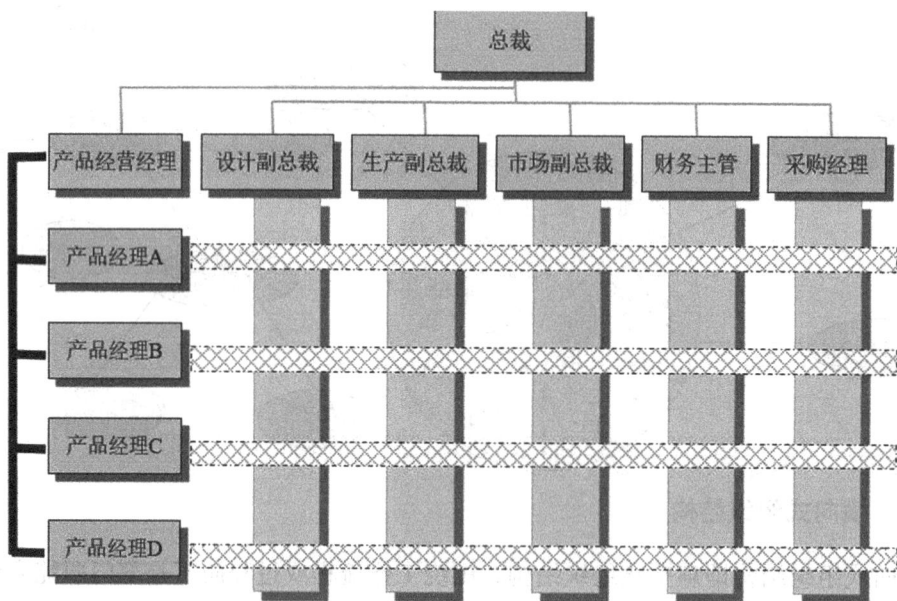

矩阵式组织结构具有两道命令系统，两道系统的权力平衡是这一组织结构的关键。但在现实中不存在绝对的平衡，因而在实际工作中就会存在两条相互结合的划分职权的路线，即职能与产品，并形成两种深化演化形式——职能式矩阵和项目式矩阵。前者是以职能主管为主要决策人，后者则是以产品或项目负责人为主要决策人。这种组织结构最为突出的特点就是打破了单一指令系统的概念，使管理矩阵中的员工同时拥有两个上级。

## 4. 企业文化建设

### 4.1 企业文化的概念

企业文化是指企业在长期的生存和发展中所形成的为企业多数成员所共同遵循的基本信念、价值标准和行为规范。它包括企业愿景、文化观念、价值观、企业精神、道德规范、行为准则、历史传统、企业制度、文化环境、企业产品等，其中价值观是企业文化的核心。企业文化结构可以分为四层，第一层是表层的物质文化；第二层是幔层的（或称浅层的）行为文化；第三层是中层的制度文化；第四层是核心层的精神文化。

## 4.2 企业文化结构

企业文化结构就是企业文化的构成、形式、层次、内容、类型等的比例关系和位置关系。它表明了各个要素如何链接并形成企业文化的整体模式，包括企业物质文化、企业行为文化、企业制度文化、企业精神文化。

### 4.2.1 企业物质文化

企业物质文化也叫企业文化的物质层，它是企业职工创造的产品和各种物质设施等构成的器物文化，是一种以物质形态为主要研究对象的表层企业文化。企业生产的产品和提供的服务是企业生产经营的成果，它是企业物质文化的首要内容。此外，企业创造的生产环境、企业建筑、企业广告、产品包装与设计等，都是企业物质文化的主要内容。

### 4.2.2 企业行为文化

企业行为文化又称为企业文化的行为层，是指企业员工在生产经营、学习娱乐中产生的活动文化。如果说企业物质文化是企业文化的最外层，那么企业行为文化可称为企业文化的幔层（或称第二层），即浅层的行为文化。它包括企业经营、教育宣传、人际关系活动、文娱体育活动中产生的文化现象。它是企业经营作风、精神面貌、人际关系的动态体现，也是企业精神、企业价值观的折射。其主要包括企业家行为、企业模范人物行为、企业员工行为。

### 4.2.3 企业制度文化

企业制度文化又叫企业文化的制度层，主要包括企业领导体制、企业组织机构和企业管理制度三个方面。企业领导体制的产生、发展、变化是企业生产发展的必然结果，也是文化进步的产物。企业组织机构是企业文化的载体，包括正式组织机构和非正式组织机构。企业管理制度是企业在进行生产经营管理时所制定的、起规范保证作用的各项规定或条例。

制度文化是一定精神文化的产物，它必须适应精神文化的要求。人们总是在一定的价值观的指导下去完善和改革企业各项制度的，企业组织机构如果不与企业目标的要求相适应，企业目标就无法实现。卓越的企业经常用适应企业目标的企业组织机构去迎接未来，从而在竞争中获胜。

制度文化又是精神文化的基础和载体，并对企业精神文化起反作用。一定的企业制度的建立，又会影响人们选择新的价值观念，成为新的精神文化的基础。企业文化总是沿着"精神文化——制度——新的精神文化"的轨迹不断发展、丰富和提高的。

制度文化也是企业行为文化得以贯彻的保证。同企业职工生产、学习、娱乐、生活等方面直接发生联系的行为文化建设得如何，企业经营作风是否具有活力、是否严谨，人际关系是否和谐，职工文明程度是否得到提高等，无不与制度文化的保障作用有关。

#### 4.2.4 企业精神文化

企业精神文化又称企业文化的精神层，是用来指导企业开展生产经营活动的各种行为规范、群体意识和价值观念，是以企业精神为核心的价值体系。相对于企业物质文化和行为文化，企业精神文化是一种更深层次的文化现象，集中体现着一个企业独特的、鲜明的经营思想和个性风格，反映着企业的信念和追求。在整个企业文化系统中，它处于最核心的地位，是企业群体意识的集中体现。

### 4.3 企业文化的五大要素

#### 4.3.1 企业环境

企业环境是指企业经营所处的内部和外部条件，也是企业文化的前提条件。

任何企业都处在一定的社会环境和自然环境之中，受环境的制约和影响。因此，企业必须尽最大努力去适应环境。同时，企业相对于环境又不是完全消极和被动的，它可以积极影响和改造环境。企业只有与客观环境实现动态平衡，才能协调发展。企业环境包括内部环境和外部环境两个方面。

企业的外部环境：对企业来说，创造良好的外部环境，特别需要研究和解决以下几方面的问题。第一，妥善处理外部公众关系，创造良好的关系环境；第二，永远保持科学技术领域的优势；第三，熟悉社会道德标准和社会价值观；第四，努力创造企业与自然生态环境间的和谐状态。

企业的内部环境：企业以经营为目标，以组织为自己的存在基础。组织与经营二者相辅相成，密不可分。企业内部需要形成良好的经营环境，以员工的密切协作来营造良好的经营秩序。企业应当通过培植价值观念、创造民主气氛、融洽人际关系、激励员工来增强内部员工的凝聚力和活力。企业内部环境的优化，是营造良好的外部环境、塑造良好的企业形象的基础。

#### 4.3.2 价值观

价值观是企业文化的核心，是企业组织的基本思想和信念。具有浓厚企业文化的企业内部都存在着为员工所共同拥有的价值观。管理者应不断地向员工宣传这些思想和信念，并要求整个企业不偏离企业的价值标准。

价值观的确立是企业组织在决定企业的性质、目标、经营方式和角色时做出的选择，也是企业经营的成功经验的历史积累。它决定了企业经营行为的基本性质和方向，构成了企业内部成员的行为准则，是企业开展一切行为与活动所追求的理想境界。

#### 4.3.3 模范人物

模范人物是企业价值观的人格化体现，更是企业形象的象征。许多优秀的企业都十分重视树立能够体现企业价值观的模范人物，通过这些人物向其他员工宣传、灌输企业提倡和鼓励的思想与行为。模范人物在组织内部提供了一种持续的影响，他们为自己的组织提供着精神凝聚力。

### 4.3.4 典礼仪式

典礼仪式是企业围绕着自己企业文化的主旨——企业价值观而组织和筹划的各种仪式和活动。一些大企业的管理者通过安排企业的仪式、礼节，向员工和社会各界说明企业的礼仪标准和办事程序，从而确保员工和与企业打交道的人都以正确的方式进行活动。这其中当然也体现了管理者对理想境界的追求和对事物的判断标准。

企业的典礼仪式包括一些具体的形式，它们从不同的角度去表现企业的价值观，共同营造一个完整的企业文化氛围。

### 4.3.5 文化网络

企业文化网络是指一个企业用来传播企业文化信息的正式和非正式信息沟通系统，是企业文化的构成要素之一。企业文化网络在企业中具有传播和解释企业文化的功能。通常任何一家企业中的信息沟通都是通过正式系统和非正式系统两个渠道来完成的。企业文化网络的正式系统有广播、电视、报纸、各种会议等。企业的文化网络建设也特别注重非正式信息沟通系统的建立，它是未经设计而自发形成的、内隐的沟通系统，主要用于非正式组织的沟通。企业文化的各种信息借助于文化网络在企业的方方面面流传，也因此在企业内部形成一种特殊的文化氛围，从而对在企业内部形成共同的价值观、发挥企业文化的管理功能起到了促进作用。

## 4.4 企业文化的价值

企业文化之所以越来越受到企业的重视，主要是因为优秀的企业文化能对企业的成长起举足轻重的作用，因此企业文化建设已经成为企业经营中的关键环节。

### 4.4.1 导向功能

企业文化能对企业整体和企业成员的价值及行为取向起引导作用。其具体表现在两个方面：一是对企业成员个体的思想和行为起导向作用；二是对企业整体的价值取向和经营管理起导向作用。这是因为一个企业的企业文化一旦形成，它就建立起自身系统的价值和规范标准，如果企业成员在价值和行为方面的取向与企业文化的系统标准产生悖逆，企业文化就会进行纠正并将其引导到企业的价值观和规范标准上来。

### 4.4.2 约束功能

企业文化对企业员工的思想、心理和行为具有约束和规范作用。企业文化的约束不是制度式的硬约束，而是一种软约束，这种约束产生于企业的企业文化氛围、群体行为准则和道德规范中。群体意识、社会舆论、共同的习俗和风尚等精神文化内容，会造成强大的使个体行为从众化的群体心理压力和动力，使企业成员产生心理上的共鸣，继而实现对行为的自我控制。

### 4.4.3  凝聚功能

企业文化的凝聚功能是指当一种价值观被企业员工共同认可后，它就会产生一种黏合力，从各个方面把员工聚合起来，从而让企业产生一种巨大的向心力和凝聚力。

### 4.4.4  激励功能

积极向上的理念及行为准则将会让员工形成强烈的使命感，对员工具有持久的驱动力，成为员工自我激励的一把标尺。一旦员工真正接受了企业的核心理念，他们就会被这种理念驱使，自觉自愿地发挥潜能，为公司更加努力、高效地工作。

### 4.4.5  调适功能

调适就是调整和适应。企业各部门之间、员工之间，由于各种原因难免会产生一些矛盾，解决这些矛盾需要进行自我调节。企业与客户、企业、国家、社会之间都会存在不协调、不适应之处，这也需要企业进行调整和适应。企业哲学和企业道德规范使经营者和普通员工能科学地处理这些矛盾，自觉地约束自己。完美的企业形象是不断调节的结果，调适功能实际也是企业能动作用的一种表现。

### 4.4.6  辐射功能

企业文化关系到企业的公众形象、公众态度、公众舆论和品牌美誉度。企业文化不仅在企业内部发挥作用，对企业员工产生影响，也能通过传播媒体、公共关系活动等各种渠道对社会产生影响，向社会辐射。企业文化的传播对树立企业在公众中的形象有很大帮助，优秀的企业文化对社会文化的发展有很大的影响。

## 4.5  企业文化与企业管理的关系

管理理论经历了从科学管理到行为管理再到人本管理（文化管理）的发展，今天企业文化已经成为企业重要的生产力。企业文化会对企业管理潜移默化地产生影响。企业管理优化与否在很大程度上表征为企业效益和企业发展情况，企业管理的优化需要以企业文化作支撑，更需要以良好的企业文化作根基。

①优秀的企业文化有利于促进企业制度管理的优化。在企业中，需要将良好的企业制度切实地应用于企业的日常管理当中，而企业管理的过程也因此可以看作将企业制度进行具体落实的过程，并取得相对稳定的企业管理模式和管理方法，使企业与员工的诉求不谋而合，久而久之就可形成一种稳固的企业管理思维与管理方法。

企业制度和企业文化在某种程度和范围内是有重叠的，但是，优秀的企业文化对于企业制度的管理和应用的作用是不容小觑的。优秀的企业文化能够使企业员工在企业内部形成一种良性的思维方式和工作方式，当企业推出某种符合企业内部管理需要的新型规章制度的时候，企业员工会更容易认同并接受，进而逐步适应新制度，并自觉地推进新制度的贯彻实施。从实质上看，企业文化作为一种文化形式，从思想上为企业制度的构建和管理提供了思想的基础，促进了企业制度管理的进步。

②优秀的企业文化有利于促进企业的战略管理优化。企业的战略化管理是企业经过长期积累与发展摸索出来的，对全局具有综合指导意义和战略发展部署功能的良好规划。企业的战略化管理的着眼点也必须是有利于企业长足发展和进步的，是企业发展和进步的指导力量，能促进企业的优化管理。

一方面，优秀的企业文化是企业战略管理的基础。任何一种形式或者性质的企业文化，其蕴含的都是企业全体工作人员的整体价值观念。因此，打造鲜明的、符合企业发展和工作人员思维方式的企业文化是企业战略管理的重要保障。另一方面，打造良好的企业文化，有助于增强企业内部凝聚力、向心力，使员工形成合力，从而极大地促进企业发展。可以说，通过打造优秀的企业文化，有助于促进企业与员工之间关系和谐，更能推动企业战略化管理有效开展，最终推进企业的战略化管理。

## 4.6　企业文化建设常见问题分析

### 4.6.1　文化建设脱离企业实际

很多企业家不了解员工，缺乏对管理的系统思考，甚至不知道自己想要什么，对现代管理理念与管理哲学更是缺乏深入研究，看着别的企业将企业文化做得漂亮，就东拼西抄搬来几句口号盲目推广，文化与企业的实际情况不匹配，脱离企业实际。其结果，或者是文化形同虚设，没人理会；或者是文化与工作冲突，非但不能促进企业发展，还可能成为企业发展的掣肘。

企业文化是一种管理科学与管理艺术，每个企业从事的行业不同、地域不同、人才结构不同、企业管理理念不同，企业文化的侧重点必然也有所不同。人云亦云的企业文化建设不但失去了企业的个性特征，有时还会造成南辕北辙的尴尬。

### 4.6.2　手段单一，把宣传当成推广的全部

很多企业缺乏企业文化建设的人才，不通晓企业文化建设的各种策略与方法，把宣传当成唯一的武器，铺天盖地宣传一通后，发现情况没有变化就偃旗息鼓，再不想他法。

企业文化建设是一项系统工程，需要宣传、学习、考核、监督、激励等一系列步骤有效配合才能够有所成效。只取其一，势必力量单薄而导致效果不足。

### 4.6.3　企业家的误区

跨国公司、国有企业、民营企业的老板或首席执行官们在企业文化建设上都存在一些误区，但表现形式不尽相同。

跨国公司的母公司一般都有非常强势的企业文化，子公司能做的事情通常是对母公司模式全盘照抄或者全面移植。但各国、各地区的地缘文化不同，企业是社会的一部分，会受到所在国家和地区的影响，因此，照搬式的文化植入一定会受到子公司人员的抵牾，有时甚至会产生很大的文化冲突。

国有企业的企业家中不乏有远见者，他们中的一些人非常重视企业文化建设，但建设

措施——无论是外聘专家还是内部发动,效果都很有限且难以持久。

民营企业家中"草根"出身者较多,在文化建设上实用主义较泛滥。不少企业家对企业文化的理解有限,认为几个口号、几次活动、几条格言就是企业文化。

### 4.6.4 文化系统的先天不足

文化相关的事情要做得有文化底蕴。企业文化建设一般要有文化导入,"种瓜得瓜",导入什么对结果的影响是可想而知的。然而,真正能让人耳目一新的、具有深刻企业文化内涵的理念体系、行为体系、物质体系并不多见,更多的是千篇一律、东施效颦式的模仿,肤浅、古板的文化描述,陈旧、缺乏创新的传播方式等,整个文化系统缺乏张力,缺乏与所在企业息息相关的文化个性。其因不深刻而没有穿透力,没有穿透力所以文化的根系不发达,先天不足、后天失调,成效可想而知。

### 4.6.5 文化认知上的偏差

企业文化建设是战略性的举措,是持久工程,是一项只有开始、没有结束的行动,更是一件需要智慧、技巧的管理工作。要将一种全新的文化基因植入企业员工的思想"血液"并非易事。在某种意义上讲,企业的相关部门甚至需要付出比一般的经营管理活动更大的艰辛,只有这样才能将文化工程做好、做扎实。而哗众取宠、文过饰非、浅尝辄止是一定不会取得成效的。

## 4.7 企业文化的内容建设

根据企业文化的定义,企业文化的内容是十分广泛的,主要应包括如下几点。

### 4.7.1 经营哲学

经营哲学也称企业哲学,源于社会人文经济心理学的创新运用,是一个企业特有的从事生产经营和管理活动的方法论原则。它是指导企业行为的基础。企业在激烈的市场竞争环境中面临着各种矛盾和多种选择,这要求企业用科学的方法论来指导、有一套程序来决定自己的行为,这就是经营哲学。例如,某公司提出"讲求经济效益,重视生存的意志,事事谋求生存和发展",这就是它的战略决策哲学。

### 4.7.2 价值观念

所谓价值观念,是人们基于某种功利性或道义性的追求而对人们(个人、组织)本身的存在、行为和行为结果进行评价的基本观点。可以说,价值观念决定着人生追求的行为。价值观不是人们在一时一事上的体现,而是在长期实践活动中形成的关于价值的观念体系。企业的价值观,是指企业职工对企业存在的意义、经营目的、经营宗旨的价值评价和为之追求的整体化、个异化的群体意识,是企业全体员工共同的价值准则。只有在共同的价值准则基础上,企业才能产生正确的价值目标。有了正确的价值目标才会有奋力追求价值目标的行为,企业发展才有希望。因此,企业价值观决定着员工行为的取向,关系着企业的生死存亡。只顾企业自身经济效益的价值观,会偏离社会主义方向,不仅会损害国家和人民的利益，还会影响企业的整体形象；只顾眼前利益的价值观，会让企业急功近利、搞短期行为，企业失去后劲，就可能经营失败。

### 4.7.3 企业精神

企业精神是指企业基于自身特定的性质、任务、宗旨、时代要求和发展方向，经过精心培养而形成的企业成员群体的精神风貌。

企业精神要通过企业全体职工有意识的实践活动体现出来。因此，它又是企业职工观念意识和进取心理的外化。企业精神是企业文化的核心，在整个企业文化中居于支配地位。企业精神以价值观念为基础，以价值目标为动力，对企业经营哲学、管理制度、道德风尚、团体意识和企业形象起着决定性的作用。可以说，企业精神是企业的灵魂。

企业精神通常用一些既富于哲理又简洁明快的语言予以表达，便于员工铭记在心、时刻激励自己；也便于企业进行对外宣传，容易在人们脑海里形成印象，从而在社会上形成个性鲜明的企业形象。如某百货大楼的"一团火"精神，就是用大楼人的光和热去照亮、温暖每一颗心，其实质就是奉献服务；某商场的"求实、奋进"精神，体现了以求实为核心的价值观念和真诚守信、开拓奋进的经营作风。

### 4.7.4 企业道德

企业道德是指调整该企业与其他企业之间、企业与顾客之间、企业内部员工之间关系的行为规范的总和。它是从伦理关系的角度，以善与恶、公与私、荣与辱、诚实与虚伪等道德范畴为标准来评价和规范企业。

企业道德与法律规范和制度规范不同，不具有强制性和约束力，但具有积极的示范效应和强烈的感染力，当其被人们认可和接受后就具有了让企业和员工自我约束的力量。因此，它具有更广泛的适应性，是约束企业和员工行为的重要手段。某中华老字号药店之所以数百年长盛不衰，就在于它把中华民族的优秀传统美德融于企业的生产经营过程中，形成了具有行业特色的职业道德，即"济世养身、精益求精、童叟无欺、一视同仁"。

### 4.7.5 团体意识

团体即组织，团体意识是指组织成员的集体观念。团体意识是企业内部凝聚力形成的重要心理因素。企业团体意识使企业的每个员工把自己的工作和行为都看成实现企业目标的一个组成部分，使他们为自己作为企业的成员而感到自豪，对企业的成就产生荣誉感，从而把企业看成自己的利益共同体和归属。他们因此会为实现企业的目标而努力奋斗，自觉地克服与实现企业目标不一致的行为。

### 4.7.6 企业形象

企业形象是企业通过外部特征和经营实力表现出来的，被消费者和公众认同的企业总体印象。由外部特征表现出来的企业形象称为表层形象，如招牌、门面、徽标、广告、商标、服饰、营业环境等，这些都给人以直观的印象。企业通过经营实力表现出来的形象称为深层形象，它是企业内部要素的集中体现，如人员素质、生产经营能力、管理水平、资本实力、产品质量等。表层形象是以深层形象为基础，没有深层形象这个基础，表层形象就是虚假的，也不能长久保持。流通企业由于主要经营商品和提供服务，与顾客接触较多，所以表层形象显得格外重要，但这绝不是说深层形象可以放在次要的位置。商场以"诚实待人、诚心感人、诚信送人、诚恳让人"来树立全心全意为客户服务的企业形象，而这种服务是建立在优美的购物环境、可靠的商品质量、实实在在的价格的基础上的，即以强大的物质基础和经营实力作为优质服务的保证，达到表层形象和深层形象的结合，赢得广大客户的信任。

企业形象还包括企业形象的视觉识别系统比如 VIS 系统，是企业对外宣传的视觉标识，是社会对这个企业的视觉认知的导入渠道之一，也是该企业是否进入现代化管理阶段的标志性内容。

### 4.7.7 企业制度

企业制度是企业在生产经营实践活动中形成的，对人的行为带有强制性并能保障一定权利的各种规定。从企业文化的结构上看，企业制度属于中间层次，它是精神文化的表现形式，是物质文化实现的保证。企业制度作为职工行为规范的模式，使个人的活动得以合理进行，内外人际关系得以协调，员工的共同利益受到保护，从而将企业成员有序地组织起来为实现企业目标而努力。

### 4.7.8 文化结构

企业文化结构是指企业文化系统内各要素之间的时空顺序、主次地位与结合方式。企业文化结构就是企业文化的构成、形式、层次、内容、类型等的比例关系和位置关系。它表明各个要素如何链接并形成企业文化的整体模式，即企业物质文化、企业行为文化、企业制度文化、企业精神文化形态。

### 4.7.9 企业使命

所谓企业使命是指企业在社会经济发展中所应扮演的角色和担当的责任；是指企业的根本性质和存在的理由，说明企业的经营领域、经营思想，为企业目标的确立与战略的制定提供依据。企业使命要说明企业在全社会经济领域中所经营活动的范围和层次，具体的表述企业在社会经济活动中的身份或角色。它的内容包括企业的经营哲学、企业的宗旨和企业的形象。

# 模块四　项目投资与回报预测

预测是科学决策的前提，项目投资与回报预测就是以经济效益最大化为目标，根据创业项目发展变化的预估数据资料，考虑当前已经出现和即将出现的变化因素，运用经济数学方法和现代计算技术，对项目投资、回报进行预计和测算，根据预测出的结果，分析得出项目大致的成本、费用以及所需的流动资金，指导创业者进行进一步的安排实施。

## 案例导入

### 缺乏财务计划导致创业失败

大学生李胜计划毕业后根据所学知识开设一家汽车美容公司，他经过认真测算，准备了 10 万元的启动资金，包括场地租金，购买设备、办公家具、原材料和商品库存，办理营业执照和许可证，开业前广告和促销，工资以及水电费等费用。他认为 10 万元就足够了，自己再精打细算一些，比如办公家具买二手的，然而，开业四个月后，他的经营陷入了困境。

问题出在哪里呢？原来许多创业者对财务分析、财务预测不太了解，往往对成本和费用估计得比较保守，而对收入估计得比较乐观。然而，开始创业之后，创业者会发现，许多成本和其他花费超出自己的想象，而销售也不像自己估计的那样乐观，最终不少创业企业由于资金不足以支撑其持续运营如开不出员工工资、租金支付困难等而濒临倒闭。

## 1. 项目投资预测

项目是通过价值创造过程实现有益变化的临时性组织。投资预测是对投资的效益进行定性、定量的分析和测算，从而做出科学的判断。投资预测不仅要测算项目的经济效益，还要测算其社会效益，并做到短期效益与长远效益、局部效益与整体效益相结合。一般而言，投资预测的核心应包括必要的成本预测、销售收入预测、利润预测等内容。

## 2. 成本核算

### 2.1　成本

成本是指组织为了获得（能为组织带来现在或将来收益的）资产及劳务，而牺牲现金、现金等价物等形式的资源。企业中的成本通常可以分为生产成本和期间费用两大类，如图所示。产品的生产成本一般包括直接材料成本、直接人工成本和制造费用。

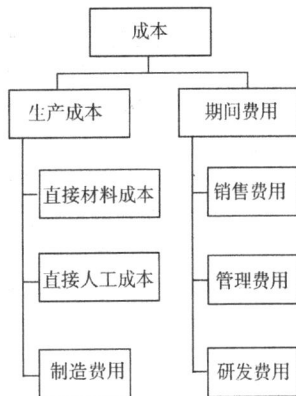

### 2.1.1 生产成本

①直接材料成本。直接材料成本是指能容易且较经济地追溯在单个产品的原材料成本。例如，钢材，铁条等。

②直接人工成本。直接人工成本即直接用于产品生产的人工成本。例如，保洁、监工、生产部经理等属于间接人工。

③制造费用。制造费用基本包括了生产部门中除直接材料成本和直接人工成本以外的所有其他成本，主要有间接材料成本、间接人工成本、能源费、机器维护费、折旧费、租金、保险费、培训费、办会费等。

### 2.1.2 期间费用

按照国际通常将采购部门发生的费用及产成品或原材料的仓储成本计入期间费用。期间费用一般包括销售费用、管理费用、研发费用等。

## 2.2 成本核算

成本核算是指将企业在生产经营过程中发生的各种耗费，按照一定的对象进行分配和归集，以核算总成本和单位成本。成本核算通常以会计核算为基础，以货币为计算单位。成本核算是项目投资预测的重要组成部分，对创业者的投资预测和创业的经营决策等存在直接影响。进行成本核算，首先预估生产经营管理费用，可以根据相同类型的企业进行评估，看其是否发生、是否应当发生，已发生的是否应当计入产品成本，实现对生产经营管理费用和产品成本直接的管理和控制。其次对已发生的费用按照用途进行分配和归集，计算各种产品的总成本和单位成本，为成本管理提供预测的成本资料。

## 2.3 成本核算方法

成本核算的方法有分步法、分类法、分批法、品种法、ABC 成本法。其具体情况用表2-9 来帮助说明。

表 2-9　成本核算方法

| 方法名称 | 具体介绍 |
| --- | --- |
| 分步法 | 以产品生产步骤作为计算方法，成本计算期采用"会计期间"法来计算，适用于批量、多步骤生产的企业 |
| 分类法 | 以产品类作为成本计算对象，开设成本计算单的计算方法，适用于产品规格多且按照标准进行分类的企业 |
| 分批法 | 以产品批次作为成本计算对象，给产品划分批号的计算方法，适用于小批量且按照客户订单生产的企业 |
| 品种法 | 以产品品种作为成本计算对象，开设成本计算单的计算方法，适用于大批量、单步骤生产的企业 |
| ABC 成本法 | 以"作业"为费用，归集和分配的方法 |

## 2.4 成本核算注意事项

企业在成本核算中应选择适当的核算方法，规范核算过程，通常注意如下事项：

①正确划分各种支出，如将各种支出正确归集到相关分类，确定其属于直接人工成本、直接材料成本、制造费用还是期间费用。

②认真执行成本开支的有关法规规定，按成本开支范围处理费用列支。

③做好成本核算的基础工作，包括：建立和健全成本核算的原始凭证和记录、合理的凭证传递流程；制订工时、材料的消耗定额，加强定额管理；建立材料物资的计量、验收、领发、盘存制度；制订内部结算价格和内部结算制度。

④根据企业的生产特点和管理要求，选择适当的成本计算方法，确定成本计算对象、费用的归集与计入产品成本的程序、成本计算期、产品成本在产成品与在产品之间的划分方法等。

## 2.5 成本核算程序

从生产费用发生开始，到算出完工产品总成本和单位成本为止的整个成本核算的步骤。成本核算程序一般分为以下几个步骤，如图所示。

①生产费用支出的审核。对发生的各项生产费用支出，应根据国家、上级主管部门和该企业的有关制度、规定进行严格审核，以便对不符合制度和规定的费用，以及各种浪费、损失等加以制止或追究经济责任。

②确定成本计算对象和成本项目，开设产品成本明细账。企业的生产类型不同，对成本管理的要求不同，成本计算对象和成本项目也就有所不同，应根据企业生产类型的特点和对成本管理的要求，确定成本计算对象和成本项目，并根据确定的成本计算对象开设产品成本明细账。

③进行要素费用的分配。对发生的各项要素费用进行汇总，编制各种要素费用分配表，按其用途分配计入有关的生产成本明细账。对能确认某一成本计算对象耗用的直接费用，如直接材料成本、直接人工成本，应直接记入"生产成本—基本生产成本"账户及其有关的产品成本明细账；对于不能确认的某一费用，则记入某产品的直接费用账户。

④进行综合费用的分配。对记入"制造费用"的综合费用，月终采用一定的分配方法进行分配，并记入"生产成本"以及有关的产品成本明细账。

⑤进行完工产品成本与在产品成本的划分。通过要素费用和综合费用的分配，所发生的各项生产费用的分配，所发生的各项生产费用均归集在"生产成本"账户及有关的产品成本明细账中。在没有在产品的情况下，产品成本明细账所归集的生产费用即为完工产品总成本；在有在产品的情况下，就需将产品成本明细账所归集的生产费用按一定的划分方法在完工产品和月末在产品之间进行划分，从而计算出完工产品成本和月末在产品成本。

⑥计算产品的总成本和单位成本。在品种法、在分批法下，产品成本明细账中计算出

的完工产品成本即为产品的总成本；在分步法下，则需根据各生产步骤成本明细账进行顺序逐步结转或平行汇总，才能计算出产品的总成本。以产品的总成本除以产品的数量，就可以计算出产品的单位成本。

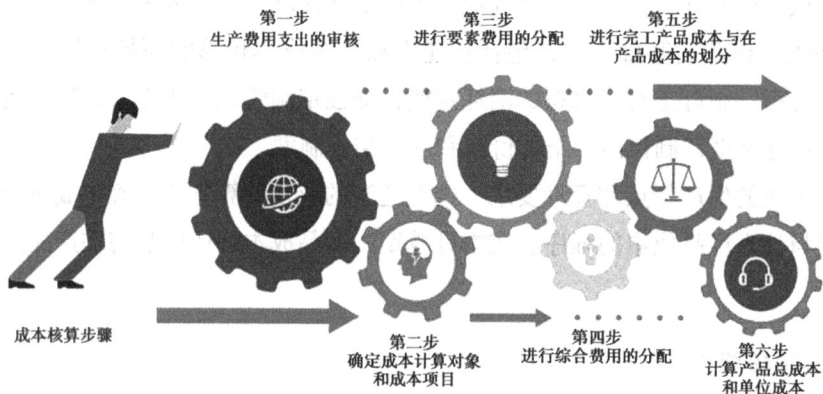

第一步
生产费用支出的审核

第三步
进行要素费用的分配

第五步
进行完工产品成本与在产品成本的划分

成本核算步骤

第二步
确定成本计算对象和成本项目

第四步
进行综合费用的分配

第六步
计算产品总成本和单位成本

### 3. 销售收入预测

销售收入是企业商品销售和其他销售所得的收入。销售收入预测即企业根据过去的销售情况，结合对市场未来需求的调查，对预测期产品销售收入所进行的预估和测算，用以指导企业进行经营决策和产销活动。销售收入是企业实现财务成果的基础，也是反映企业生产经营活动状况的重要财务指标。销售收入预测可以帮助企业加强计划性，减少盲目性，取得较好的经济效益。

其计算公式为：

$$销售收入 = 产品销售数量 \times 产品单价$$

### 3.1 销售收入预测准备

#### 3.1.1 确定预测对象

预测对象即预测的具体要素。销售收入的预测对象主要有销售数量、销售结构和销售单价等。由于预测对象不同，所需资料以及运用的具体方法不尽相同。因此，为使预测工作能够有效进行，首先需确定预测对象。

#### 3.1.2 明确预测时间

预测时间包括实施预测的时间和预测期涵盖的时间两个方面。一般而言，实施预测的时间通常应安排在编制销售计划之前，以便为计划编制提供依据。预测期涵盖时间则需根据预测目的来确定，若预测的目的在于编制年度计划和年度盈余预测，则预测期的涵盖时间通常为一年；若预测的目的在于评估企业销售的发展趋势，则预测期的涵盖时间应相对较长，如3年、5年等。

### 3.1.3 搜集相关资料

销售收入预测的相关资料包括：①历史资料，即企业的历史产量、销量、结构、价格等。②潜力资料，主要包括企业内部能力及外部开拓能力两个方面。③环境变化预测资料，包括企业内部环境的变化预测和外部市场环境的变化预测两个方面。

## 3.2 销售收入预测

通常情况下，销售收入基本等于营业收入，销售收入预测可以通过销售增长率来预计。销售收入增长率指的是一家公司在某一段时间内销售收入的变化程度，其计算公式为：销售收入增长率 =（新的销售收入 – 原销售收入）/ 原销售收入 × 100%，根据销售收入增长率就可以预测出未来一段时间的销售收入。

大家可以在创业之前咨询一家与拟创办的公司，同类型的公司作参考，做出销售收入预测。

## 4. 利润预测

利润预测是指企业在营业收入预测的基础上，通过对商品销售量或服务成本、营业费用以及其他对利润产生影响的因素进行分析与研究，进而对企业在未来某一时期内可以实现的利润进行预计和测算。

公司的利润包括营业利润、投资净收益、营业外收支净额三部分，所以利润的预测也包括营业利润的预测、投资净收益的预测和营业外收支净额的预测。在利润总额中，通常营业利润占的比重最大，是利润预测的重点，其余两部分可以用较为简便的方法进行预测。在本书中，我们重点关注营业利润。

利润预测的具体计算公式：

$$利润 = 销售收入 – 实际成本$$

学习完上面的知识，下面借助一个案例来帮助同学们分析与理解。

---

**案例**

职教中心汽车专业部的学生小华即将毕业，他打算毕业后开一家汽车清洗店，让我们帮助他一起分析项目投资与回报预测。

**1. 投资预测**

（1）前期投资约 5~10 万元，包括直接材料成本等费用，具体如下。

①柜台、门面装修，购买电脑及简单家具，一次性投入约 5 万元。

②3 个月运转费用：新店投入使用，考虑无老客户，所以做好 2~3 个月没生意的准备，最好事先筹备好 3 个月的运转费用，大约 3 万元。

③进货款：准备好大约 2 万元的汽车装潢材料。当然也可能有供应商愿意让你

代销，赊给你用，那就省下一笔货款，从而减少投资。

④手续费：通常情况下，注册资金为50万元的企业，手续费为3 000多元。

（2）每月支出大约3万元，包括直接人工成本等费用，具体如下。

①房租：在较高档的居民小区附近租一个20~40平方米的门面，加上水电费和物业管理费，一般花费在每月3 000~5 000元。

②员工工资：开一家洗车小店，至少要聘请2名工人。每名工人每月工资的3 000元，总共支出的6 000元。

③每月固定税收大约500元。

④每月材料费及实际费用大约2 500元，包括伙食费、车补等其他费用。

### 2. 销售收入预测

以"月份"为单位，根据开店时间及相同类型的洗车店为参照，得出如下销售收入表：

| 时间 | 数量/辆 | 单价/元 | 营业额/元 |
|---|---|---|---|
| 1月 | 150 | 20 | 30 000 |
| 2月 | 200 | 20 | 24 000 |
| 3月 | 300 | 20 | 6 000 |
| 4月 | 300 | 20 | 6 000 |
| 5月 | 500 | 20 | 10 000 |
| 6月 | 600 | 20 | 12 000 |
| 7月 | 600 | 20 | 12 000 |
| 8月 | 500 | 20 | 10 000 |
| 9月 | 600 | 20 | 12 000 |
| 10月 | 550 | 20 | 11 000 |
| 11月 | 600 | 20 | 12 000 |
| 12月 | 600 | 20 | 12 000 |
| 合计/元 | | | 157 000 |

### 3. 销售成本

成本实际情况分析如下表：

| 时间 | 人工费 / 元 | 材料费 / 元 | 水电费、物业管理费 / 元 | 其他成本（税收、租金）/ 元 | 合计 / 元 |
|---|---|---|---|---|---|
| 1 月 | 6 000 | 200 | 300 | 4 500 | 11 000 |
| 2 月 | 6 000 | 100 | 350 | 4 500 | 10 950 |
| 3 月 | 6 000 | 100 | 1 000 | 4 500 | 11 600 |
| 4 月 | 6 000 | 200 | 2 000 | 4 500 | 12 700 |
| 5 月 | 6 000 | 100 | 4 000 | 4 500 | 14 600 |
| 6 月 | 6 000 | 100 | 6 000 | 4 500 | 16 600 |
| 7 月 | 6 000 | 200 | 6 000 | 4 500 | 16 700 |
| 8 月 | 6 000 | 200 | 8 000 | 4 500 | 18 700 |
| 9 月 | 6 000 | 200 | 8 000 | 4 500 | 18 700 |
| 10 月 | 6 000 | 200 | 8 000 | 4 500 | 18 700 |
| 11 月 | 6 000 | 200 | 7 600 | 4 500 | 18 300 |
| 12 月 | 6 000 | 200 | 10 000 | 4 500 | 20 700 |
| 合计 / 元 | 72 000 | 22 000 | 61 250 | 54 000 | 189 250 |

### 4. 利润回报预测

投资 5~10 万元的汽车清洗店，其利润取决于洗车的数量，根据利润公式：

$$利润 ＝ 销售收入 － 实际成本$$

得出本汽车清洗店第一年的利润：

157 000 元（年销售收入）－189 250 元（年销售成本）=-32 250 元

由此我们可以分析判断出该店第一年为负利润，亏钱了，那么我们是否选择继续创业？第二年接着干，又需要准备多少钱？在创业初期经营中，我们应该怎样降低成本，还可以通过哪些途径增加收入？对这些问题进行思考、预判，这就是项目投资与回报预测的意义及必要性，以帮助我们减少盲目投资，避免冲动创业。

## 试一试

对你感兴趣的项目进行投资与回报预测分析。

# 模块五 项目风险评估

创业非易事，创业有风险。创业之前做好准备是可以减少风险损失的，所以创业者在创业前要做好创业的准备工作——项目风险评估。项目风险评估是在风险识别之后，通过对项目所有不确定性和风险要素进行充分、系统而又有条理的考虑，确定项目的单个风险，然后对项目风险进行的综合评价。它是在对项目风险进行规划、识别和估计的基础上，通过建立风险的系统模型，找到该项目的关键风险，确定项目的整体风险水平，为如何处置这些风险提供科学依据，以保障项目顺利进行。

## 案例导入

### 惨淡的矿泉水——恒大冰泉

恒大冰泉在 2013 年 11 月的时候就"出世"了，当时宣传要进军国内的矿泉水市场，与各大矿泉水品牌一争高下。在 2014 年 5 月，恒大冰泉与 13 个国家的经销商签订协议，这是国内的第一个出口矿泉水品牌。

为了让老百姓熟悉，恒大足球队不论是男队还是女队，其指定用水都是恒大冰泉，恒大还请了大牌明星代言，数据显示，恒大集团的恒大冰泉当时投了 60 亿元人民币，主要用于广告营销和推广，让人们接受这一新星。可之后，恒大冰泉的销量没有什么起色，恒大集团 2015 年的财务报告显示，当时恒大冰泉亏损了 23 亿元人民币，加上之前的总投资，大概亏了 40 亿元。恒大集团于 2016 年转让恒大冰泉。

## 1. 战略风险分析

战略风险是影响整个企业的发展方向、企业文化和生存能力或企业效益的因素。战略风险因素也就是对企业发展战略目标、资源、竞争力、企业效益产生重要影响的因素。

要想创业成功，战略方向的选择十分重要。初次创业者的创业激情高，但对社会缺乏了解，更缺少创业经验，创业选择盲目且多数没有进行前期市场调研、论证及绩效分析。初次创业者的创业思想往往是因一时创业激情而起，把创业问题简单化、理想化，对创业过于自信甚至自负，对困难估计不足；看到别人干什么自己也模仿，缺乏针对自己特长及条件的调查分析，对企业形态选择盲目，导致创业失败。

战略风险的来源和构成分成四个部分：运营风险、资产损伤风险、竞争风险、商誉风险。

### 1.1 运营风险

运营风险是指企业在运营过程中，由于外部环境的复杂性、变动性以及主体对环境的认知能力和适应能力的有限性，导致的运营失败或使运营活动达不到预期目标的可能性及其损失。

要想创业成功，健全的管理体系和有凝聚力的团队相当重要。不少初次创业者缺少实际管理经验，在决策、营销、沟通、协调等方面能力不足，会增加管理上的风险，往往会造成经营理念单薄、产品营销方式呆滞、信息闭塞、团队不齐心等问题，不能驾驭企业游走于复杂万变的市场之中。

### 1.2 资产损伤风险

资产损伤风险是指由于战略决策失误，使对实施战略有重要影响的财务价值、知识产权或资产的自然条件退化，企业现有资源创造未来现金流的可能性减少，从而导致资产现值上的重大损失。

### 1.3 竞争风险

在市场竞争中，竞争的基本动机和目标是实现最大化收入。但是，竞争者的预期利益目标并不是总能实现的，实际上，竞争本身也会使竞争者面临不能实现其预期利益目标的危险，甚至在经济利益上受到损失。这种实际实现的利益与预期利益目标发生背离的可能性，就是竞争者面对的风险。风险是指因不确定性因素而造成损失或获益的可能性。在市场竞争中，不确定性因素很多，虽然每个竞争者都期望实现预期利益目标，但不是全都能成功，必然会有某些竞争者败下阵来，承受损失。

### 1.4 商誉风险

商誉风险指的就是组织的商誉可能面对的一些损失，它可能损毁企业的公众形象，迫使企业卷入代价昂贵的诉讼案件，并导致企业收入损失以及客户或者骨干员工流失。所谓商誉风险的综合评估，就是对组织在利益各方心目中的地位以及其在当前环境下的运营能力进行的一种估测。

## 思 考

如果你是一个创业者，请对你所选创业项目可能发生的风险进行分析。

## 2. 创业风险应对措施

创业虽存在诸多风险，但机遇和挑战并存，唯有冷静地分析风险、勇敢地面对挑战，创业者才能防范风险、克服困难，走向创业成功。针对初次创业者在创业过程中遇到的风险，可以从以下方面加以管控。

## 2.1 自我认知,做好创业前准备

对自己充分了解,是创业者进行创业的前提。创业者在创业前要对自己的个性特征、特长等有充分的了解,可选择适合自己个性特征、符合个人兴趣爱好的项目进行创业。同时创业者要掌握广博的知识,具有一专多能的知识结构,才能通过创造性思维做出正确的创业决策。创业前还要积累一些有关市场调研、企业运营方面的经验,通过参加创业培训等来积累创业知识,提高创业成功率。创业者还应当锻炼受挫能力,遇到挫折后应放下心理包袱,仔细寻找失利的原因。属于主观原因的,要适当调整自己的动机、追求和行为,避免下次出现同样的错误。属于客观原因或社会因素中自己无能为力的因素的,也不要过于自责、固执甚至自卑,应坦然面对、灵活处理,争取新的机会;即使失败,也要振作起来,使自己始终保持昂扬的斗志、必胜的信心,直至创业成功。

## 2.2 审时度势,量力而行

创业路途充满艰辛,不是一蹴而就的。因此,创业应找到合适的切入点,选择合适的时机、合适的项目和合适的规模来进行。初次创业者大多手中资金较少、创业经验不足,可以选择起点低、启动资金少的项目进行创业。

初次创业要选择一种适合自己的企业法律形态。创业者选择个体工商户、合伙制企业法律形态时,创业者或投资人要对企业承担连带责任,企业如果经营不善欠下债务,股东要对企业的债务承担继续偿还的责任。创业时如果设立的是有限责任公司,公司具备法人资格,能够独立承担法律责任,公司如果资不抵债宣告破产,对公司不能清偿的债务,股东仅以其出资额承担法律责任,超出的部分不承担法律责任。此外有些人为的因素会导致合伙人之间、股东之间可能会因经营理念、利益分割甚至性格而发生冲突,因此,创业者在选择这些企业法律形态时,应注意选择志同道合、善于沟通、以企业利益为重的合作者,这是非常重要的。

## 2.3 多渠道融资,降低资金风险

在创业前期,针对何种创业项目,其投资成本一定要预算清楚,同时还要准备备用资金。只有资金准备充分,才可能解决创业中遇到的很多困难。如果没有广阔的融资渠道,创业计划只能是一纸空谈。除了银行贷款、自筹资金、民间借贷等传统方式外,创业者还可以充分利用风险投资、创业基金等融资渠道,保证创业资金充足。

## 2.4 有团队意识,合作共赢

新东方教育科技集团董事长俞敏洪认为,创业除了要让自己成功,还要让别人一起成功。一个人的能力是有限的,创业一定要抛弃单打独斗的个人英雄主义思想,牢固树立团队合作共赢的理念。创业应建立一个由各方面专才组成的合作团队,大家既有共同的理想,又能有效地使技术创新与经济管理互补,支持团队形成大合力,在市场竞争中取胜,推动企业发展，取得创业成功。

## 2.5 重法治淡人情，在法律规则中稳步发展

市场经济是法制经济，企业的产生到发展必须在法律框架下进行，符合法律规定。要想使企业稳步发展，把企业做大做强，创业者从一开始就应该依法办事，淡化人情，让法律成为创业成功的基石。具体来说，创业之初选择企业形态时要慎重，合伙制企业一定要制定合伙章程，明确合伙人之间的权利义务以及收入或亏损的分配方式，找法律人士审查把关。企业法律形态如选择有限责任公司的模式，要分清公司责任和个人责任，降低个人风险。企业运营应严格遵守法律规定，安分守己，合法经营，切不可为小利而做违法乱纪之事，要依法为企业员工交纳社会保险，降低企业风险，出现纠纷时要通过法律途径解决，依法维护企业的合法权益。

**案例故事**

### 公司有盈余不分配，小股东怎么办？

甲公司共四名股东，华某持有公司 15% 的股权，甲公司自 2012 年开始向华某以外的其他三名股东按投资比例进行了分红，但未向华某分红。故华某将甲公司诉至法院，请求法院判令公司向其支付 2012 年开始的分红款 100 余万元。

甲公司答辩称，公司章程规定了公司分红需要由董事制订公司的利润分配方案，股东会予以审议，上述程序并未进行，故不同意华某的分红请求。

法院经审理认为，公司股东享有按照实缴出资比例分红的权利，甲公司的章程虽然规定了公司利润分配需由董事制订分配方案，并经股东会审议通过，但该公司在实际经营中，系直接向股东进行分红，除华某之外的其他三名股东均已经按利润分配表的金额实际取得了分红，故也应同等对待华某，最终华某的诉讼请求得到了法院的支持。

案例提示：第一，公司盈余分配属于公司自治的范畴，为尊重公司的自治权，司法审判一般不强行介入。但在本案中，尽管甲公司股东实际分取红利的程序和方式同该公司章程的规定不符，但全体股东之间协同一致、领取红利的行为，可视为股东对章程的一致性调整。第二，公司盈余分配应注重股东间权利的平等性，避免个别股东权益受损。

**做一做**

如果你是一个创业者，请对你所选创业项目可能发生的风险进行分析。

# | 模块六　创业计划书的完善 |

创业计划是创业者叩响投资者大门的"敲门砖"，是创业者计划创立业务的书面摘要，一份优秀的创业计划书往往会帮助创业者达到事半功倍的效果。

## 1. 创业计划书

创业计划书是一份全方位的商业计划，其主要用途是递交给投资商，以便于他们对企业或项目做出评判，为企业争取融资。它用来描述与拟创办企业相关的内外部环境条件和要素特点，为业务的发展提供指示图和衡量业务进展情况的标准。通常创业计划结合了市场营销、财务、生产、人力资源等职能计划。

创业计划书是有关创业想法的具象化。创业计划书的质量，往往会直接影响创业发起人能否找到合作伙伴、获得资金及其他政策的支持。如何写创业计划书呢？创业计划书的书写要求根据阅读对象而有所不同，譬如写给投资者看或拿去银行贷款，写作目的不同，计划书的写作重点也有所不同。

通常一份创业计划书的前面需要写一页左右的摘要，接下来是创业计划书的具体章节，一般分成十章，具体如下。

第一章：事业描述。

必须描述所要进入的是什么行业，卖什么产品（或服务），哪些是主要客户；所属产业的生命周期是处于萌芽、成长、成熟还是衰退阶段。还有，企业采取独资、合伙或公司的形态，打算何时开业，营业时间有多长等。

第二章：产品/服务。

需要描述提供的产品和服务到底是什么，有什么特色；你的产品跟竞争者有什么差异，产品如果并不特别，为什么客户要买。

第三章：市场。

首先需要界定目标市场在哪里，是既有市场已有的客户，还是在新的市场开发新客户。不同的市场、不同的客户都有不同的营销方式。在确定目标之后，决定怎样上市、促销、定价等，并做好预算。

第四章：地点。

一般选择的地点对公司的可能影响不是很大；但如果是开店，店面地点的选择就很重要了。

第五章：竞争。

下列三种情况尤其要做竞争分析：①要创业或进入一个新市场时；②当一个新竞争者进入自己正在经营的市场时；③随时随地做竞争分析，这样最省力。竞争分析可以从五个方向去做：谁是最接近的五大竞争者；他们的业务如何；他们与本业务相似的程度；从他们那里学到什么；如何做得比他们好。

第六章：管理。

中小企业98%的失败来自管理的缺失，其中45%是因为管理缺乏竞争力且没有明确的解决之道。

第七章：人事。

要考虑人事需求，并且具体考虑需要引进哪些专业技术人才、全职或兼职、薪水如何计算、所需人事成本等。

第八章：财务需求与运用。

考虑融资款项的运用、营运资金周转等，并预测未来3年的资产负债表、损益表和现金流量表。

第九章：风险。

风险可能是进出口汇兑的风险、场地火灾风险等，做好风险预测，说明当风险来时如何应对。

第十章：成长与发展。

下一步要如何、几年后如何，这也是创业计划书要提及的。企业应能持续经营，所以在规划时要做到尽可能多元化和全球化。

此外，任何创业计划书都必须十分注意管理阶层的背景资料，详细说明他们的姓名及提供令人信服的各种资料，这是创业计划书的基本要求。好的创业计划书还要说明为什么你能开创这一独特的产品或服务，并由此获得大量收益。在写创业计划书时，要抓住以下重点。

①产品和服务具有独特性。

你的企业有独一无二的优势吗？这些优势体现在技术、品牌、成本等方面，而这些优势能保持多长时间也是投资方决定是否投资的重要因素之一。

②商业模式和赢利模式可行。

商业模式是关于如何生产商品、如何提供服务和进行市场策划等的；赢利模式是关于如何赚钱，如何把产品和服务转化为利润的。商业模式和赢利模式的可行性，最终体现在企业的执行力上。

③管理高效。

大多数风险投资者认为，任何风险投资的成功关键都是管理。管理也是风险投资者第二关心的问题，风险投资领域的传统观点认为，如果你的点子好但管理差，可能失去机遇；如果点子差但管理好，则可能争取机遇。而其中"好"的含义也是多方面的。

④风险投资都是"利"字当头。

提供有说服力的公司财务增长预测是你义不容辞的责任。所以，风险投资都选择有竞争力的企业、行业中的龙头。要想吸引投资，创业计划书还要写明自己企业的规模、计划、发展状况等。

⑤讲清楚机制

风险投资者如何摆脱某种状态是影响其投资决策的重要因素，也就是说，风险投资者在决定进入之前，一定会事先找出退身之路。他们希望尽可能降低风险，获得更高收益，希望其投资与其他资本共同作用一段时间后能够灵活抽走。主要退出机制有：

a.企业股票上市。这样，投资者可将自己拥有的该企业股权公开出售。

b.企业整体出售。将企业包括风险资本在内的权益全部出售给有关公司，有关公司通常为大公司。

c.企业、个人或第三团体把投资者拥有的本企业权益买下，创业计划书应对有关事项详细说明。

## 2.创业计划书的完善

现在，请根据你的实际情况，参考如下创业计划书样例，填写自己的创业计划书。

# 创业计划书

企业名称：_____

创业者姓名：_____

日　　期：_____

通信地址：_____

_____

邮政编码：_____

电　　话：_____

传　　真：_____

电子邮件：_____

## 一、企业概况

### 1.选择创业项目的理由

本人有焊工技能，也有制造防盗门的工作经验，经过市场调查，本地有旺盛的市场需求，而且随着社会的发展，市场需求在稳步增加。

### 2.简述企业愿景

将××防盗门打造成全国知名品牌，让企业成为××市家居安全行业的领导者。

### 3.企业主要经营范围

生产加工××牌安全防盗门，也可以进行来料加工。

### 4.企业类型

☑制造企业　□贸易企业　□服务企业　□农、林、牧、渔企业　□其他（请说明）

## 二、创业者个人情况

### 1.以往的相关经验（包括时间）

陈某某，2017年10月—2019年10月在××市××防盗门厂从事铆焊工作。

### 2.教育背景及所学习的相关课程（包括时间）

2017年9月，××技师学院焊工专业毕业。

2019年11月，参加培训班，学习了创办企业的相关课程。

## 三、市场评估

### 1.目标顾客描述

①需要加强居住安全防范而安装防盗门的居民；

②需要加强单位、办公室安全防范而安装防盗门的机关、企事业单位及商贸门市。

### 2.市场容量或变化趋势

本企业周边地区有居民20万户，机关、企事业单位40余家及商贸门市500余户，防盗门年需求约2000扇。

随着老旧城区改造、新居民区和商业区大量增加，防盗门市场容量呈快速上升趋势。

### 3. 预计市场占有率

本企业为新创办，没有什么知名度，也没有固定的客户和可靠的销售渠道，需要慢慢打开市场，预计第一年防盗门的年销售量能达到 120 扇，市场占有率仅为 6%。

### 4. 竞争对手的主要优势

有两家竞争对手，这两家企业创办较早，在市场上有一定的知名度和口碑。

### 5. 竞争对手的主要劣势

①有的产品价格偏高。

②有的产品质量不好。

### 6. 本企业相对于竞争对手的主要优势

①产品式样新颖，做工精细，质量可靠。

②产品价格适中。

③销售地点好。

### 7. 本企业相对于竞争对手的主要劣势

新办企业，缺少知名度和市场的认可。

## 四、市场营销计划

### 1. 产品或服务

| 产品或服务 | 主要特征 |
|---|---|
| 防盗门 | 采用最新工艺制造，16 个锁点，安全可靠，有最新样式和多种颜色供消费者选择 |

### 2. 价格

| 产品或服务 | 预测成本价格 / 元 | 预测销售价格 / 元 | 竞争对手销售价格 / 元 | 折扣销售 | 赊账销售 |
|---|---|---|---|---|---|
| 防盗门 | 920 | 1 800 | 1 700~1 900 | | |

### 3. 地点

（1）选址细节

| 地址 | 面积 /m$^2$ | 租金或建筑成本 / 元·月$^{-1}$ |
|---|---|---|
| xx 市长城路装饰装潢材料商场 5 楼 | 25 | 1 500 |

（2）选择该地址的主要原因

该商场是 ×× 市两大装饰装潢材料商场之一，在当地有较高的知名度，客流量大，目标客户集中，产品销量好。

（3）销售方式（选择一项）

将把产品（或服务）销售（或提供）给：

☑ 最终消费者　□零售商　□批发商

（4）选择该分销方式的原因

因本企业规模小、产量低、可定制，故选择直接面对消费者。

## 4. 促销

| 广告宣传 | 发产品传单 | 成本预测 / 元·月$^{-1}$ | 200 |
|---|---|---|---|
| 人员推销 | | 成本预测 / 元·月$^{-1}$ | |
| 营业推广 | | 成本预测 / 元·月$^{-1}$ | |
| 公共关系 | | 成本预测 / 元·月$^{-1}$ | |

## 五、企业组织结构

企业将注册成：

☑ 个体工商户　　□个人独资企业　　□合伙企业　　□有限责任公司

□其他（请说明）：

拟定的企业名称：×× 立华防盗门厂

企业成员：

| 职务 | 薪金或工资 / 月·元$^{-1}$ |
|---|---|
| 企业主或经理： | 3 000 |
| 员工：焊工技师 | 3 000 |
| 助手 | 1 200 |

公司将获得的营业执照、许可证：

| 类型 | 预计费用 / 元 |
|---|---|
| 工商执照（三证合一） | 免费 |

企业承担的其他法律责任（保险、纳税等）：

| 种类 | 预计费用 / 元 |
|---|---|
| 财产保险 | 2 400 |
| 纳税 | 0 |

# 六、投资

## 1. 机器、机械和其他生产设备

根据企业销售量的预测，假设达到 100% 的生产能力，拟购置以下机器、机械和其他生产设备：

| 项目 | 数量 / 台 | 单价 / 元 | 金额 / 元 |
|---|---|---|---|
| 电焊机 | 1 | 1 250 | 1 250 |
| 切割机 | 1 | 450 | 450 |
| 台式钻床 | 1 | 1 600 | 1 600 |
| 打磨抛光机 | 2 | 120 | 240 |
| 台式电脑 | 1 | 2 000 | 2 000 |
| 合计 | | | 5 540 |
| 供应商 | 名称 | 地址 | 电话或传真 |
| | 黄河路五金商场 | 黄河路 175 号 | 0951-5045692 |

## 2. 器具、工具和家具

根据企业生产经营活动的需要，拟购置以下器具、工具和家具：

| 项目 | 数量 / 个 | 单价 / 元 | 金额 / 元 |
|---|---|---|---|
| 氧气瓶 | 1 | 400 | 400 |
| 乙炔瓶 | 1 | 500 | 500 |
| 手电钻 | 2 | 125 | 250 |
| 手动工具 | 4 | 200 | 800 |
| 合计 | | | 1950 |

### 3.交通工具

根据交通及营销活动的需要，拟购置以下交通工具：

| 项 目 | 数 量 | 单价 / 元 | 金额 / 元 |
|---|---|---|---|
|  |  |  |  |
|  |  |  |  |
|  |  |  |  |
| 合计 |  |  |  |

### 4.电子设备

根据企业办公需要，拟购置以下电子设备：

| 项 目 | 数 量 | 单价 / 元 | 金额 / 元 |
|---|---|---|---|
|  |  |  |  |
|  |  |  |  |
|  |  |  |  |
| 合计 |  |  |  |
| 供应商 | 名称 | 地址 | 电话或传真 |
|  |  |  |  |

### 5.无形资产

根据企业的需要，开业前拟购买以下的无形资产：

| 项 目 | 数 量 | 单价 / 元 | 金额 / 元 |
|---|---|---|---|
|  |  |  |  |
|  |  |  |  |

### 6.开办费

根据企业的需要，需支付以下开办费：

| 项 目 | 数 量 | 单价 / 元 | 金额 / 元 |
|---|---|---|---|
| 开办费 |  |  | 1 260 |
| 合计 |  |  | 1 260 |

## 7. 其他投入

根据企业的需要，除固定资产、无形资产、开办费外，开业前还需要支付以下费用：

| 项目 | 数 量 | 单价 / 元 | 金额 / 元 |
|---|---|---|---|
|  |  |  |  |
|  |  |  |  |
|  |  |  |  |
| 合 计 |  |  |  |

## 8. 投资概要

| 项 目 | 金额 / 元 | 月折旧额或摊销额 / 元 |
|---|---|---|
| 机器、机械和其他生产设备 | 5 540 |  |
| 器具、工具和家具 | 1 950 |  |
| 交通工具 |  |  |
| 电子设备 |  |  |
| 无形资产 |  |  |
| 开办费 | 1 260 |  |
| 其他投入 |  |  |
| 合计 | 8 750 | 146 |

## 七、流动资金（月）

## 1. 原材料（或商品）和包装费

| 材料描述 | 数量 | 单价 / 元 | 每月总费用 / 元 |
|---|---|---|---|
| 钢材 | 10 | 900 | 9 000 |
| 灌气 | 2 | 100 | 200 |
| 供应商 | 名称 | 地址 | 电话或传真 |
|  | 昆仑钢材市场 | XX 市黄河路 118 号 | XXXXXXXX |

## 2. 其他经营费用（不包括折旧费用和贷款利息）

| 项目 | 月费用 / 元 | 说明 |
|---|---|---|
| 业主工资 | 3 000 | |
| 雇员工资 | 4 200 | 技师和助手各一名 |
| 租金 | 1 500 | |
| 促销费 | 200 | |
| 水电费 | 400 | |
| 电话费 | 150 | |
| 维护维修费 | 100 | |
| 保险费 | 200 | |
| 办公费 | 50 | |
| 宽带费 | 50 | |
| 合计 | | |

## 八、销售收入预测（12 个月）

单位：元、扇

| 销售情况 | | 时间 | | | | | | | | | | | | 合计 |
|---|---|---|---|---|---|---|---|---|---|---|---|---|---|---|
| | | 1 月 | 2 月 | 3 月 | 4 月 | 5 月 | 6 月 | 7 月 | 8 月 | 9 月 | 10 月 | 11 月 | 12 月 | |
| 防盗门 | 销售数量 | 2 | 4 | 6 | 8 | 10 | 11 | 12 | 12 | 13 | 13 | 14 | 14 | 119 |
| | 平均单价 | 1800 | 1800 | 1800 | 1800 | 1800 | 1800 | 1800 | 1800 | 1800 | 1800 | 1800 | 1800 | |
| | 月销售额 | 3 600 | 7 200 | 10 800 | 14 400 | 18 000 | 19 800 | 21 600 | 21 600 | 23 400 | 23 400 | 25 200 | 25 200 | 214 200 |
| 合计 | 销售总量 | 2 | 4 | 6 | 8 | 10 | 11 | 12 | 12 | 13 | 13 | 14 | 14 | 119 |
| | 销售总收入元 | 3 600 | 7 200 | 10 800 | 14 400 | 18 000 | 19 800 | 21 600 | 21 600 | 23 400 | 23 400 | 25 200 | 25 200 | 21 4200 |

# 九、销售与成本计划

单位:元

| 分类 | 项目 | 1月 | 2月 | 3月 | 4月 | 5月 | 6月 | 7月 | 8月 | 9月 | 10月 | 11月 | 12月 | 合计 |
|---|---|---|---|---|---|---|---|---|---|---|---|---|---|---|
| 销售 | 含税销售收入（含流转税销售收入） | 3 600 | 7 200 | 10 800 | 14 400 | 18 000 | 19 800 | 21 600 | 21 600 | 23 400 | 23 400 | 25 200 | 25 200 | 214 200 |
| | 流转税（增值税） | | | | | | | | | | | | | |
| | 销售净收入 | 3 600 | 7 200 | 10 800 | 14 400 | 18 000 | 19 800 | 21 600 | 21 600 | 23 400 | 23 400 | 25 200 | 25 200 | 21 4200 |
| 成本 | 钢材耗费 | 1 800 | 3 600 | 5 400 | 7 200 | 9 000 | 9 900 | 10 800 | 10 800 | 11 700 | 11 700 | 12 600 | 12 600 | 107 100 |
| | 灌气耗费费 | 40 | 80 | 120 | 160 | 200 | 220 | 240 | 240 | 260 | 260 | 280 | 280 | 2 380 |
| | 业主工资 | 3 000 | 3 000 | 3 000 | 3 000 | 3 000 | 3 000 | 3 000 | 3 000 | 3 000 | 3 000 | 3 000 | 3 000 | 36 000 |
| | 员工工资 | 4 200 | 4 200 | 4 200 | 4 200 | 4 200 | 4 200 | 4 200 | 4 200 | 4 200 | 4 200 | 4 200 | 4 200 | 50 400 |
| | 租金 | 1 500 | 1 500 | 1 500 | 1 500 | 1 500 | 1 500 | 1 500 | 1 500 | 1 500 | 1 500 | 1 500 | 1 500 | 18 000 |
| | 促销费 | 200 | 200 | 200 | 200 | 200 | 200 | 200 | 200 | 200 | 200 | 200 | 200 | 2 400 |
| | 水电费 | 400 | 400 | 400 | 400 | 400 | 400 | 400 | 400 | 400 | 400 | 400 | 400 | 4 800 |
| | 电话费 | 150 | 150 | 150 | 150 | 150 | 150 | 150 | 150 | 150 | 150 | 150 | 150 | 1 800 |
| | 维护维修费 | 100 | 100 | 100 | 100 | 100 | 100 | 100 | 100 | 100 | 100 | 100 | 100 | 1 200 |
| | 折旧及摊销费 | 146 | 146 | 146 | 146 | 146 | 146 | 146 | 146 | 146 | 146 | 146 | 146 | 1 752 |
| | 贷款利息 | 100 | 100 | 100 | 100 | 100 | 100 | 100 | 100 | 100 | 100 | 100 | 100 | 1 200 |
| | 保险费 | 200 | 200 | 200 | 200 | 200 | 200 | 200 | 200 | 200 | 200 | 200 | 200 | 2 400 |
| | 办公用品购置费 | 50 | 50 | 50 | 50 | 50 | 50 | 50 | 50 | 50 | 50 | 50 | 50 | 600 |
| | 宽带购置费 | 50 | 50 | 50 | 50 | 50 | 50 | 50 | 50 | 50 | 50 | 50 | 50 | 600 |
| | 总成本 | 11 936 | 13 776 | 15 616 | 17 456 | 19 296 | 20 216 | 21 136 | 21 136 | 22 056 | 22 056 | 22 976 | 22 976 | 230 632 |
| | 附加税费 | | | | | | | | | | | | | |
| 所得税 | 利润 | -8 336 | -6 576 | -4 816 | -3 056 | -1 296 | -416 | 464 | 464 | 1 344 | 1 344 | 2 233 | 2 233 | -16 432 |
| | 企业所得税 | | | | | | | | | | | | | |
| | 个人所得税 | | | | | | | | | | | | | |
| | 其他 | | | | | | | | | | | | | |
| | 净利润 | | | | | | | | | | | | | |

# 十、现金流量计划

单位:元

| | 项目 | 时间 | | | | | | | | | | | | 合计 |
|---|---|---|---|---|---|---|---|---|---|---|---|---|---|---|
| | | 1月 | 2月 | 3月 | 4月 | 5月 | 6月 | 7月 | 8月 | 9月 | 10月 | 11月 | 12月 | |
| 现金流入 | 月初现金 | 3 600 | 17 350 | 11 250 | 6 650 | 4 150 | 3 350 | 3 050 | 4 050 | 5 050 | 6 550 | 8 350 | 11 150 | |
| | 现金销售收入 | | 7 200 | 10 800 | 14 400 | 18 000 | 19 800 | 21 600 | 21 600 | 23 400 | 23 400 | 25 200 | 25 200 | |
| | 赊销销售收入 | | | | | | | | | | | | | |
| | 贷款 | 20 000 | | | | | | | | | | | | |
| | 企业主(股东)投资 | 17 000 | | | | | | | | | | | | |
| | 现金流入合计(A) | 40 600 | 24 550 | 22 050 | 21 050 | 22 150 | 23 150 | 24 650 | 25 650 | 28 450 | 29 950 | 33 550 | 36 350 | |
| 现金流出 | 现金采购 | 1 800 | 3 600 | 5 400 | 7 200 | 9 000 | 9 900 | 10 800 | 10 800 | 11 700 | 11 700 | 12 600 | 12 600 | |
| | 赊账采购 | | | | | | | | | | | | | |
| | 燃气费 | 100 | 100 | 100 | 100 | 200 | 300 | 200 | 200 | 300 | 300 | 200 | 300 | |
| | 工资 | 7 200 | 7 200 | 7 200 | 7 200 | 7 200 | 7 200 | 7 200 | 7 200 | 7 200 | 7 200 | 7 200 | 7 200 | |
| | 租金 | 1 500 | 1 500 | 1 500 | 1 500 | 1 500 | 1 500 | 1 500 | 1 500 | 1 500 | 1 500 | 1 500 | 1 500 | |
| | 促销费 | 200 | 200 | 200 | 200 | 200 | 200 | 200 | 200 | 200 | 200 | 200 | 200 | |
| | 保险费 | 2 400 | | | | | | | | | | | | |
| | 维修费 | 100 | 100 | 100 | 100 | 100 | 100 | 100 | 100 | 100 | 100 | 100 | 100 | |
| | 水电费 | 400 | 400 | 400 | 400 | 400 | 400 | 400 | 400 | 400 | 400 | 400 | 400 | |
| | 电话费 | 150 | 150 | 150 | 150 | 150 | 150 | 150 | 150 | 150 | 150 | 150 | 150 | |
| | 宽带费 | 600 | | | | | | | | | | | | |
| | 办公用品购置费 | 50 | 50 | 50 | 50 | 50 | 50 | 50 | 50 | 50 | 50 | 50 | 50 | |
| | 贷款本息 | | | 300 | | | 300 | | | 300 | | | 20 300 | |
| | 税金 | | | | | | | | | | | | | |
| | 固定资产投资 | 7 490 | | | | | | | | | | | | |
| | 开办费 | 1 260 | | | | | | | | | | | | |
| | 其他 | | | | | | | | | | | | | |
| | 现金流出合计(B) | 23 250 | 13 300 | 15 400 | 16 900 | 18 800 | 20 100 | 20 600 | 20 600 | 21 900 | 21 600 | 22 400 | 42 800 | |
| | 月底现金(A−B) | 17 350 | 11 250 | 6 650 | 4 150 | 3 350 | 3 050 | 4 050 | 5 050 | 6 550 | 8 350 | 11 150 | −6 450 | |

学习案例后，请完善自己的创业计划书吧！

# 创业计划书

项目名称：＿＿＿＿＿＿＿＿＿＿＿＿＿＿＿＿＿

创业者姓名：＿＿＿＿＿＿＿＿＿＿＿＿＿＿＿＿

日　　　期：＿＿＿＿＿＿＿＿＿＿＿＿＿＿＿＿

通信地址：＿＿＿＿＿＿＿＿＿＿＿＿＿＿＿＿

　　　　　　＿＿＿＿＿＿＿＿＿＿＿＿＿＿＿＿

邮政编码：＿＿＿＿＿＿＿＿＿＿＿＿＿＿＿＿

电　　话：＿＿＿＿＿＿＿＿＿＿＿＿＿＿＿＿

传　　真：＿＿＿＿＿＿＿＿＿＿＿＿＿＿＿＿

电子邮件：＿＿＿＿＿＿＿＿＿＿＿＿＿＿＿＿

# 目 录

## 一、项目概况

选择创业项目的理由：

简述企业愿景：

企业主要经营范围：

企业类型：□制造企业　　　□贸易企业　　　□服务企业　　　□农、林、牧、渔企业

□其他（请说明）

## 二、创业者个人情况

以往相关经验（包括时间）：

教育背景及所学习的相关课程（包括受教育时间）：

## 三、市场评估

| 目标顾客描述： |
| --- |
| |
| |
| |
| |
| |
| |
| |
| 市场容量或变化趋势： |
| |
| |
| |
| |
| |
| |
| 预计市场占有率： |
| |
| |
| |
| |
| |
| |

| 竞争对手的主要优势： |
| --- |
| ① |
| ② |
| ③ |
| ④ |
| ⑤ |
| 竞争对手的主要劣势： |
| ① |
| ② |
| ③ |
| ④ |
| ⑤ |
| 本企业相对于竞争对手的主要优势： |
| ① |
| ② |
| ③ |
| ④ |
| ⑤ |
| 本企业相对于竞争对手的主要劣势： |
| ① |
| ② |
| ③ |
| ④ |

## 四、市场营销计划

### 1. 产品或服务

| 产品或服务 | 主要特征 |
|---|---|
| ① | |
| ② | |
| ③ | |
| ④ | |
| ⑤ | |

### 2. 价格

| 产品或服务 | 预测成本价格 | 预测销售价格 | 竞争对手的销售价格 |
|---|---|---|---|
| ① | | | |
| ② | | | |
| ③ | | | |
| ④ | | | |
| ⑤ | | | |

| 折后销售 | |
|---|---|
| 赊账销售 | |

### 3. 地点

（1）选址细节

| 地址 | 面积 /m² | 租金或建筑成本 |
|---|---|---|
| | | |

（2）选择该地址的主要原因

| |
|---|
| |
| |
| |
| |
| |
| |
| |

（3）销售方式（选择一项并在其相应的左侧□内画"√"）

将把产品或服务提供给：□最终消费者　　□零售商　　□批发商

（4）选择该销售方式的原因

| |
|---|
| |
| |
| |
| |
| |

## 4. 促销

| 广告宣传 | | 成本预测 | |
|---|---|---|---|
| 人员推销 | | 成本预测 | |
| 营业推广 | | 成本预测 | |
| 公共关系 | | 成本预测 | |

## 五、企业组织结构

企业将登记注册成：

□个体工商户　　□个人独资企业

□合伙企业　　　□有限责任公司

□其他（请说明）

_____

拟议的企业名称：

_____

企业的员工：

_____

_____

职务薪金／工资（月）：

①企业主或经理：

_____

_____

②员工：

_____

_____

_____

_____

企业将获得的营业执照、许可证：

_____

企业的法律责任（保险、员工薪酬、纳税）：

_____

_____

_____

_____

股权合作协议：

| 协议内容 | 合作人条款 |
|---|---|
| 企业计划注册资金 | |
| 出资方式 | |
| 出资数额 | |
| 股权份额及利润分配 | |
| 利润数额与亏损承担 | |
| 分工、权限和责任 | |
| 违约责任 | |
| 转股、退股及增资 | |
| 协议变更和终止 | |
| 其他条款 | |

企业组织结构图：

## 六、投资

### 1. 投资项目

（1）机器、机械和其他生产设备

根据企业销售量的预测，假设达到 100% 的生产能力，拟购置以下机器、机械和其他生产设备。

| 项　目 | 数　量 | 单　价 | 金　额 |
|---|---|---|---|
| ① | | | |
| ② | | | |
| ③ | | | |
| ④ | | | |
| ⑤ | | | |
| 合　计 | | | |

供应商信息如下：

| | 名　称 | 地　址 | 电话或传真 |
|---|---|---|---|
| 供应商 | | | |
| | | | |

（2）器具、工具和家具

根据企业生产经营活动的需要，拟购置以下器具、工具和家具。

| 项　目 | 数　量 | 单　价 | 金　额 |
|---|---|---|---|
| ① | | | |
| ② | | | |
| ③ | | | |
| 合　计 | | | |

（3）交通工具

根据交通和营销活动的需要，拟购置以下交通工具。

| 项目 | 数量 | 单价 | 金额 |
|---|---|---|---|
| ① | | | |
| ② | | | |
| 合 计 | | | |

供应商信息如下：

| | 名称 | 地址 | 电话或传真 |
|---|---|---|---|
| 供应商 | | | |
| | | | |

（4）电子设备

根据企业办公需要，拟购置以下电子设备。

| 项目 | 数量 | 单价 | 金额 |
|---|---|---|---|
| ① | | | |
| ② | | | |
| ③ | | | |
| 合 计 | | | |

供应商信息如下：

| | 名称 | 地址 | 电话或传真 |
|---|---|---|---|
| 供应商 | | | |
| | | | |

（5）无形资产

根据企业需要，开业前拟购买以下无形资产。

| 项目 | 金额 | 备注 |
|---|---|---|
| ① | | |
| ② | | |
| ③ | | |
| 合计 | | |

（6）开办费

根据企业需要，需支付以下开办费。

| 项目 | 金额 | 备注 |
|---|---|---|
| ① | | |
| ② | | |
| ③ | | |
| 合计 | | |

（7）其他投入

根据企业需要，开业前企业还需要支付以下费用。

| 项目 | 金额 | 备注 |
|---|---|---|
| ① | | |
| ② | | |
| ③ | | |
| 合计 | | |

## 2. 投资概要

单位：元

| 项目 | 金额 | 月折旧额或摊销额 |
|---|---|---|
| 机器、机械和其他生产设备 | | |
| 器具、工具和家具 | | |
| 交通工具 | | |
| 电子设备 | | |
| 无形资产 | | |
| 开办费 | | |
| 其他投入 | | |
| 合 计 | | |

# 七、流动资金（月）

## 1. 原材料（或商品）和包装费

| 项目 | 数量 | 单价 | 金额 |
|---|---|---|---|
| ① | | | |
| ② | | | |
| ③ | | | |
| ④ | | | |
| ⑤ | | | |
| 合 计 | | | |

供应商信息如下：

| | 名称 | 地址 | 电话或传真 |
|---|---|---|---|
| 供应商 | | | |
| | | | |

## 2. 其他经营费用（不包括折旧费和贷款利息）

| 项目 | 金额 | 备注 |
|---|---|---|
| 工资 | | |
| 租金 | | |
| 促销费 | | |
| 办公用品购置费 | | |
| 维修费 | | |
| 保险费 | | |
| 水电费 | | |
| 电话费 | | |
| 其他费用 | | |
| 合计 | | |

## 八、销售收入预测

单位：元

| 预测销售情况 | 时间 | | | | | | | | | | | |
|---|---|---|---|---|---|---|---|---|---|---|---|---|
| | 1月 | 2月 | 3月 | 4月 | 5月 | 6月 | 7月 | 8月 | 9月 | 10月 | 11月 | 12月 |
| 预测销售量 | | | | | | | | | | | | |
| 平均单价 | | | | | | | | | | | | |
| 预测月销售额 | | | | | | | | | | | | |
| 合计　预测销售总量 | | | | | | | | | | | | |
| 合计　预测总销售额 | | | | | | | | | | | | |

注：此表格要求逐月填写 1 年的销售收入预测，如企业投资回收周期较长，可选择按季或年填写。

## 九、销售和成本计划

单位：元

| 项目 | | | 时间 | | | | | | | | | | | | 合计 |
|---|---|---|---|---|---|---|---|---|---|---|---|---|---|---|---|
| | | | 1月 | 2月 | 3月 | 4月 | 5月 | 6月 | 7月 | 8月 | 9月 | 10月 | 11月 | 12月 | |
| 销售 | 含税销售收入 | | | | | | | | | | | | | | |
| | 增值税 | | | | | | | | | | | | | | |
| | 销售净收入 | | | | | | | | | | | | | | |
| 成本 | 原材料（列出项目） | ① | | | | | | | | | | | | | |
| | | ② | | | | | | | | | | | | | |
| | 包装费 | | | | | | | | | | | | | | |
| | 工资 | | | | | | | | | | | | | | |
| | 租金 | | | | | | | | | | | | | | |
| | 促销费 | | | | | | | | | | | | | | |
| | 保险费 | | | | | | | | | | | | | | |
| | 维修费 | | | | | | | | | | | | | | |
| | 水电费 | | | | | | | | | | | | | | |
| | 电话费 | | | | | | | | | | | | | | |
| | 宽带费 | | | | | | | | | | | | | | |
| | 办公用品购置费 | | | | | | | | | | | | | | |
| | 其他费用 | | | | | | | | | | | | | | |
| | 折旧和摊销费 | | | | | | | | | | | | | | |
| | 总成本 | | | | | | | | | | | | | | |
| 附加税费 | | | | | | | | | | | | | | | |
| 利润 | | | | | | | | | | | | | | | |
| 所得税 | 企业所得税 | | | | | | | | | | | | | | |
| | 个人所得税 | | | | | | | | | | | | | | |
| | 其他 | | | | | | | | | | | | | | |
| 净利润 | | | | | | | | | | | | | | | |

注：对于"所得税"项目的填写，有限责任公司填写"企业所得税"，个体工商户、个人独资企业和合伙企业填写"个人所得税"，实行定额征收的企业填写"其他"。

## 十、现金流量计划

单位：元

| 项目 | | 时间 | | | | | | | | | | | | 合计 |
|---|---|---|---|---|---|---|---|---|---|---|---|---|---|---|
| | | 1月 | 2月 | 3月 | 4月 | 5月 | 6月 | 7月 | 8月 | 9月 | 10月 | 11月 | 12月 | |
| 现金流入 | 月初现金（A） | | | | | | | | | | | | | |
| | 现金销售收入 | | | | | | | | | | | | | |
| | 赊销销售收入 | | | | | | | | | | | | | |
| | 贷款 | | | | | | | | | | | | | |
| | 企业主（股东）投资 | | | | | | | | | | | | | |
| | 现金流入合计（B） | | | | | | | | | | | | | |
| 现金流出 | 现金采购 | | | | | | | | | | | | | |
| | 赊账采购 | | | | | | | | | | | | | |
| | 包装费 | | | | | | | | | | | | | |
| | 赊购支出 | | | | | | | | | | | | | |
| | 工资 | | | | | | | | | | | | | |
| | 租金 | | | | | | | | | | | | | |
| | 促销费 | | | | | | | | | | | | | |
| | 保险费 | | | | | | | | | | | | | |
| | 维修费 | | | | | | | | | | | | | |
| | 水电费 | | | | | | | | | | | | | |
| | 电话费 | | | | | | | | | | | | | |
| | 宽带费 | | | | | | | | | | | | | |
| | 办公用品购置费 | | | | | | | | | | | | | |
| | 贷款本息 | | | | | | | | | | | | | |
| | 税金 | | | | | | | | | | | | | |
| | 固定资产投资 | | | | | | | | | | | | | |
| | 开办费 | | | | | | | | | | | | | |
| | 其他 | | | | | | | | | | | | | |
| | 现金流出合计（C） | | | | | | | | | | | | | |
| 月底现金（A+B-C） | | | | | | | | | | | | | | |

# 创新创业项目路演技巧

CHUANGXIN CHUANGYE
XIANGMU LUYAN JIQIAO

# 模块 创新创业项目路演技巧

何为路演？广义的路演就是通过现场演示的方法，比如宣传、招商、投资推介会等，引起目标人群的关注，让他们产生兴趣，最终达成目标。

## 1. 项目路演 PPT 制作

### 1.1 PPT 制作技巧

◆格式：建议长宽比为 4∶3，为 8~12 页，尽可能小于 8M( 不含内嵌视频 )。

◆排版：加大对比度，让视觉元素重复出现并保持一致，任何元素都不能随意摆放，必须与同页面的另一个元素有某种视觉联系；避免使用"居中对齐"，避免使用复杂或延时较长的动画效果。

◆配色：同一页面不要使用超过三种颜色，颜色与核心业务内容相得益彰。

◆字体字号：字号不低于 16 磅；建议不要使用标新立异的字体，同一页面不要使用超过三种字体。

◆视频：尽可能在 2 分钟以内。如果放在开场可介绍产品，特别是产品的典型应用场景；如果放在结尾，则展示用户的真实反馈。

◆页面：页面字数不宜多，做到简洁、明了。

### 1.2 PPT 呈现的内容

#### 1.2.1 创业方案能解决的问题

让潜在投资人明白他们要解决的问题是什么。在此张幻灯片中你需要尽可能简洁地说明以下几点内容。

◆方案解决的是什么问题？

◆你怎么知道这是一个问题？你有一手或者二手的研究数据支持吗？

◆你要为谁解决这个问题？

#### 1.2.2 解决方案的呈现

现在已经告诉投资人在某一个群体中有重要的问题需要解决，并且它已经通过你的研究得到验证，这时候就可以呈现你将如何解决这个问题了。以下是你需要呈现的内容：

◆人们现在正在使用的其他解决方案有哪些？为什么这些解决方案都没有真正地解决问题？

◆你的解决方案是什么？

◆你的方案为什么比其他解决方案更好？它最终能带来的好处是什么？

◆你的方案有什么专利或者独特之处吗？

### 1.2.3　展示验证数据

前两张幻灯片讲完后，大多数投资人都想看到你的解决方案的数据验证。接下来的这张幻灯片非常关键，因为它决定了投资人是否会继续看下去，你应该思考如何呈现对下列问题的回答。

◆你有多少付费客户或用户？你每月或每年产生多少收入？你每月的收入增长量是多少？

◆你实现赢利了吗？

### 1.2.4　展示产品

在前面的幻灯片中，我们展示了项目解决方案的优势。在这张幻灯片中，你要呈现给投资人关于产品的快速演示，在不透露过多细节的同时向他们解释产品是如何工作的，尽量用简洁的语言来解释并放上几张产品截图。

◆你的产品是如何工作的？

◆它如何为你的客户带来价值？

### 1.2.5　展示市场分析内容

◆潜在可利用市场（PAM）、总可寻市场（TAM）、服务／可服务的可利用市场（SAM）、可服务和可获得的市场（SOM）有多大？

◆理想用户画像（ICP）是什么？谁是你的早期使用者？

◆你的产品的生命周期价值和获得成本是多少？你的客户流失率是多少？

### 1.2.6　展示竞争分析内容

这里你可以展示你在适应市场和获得市场份额上的信心，同时展示你当前客户的满意度和忠诚度。你需要考虑下列问题：

◆你的产品的市场定位是什么？

◆如何防止竞争对手夺走你的市场份额？

◆你的秘诀是什么？你将如何变得比竞争对手更有竞争力？

### 1.2.7　展示商业模式

曾有人说："一个创业者的真正的产品不是解决方案，而是一个行得通的商业模式。创业者真正该做的是随着时间的推移，系统性地降低商业模式的风险。"在这张幻灯片中，你应该展示你的商业模式的工作原理以及它如何通过早期试用者得到验证，这里要解答的关键问题如下：

◆你如何赚钱？

◆你的商业模式如何通过实验或案例研究获得了验证？

### 1.2.8 展示市场推广策略

确定了目标市场和商业模式后，应让投资人知道你将如何获得这个市场。你的市场推广策略应该已经在小范围内得到了验证，也应该已经确定了最有效的客户获取渠道。这里你需要回答如下问题：

◆你将如何让你的产品出现在客户面前？

◆基于你当前的资源，你将关注哪些渠道？你做了什么来验证这些是最有效的渠道？

◆你有竞争力的分销策略是什么？

### 1.2.9 展示融资需求和财务数据

到这里，投资人已明白了为什么你的公司会是一个好的投资机会，现在他们想知道你需要多少资本来实现这一点。你要回答如下问题：

◆你需要多少资金来进一步验证你的商业模式？

◆你手上的资金还能花多久，还需要继续投入多少资金？

◆你将如何分配资金，资金会花在哪些方面？

◆获客成本是多少？你有多大的信心让它能够保持在一定范围内？

### 1.2.10 介绍团队优势

在这张幻灯片中，你需要介绍组建的团队中各成员的职务和过去的相关经验：

◆你的团队里有哪些人？他们有什么相关技能和经验？

◆你是如何认识你的联合创始人的？你们过去一起做过什么事情可以表明能一起顺利工作？

◆你有哪些顾问？他们的经验与你正在解决的问题有什么关系？

### 1.2.11 展示公司愿景

在你向投资人提供了所有事实、数据和检验信息后，如果这些都达到了他们的标准，他们接下来会想知道为什么你能把项目做成，你可以从两个方面来说明。

◆你们公司的愿景是什么？

◆是什么在激励着公司实现这个愿景？

**思考／辩别／测试／实践（可选择其中一种进行知识点练习）**

①制作路演PPT时，页面上应注意哪些问题？

②PPT内容呈现的关键点是什么？

## 2.路演技巧

路演不仅需要做好充分的准备，更要讲究技巧。

### 2.1 如何做到知己知彼

可采用 4W1H 法做到知己知彼，如表 3-1 所示。

表 3-1  4W1H 法

| When | 演讲时间、时长是多少？有提问环节吗？有样品或产品演示环节吗？ |
|------|----------------------------------------------------|
| Where | 演讲场地在哪里？可容纳多少人？现场演讲设施如何？ |
| What | 要达到什么效果，在融资、政策、消费、招商等方面？ |
| Who | 给谁讲？他们想听什么，比如投资人、评委、消费者？ |
| How | 怎样展现核心竞争力，比如在商业模式、社会价值、文化、品牌、团队方面？ |

### 2.2 表述遵循 3C 原则

3C 原则如下图所示。

### 2.3 路演常规流程

路演常规流程如下图所示。

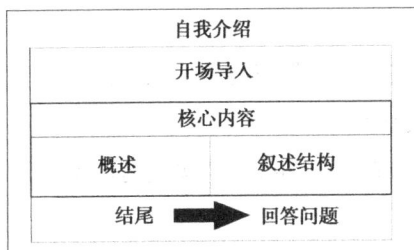

### 2.3.1 掌握开场方法

开场方法如表 3-2 所示。

表 3-2    开场方法

| 开场方法 | 简介 | 开场方法 | 简介 |
|---|---|---|---|
| 提问式 | 提一个问题引导 | 回顾前瞻式 | 向前展望或回首过去 |
| 引证式 | 从可靠的来源引用一段话 | 格言警句式 | 大家熟悉的俗语开始 |
| 轶事型 | 说一个简短温暖的小故事 | 类比式 | 理清复杂、晦涩或模糊的主题 |
| 陈述式 | 说出惊人的数据或摆出一段鲜为人知的事实 | 视频式 | 通过播放的视频更直观地了解产品或文化 |

### 2.3.2 勤于练习，自信为主

充分利用好碎片化时间，在图书馆里练习、地铁上练习，甚至吃饭的时候、睡觉前都可以默想一遍，越熟练一分，你的自信就增加一分，上台的时候才不至于过度紧张。

### 2.3.3 回答问题的技巧

◆理解并复述：先复述并提出自己对于这个问题的理解，征询提问者并得到肯定答案后再回答。

◆眼神交流及简答：回答要简洁、仪态大方，不仅要和提问者有眼神交流，也需照顾在场其他人，让他们都参与进来。

◆总结性陈述：将问题和答案结合起来，最终提炼成一句话。

## 2.4    路演常见状况及解决方法

◆话筒声音时大时小：提前调好话筒。

◆ PPT 无法播放（如停电）：熟记演讲大纲作脱稿演讲；进行小互动，等待设备恢复正常。

◆主持人报错项目名或人名：保持冷静，大方地讲出正确名称或幽默地回答"谢谢主持人给我再次自我介绍的机会"等。

◆不会用翻页笔：提前彩排，如临时翻页笔有问题，请工作人员帮忙翻。

[1] 许湘岳，邓峰 . 创新创业教程 [M]. 北京：人民出版社，2011.

[2] 嵇毅，王艳 . 创新创业基础：慕课版 [M]. 北京：人民邮电出版社，2018.

[3] 张玉利 . 创新与创业基础 [M]. 北京：高等教育出版社，2017.

[4] 刘穿石 . 创业能力心理学 [M]. 西安：陕西师范大学出版社，2004.

[5] 崔东红 . 创业·创新·创富 [M]. 北京：中国经济出版社，2006.

[6] 邓泽功 . 大学生创新创业指导教程 [M]. 北京：人民交通出版社，2004.

[7] 姬振旗，周峰 . 创业教育实务 [M]. 北京：高等教育出版社，2014.

[8] 董青春，孙亚卿 . 大学生创业基础 [M]. 北京：经济管理出版社，2017.

[9] 汪发亮 . 高职院校创新创业教育实践模式研究 [J]. 湖南科技大学学报（社会科学版），
    2020，23（1）：115-120.

[10] 刘建廷，谭境佳 . 市场营销理论与实务 [M]. 北京：人民邮电出版社，2012.

[11] 林剑花，陈国霖 . 市场营销学基础与实务 [M]. 北京：人民邮电出版社，2013.

[12] 崔译文，邹剑锋，马琦，陈孟君 . 市场营销学 [M].3 版 . 广州：暨南大学出版社，
    2017.

[13] 黎东 . 市场营销 [M]. 北京：航空工业出版社，2007.

[14] 于家臻 . 市场营销基础 [M].3 版 . 北京：电子工业出版社，2014.

[15] 科特勒，阿姆斯特朗 . 市场营销导论 [M]. 俞利军，译 . 北京：华夏出版社，2000.

[16] 郭国庆 . 市场营销学通论 [M].4 版 . 北京：中国人民大学出版社，2011.

[17] 孙茂竹，范歆 . 财务管理学 [M]. 北京：中国人民大学出版社，2012.

[18] 董青春，孙亚卿 . 大学生创业基础 [M]. 北京：经济管理出版社，2017.

[19] 杨焱林 . 做创客　你能行——大学生创业故事汇 [M]. 北京：人民出版社，2015.

[20] 王海粟. 浅议会计信息披露模式 [J]. 财政研究，2004（1）：56–58.

[21] 葛家澍，林志军. 现代西方会计理论 [M]. 厦门：厦门大学出版社，2001.

[22] 李大伦. 经济全球化的重要性 [N]. 光明日报，1998–12–27（3）.